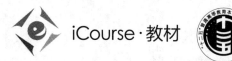 "十二五"普通高等教育本科国家级规划教材

信号与系统
Xinhao Yu Xitong

Signals and Systems

（第3版）

陈后金　主编

陈后金　胡健　薛健　李居朋　编著

U0349996

高等教育出版社·北京

内容简介

本教材主要阐述确定性信号的时域分析和变换域分析，线性非时变系统的描述与特性，以及信号通过线性非时变系统的时域分析与变换域分析。本书采用连续和离散并行、先时域后变换域的结构体系，以信号分析为基础，从信号表示的角度引入信号的变换，并基于信号表示实现相应的系统描述。强调基本理论、基本概念和基本方法，淡化复杂计算，引入 MATLAB 作为信号与系统分析的工具。同时，本书注重难点和重点的诠释与分析，还配有大量例题和习题，并简要介绍了信号与系统的基本理论在通信系统和生物神经网络等方面的应用。

本教材于 2006 年被列入"普通高等教育'十一五'国家级规划教材"，于 2012 年被列入"'十二五'普通高等教育本科国家级规划教材"。本教材可作为电子信息工程、通信工程、信息工程、自动化、生物医学工程、计算机等专业的本科生教材，也可供有关科技工作者参考。

图书在版编目（CIP）数据

信号与系统／陈后金主编；陈后金等编著. --3 版
. --北京：高等教育出版社，2020.6（2024.11重印）
ISBN 978 - 7 - 04 - 054022 - 2

Ⅰ.①信…　Ⅱ.①陈…　Ⅲ.①信号系统-高等学校-
教材　Ⅳ.①TN911.6

中国版本图书馆 CIP 数据核字（2020）第 060927 号

| 策划编辑　王　楠 | 责任编辑　王　楠 | 封面设计　张　志 | 版式设计　徐艳妮 |
| 插图绘制　于　博 | 责任校对　刘丽娴 | 责任印制　赵　佳 | |

出版发行	高等教育出版社	网　　址　http://www.hep.edu.cn
社　　址	北京市西城区德外大街 4 号	http://www.hep.com.cn
邮政编码	100120	网上订购　http://www.hepmall.com.cn
印　　刷	人卫印务（北京）有限公司	http://www.hepmall.com
开　　本	787mm×1092mm　1/16	http://www.hepmall.cn
印　　张	27.5	版　　次　2007 年 12 月第 1 版
字　　数	530 千字	2020 年 6 月第 3 版
购书热线	010-58581118	印　　次　2024 年 11 月第 10 次印刷
咨询电话	400-810-0598	定　　价　51.00 元

第 3 版前言

"信号与系统"课程是电子信息类专业的核心课程,也是信息技术的理论基础。课程组在课程建设中追求卓越,不断优化课程教学体系,完善教学内容,丰富教学资源,该课程先后被评为首批国家精品在线开放课程、国家级精品资源共享课程、国家级双语教学示范课程和国家级精品课程。为了物化课程先进的体系内容和丰富的教学资源,课程组编著出版了该《信号与系统》教材。本书首版和第 2 版分别于2007 年和 2015 年出版,得到广大读者和同行专家的认可,先后被列入普通高等教育"十一五"国家级规划教材、"十二五"普通高等教育本科国家级规划教材。近年来,随着信息技术的发展和教学方式的多元化,出现了信息技术与纸质教材深度融合的新形态教材。

为适应时代发展,并应广大读者要求,编者结合多年来的科研和教研实践,编著出版了第 3 版新形态教材。本书进一步突出了该课程"信号表示、系统描述"的教学内涵,优化了课程教学体系和内容。基于该国家级课程建设的优质教学资源,在书中嵌入了丰富的数字资源,即通过二维码链接的多媒体(音频、视频、图形图像等)信息,帮助学生深刻理解信号和系统之间的内在作用机理,牢固掌握信号分析与系统分析的基本方法。修订后的教材力求表述更加清晰,内容更加丰富,教材更具特色。

本书由陈后金、胡健、薛健、李居朋编著,陈后金对全书进行了整理和统稿。彭亚辉、李艳凤、陶丹、黄琳琳、郝晓莉、魏杰、周航、钱满义、侯亚丽、申艳等提供了相关素材,编者在此表示衷心感谢。

限于编者水平,书中错误及不妥之处在所难免,恳请读者批评指正,编者邮箱:hjchen@bjtu.edu.cn。

编 者

2019 年 9 月于北京

第 2 版前言

信号与系统课程自 20 世纪 80 年代在我国开设以来,教学内涵也随着时代的发展而逐渐深化。在以分立元件为主的电路系统时期,信号与系统课程被认为是电路分析课程的延伸,侧重系统响应的求解和三大变换的计算。随着信息技术和集成电路的发展,信号与系统课程的教学内涵应是"信号表示"和"系统描述"。学生通过该课程的学习,可逐步建立信号表示的概念,并能深刻理解信号作用于系统的机理,掌握系统描述与分析的方法。信号表示之目的就是更加有利于信号的分析与处理,系统描述之目的就是更加有利于系统的分析与设计。信号表示的本质是信号域的映射,基信号为虚指数信号时对应的域为频域,基信号为复指数信号时对应的域为复频域,而信号的三大变换实现了时域与频域以及复频域之间的相互转换。基于信号表示的系统响应求解揭示了不同域中输入、输出、系统之间的相互关系,进而引入时域、频域和复频域的系统描述。

本教材第二版进一步凸显信号表示和系统描述的教学内涵。围绕"为什么、是什么、做什么"展开各知识模块,通过简洁清晰的表述和面向实际的案例贯穿教学内容,突出基本概念和基本方法,并充分利用 MATLAB 等信息技术,淡化计算技巧,强化学而善用。

本教材由陈后金主编,陈后金、胡健、薛健编著。课程组黄琳琳、李居朋、陶丹、周航等老师提供了许多素材,作者在此表示衷心的感谢。

限于水平,书中错误及不妥之处在所难免,恳请读者批评指正。

编　者
2015 年 7 月

第 1 版前言

本教材于 2006 年被列入"普通高等教育'十一五'国家级规划教材",是北京交通大学国家电工电子教学基地和实验教学中心的系列教材,也是首批国家精品课程"信号与系统"的主教材。教材的特点体现在如下几个方面:

1. 在教材的观念上,体现教材不仅是人类知识的载体,也是人类思维方法和认知过程的载体。教材不应只是人类知识的简单再现,应展现科学的思维方法和认知过程。学生在学习教材时,不仅能够获得知识,更能够提高认知能力。因此,在教材编写过程中,对教材的体系和内容进行了科学组织,体系结构条理清晰,内容叙述深入浅出,更加符合学习的认知过程。

2. 在教材体系上,形成了信号与系统、数字信号处理的新体系。先时域分析再变换域分析,侧重时域分析与变换域分析的相互关系以及各自的适用范畴。先信号分析再系统分析,突出信号分析是系统分析的基础,因为只有通过信号分析确定其特征,才能正确选择和设计相应的系统,对信号进行有效的处理。

3. 在教材内容上,体现经典与现代、连续与离散、信号与系统的辩证关系,适当反映 IT 的新理论和新技术。在信号分析中,突出基本信号的描述及信号的表示,强调 Fourier 变换、Laplace 变换和 z 变换的数学概念、物理概念和工程概念,淡化其数学技巧和运算。从信号表示的角度引入四种(连续周期、连续非周期、离散周期、离散非周期)信号的频谱,以全新的方式阐述了信号的抽样定理。在系统分析中,侧重系统的描述与特性分析,凸现系统函数的概念及作用。为了锻炼提高学生理论联系实际的能力,积极将教研与科研成果引入教材,简要介绍了信号与系统的理论在生物神经网络和通信系统中的应用,并利用 MATLAB 仿真工具进行了信号与系统的分析。

本教材由北京交通大学陈后金主编,陈后金、胡健、薛健编著。郝晓莉和钱满义等提供了许多素材。全书由吴湘淇教授负责审阅,并提出了许多宝贵意见,编者在此表示衷心的感谢。

限于水平,书中错误及不妥之处在所难免,恳请读者批评指正。

编　者
2007 年 7 月

目　　录

第1章　信号与系统分析导论 ………………………………………………… 1

1.1　信号的描述及分类 ……………………………………………………… 1
　　1.1.1　信号的定义与描述 ……………………………………………… 1
　　1.1.2　信号的分类和特性 ……………………………………………… 2
1.2　系统的描述及分类 ……………………………………………………… 5
　　1.2.1　系统的数学模型 ………………………………………………… 5
　　1.2.2　系统的分类 ……………………………………………………… 6
　　1.2.3　系统连接 ………………………………………………………… 15
1.3　信号与系统分析概述 …………………………………………………… 16
　　1.3.1　信号与系统分析的基本内容与方法 …………………………… 16
　　1.3.2　信号与系统理论的应用 ………………………………………… 17
习题 ……………………………………………………………………………… 19

第2章　信号的时域分析 ……………………………………………………… 23

2.1　连续时间基本信号 ……………………………………………………… 23
　　2.1.1　典型普通信号 …………………………………………………… 24
　　2.1.2　奇异信号 ………………………………………………………… 28
2.2　连续时间信号的基本运算 ……………………………………………… 36
　　2.2.1　信号的尺度变换、翻转与时移 ………………………………… 36
　　2.2.2　信号的相加、相乘、微分与积分 ……………………………… 41
2.3　离散时间基本信号 ……………………………………………………… 46
　　2.3.1　离散时间信号的表示 …………………………………………… 46
　　2.3.2　基本离散序列 …………………………………………………… 47
2.4　离散时间信号的基本运算 ……………………………………………… 53
　　2.4.1　序列的翻转、位移与尺度变换 ………………………………… 53
　　2.4.2　序列的相加、相乘、差分与求和 ……………………………… 54
2.5　确定信号的时域分解 …………………………………………………… 56
　　2.5.1　信号分解为直流分量与交流分量 ……………………………… 56
　　2.5.2　信号分解为实部分量与虚部分量 ……………………………… 58

　　　　2.5.3　信号分解为奇分量与偶分量 ················ 59

　2.6　确定信号的时域表示 ···························· 60

　　　　2.6.1　连续信号表示为冲激信号的加权叠加 ········ 60

　　　　2.6.2　离散序列表示为脉冲序列的加权叠加 ········ 61

　2.7　利用 MATLAB 进行信号的时域分析 ············ 62

　　　　2.7.1　连续信号的 MATLAB 表示 ················ 62

　　　　2.7.2　离散信号的 MATLAB 表示 ················ 65

　　　　2.7.3　信号基本运算的 MATLAB 实现 ············ 67

　习题 ·· 70

　MATLAB 习题 ···································· 74

第 3 章　系统的时域分析 ······························ 77

　3.1　线性非时变系统的数学描述 ···················· 77

　　　　3.1.1　连续时间系统的数学描述 ················ 77

　　　　3.1.2　离散时间系统的数学描述 ················ 79

　　　　3.1.3　线性非时变系统 ························ 81

　3.2　连续时间 LTI 系统的响应 ······················ 84

　　　　3.2.1　零输入响应 ···························· 85

　　　　3.2.2　零状态响应 ···························· 87

　　　　3.2.3　单位冲激响应 ·························· 88

　　　　3.2.4　卷积积分 ······························ 91

　　　　3.2.5　连续时间 LTI 系统分析举例 ·············· 98

　3.3　离散时间 LTI 系统的响应 ······················ 101

　　　　3.3.1　零输入响应 ···························· 102

　　　　3.3.2　零状态响应 ···························· 104

　　　　3.3.3　单位脉冲响应 ·························· 105

　　　　3.3.4　序列卷积和 ···························· 106

　　　　3.3.5　离散时间 LTI 系统分析举例 ·············· 111

　3.4　冲激响应(脉冲响应)表示的系统特性 ············ 115

　　　　3.4.1　级联系统的冲激响应(脉冲响应) ·········· 115

　　　　3.4.2　并联系统的冲激响应(脉冲响应) ·········· 116

　　　　3.4.3　因果系统 ······························ 118

　　　　3.4.4　稳定系统 ······························ 120

　3.5　利用 MATLAB 进行系统的时域分析 ············ 121

　习题 ·· 130

　MATLAB 习题 ···································· 136

第 4 章　信号的频域分析 ………………………………………… 138

4.1　连续时间周期信号的频域分析 ……………………… 139
　　4.1.1　周期信号 Fourier 级数表示 …………………… 139
　　4.1.2　周期信号的频谱 ………………………………… 150
　　4.1.3　连续 Fourier 级数的基本性质 ………………… 156
　　4.1.4　连续周期信号的功率谱 ………………………… 157

4.2　连续时间非周期信号的频域分析 …………………… 160
　　4.2.1　连续时间信号的 Fourier 变换及其频谱 ……… 160
　　4.2.2　常见连续时间信号的频谱 ……………………… 164
　　4.2.3　连续时间 Fourier 变换的性质 ………………… 171

4.3　离散周期信号的频域分析 …………………………… 184
　　4.3.1　离散周期信号的离散 Fourier 级数及其频谱 … 184
　　4.3.2　离散 Fourier 级数的基本性质 ………………… 187

4.4　离散非周期信号的频域分析 ………………………… 190
　　4.4.1　离散信号的离散时间 Fourier 变换及其频谱 … 190
　　4.4.2　离散时间 Fourier 变换的基本性质 …………… 193

4.5　信号的时域抽样和频域抽样 ………………………… 197
　　4.5.1　信号的时域抽样 ………………………………… 198
　　4.5.2　信号的频域抽样 ………………………………… 203

4.6　利用 MATLAB 进行信号的频域分析 ……………… 207
习题 ……………………………………………………………… 216
MATLAB 习题 ………………………………………………… 225

第 5 章　系统的频域分析 ………………………………………… 227

5.1　连续时间 LTI 系统的频域分析 ……………………… 227
　　5.1.1　连续时间 LTI 系统的频率响应 ………………… 228
　　5.1.2　连续非周期信号通过系统的响应 ……………… 231
　　5.1.3　连续周期信号通过系统的响应 ………………… 236
　　5.1.4　无失真传输系统 ………………………………… 238
　　5.1.5　理想模拟滤波器 ………………………………… 240

5.2　离散时间 LTI 系统的频域分析 ……………………… 243
　　5.2.1　离散时间 LTI 系统的频率响应 ………………… 243
　　5.2.2　离散非周期序列通过系统的响应 ……………… 245
　　5.2.3　离散周期序列通过系统的响应 ………………… 246
　　5.2.4　正弦型序列通过系统的响应 …………………… 246
　　5.2.5　线性相位的离散时间 LTI 系统 ………………… 247

5.2.6 理想数字滤波器 ·· 248

5.3 信号的幅度调制与解调 ·· 249

5.3.1 连续信号的幅度调制 ······································ 249

5.3.2 同步解调 ·· 251

5.3.3 单边带幅度调制 ··· 253

5.3.4 频分复用 ·· 257

5.3.5 离散信号的幅度调制 ······································ 259

5.4 利用 MATLAB 进行系统的频域分析 ······················· 262

习题 ··· 268

MATLAB 习题 ·· 274

第 6 章　连续信号与系统的复频域分析 ···························· 277

6.1 连续时间信号的复频域分析 ···································· 277

6.1.1 从 Fourier 变换到 Laplace 变换 ····················· 277

6.1.2 单边 Laplace 变换的收敛域 ························· 279

6.1.3 常用信号的 Laplace 变换 ·························· 279

6.1.4 单边 Laplace 变换的性质 ·························· 282

6.1.5 单边 Laplace 反变换 ····························· 291

6.1.6 双边 Laplace 变换的定义及收敛域 ·················· 297

6.1.7 双边 Laplace 变换的性质 ·························· 298

6.1.8 双边 Laplace 反变换 ····························· 299

6.2 连续时间 LTI 系统的复频域分析 ······························ 300

6.2.1 连续时间 LTI 系统的系统函数 ····················· 300

6.2.2 连续因果 LTI 系统响应的复频域求解 ················ 301

6.3 连续时间 LTI 系统的系统函数与系统特性 ······················ 305

6.3.1 系统函数的零极点分布 ···························· 305

6.3.2 系统函数与系统的时域特性 ························ 307

6.3.3 系统函数与系统的稳定性 ·························· 308

6.3.4 系统函数与系统的频域特性 ························ 309

6.4 连续时间系统的模拟 ·· 311

6.4.1 连续系统的连接 ································· 311

6.4.2 连续系统的模拟 ································· 313

6.5 连续信号与系统复频域分析的 MATLAB 实现 ··················· 318

6.5.1 部分分式展开的 MATLAB 实现 ···················· 318

6.5.2 系统函数零极点与系统特性的 MATLAB 计算 ········· 319

习题 ··· 321

MATLAB 习题 ·· 327

第 7 章　离散信号与系统的复频域分析 ···················· 329

7.1　离散时间信号的复频域分析 ···················· 329
7.1.1　单边 z 变换的定义及收敛域 ············· 330
7.1.2　常用序列的 z 变换 ··········· 331
7.1.3　单边 z 变换的主要性质 ············· 332
7.1.4　单边 z 反变换 ············ 340
7.1.5　双边 z 变换的定义及收敛域 ············· 343
7.1.6　双边 z 变换的主要性质 ············· 344
7.1.7　双边 z 反变换 ············ 345

7.2　离散时间 LTI 系统的复频域分析 ············· 346
7.2.1　离散时间 LTI 系统的系统函数 ············· 346
7.2.2　离散因果 LTI 系统响应的复频域求解 ············· 347

7.3　离散时间 LTI 系统函数与系统特性 ············· 349
7.3.1　系统函数的零极点分布 ············· 349
7.3.2　系统函数与系统的时域特性 ············· 350
7.3.3　系统函数与系统的稳定性 ············· 350
7.3.4　系统函数与系统的频域特性 ············· 351

7.4　离散时间系统的模拟 ············· 353
7.4.1　离散系统的连接 ············· 353
7.4.2　离散系统的模拟 ············· 355

7.5　离散信号与系统复频域分析的 MATLAB 实现 ············· 358
7.5.1　部分分式展开的 MATLAB 实现 ············· 358
7.5.2　系统函数零极点与系统特性的 MATLAB 计算 ············· 359

习题 ············· 361
MATLAB 习题 ············· 366

第 8 章　系统的状态变量分析 ············· 369

8.1　引言 ············· 369

8.2　连续时间系统状态方程的建立 ············· 371
8.2.1　连续时间系统状态方程的普遍形式 ············· 371
8.2.2　由电路图建立状态方程 ············· 372
8.2.3　由微分方程建立状态方程 ············· 373
8.2.4　由系统模拟框图建立状态方程 ············· 374

8.3　连续时间系统状态方程的求解 ············· 380
8.3.1　连续时间系统状态方程的时域求解 ············· 380
8.3.2　连续时间系统状态方程的 s 域求解 ············· 382

8.4 离散时间系统状态方程的建立 ……………………………………… 385
　8.4.1 离散时间系统状态方程的一般形式 ………………………… 385
　8.4.2 由差分方程建立状态方程 …………………………………… 385
　8.4.3 由系统框图或系统函数建立状态方程 ……………………… 386
8.5 离散时间系统状态方程的求解 ……………………………………… 389
　8.5.1 离散时间系统状态方程的时域求解 ………………………… 389
　8.5.2 离散时间系统状态方程的 z 域求解 ………………………… 390
8.6 利用 MATLAB 进行系统的状态变量分析 ……………………… 392
　8.6.1 微分方程到状态方程的转换 ………………………………… 392
　8.6.2 系统函数矩阵的计算 ………………………………………… 393
　8.6.3 利用 MATLAB 求解连续时间系统状态方程 ……………… 394
　8.6.4 利用 MATLAB 求解离散时间系统状态方程 ……………… 395
习题 ……………………………………………………………………… 396

第 9 章　信号处理在生物神经网络中的应用 ……………………… 402

9.1 神经元的生理结构和生化组成 ……………………………………… 402
9.2 静息状态下的神经元等效电路 ……………………………………… 404
9.3 激励状态下的神经元等效电路 ……………………………………… 405
9.4 神经网络中神经元等效电路 ………………………………………… 406
9.5 Hodgkin 和 Huxley 神经元数学模型 …………………………… 407
9.6 神经网络中神经元数学模型 ………………………………………… 411
　9.6.1 离子电流 ……………………………………………………… 411
　9.6.2 化学突触电流 ………………………………………………… 412
　9.6.3 电突触电流 …………………………………………………… 412
9.7 数值计算方法 ………………………………………………………… 412
　9.7.1 等间隔步长数值计算方法 …………………………………… 413
　9.7.2 自适应步长数值计算方法 …………………………………… 415
　9.7.3 混合数值计算方法 …………………………………………… 415
习题 ……………………………………………………………………… 418

参考文献 ………………………………………………………………… 421

第1章 信号与系统分析导论

本章介绍信号与系统的基本概念以及信号与系统的分类和特性,重点讨论线性系统和非时变系统的特性,并以此为基础介绍信号与系统分析的基本内容和方法。

1.1 信号的描述及分类

1.1.1 信号的定义与描述

"信号"一词在人们的日常生活与社会活动中有着广泛的含义。严格地说,信号是指消息的表现形式与传送载体,而消息则是信号的具体内容。但是,消息的传送一般都不是直接的,需借助某种物理量作为载体。例如,通过声、光、电等方面的物理量的变化形式来表示和传送消息。因此,信号可以广义地定义为随一些参数变化的某种物理量。在数学上,信号可以表示为一个或多个变量的函数。例如:语音信号是空气压力随时间变化的函数,图1-1所示为语音信号"信号与系统"的波形。

图1-1 语音信号

在可以作为信号的诸多物理量中,电学量是应用最广的物理量。电学量易于产生与控制,传送速率快,也容易实现与非电学量的相互转换。电信号通常是随时间变化的电压或电流(电荷或磁通)。由于是随时间而变化,在数学上常用时间 t 的函数来表示信号,故本书中"信号"和"函数"这两个名词常交替地使用。

1.1.2　信号的分类和特性

信号的分类方法很多,可以从不同的角度对信号进行分类。根据信号和自变量的特点,信号可以分解为确定信号与随机信号、连续时间信号与离散时间信号、周期信号与非周期信号、能量信号与功率信号等。

1. 确定信号与随机信号

按照信号的确定性来划分,信号可分为确定信号与随机信号。

确定信号是指能够以确定的时间函数表示的信号,其在定义域内的任意时刻都对应有确定的函数值。图 1-2(a) 所示的双边指数信号就是确定信号的一个例子。随机信号也称为不确定信号,它不是时间的确定函数,其在定义域内的任意时刻没有确定的函数值。图 1-2(b) 所示的噪声信号就是随机信号的一个例子,它无法以确定的时间函数来描述,一般用统计规律来描述。

图 1-2　确定信号与随机信号的波形

2. 连续时间信号与离散时间信号

按照信号自变量取值的连续性划分,信号可分为连续时间信号与离散时间信号。

连续时间信号是指在信号的定义域内,除有限个间断点外,任意时刻都有确定的函数值的信号,如图 1-3(a) 所示。通常以 $x(t)$ 表示连续时间信号,连续时间信号的定义域为连续的区间。离散时间信号是指信号的定义域为一些离散时刻,通常以 $x[k]$ 表示。离散时间信号最明显的特点是其定义域为离散的时刻点,而在这些离散的时刻点之外无定义,如图 1-3(b) 所示。比如人口统计中的一些数据、股票市场指数等。

连续时间信号的幅值可以是连续的,也可以是离散的。时间和幅值均连续的信号称为模拟信号。离散时间信号的幅值也可以是连续的或离散的。时间和幅值均离散的信号称为数字信号。

3. 周期信号与非周期信号

按照信号的周期性划分,信号可以分为周期信号与非周期信号。

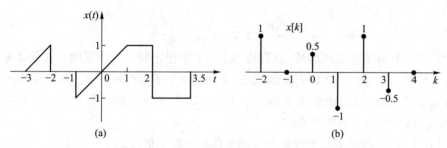

图 1-3 连续时间信号与离散时间信号波形

周期信号都是定义在区间 $(-\infty, +\infty)$ 上,且每隔一个固定的时间间隔波形重复变化。连续周期信号与离散周期信号分别定义为

$$x(t) = x(t+T_0), \quad -\infty < t < \infty \tag{1-1}$$

$$x[k] = x[k+N], \quad -\infty < k < \infty, \ k \text{ 取整数} \tag{1-2}$$

满足上式中的最小正数 T_0 和正整数 N 分别称为周期信号的基本(基波)周期,简称周期。

非周期信号就是不具有重复性的信号。

【例 1-1】 判断连续时间正弦信号 $x(t) = \sin(\omega_0 t)$ 是否为周期信号。

解: 由周期信号的定义,如果 $\sin[\omega_0(t+T_0)] = \sin(\omega_0 t)$,则 $x(t)$ 是周期信号。

因为 $\qquad\qquad \sin[\omega_0(t+T_0)] = \sin(\omega_0 t + \omega_0 T_0)$

根据正弦信号的特性,只需满足

$$\omega_0 T_0 = m2\pi, \quad m \text{ 为整数}$$

即

$$T_0 = m\frac{2\pi}{\omega_0}, \quad m \text{ 为整数}$$

因此, $\sin(\omega_0 t)$ 是周期为 $\dfrac{2\pi}{|\omega_0|}$ 的周期信号。

4. 能量信号与功率信号

按照信号的可积性划分,信号可以分为能量信号与功率信号。

连续时间信号 $x(t)$ 在无限区间的能量定义为

$$E = \int_{-\infty}^{\infty} |x(t)|^2 \mathrm{d}t = \lim_{T \to \infty} \int_{-T}^{T} |x(t)|^2 \mathrm{d}t \tag{1-3}$$

如果将 $x(t)$ 看作是随时间变化的电压或电流,则式 (1-3)可看作是 $x(t)$ 通过 $1\ \Omega$ 的电阻时所消耗的能量。离散时间信号 $x[k]$ 在无限区间的能量定义为

$$E = \sum_{k=-\infty}^{\infty} |x[k]|^2 = \lim_{N \to \infty} \sum_{k=-N}^{N} |x[k]|^2 \tag{1-4}$$

连续时间信号 $x(t)$ 和离散时间信号 $x[k]$ 在无限区间的平均功率分别定义为

$$P = \lim_{T \to \infty} \frac{1}{2T} \int_{-T}^{T} |x(t)|^2 \mathrm{d}t \tag{1-5}$$

$$P = \lim_{N \to \infty} \frac{1}{2N+1} \sum_{k=-N}^{N} |x[k]|^2 \qquad (1-6)$$

对于定义在有限区间上的信号,其平均功率为其有限区间上的能量除以区间长度。

若信号的能量为非零的有限值,且其平均功率为零,即 $0<E<\infty$,$P=0$,则该信号为能量信号;若信号的能量为无限值,但其平均功率为非零的有限值,即 $E\to\infty$,$0<P<\infty$,则该信号为功率信号。

【例1-2】 判断下列信号是否为能量信号或功率信号。

(1) $x_1(t)=\mathrm{e}^{-t}$,$t\geq 0$;　　　　(2) $x_2(t)=A\cos(\omega_0 t+\theta)$;

(3) $x_3[k]=\left(\dfrac{1}{2}\right)^k$;　　　　(4) $x_4[k]=C$,C 为常数。

解:(1) 由式(1-3)可计算出信号 $x_1(t)$ 的能量为

$$E = \int_{-\infty}^{\infty} |x_1(t)|^2 \mathrm{d}t = \int_0^{\infty} \mathrm{e}^{-2t}\mathrm{d}t = \frac{1}{2}$$

由于 $x_1(t)$ 的能量是有限值,因此 $x_1(t)$ 是能量信号。

(2) $x_2(t)=A\cos(\omega_0 t+\theta)$ 是基本周期 $T_0=\dfrac{2\pi}{|\omega_0|}$ 的周期余弦信号。其在一个基本周期内的能量为有限值,即

$$E_0 = \int_0^{T_0} |x_2(t)|^2 \mathrm{d}t = \int_0^{T_0} A^2\cos^2(\omega_0 t+\theta)\mathrm{d}t$$

$$= A^2 \int_0^{T_0} \frac{1}{2}[1+\cos(2\omega_0 t+2\theta)]\mathrm{d}t = \frac{A^2 T_0}{2}$$

由于周期信号有无限个周期,所以 $x_2(t)$ 的能量为无限值,即

$$E = \lim_{n\to\infty} nE_0 = \infty$$

对于周期信号,其平均功率可通过其一个周期的能量除以周期来计算,即

$$P = \frac{E_0}{T_0} = \frac{A^2}{2}$$

由于 $x_2(t)$ 的能量为无限值,而平均功率是有限值,因此 $x_2(t)$ 是功率信号。正弦信号 $A\sin(\omega_0 t+\theta)$ 和余弦信号 $A\cos(\omega_0 t+\theta)$ 的平均功率都是 $A^2/2$,其只与幅值 A 有关,而与角频率 ω_0 和初相位 θ 无关。

(3) 由式(1-4)和式(1-6)可计算出 $x_3[k]$ 的能量和平均功率分别为

$$E = \lim_{N\to\infty} \sum_{k=-N}^{N} |x_3[k]|^2 = \lim_{N\to\infty} \sum_{k=-N}^{N} \left(\frac{1}{2}\right)^{2k} = \infty$$

$$P = \lim_{N\to\infty} \frac{1}{2N+1} \sum_{k=-N}^{N} \left(\frac{1}{2}\right)^{2k} = \infty$$

由于 $x_3[k]$ 的能量是无限值,平均功率也是无限值,因此 $x_3[k]$ 既不是能量信号也不

是功率信号。

（4）由式（1-4）和式（1-6）可计算出直流信号 $x_4[k]$ 的能量和平均功率分别为

$$E = \lim_{N \to \infty} \sum_{k=-N}^{N} |x_4[k]|^2 = \lim_{N \to \infty} \sum_{k=-N}^{N} C^2 = \infty$$

$$P = \lim_{N \to \infty} \frac{1}{2N+1} \sum_{k=-N}^{N} C^2 = \lim_{N \to \infty} \frac{C^2(2N+1)}{2N+1} = C^2$$

由于 $x_4[k]$ 的能量是无限值，而平均功率是有限值，因此 $x_4[k]$ 是功率信号。

由此可见，直流信号以及一个周期内能量有限的周期信号都是功率信号。

一个信号不可能既是能量信号又是功率信号，但却有少数信号既不是能量信号也不是功率信号，其平均能量和平均功率都为无限值，即 $E \to \infty$ 且 $P \to \infty$。

1.2 系统的描述及分类

系统是指由相互作用和关联的若干单元组合而成的、具有对信号进行加工和处理功能的有机整体。如通信系统、计算机系统、机器人、软件等都称之为系统。在各种系统中，电系统具有特殊的重要作用，这是因为大多数的非电系统可以用电系统来模拟或仿真。

1.2.1 系统的数学模型

既然系统的功能是对信号进行加工和处理，那么信号与系统就是相互依存的关系。待处理的信号称为系统的输入信号，处理后的信号称为系统的输出信号。若要分析一个系统，首先要建立描述该系统基本特性的数学模型，然后利用相应的方法进行求解。例如，图 1-4 所示的系统由电阻、电容并联构成。若系统输入信号 $x(t)$ 是电流源，系统输出信号 $y(t)$ 为电容两端的电压，根据元件的理想特性与 KCL 可建立如下的微分方程：

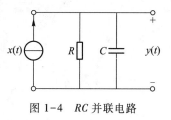

图 1-4 RC 并联电路

$$C \frac{\mathrm{d}y(t)}{\mathrm{d}t} + \frac{y(t)}{R} = x(t) \tag{1-7}$$

式（1-7）就是描述该系统的数学模型。

在建立系统模型时，通常可以采用输入输出描述法或状态变量描述法。输入输出描述法着眼于系统输入与输出之间的关系，适用于单输入单输出的系统。状态变量描述法着眼于系统内部的状态变量，既可用于单输入单输出的系统，又可用于多输入多输出的系统。系统的数学模型可以借助框图表示，图 1-5 为连续系统基本单元框图，图 1-6 为离散系统基本单元框图。每个基本单元框图反映了某种数学运算，给出输入与输出信号之间的约束关系。若干个基本单元框图可组成一个较为复杂的系统。式(1-7)所描述的一阶连续系统可以利用积分器、乘法器和加法器三个基本单元进行相应的连接而得到,如图 1-7 所示。

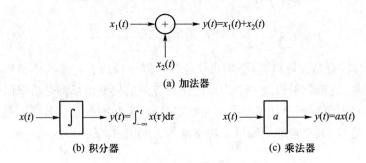

图 1-5 连续系统基本单元框图

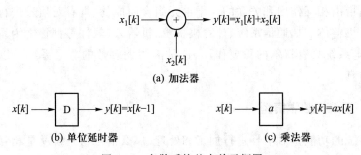

图 1-6 离散系统基本单元框图

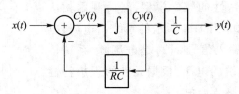

图 1-7 图 1-4 所示电路的框图表示

1.2.2 系统的分类

在信号与系统分析中,常以系统的数学模型和基本特性进行分类。系统可分为连续时间系统与离散时间系统、线性系统与非线性系统、时变系统与非时变系统、因果系统与非因果系统、稳定系统与非稳定系统等。

1. 连续时间系统与离散时间系统

如果一个系统要求其输入信号与输出信号都必须为连续时间信号,则该系统称为连续时间系统。同样,如果一个系统要求其输入信号与输出信号都必须为离散时间信号,则该系统称为离散时间系统。如图1-4所示的 RC 电路是连续时间系统,而数字计算机则是离散时间系统。一般情况下,连续时间系统只能处理连续时间信号,离散时间系统只能处理离散时间信号。但在引入某些信号转换的部件后,就可以使离散时间系统处理连续时间信号。例如,连续时间信号经过模/数(A/D)转换器后就可以由离散时间系统处理。描述连续时间系统输入输出关系的数学模型是微分方程,描述离散时间系统输入输出关系的数学模型是差分方程。

连续时间系统与离散时间系统常采用图1-8所示符号表示。连续输入信号 $x(t)$ 通过连续时间系统产生的连续输出信号 $y(t)$ 记为

$$y(t) = T\{x(t)\} \tag{1-8}$$

离散输入信号 $x[k]$ 通过离散时间系统产生的离散输出信号 $y[k]$ 记为

$$y[k] = T\{x[k]\} \tag{1-9}$$

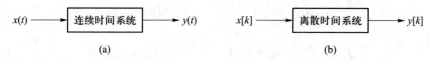

$$(a) \qquad\qquad\qquad\qquad (b)$$

图1-8 连续时间系统与离散时间系统的符号表示

输入信号也称为激励或输入激励,输出信号也称为响应或输出响应。

2. 线性系统与非线性系统

线性系统是指具有线性特性的系统。线性特性包括均匀特性与叠加特性。均匀特性也称为比例性或齐次性,当系统的输入信号增加 K 倍时,其输出信号也随之增加 K 倍。对于连续时间系统,均匀特性可表示为

若

$$y(t) = T\{x(t)\}$$

则

$$T\{K \cdot x(t)\} = K \cdot y(t) \tag{1-10}$$

叠加特性也称为可加性,当若干个输入信号同时作用于系统时,其输出信号等于每个输入信号单独作用于系统产生的输出信号的叠加,即

若

$$y_1(t) = T\{x_1(t)\}, \quad y_2(t) = T\{x_2(t)\}$$

则

$$T\{x_1(t) + x_2(t)\} = y_1(t) + y_2(t) \tag{1-11}$$

同时具有均匀特性和叠加特性才能称具有线性特性,可表示为

若

$$y_1(t) = T\{x_1(t)\}, \quad y_2(t) = T\{x_2(t)\}$$

则

$$T\{\alpha \cdot x_1(t) + \beta \cdot x_2(t)\} = \alpha \cdot y_1(t) + \beta \cdot y_2(t) \quad (1\text{-}12)$$

其中 α、β 为任意常数。连续时间系统的线性特性如图 1-9 所示。

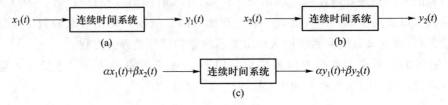

图 1-9　连续时间系统的线性特性示意图

同样,对于具有线性特性的离散时间系统,若

$$y_1[k] = T\{x_1[k]\}, \quad y_2[k] = T\{x_2[k]\}$$

则

$$T\{\alpha \cdot x_1[k] + \beta \cdot x_2[k]\} = \alpha \cdot y_1[k] + \beta \cdot y_2[k] \quad (1\text{-}13)$$

其中 α、β 为任意常数。

描述线性连续时间系统的数学模型是线性微分方程,描述线性离散时间系统的数学模型是线性差分方程。不具有线性特性的系统称为非线性系统。

【例 1-3】　试判断电阻、电容、电感元件的伏安关系(如图 1-10 所示)是否具有线性特性。

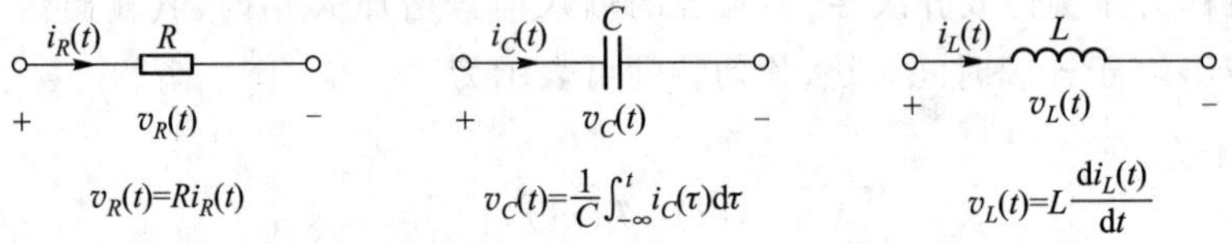

$i_R(t)$　R　$v_R(t)$　　$i_C(t)$　C　$v_C(t)$　　$i_L(t)$　L　$v_L(t)$

$v_R(t) = Ri_R(t)$　　$v_C(t) = \dfrac{1}{C}\displaystyle\int_{-\infty}^{t} i_C(\tau)\,\mathrm{d}\tau$　　$v_L(t) = L\dfrac{\mathrm{d}i_L(t)}{\mathrm{d}t}$

图 1-10　例 1-3 图

解: 对于电阻,设 $i_R(t) = \alpha i_{R1}(t) + \beta i_{R2}(t)$,则

$$v_R(t) = R[\alpha i_{R1}(t) + \beta i_{R2}(t)] = \alpha Ri_{R1}(t) + \beta Ri_{R2}(t) = \alpha v_{R1}(t) + \beta v_{R2}(t)$$

具有线性特性。

对于电容,设 $i_C(t) = \alpha i_{C1}(t) + \beta i_{C2}(t)$,则

$$v_C(t) = \frac{1}{C}\int_{-\infty}^{t}[\alpha i_{C1}(\tau) + \beta i_{C2}(\tau)]\,\mathrm{d}\tau = \frac{\alpha}{C}\int_{-\infty}^{t} i_{C1}(\tau)\,\mathrm{d}\tau + \frac{\beta}{C}\int_{-\infty}^{t} i_{C2}(\tau)\,\mathrm{d}\tau$$

$$= \alpha v_{C1}(t) + \beta v_{C2}(t)$$

具有线性特性。

对于电感,设 $i_L(t) = \alpha i_{L1}(t) + \beta i_{L2}(t)$,则

$$v_L(t) = L\frac{\mathrm{d}[\alpha i_{L1}(t)+\beta i_{L2}(t)]}{\mathrm{d}t} = \alpha L\frac{\mathrm{d}i_{L1}(t)}{\mathrm{d}t}+\beta L\frac{\mathrm{d}i_{L2}(t)}{\mathrm{d}t}=\alpha v_{L1}(t)+\beta v_{L2}(t)$$

具有线性特性。

由此可见,电阻、电容、电感元件的伏安关系满足线性特性,因此,它们都是线性元件。由线性元件、独立源或线性受控源构成的电路都是线性系统。

【例 1-4】 判断图 1-11 所示系统是否为线性系统。

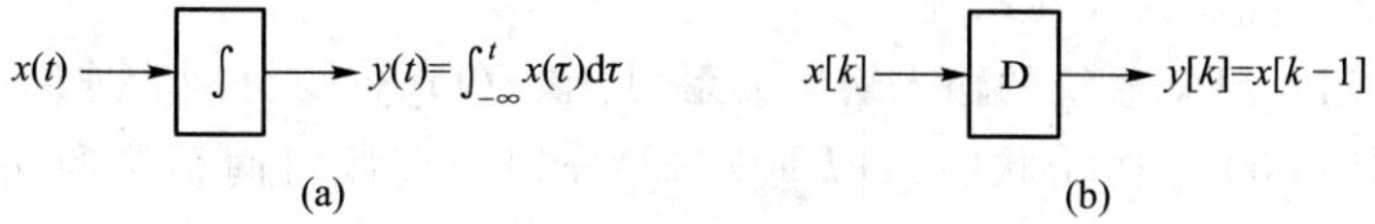

图 1-11　例 1-4 图

解:(1)图 1-11(a)为连续时间系统,由式(1-12)判断系统是否线性。设 $x(t)=\alpha x_1(t)+\beta x_2(t)$,则

$$y(t)=T\{x(t)\}=\int_{-\infty}^{t}[\alpha x_1(\tau)+\beta x_2(\tau)]\mathrm{d}\tau$$

$$=\alpha\int_{-\infty}^{t}x_1(\tau)\mathrm{d}\tau+\beta\int_{-\infty}^{t}x_2(\tau)\mathrm{d}\tau=\alpha y_1(t)+\beta y_2(t)$$

因此该连续时间系统是线性系统。

(2)图 1-11(b)为离散时间系统,由式(1-13)判断系统是否线性。设 $x[k]=\alpha x_1[k]+\beta x_2[k]$,则

$$y[k]=T\{\alpha x_1[k]+\beta x_2[k]\}=\alpha x_1[k-1]+\beta x_2[k-1]=\alpha y_1[k]+\beta y_2[k]$$

因此该离散时间系统是线性系统。

实际上,许多连续时间系统和离散时间系统都含有初始状态。对于含有初始状态的线性系统,输出响应等于零输入响应与零状态响应之和。以线性连续时间系统为例,若系统输入信号为零,系统仅在初始状态 $y(0^-)$ 作用下产生的输出响应称为零输入响应,记为 $y_{zi}(t)$;若系统初始状态为零,系统仅在输入信号 $x(t)$ 作用下产生的输出响应称为零状态响应,记为 $y_{zs}(t)$;则线性系统在系统输入信号 $x(t)$ 和初始状态 $y(0^-)$ 共同作用下产生的完全响应 $y(t)$ 满足 $y(t)=y_{zi}(t)+y_{zs}(t)$。

证明:零输入响应和零状态响应可表示为

$$y_{zi}(t)=T\left\{\begin{bmatrix}0\\y(0^-)\end{bmatrix}\right\},\quad y_{zs}(t)=T\left\{\begin{bmatrix}x(t)\\0\end{bmatrix}\right\}$$

根据线性系统的叠加性,有

$$y(t) = T\left\{\begin{bmatrix} x(t) \\ y(0^-) \end{bmatrix}\right\} = T\left\{\begin{bmatrix} 0 \\ y(0^-) \end{bmatrix} + \begin{bmatrix} x(t) \\ 0 \end{bmatrix}\right\}$$

$$= T\left\{\begin{bmatrix} 0 \\ y(0^-) \end{bmatrix}\right\} + T\left\{\begin{bmatrix} x(t) \\ 0 \end{bmatrix}\right\} = y_{zi}(t) + y_{zs}(t)$$

因此,在判断具有初始状态的系统是否线性时,应从三个方面来分析。其一是可分解性,即系统的输出响应可分解为零输入响应与零状态响应之和;其二是零输入响应线性,系统的零输入响应必须对所有的初始状态呈线性特性;其三是零状态响应线性,系统的零状态响应必须对所有的输入信号呈线性特性。只有这三个条件同时满足,该系统才为线性系统。

【例 1-5】 已知系统的输入输出关系,其中 $x(t)$、$y(t)$ 分别为连续时间系统的输入和输出,$y(0)$ 为初始状态;$x[k]$、$y[k]$ 分别为离散时间系统的输入和输出,$y[0]$ 为初始状态。判断这些系统是否为线性系统。

(1) $y(t) = y(0)x(t) + 2x(t)$;　　　　　(2) $y(t) = 2y(0) + x(t)\dfrac{\mathrm{d}x(t)}{\mathrm{d}t}$;

(3) $y[k] = y^2[0] + kx[k]$;　　　　　(4) $y[k] = ky[0] + \displaystyle\sum_{i=0}^{k} x[i]$。

解:(1) 不具有可分解性,即 $y(t) \neq y_{zi}(t) + y_{zs}(t)$,故该系统为非线性系统。

(2) 具有可分解性,即 $y(t) = y_{zi}(t) + y_{zs}(t)$,其中 $y_{zi}(t) = 2y(0)$,$y_{zs}(t) = x(t)\dfrac{\mathrm{d}x(t)}{\mathrm{d}t}$。

零输入响应 $y_{zi}(t) = 2y(0)$ 具有线性特性。

零状态响应 $y_{zs}(t) = x(t)\dfrac{\mathrm{d}x(t)}{\mathrm{d}t}$,设输入 $x(t) = x_1(t) + x_2(t)$,则

$$y_{zs}(t) = T\{x_1(t) + x_2(t)\} = [x_1(t) + x_2(t)]\frac{\mathrm{d}[x_1(t) + x_2(t)]}{\mathrm{d}t}$$

$$= x_1(t)\frac{\mathrm{d}x_1(t)}{\mathrm{d}t} + x_2(t)\frac{\mathrm{d}x_1(t)}{\mathrm{d}t} + x_1(t)\frac{\mathrm{d}x_2(t)}{\mathrm{d}t} + x_2(t)\frac{\mathrm{d}x_2(t)}{\mathrm{d}t}$$

$$\neq T\{x_1(t)\} + T\{x_2(t)\} = x_1(t)\frac{\mathrm{d}x_1(t)}{\mathrm{d}t} + x_2(t)\frac{\mathrm{d}x_2(t)}{\mathrm{d}t}$$

不具有线性特性。因此,该系统为非线性系统。

(3) 具有可分解性,即 $y[k] = y_{zi}[k] + y_{zs}[k]$,其中 $y_{zi}[k] = y^2[0]$,$y_{zs}[k] = kx[k]$。

对于零输入响应 $y_{zi}[k] = y^2[0]$,设输入 $y[0] = y_1[0] + y_2[0]$,则

$$y_{zi}[k] = T\{y_1[0] + y_2[0]\} = \{y_1[0] + y_2[0]\}^2$$

$$= y_1^2[0] + y_2^2[0] + 2y_1[0]y_2[0]$$
$$\neq T\{y_1[0]\} + T\{y_2[0]\} = y_1^2[0] + y_2^2[0]$$

不具有线性特性。因此,该系统为非线性系统。

(4) 具有可分解性,即 $y[k] = y_{zi}[k] + y_{zs}[k]$,其中 $y_{zi}[k] = ky[0]$,$y_{zs}[k] = \sum_{i=0}^{k} x[i]$。

对于零输入响应 $y_{zi}[k] = ky[0]$,设初始状态 $y[0] = \alpha y_1[0] + \beta y_2[0]$,则

$$y_{zi}[k] = T\{\alpha y_1[0] + \beta y_2[0]\} = k(\alpha y_1[0] + \beta y_2[0]) = \alpha k y_1[0] + \beta k y_2[0]$$
$$= \alpha T\{y_1[0]\} + \beta T\{y_2[0]\} = \alpha y_{zi1}[k] + \beta y_{zi2}[k]$$

对于零状态响应 $y_{zs}[k] = \sum_{i=0}^{k} x[i]$,设输入 $x[k] = \alpha x_1[k] + \beta x_2[k]$,则

$$y_{zs}[k] = T\{\alpha x_1[k] + \beta x_2[k]\} = \sum_{i=0}^{k}(\alpha x_1[i] + \beta x_2[i]) = \alpha \sum_{i=0}^{k} x_1[i] + \beta \sum_{i=0}^{k} x_2[i]$$
$$= \alpha T\{x_1[k]\} + \beta T\{x_2[k]\} = \alpha y_{zs1}[k] + \beta y_{zs2}[k]$$

零输入响应和零状态响应均具有线性特性,且系统响应满足可分解性,故系统为线性系统。

【例 1-6】 已知某线性连续时间系统,其在初始状态为 $y(0)$、输入激励为 $x(t)$ 作用下产生的完全响应为 $y_1(t) = 2e^{-2t} + e^{-3t}$,$t>0$;该系统在初始状态为 $y(0)$、输入激励为 $2x(t)$ 作用下产生的完全响应为 $y_2(t) = 5e^{-2t} + 2e^{-3t}$,$t>0$;试求初始状态为 $2y(0)$、激励为 $3x(t)$ 时系统的完全响应 $y_3(t)$。

解:线性系统的完全响应由零输入响应和零状态响应叠加组成,且零输入响应和零状态响应分别满足线性特性。设系统在初始状态 $y(0)$ 作用下的零输入响应为 $y_{zi}(t)$,在激励 $x(t)$ 作用下的零状态响应为 $y_{zs}(t)$,根据题意有

$$y_1(t) = y_{zi}(t) + y_{zs}(t) = 2e^{-2t} + e^{-3t}, t>0$$
$$y_2(t) = y_{zi}(t) + 2y_{zs}(t) = 5e^{-2t} + 2e^{-3t}, t>0$$

由上两式可求出零输入响应和零状态响应分别为

$$y_{zi}(t) = -e^{-2t}, \quad t>0$$
$$y_{zs}(t) = 3e^{-2t} + e^{-3t}, \quad t>0$$

利用线性特性,可求出初始状态为 $2y(0)$、激励为 $3x(t)$ 时系统的完全响应 $y_3(t)$ 为

$$y_3(t) = 2y_{zi}(t) + 3y_{zs}(t) = 7e^{-2t} + 3e^{-3t}, t>0$$

在分析线性系统时,充分利用了线性系统的均匀特性和叠加特性。线性系统的线性特性是非常重要的特性,是系统分析的基础特性之一。

3. 非时变系统与时变系统

对于一个连续时间系统,如果在零状态条件下,其输出响应与输入激励的关系

不随输入激励作用于系统的时间起点而改变时,就称为非时变系统。否则,就称为时变系统。非时变特性可表示为

若　　　　　　　　　　$y_{zs}(t) = T\{x(t)\}$

则　　　　　　　　　　$T\{x(t-t_0)\} = y_{zs}(t-t_0)$ 　　　　　　　(1-14)

式中 t_0 为任意值,如图 1-12 所示。

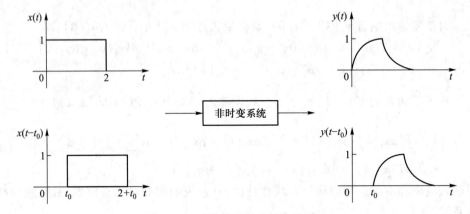

图 1-12　系统的非时变特性示意图

同样,对于非时变的离散时间系统,可以表示为

若　　　　　　　　　　$y_{zs}[k] = T\{x[k]\}$

则　　　　　　　　　　$T\{x[k-n]\} = y_{zs}[k-n]$ 　　　　　　　(1-15)

式中 n 为任意整数。

由此可见,对于非时变系统,当输入延时(或超前)一段时间,其对应的输出也出现相同时间的延时(或超前)。

【例 1-7】 试判断例 1-3 中电阻、电容、电感的伏安关系是否具有非时变特性,并分别讨论电阻值为 R、电容值为 L、电感值为 C 的常数,以及电阻值为 $R(t)$、电容值为 $C(t)$、电感值为 $L(t)$ 的变量两种情况。

解:① 电阻值 R、电容值 L、电感值 C 为常数。

对于电阻,当输入 $x(t) = i_R(t-t_0)$ 时,有

$$y(t) = Ri_R(t-t_0) = v_R(t-t_0)$$

对于电容,当输入 $x(t) = i_C(t-t_0)$,有

$$y(t) = \frac{1}{C}\int_{-\infty}^{t} i_C(\tau - t_0)\,\mathrm{d}\tau = \frac{1}{C}\int_{-\infty}^{t-t_0} i_C(\tau)\,\mathrm{d}\tau = v_C(t-t_0)$$

对于电感,当输入 $x(t) = i_L(t-t_0)$,有

$$y(t) = L\frac{\mathrm{d}i_L(t-t_0)}{\mathrm{d}t} = v_L(t-t_0)$$

因此,电阻、电容、电感的伏安关系均具有非时变特性。

② 电阻值 $R(t)$、电容值 $C(t)$、电感值 $L(t)$ 随时间变化。

对于电阻,当输入 $x(t) = i_R(t-t_0)$ 时,有

$$y(t) = R(t)x(t) = R(t)i_R(t-t_0) \neq v_R(t-t_0) = R(t-t_0)i_R(t-t_0)$$

对于电容,当输入 $x(t) = i_C(t-t_0)$,有

$$y(t) = \frac{1}{C(t)} \int_{-\infty}^{t} x(\tau)\mathrm{d}\tau = \frac{1}{C(t)} \int_{-\infty}^{t} i_C(\tau - t_0)\mathrm{d}\tau$$

$$= \frac{1}{C(t)} \int_{-\infty}^{t-t_0} i_C(\tau)\mathrm{d}\tau \neq v_C(t-t_0) = \frac{1}{C(t-t_0)} \int_{-\infty}^{t-t_0} i_C(\tau)\mathrm{d}\tau$$

对于电感,当输入 $x(t) = i_L(t-t_0)$,有

$$y(t) = L(t)\frac{\mathrm{d}x(t)}{\mathrm{d}t} = L(t)\frac{\mathrm{d}i_L(t-t_0)}{\mathrm{d}t} \neq v_L(t-t_0) = L(t-t_0)\frac{\mathrm{d}i_L(t-t_0)}{\mathrm{d}t}$$

因此,电阻、电容、电感的伏安关系均不具有非时变特性。

若电路中的元件参数不随时间变化,则该电路为非时变系统。

【例 1-8】 试判断下列系统是否为非时变系统,其中 $x(t)$、$x[k]$ 为系统的输入信号,$y(t)$、$y[k]$ 为系统的零状态响应。

(1) $y(t) = \int_{-\infty}^{t} x(\tau)\mathrm{d}\tau$;　　　　　　(2) $y(t) = \sin(t) \cdot x(t)$;

(3) $y[k] = x[k-1]$;　　　　　　　　(4) $y[k] = kx[k]$。

解:判断一个系统是否为非时变系统,只需判断当输入激励延时后,其输出响应是否也存在相同的延时。由于系统的非时变特性只考虑系统的零状态响应,因此,在判断系统的非时变特性时,都不涉及系统的初始状态。

(1) 设 $y_1(t)$ 是由延时的输入信号 $x_1(t) = x(t-t_0)$ 产生的零状态响应,则

$$y_1(t) = T\{x(t-t_0)\} = \int_{-\infty}^{t} x(\tau-t_0)\mathrm{d}\tau \xrightarrow{\lambda = \tau - t_0} \int_{-\infty}^{t-t_0} x(\lambda)\mathrm{d}\lambda = y(t-t_0)$$

可见,当输入延时 t_0 时,系统的输出也延时相同的时间 t_0,因此该系统为非时变系统。

(2) 因为　　　　　　　　$y_1(t) = T\{x(t-t_0)\} = \sin(t) \cdot x(t-t_0)$

$$y(t-t_0) = \sin(t-t_0) \cdot x(t-t_0) \neq y_1(t)$$

所以该系统为时变系统。

(3) 设 $y_1[k]$ 是系统对输入信号 $x_1[k] = x[k-k_0]$ 产生的零状态响应,则

$$y_1[k] = T\{x_1[k]\} = x_1[k-1] = x[k-1-k_0]$$

且

$$y[k-k_0] = x[k-k_0-1] = x[k-1-k_0] = y_1[k]$$

可见,当输入延时 k_0 时,系统的输出也延时 k_0,因此该系统为非时变系统。

(4) 因为 $\qquad y_1[k]=T\{x[k-k_0]\}=kx[k-k_0]$

$$y[k-k_0]=(k-k_0)x[k-k_0]\neq y_1[k]$$

所以该系统为时变系统。

一般,若系统的输入输出关系表达式中,除输入 $x(t)$、$x[k]$ 和输出 $y(t)$、$y[k]$ 外,还含有与 t 或 k 有关的变量,则系统为时变系统,如例 1-8 中的(2)(4)。例 1-8 中的(1)(3)分别为连续时间系统的积分器和离散时间系统的延时器,由例 1-8 和例 1-4 可见,积分器和延时器均是线性非时变系统。线性非时变(linear time invariant,LTI)系统是系统分析中一类重要系统,其具有的线性特性和非时变特性可以简化系统的分析。

【例 1-9】 已知某连续时间 LTI 系统在输入 $x_1(t)$ 的作用下,其零状态响应为 $y_1(t)$,试求在 $x_2(t)$ 作用下系统的零状态响应 $y_2(t)$。$x_1(t)$、$y_1(t)$ 和 $x_2(t)$ 分别如图 1-13(a)(b)(c)所示。

解:若能够确定输入 $x_2(t)$ 与输入 $x_1(t)$ 的关系,则可利用线性特性和非时变特性确定零状态响应 $y_2(t)$ 与 $y_1(t)$ 的关系。从图 1-13(a)(c)可看出

$$x_2(t)=x_1(t)-x_1(t-1)$$

由非时变特性,有 $\qquad T\{x_1(t-1)\}=y_1(t-1)$

再由线性特性即可求出

$$y_2(t)=T\{x_2(t)\}=T\{x_1(t)-x_1(t-1)\}=T\{x_1(t)\}-T\{x_1(t-1)\}=y_1(t)-y_1(t-1)$$

$y_2(t)$ 的波形如图 1-13(d)所示。

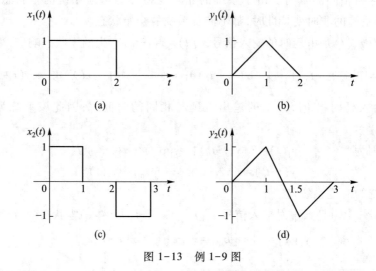

图 1-13　例 1-9 图

4. 因果系统与非因果系统

对于因果系统,当且仅当输入信号作用于系统时,系统才产生输出响应。也就是说,因果系统的输出响应不超前于系统的输入激励。不具有因果特性的系统称为非因果系统。如某连续时间系统的零状态响应 $y_{zs}(t) = 2x(t)$, $t>0$, 因该系统的输出不超前于输入[输出 $y_{zs}(t)$ 与输入 $x(t)$ 同时],故为因果系统。再如某连续时间系统的零状态响应 $y_{zs}(t) = 2x(t-1)$, $t>0$, 因该系统的输出也不超前于输入[输出 $y_{zs}(t)$ 滞后输入 $x(t)$],故也为因果系统。而若某连续时间系统的零状态响应 $y_{zs}(t) = 2x(t+2)$, $t>0$, 因该系统的输出 $y_{zs}(t)$ 超前于输入 $x(t)$, 故为非因果系统。

此外,系统还可分为记忆系统与非记忆系统(也称动态系统与即时系统)、集中参数系统与分布参数系统、稳定系统与非稳定系统等。

在种类繁多的系统中,线性非时变系统的分析具有重要的意义。因为实际应用中的大部分系统属于或可近似看作是线性非时变系统,而且线性非时变系统的分析方法已有较完善的理论。因此本课程重点讨论线性非时变的连续时间系统与线性非时变的离散时间系统,它们也是系统理论的核心与基础。在本课程后续内容中,凡不做特别说明的系统,都是指线性非时变的系统。对于非线性系统和时变系统,近年来的研究也有较大进展,其应用领域也很广泛,将在其他的课程中作专门的介绍。

1.2.3 系统连接

很多实际系统往往可以看成是几个子系统相互连接而构成。因此,在进行系统分析时,就可以通过分析各子系统的特性,以及它们之间的连接关系来分析整个系统的特性。在进行系统设计和综合时,也可以先设计简单的基本系统单元,再进行有效的连接,以得到复杂的系统。

虽然系统连接的方式多种多样,但其基本形式可以概括为级联、并联和反馈三种方式。两个系统的级联如图 1-14(a)所示,输入信号经系统 1 处理后再经由系统 2 处理。级联系统的连接规律是系统 1 的输出就是系统 2 的输入,可以按照这种规律进行更多个系统的级联。两个系统的并联如图 1-14(b)所示,输入信号同时经系统 1 处理和系统 2 处理,两者的输出叠加起来成为整个系统的输出。并联系统的连接规律是系统 1 和系统 2 具有相同的输入,可以按照这种规律进行更多个系统的并联。两个系统的反馈连接如图 1-14(c)所示,系统 1 的输出为系统 2 的输入,而系统 2 的输出又反馈回来与外加输入信号共同构成系统 1 的输入。可以将级联、并联和反馈连接组合起来实现更复杂的系统。

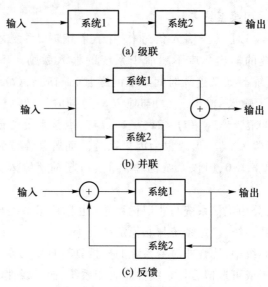

图 1-14　系统连接的基本形式

1.3　信号与系统分析概述

1.3.1　信号与系统分析的基本内容与方法

　　信号与系统分析主要包括信号分析与系统分析两部分内容,如图 1-15 所示。信号分析的核心内容是信号表示,即将复杂信号表示为一些基本信号的线性组合,通过研究基本信号的特性来探究复杂信号的特性。系统分析的核心是系统描述,即对系统进行不同域的描述以实现对系统特性的有效分析。信号表示与系统描述紧密相连,在分析信号作用于系统产生的响应时,就是通过将信号表示为不同的基信号,相应地给出系统的不同描述,从而揭示信号与系统之间的内在机理,得到输出响应与输入激励和系统的相互关系。正是基于此内在机理和相互关系,可以实现信号的有效分析和处理。为了有效表示信号和描述系统,信号与系统课程中引用了 Fourier(傅里叶)变换、Laplace(拉普拉斯)变换、z 变换,以实现对信号进行不同域的表示和对系统进行不同域的描述。为了分析信号与系统之间的作用关系,我们通过求解不同域中的系统响应来获得系统与输入、输出之间的关系。由此可见,信号与系统课程中的三大变换和响应求解只是手段和途径,真正的目的是信号表示和系统描述,是探究信号与系统之间的内在作用机理。

　　信号与系统是相互依存的整体。信号必定是由系统产生、发送、传输与接收,离开系统没有孤立存在的信号;同样,系统也离不开信号,系统的重要功能就是对信号

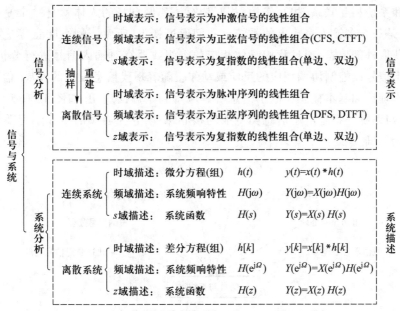

知识点图谱

图 1-15　信号与系统分析的基本内容

进行加工与处理,离开信号的系统就没有存在的意义。因此,在实际应用中,信号与系统必须成为相互协调的整体,才能实现信号与系统各自的功能。信号与系统的这种协调一致称之为信号与系统的"匹配"。

随着现代科学技术的迅猛发展,新的信号与系统的分析方法不断涌现。其中计算机辅助分析方法就是近年来较为活跃的方法。这种方法利用计算机进行数值运算,从而免去复杂的人工运算,且计算结果易于可视化,因而得到广泛应用和发展。本教材中,引入了广泛用于数值计算和可视化图形处理的 MATLAB 仿真工具,来辅助信号与系统的分析。此外,计算机技术的飞速发展与应用,为信号分析提供了有力的支持,尤其促进了离散时间信号的分析与处理。

综上所述,本课程主要分析确定信号和线性非时变系统,通过信号表示和系统描述揭示输入信号、输出信号、系统三者之间相互关系,为信号分析和系统设计奠定理论基础。该课程运用了较多的高等数学知识与电路分析的内容。在学习过程中,同学们应着重掌握信号与系统分析的基本概念,将数学概念、物理概念及其工程概念有机结合,注意提出问题、分析问题与解决问题的方法,只有这样才可以真正理解信号与系统分析的实质内容,提高学习能力和综合应用知识的能力,为以后的学习与应用奠定坚实的基础。

1.3.2　信号与系统理论的应用

大千世界,信号和系统无处不在,无处不用。从某种意义上说,世间万物都是通过信号和系统相互联系、相互作用、相互依存。我们自身的人体就是一个复杂的系统,而且是一个多输入多输出的系统。我们通过视觉、听觉、触觉、味觉等这些输入信号来获取外部信息,通过我们身体相应的组织或器官对输入信号进行分析处理,从而输出信号以控制协调相应的反应或动作。随着现代信息技术的发展,信号与系统的基本理论和基本概念在电子信息等领域得到了广泛应用,如图 1-16 所示。因此,信号与系统课程是电子信息类专业的核心课程,它为后续的专业学习奠定了必要的理论基础。

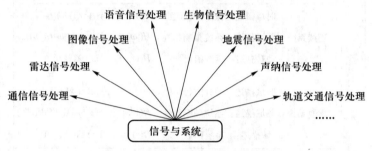

图 1-16　信号与系统理论的应用

1. 通信领域

在通信系统中,许多信号不能直接进行传输,需要根据实际情况对信号进行适当的调制以提高信号的传输质量或传输效率。信号的调制有多种形式,如信号的幅度调制、频率调制和相位调制,信号的调制都是基于信号与系统的基本理论。信号的正弦幅度调制可以实现频分复用,信号的脉冲幅度调制可以实现时分复用,复用技术可以极大地提高信号的传输效率,有效地利用信道资源。信号的频率调制和相位调制可以增强信号的抗干扰能力,提高其传输质量。此外,离散信号的调制还可以实现信号的加密,多媒体信号的综合传输等。由此可见,信号与系统的理论与方法在通信领域有着广泛的应用。

2. 控制领域

在控制系统中,系统的传输特性和稳定性是描述系统的重要属性。信号与系统分析中的系统函数可以有效地描述连续时间系统和离散时间系统的传输特性和稳定性。一方面通过分析系统的系统函数,可以清楚地确定系统的时域特性、频域特性以及系统的稳定性等;另一方面在由系统函数分析系统特性的基础上,可以根据实际需要调整系统函数以实现所需的系统特性。如通过分析系统函数的零极点分布,可以了解系统是否稳定。若不稳定,可以通过反馈等方法调整系统函数实现系统的稳定。系统函数在控制系统的分析与设计中有着重要的应用。

3. 信息处理

在信息处理领域中,信号与系统的时域分析和变换域分析的理论和方法为信息处理奠定了理论基础。在信号的时域分析中,信号的卷积与解卷积理论可以实现信号恢复和信号去噪,信号相关理论可以实现信号检测和频谱分析等。在信号的变换域分析中,信号的 Fourier 变换可以实现信号的频谱分析和系统的传输特性分析,连续时间信号的 Laplace 变换和离散时间信号的 z 变换可以实现系统的变换域描述等,信号的变换域分析拓展了信号时域分析的范畴,为信号的分析和处理提供了新的途径。信号与系统分析的理论也是现代信号处理的基础,如信号自适应处理、信号的时频分析等。

4. 生物医学工程

生物医学工程是信息学科与医学学科的交叉,生物医学领域中许多系统描述和信号处理都是基于信号与系统的基本理论和方法。如在生物神经网络系统中,神经元的等效电路就是以非线性系统描述的,相应的数学模型为非线性时变微分方程或状态方程,其分析方法为解析方法或数值计算方法。近年来,随着生命科学和信息科学的日益发展和渗透,信号与系统的分析在生物医学工程中的应用也日益深入。

习　题

1-1　试确定题 1-1 图所示各信号的类型。

第 1 章自测题

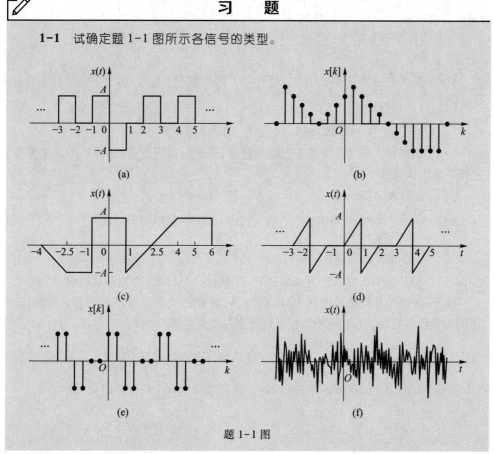

题 1-1 图

1-2　设 $x_1(t)$ 和 $x_2(t)$ 是基本周期分别为 T_1 和 T_2 的周期信号。证明 $x(t) = x_1(t) + x_2(t)$ 是周期为 T 的周期信号的条件为

$$mT_1 = nT_2 = T, \quad m 、 n \text{ 为正整数}$$

1-3　设 $x_1[k]$ 和 $x_2[k]$ 是基本周期分别为 N_1 和 N_2 的周期序列。证明 $x[k] = x_1[k] + x_2[k]$ 是周期为 N 的周期序列的条件为

$$mN_1 = nN_2 = N, \quad m 、 n \text{ 为正整数}$$

1-4　试判断下列信号是否为周期信号。若是周期信号,确定其周期。

（1）$x(t) = \sin(\pi t), t \geq 0$；

（2）$x(t) = \sin(2\pi t) + \cos\left(3\pi t + \dfrac{\pi}{3}\right)$；

（3）$x(t) = \sin(2t) + \cos(3\pi t)$；

（4）$x(t) = e^{-2t}\sin\left(2t + \dfrac{\pi}{6}\right)$；

（5）$x[k] = e^{j\left(\frac{\pi k}{2} - \frac{\pi}{3}\right)}$；

（6）$x[k] = \sin\left(\dfrac{3}{4}k\right)$；

（7）$x[k] = \sin^2\left(\dfrac{3\pi}{4}k\right)$；

（8）$x[k] = \sin\left(\dfrac{\pi}{6}k\right) + \cos\left(\dfrac{2\pi}{5}k\right)$。

1-5　已知正弦信号 $x(t) = \cos\left(10t + \dfrac{\pi}{6}\right)$，$-\infty < t < +\infty$。

（1）对 $x(t)$ 等间隔抽样,求出使 $x[k] = x(kT_s)$ 为周期序列的抽样间隔 T_s；

（2）如果 $T_s = 0.1\pi$，求出 $x[k] = x(kT_s)$ 的基本周期 N。

1-6　试判断下列信号中哪些为能量信号,哪些为功率信号,哪些既不是能量信号又不是功率信号。

（1）$x(t) = A\sin(\omega_0 t + \theta)$；

（2）$x(t) = A e^{-t}$；

（3）$x(t) = e^{-t}\cos(t), t \geq 0$；

（4）$x(t) = 2t + 1, -1 \leq t \leq 2$；

（5）$x[k] = \left(\dfrac{4}{5}\right)^k, k \geq 0$；

（6）$x[k] = e^{j\Omega_0 k}$。

1-7　已知系统的输入输出关系如下,其中 $x(t)$、$y(t)$ 分别为连续时间系统的输入和输出,$y(0)$ 为系统的初始状态;$x[k]$、$y[k]$ 分别为离散时间系统的输入和输出,$y[0]$ 为系统的初始状态。判断这些系统是否为线性系统。

（1）$y(t) = 4y(0) + 2\dfrac{\mathrm{d}x(t)}{\mathrm{d}t}$；

（2）$y(t) = y^2(0) + 3tx(t)$；

（3）$y(t) = y(0)\sin(2t) + \displaystyle\int_0^t x(\tau)\,\mathrm{d}\tau$；

（4）$y[k] = 4y[0] \cdot x[k] + 3x[k]$；

（5）$y[k] = 2y[0] + 6x^2[k]$；

（6）$y[k] = k^2 y[0] + \displaystyle\sum_{n=0}^{k} x[n]$。

1-8 判断下列系统是否为非时变系统,为什么? 其中 $x(t)$、$x[k]$ 为输入信号,$y(t)$、$y[k]$ 为零状态响应。

(1) $y(t) = \sin[x(t)]$;

(2) $y(t) = \sin(t) \cdot x(t)$;

(3) $y(t) = x(t) + \dfrac{\mathrm{d}x(t)}{\mathrm{d}t}$;

(4) $y(t) = \displaystyle\int_{-\infty}^{t} x(\tau) \mathrm{e}^{t-\tau} \mathrm{d}\tau$;

(5) $y[k] = x[k] - 2x[k-1]$;

(6) $y[k] = x[2k]$;

(7) $y[k] = \displaystyle\sum_{n=-\infty}^{k} x[n]$;

(8) $y[k] = kx[k]$。

1-9 已知某连续时间 LTI 系统,当系统的初始状态 $y(0^-) = 2$ 时,系统的零输入响应 $y_{zi}(t) = 2\mathrm{e}^{-4t}$,$t>0$。而在初始状态 $y(0^-) = 8$ 以及输入激励 $x(t)$ 共同作用下产生的系统完全响应 $y_1(t) = 3\mathrm{e}^{-4t} + 5\mathrm{e}^{-t}$,$t>0$。试求:

(1) 系统的零状态响应 $y_{zs}(t)$;

(2) 系统在初始状态 $y(0^-) = 1$ 以及输入激励为 $3x(t-1)$ 共同作用下产生的系统完全响应 $y_2(t)$。

1-10 已知某离散时间 LTI 系统在输入 $x_1[k]$ 的作用下,其零状态响应 $y_1[k]$,试求在 $x_2[k]$ 作用下系统的零状态响应 $y_2[k]$。$x_1[k]$、$y_1[k]$ 和 $x_2[k]$ 分别如题 1-10 图所示。

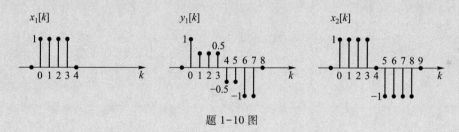

题 1-10 图

1-11 已知连续时间系统输入 $x(t)$ 与输出 $y(t)$ 的关系为

$$y(t) = T\{x(t)\} = \frac{1}{T} \int_{t-\frac{T}{2}}^{t+\frac{T}{2}} x(\tau) \mathrm{d}\tau$$

试确定该系统是否为(1) 线性系统;(2) 非时变系统;(3) 因果系统。

1-12 下面两个离散时间系统分别是一阶后向差分和一阶前向差分系统,试确定系统是否为线性、非时变、因果系统。

(1) $y_1[k] = x[k] - x[k-1]$;

(2) $y_2[k] = x[k+1] - x[k]$。

第 1 章部分
习题参考答案

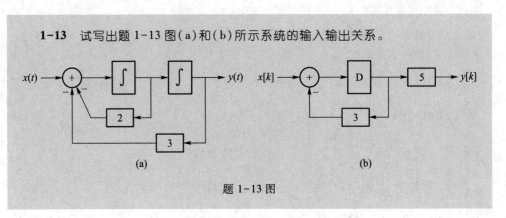

1-13 试写出题 1-13 图(a)和(b)所示系统的输入输出关系。

(a)   (b)

题 1-13 图

第 2 章 信号的时域分析

　　本章介绍信号与系统分析中常用的基本信号、基本运算、基本分解以及信号的时域表示。连续时间基本信号包含直流信号、实指数信号、虚指数信号、复指数信号、正弦信号、单位冲激信号、单位阶跃信号等,离散时间基本信号包含实指数序列、虚指数序列、复指数序列、正弦序列、单位脉冲序列、单位阶跃序列等。本章在时域介绍这些基本信号的定义、特性以及相互之间的关系,注重连续时间信号与离散时间信号之间的区别与联系。连续时间信号的基本运算主要有翻转、平移、尺度变换、相加、相乘、微分、积分等,离散时间信号的基本运算主要有翻转、位移、内插、抽取、相加、相乘、差分、求和等。基本信号和基本运算是进行信号表示的基础,本章侧重其数学概念和物理概念的描述,强调连续与离散之间的对应关系及其差异性。信号可以分解为不同的分量,如直流分量和交流分量、奇分量和偶分量、实部分量和虚部分量等,从而分析信号中不同分量的特性。信号的时域表示是将连续时间信号表示为冲激信号 $\delta(t)$ 的加权叠加,离散时间信号表示为脉冲序列 $\delta[k]$ 的加权叠加,此为信号时域分析的要点。

　　通过基本信号、基本运算、基本分解,从而将对复杂信号的分析转化为对基本信号的分析,这是信号分析与处理的基本思想。基本信号也是信号频域分析与复频域分析的基本载体,通过这些基本信号的时域与频域和复频域的对应关系,有助于我们直观而清晰地理解信号时域与变换域之间的对应关系及其特性。通过基本运算,有助于阐述频域变换和复频域变换的性质。因此,本章是信号与系统分析的基础内容。

2.1　连续时间基本信号

　　连续时间确定信号在其定义的连续区间上的任意时刻都具有确定的函数值,并且常可以由一个确定的时间函数表示。在连续时间信号的分析中,许多信号都可以利用一些常见的基本信号以及它们的变化形式来表示。因此,这些基本信号的时域定义和特性,以及相互之间的关系是信号与系统分析的基础。连续时间基本信号可分为两类,一类称为普通信号,这类信号本身及其高阶导数不存在间断点;另一类称为奇异信号,这类信号本身或其高阶导数存在间断点。

在连续时间信号分析中,根据连续时间信号 $x(t)$ 的自变量 t 的取值范围,信号 $x(t)$ 又可分为双边信号、单边信号和时限信号。若信号 $x(t)$ 对所有 t ($-\infty<t<\infty$, $t\in\mathbf{R}$)都有非零确定值(在信号的非零确定值之间可以出现零值),则称为双边信号,如图 2-1(a)所示。若信号 $x(t)$ 对部分 t ($t_1<t<\infty$ 或 $-\infty<t<t_2$)有非零确定值,则称为单边信号,如图 2-1(b)(c)所示。若信号 $x(t)$ 仅在有限长区间 $t_1\leqslant t\leqslant t_2$ 上具有非零确定值,则称为时限信号,如图 2-1(d)所示。单边信号又分为左边信号和右边信号。若信号 $x(t)$ 在 $-\infty<t<t_1$ 区间上 $x(t)=0$,则称为右边信号(若 $t_1=0$,该右边信号称为因果信号),如图 2-1(b)所示;若信号 $x(t)$ 在区间 $t_2<t<\infty$ 上 $x(t)=0$,则称为左边信号,如图 2-1(c)所示。

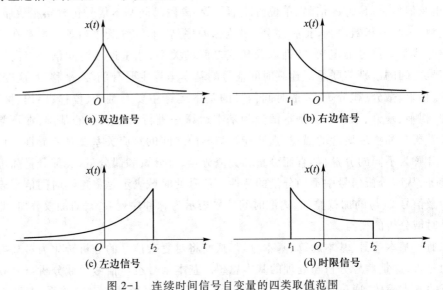

图 2-1　连续时间信号自变量的四类取值范围

2.1.1　典型普通信号

1. 实指数信号

实指数信号也简称为指数信号,其数学表示式为

$$x(t)=Ae^{\alpha t}, \quad t\in\mathbf{R} \tag{2-1}$$

式中 A 和 α 是实数,$\mathbf{R}$ 表示实数集。系数 A 是 $t=0$ 时指数信号的值,在 A 为正实数时,若 $\alpha>0$,则指数信号幅度随时间增加而增长;若 $\alpha<0$,则指数信号幅度随时间增加而衰减。在 $\alpha=0$ 的特殊情况下,信号不随时间而变化,成为直流信号。指数信号的波形如图 2-2 所示。指数信号为单调递增或单调递减,其存在一个重要特性:即指数信号对于时间的微分和积分仍是指数形式的信号。

在实际中较多遇到的是因果衰减指数信号,如电路系统中电感和电容的放电过

程,其数学表示式为

$$x(t) = \begin{cases} Ae^{\alpha t}, & t \geq 0, \alpha < 0 \\ 0, & t < 0 \end{cases} \tag{2-2}$$

$x(t)$ 的波形如图 2-3 所示,A 为一个正实数。

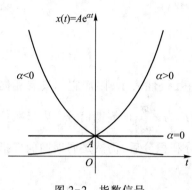

图 2-2　指数信号

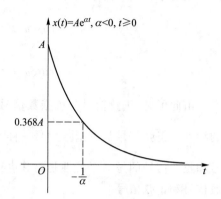

图 2-3　因果衰减指数信号

2. 虚指数信号和正弦信号

虚指数信号的数学表示式为

$$x(t) = e^{j\omega_0 t}, \quad t \in \mathbf{R} \tag{2-3}$$

该信号的一个重要特性是它具有周期性。此特性可以通过周期信号的定义加以证明。如果存在一个正数 T_0 使下式成立

$$x(t) = x(t + T_0), \quad \text{即 } e^{j\omega_0 t} = e^{j\omega_0(t + T_0)} \tag{2-4}$$

则 $e^{j\omega_0 t}$ 就是以 T_0 为周期的周期信号。因为

$$e^{j\omega_0(t + T_0)} = e^{j\omega_0 t} e^{j\omega_0 T_0}$$

要使其为周期信号,必须有 $e^{j\omega_0 T_0} = 1$,即 $\omega_0 T_0 = 2\pi m$,由此可得

$$T_0 = m\frac{2\pi}{\omega_0}, \quad m \text{ 为整数} \tag{2-5}$$

周期 T_0 应为满足式(2-5)的最小正数,故虚指数信号 $e^{j\omega_0 t}$ 是基本周期为 $\dfrac{2\pi}{|\omega_0|}$ 的周期信号。

正弦信号和余弦信号二者仅在相位上相差 $\dfrac{\pi}{2}$,通常统称为正弦信号,表示式为

$$x(t) = A\sin(\omega_0 t + \varphi), \quad t \in \mathbf{R} \tag{2-6}$$

式中 A 为振幅,ω_0 为角频率(单位为 rad/s),φ 为初始相位,波形如图 2-4 所示。显然,角频率 ω_0 越大,正弦信号的幅度变化越快。

利用 Euler（欧拉）公式，虚指数信号可以用与其基本周期相同的正弦信号表示，即

$$e^{j\omega_0 t} = \cos(\omega_0 t) + j\sin(\omega_0 t) \tag{2-7}$$

而正弦信号和余弦信号也可用周期相同的虚指数信号来表示，即

$$\cos(\omega_0 t) = \frac{1}{2}(e^{j\omega_0 t} + e^{-j\omega_0 t}) \tag{2-8}$$

$$\sin(\omega_0 t) = \frac{1}{2j}(e^{j\omega_0 t} - e^{-j\omega_0 t}) \tag{2-9}$$

由此可见，正弦信号与虚指数信号之间可以相互线性表示，因而它们具有相同的特性。正弦信号与虚指数信号一样，也是基本周期为 $\dfrac{2\pi}{|\omega_0|}$ 的周期信号。虚指数信号和正弦信号的另一个特性是对其进行时间的微分和积分后，仍然是同周期的虚指数信号和正弦信号。

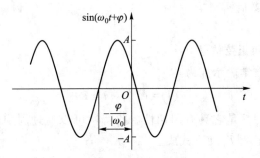

图 2-4　正弦信号

3. 复指数信号

复指数信号的数学表示式为

$$x(t) = Ae^{st}, \quad t \in \mathbf{R} \tag{2-10}$$

式中 $s = \sigma + j\omega_0$，A 一般为实数，也可为复数。此处讨论时假定 A 为实数，利用 Euler 公式将式（2-10）展开，可得

$$Ae^{st} = Ae^{(\sigma+j\omega_0)t} = Ae^{\sigma t}\cos(\omega_0 t) + jAe^{\sigma t}\sin(\omega_0 t) \tag{2-11}$$

式（2-11）表明，一个复指数信号可分解为实部、虚部两部分。

若 $\sigma \neq 0, \omega_0 \neq 0$，则复指数信号的实部、虚部都是幅度按指数规律变化的正弦信号。

若 $\sigma < 0$，复指数信号的实部、虚部为减幅的正弦信号，波形如图 2-5（a）（b）所示。

若 $\sigma > 0$，其实部、虚部为增幅正弦信号，波形如图 2-5（c）（d）所示。

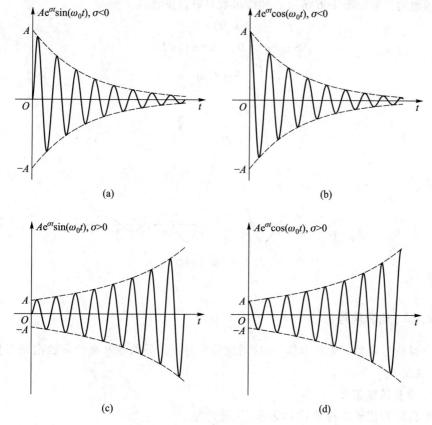

图 2-5 复指数信号的实部和虚部

若 $\sigma = 0$，$\omega_0 \neq 0$，则复指数信号成为虚指数信号，式（2-10）可写成纯虚指数信号

$$x(t) = \mathrm{e}^{\mathrm{j}\omega_0 t} \tag{2-12}$$

若 $\sigma \neq 0$，$\omega_0 = 0$，则复指数信号成为实指数信号。

若 $\sigma = 0$，$\omega_0 = 0$，复指数信号的实部、虚部均与时间无关，成为直流信号。

可见复指数信号的内涵更加丰富，其蕴含了直流信号、实指数信号、虚指数信号（正弦信号）。或者说，直流信号、实指数信号和虚指数信号（正弦信号）都是复指数信号的特例。因此，复指数信号是信号分析中非常重要的基本信号。复指数信号的微分和积分仍然是复指数信号。

4. 抽样函数

抽样函数（信号）是由 $\sin(t)$ 与 t 之比而构成的函数，其定义如下：

$$\mathrm{Sa}(t) = \frac{\sin(t)}{t} \tag{2-13}$$

抽样函数的波形如图 2-6 所示。抽样函数具有以下特性:

$$Sa(0) = 1$$
$$Sa(k\pi) = 0, \quad k = \pm 1, \pm 2, \cdots$$
$$\int_{-\infty}^{\infty} Sa(t)\,dt = \pi$$

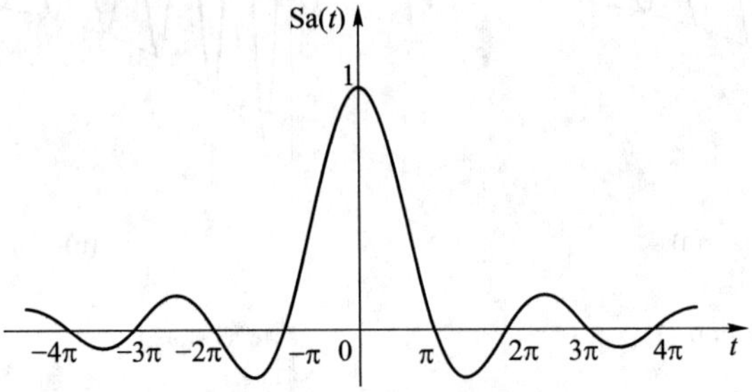

图 2-6 抽样函数

2.1.2 奇异信号

奇异信号是另一类基本信号,这类信号本身或其导数或其高阶导数出现奇异值(趋于无穷)。

1. 单位阶跃信号

单位阶跃信号以符号 $u(t)$ 表示,其定义为

$$u(t) = \begin{cases} 1, & t > 0 \\ 0, & t < 0 \end{cases} \tag{2-14}$$

其波形如图 2-7(a)所示。单位阶跃信号 $u(t)$ 在 $t=0$ 处存在间断点,在此点 $u(t)$ 没有定义。单位阶跃信号也可以延时任意时刻 t_0,以符号 $u(t-t_0)$ 表示,其波形如图 2-7(b)所示,对应的数学表示式为

$$u(t-t_0) = \begin{cases} 1, & t > t_0 \\ 0, & t < t_0 \end{cases} \tag{2-15}$$

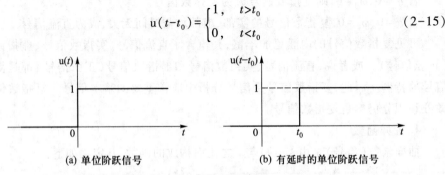

(a) 单位阶跃信号 (b) 有延时的单位阶跃信号

图 2-7 单位阶跃信号

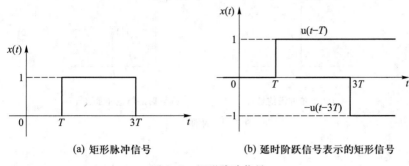

(a) 矩形脉冲信号　　　　　(b) 延时阶跃信号表示的矩形信号

图 2-8　矩形脉冲信号

应用单位阶跃信号与延时单位阶跃信号,可以表示任意的矩形脉冲信号。例如,图 2-8(a)所示的矩形脉冲信号可由图 2-8(b)表示,即

$$x(t) = u(t-T) - u(t-3T)$$

单位阶跃信号具有单边性,任意信号与单位阶跃信号相乘即可截断该信号。若连续时间信号 $x(t)$ 在 $-\infty < t < +\infty$ 范围内取值,则该信号与单位阶跃信号相乘后即成为因果信号 $x(t)u(t)$,其在 $-\infty < t < 0$ 范围内取值为零,如式(2-2)的因果指数信号可表示为 $Ae^{-\alpha t}u(t), \alpha > 0$。

2. 单位冲激信号

(1) 单位冲激信号(delta 函数)的定义

单位冲激信号可由不同的方式来定义,其一种定义是采用狄拉克(Dirac)定义的,即

$$\begin{cases} \int_{-\infty}^{\infty} \delta(t)\,dt = 1 \\ \delta(t) = 0, t \neq 0 \end{cases} \tag{2-16}$$

冲激信号的图形是用箭头表示,如图 2-9(a)所示。冲激信号无法以幅值表示,而是以强度表示,其强度就是冲激信号对时间的定积分值。在图中以括号注明,以便与信号的幅值相区分。

单位冲激信号可以延时至任意时刻 t_0,以符号 $\delta(t-t_0)$ 表示,定义为

$$\begin{cases} \int_{-\infty}^{\infty} \delta(t-t_0)\,dt = 1 \\ \delta(t-t_0) = 0, t \neq t_0 \end{cases} \tag{2-17}$$

其图形表示如图 2-9(b)。

冲激信号是作用时间极短,但作用时间内幅值极大的一类信号的数学模型。例如,单位阶跃信号加在不含初始储能的电容两端,t 从 0^- 到 0^+ 极短时间,电容两端的

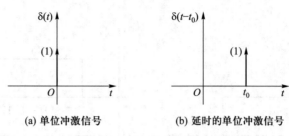

(a) 单位冲激信号　　　　(b) 延时的单位冲激信号

图 2-9　冲激信号

电压将从 0 V 跳变到 1 V,而流过电容的电流 $i(t) = \dfrac{C\mathrm{d}u(t)}{\mathrm{d}t}$ 为无穷大,可以用冲激信号 $\delta(t)$ 描述。

　　为了较直观地理解冲激信号,可以将其看成是某些普通信号的极限。首先分析图 2-10(a) 所示宽为 Δ,高为 $\dfrac{1}{\Delta}$ 的矩形脉冲,当保持矩形脉冲的面积 $\Delta \cdot \dfrac{1}{\Delta} = 1$ 不变,而使脉宽 Δ 趋于零时,脉高 $\dfrac{1}{\Delta}$ 必为无穷大,此极限情况即为单位冲激信号,定义如下:

$$\delta(t) = \lim_{\Delta \to 0} f_{\Delta}(t) = \lim_{\Delta \to 0} \frac{1}{\Delta}\left[\mathrm{u}\left(t + \frac{\Delta}{2} \right) - \mathrm{u}\left(t - \frac{\Delta}{2} \right) \right] \qquad (2\text{-}18)$$

　　图 2-10(b) 所示信号,当保持其面积等于 1,取 $\Delta \to 0$ 时其结果也可形成单位冲激信号 $\delta(t)$,即

$$\delta(t) = \lim_{\Delta \to 0} g_{\Delta}(t) \qquad (2\text{-}19)$$

此外,还可以利用指数信号、抽样信号等信号的极限模型来定义冲激信号。

极限模型

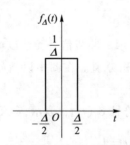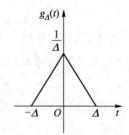

(a) 矩形脉冲表示的极限模型　　　(b) 三角形脉冲表示的极限模型

图 2-10　冲激信号的极限模型

　　冲激信号的严格定义应按广义函数理论定义。依据广义函数理论,冲激信号 $\delta(t)$ 定义为

$$\int_{-\infty}^{\infty} \varphi(t)\delta(t)\,\mathrm{d}t = \varphi(0) \tag{2-20}$$

式中 $\varphi(t)$ 是测试函数,其为任意的连续函数。式(2-20)表明,单位冲激信号 $\delta(t)$ 与测试函数 $\varphi(t)$ 乘积的积分等于测试函数在零时刻的值 $\varphi(0)$。

（2）冲激信号的性质

① 筛选特性

如果信号 $x(t)$ 是一个在 $t=t_0$ 处连续的普通函数,则有

$$x(t)\delta(t-t_0) = x(t_0)\delta(t-t_0) \tag{2-21}$$

上式表明连续时间信号 $x(t)$ 与冲激信号 $\delta(t-t_0)$ 相乘,筛选出信号 $x(t)$ 在 $t=t_0$ 时的函数值 $x(t_0)$。由于冲激信号 $\delta(t-t_0)$ 在 $t\neq t_0$ 处的值都为零,故 $x(t)$ 与冲激信号 $\delta(t-t_0)$ 相乘,$x(t)$ 只有在 $t=t_0$ 时的函数值对冲激信号 $\delta(t-t_0)$ 有影响,如图 2-11 所示。

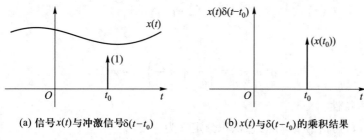

(a) 信号 $x(t)$ 与冲激信号 $\delta(t-t_0)$ (b) $x(t)$ 与 $\delta(t-t_0)$ 的乘积结果

图 2-11 冲激信号的筛选特性

② 抽样特性

如果信号 $x(t)$ 是一个在 $t=t_0$ 处连续的普通函数,则有

$$\int_{-\infty}^{\infty} x(t)\delta(t-t_0)\,\mathrm{d}t = x(t_0) \tag{2-22}$$

冲激信号的抽样特性表明,一个连续时间信号 $x(t)$ 与冲激信号 $\delta(t-t_0)$ 相乘,并在 $(-\infty, +\infty)$ 时间域上积分,其积分值为信号 $x(t)$ 在 $t=t_0$ 时的函数值 $x(t_0)$。

证明: 利用筛选特性,有

$$\int_{-\infty}^{\infty} x(t)\delta(t-t_0)\,\mathrm{d}t = \int_{-\infty}^{\infty} x(t_0)\delta(t-t_0)\,\mathrm{d}t = x(t_0)\int_{-\infty}^{\infty}\delta(t-t_0)\,\mathrm{d}t$$

由于

$$\int_{-\infty}^{\infty}\delta(t-t_0)\,\mathrm{d}t = 1$$

故有

$$\int_{-\infty}^{\infty} x(t)\delta(t-t_0)\,\mathrm{d}t = x(t_0)$$

③ 展缩特性

$$\delta(at) = \frac{1}{|a|}\delta(t), \quad a\neq 0 \tag{2-23}$$

上式证明可从冲激信号的广义函数理论定义来证明。即只需证明

$$\int_{-\infty}^{+\infty} \varphi(t)\delta(at)\mathrm{d}t = \int_{-\infty}^{+\infty} \varphi(t) \frac{1}{|a|}\delta(t)\mathrm{d}t$$

其中 $\varphi(t)$ 为任意的连续函数。证明过程如下:

$$左式 = \int_{-\infty}^{\infty} \varphi(t)\delta(at)\mathrm{d}t \xlongequal{at=x} \int_{-\infty}^{\infty} \varphi\left(\frac{x}{a}\right)\delta(x)\frac{\mathrm{d}x}{|a|} = \frac{\varphi(0)}{|a|}$$

$$右式 = \int_{-\infty}^{\infty} \varphi(t)\frac{\delta(t)}{|a|}\mathrm{d}t = \frac{\varphi(0)}{|a|}$$

左式与右式相等,因此式(2-23)成立。

由展缩特性可得出如下推论。

推论 1:冲激信号是偶函数。取 $a = -1$ 即可得

$$\delta(t) = \delta(-t) \tag{2-24}$$

推论 2:

$$\delta(at+b) = \frac{1}{|a|}\delta\left(t+\frac{b}{a}\right), \ (a \neq 0) \tag{2-25}$$

④ 卷积特性

信号 $x(t)$ 与信号 $g(t)$ 的卷积积分定义为

$$x(t) * g(t) = \int_{-\infty}^{\infty} x(\tau)g(t-\tau)\mathrm{d}\tau \tag{2-26}$$

如果信号 $x(t)$ 是一个任意连续时间函数,则有

$$x(t) * \delta(t-t_0) = x(t-t_0) \tag{2-27}$$

上式表明任意连续时间信号 $x(t)$ 与单位冲激信号 $\delta(t)$ 相卷积,其结果为信号 $x(t)$ 的延时 $x(t-t_0)$。

证明:根据卷积的定义,有

$$x(t) * \delta(t-t_0) = \int_{-\infty}^{\infty} x(\tau)\delta(t-\tau-t_0)\mathrm{d}\tau$$

利用 $\delta(t)$ 偶函数特性和抽样特性,可得

$$x(t) * \delta(t-t_0) = \int_{-\infty}^{\infty} x(\tau)\delta[\tau-(t-t_0)]\mathrm{d}\tau = x(t-t_0)$$

⑤ 冲激信号与阶跃信号的关系

单位冲激信号的积分为

$$\int_{-\infty}^{t} \delta(\tau)\mathrm{d}\tau = \begin{cases} 1, & t > 0 \\ 0, & t < 0 \end{cases} = \mathrm{u}(t) \tag{2-28}$$

即连续时间单位阶跃信号是单位冲激信号的积分。根据式(2-28),单位冲激信号

可以看作单位阶跃信号的一阶导数,即

$$\frac{\mathrm{d}u(t)}{\mathrm{d}t} = \delta(t) \tag{2-29}$$

直接利用普通信号的微分理解式(2-29)存在一定困难,因为 $u(t)$ 在 $t=0$ 点不连续且不可导。若将 $u(t)$ 在 $t=0$ 点从 0 到 1 的跃变近似表示为在很短的时间间隔 Δ 内从 0 到 1 的渐变,如图 2-12(a)所示,即 $u(t) = \lim\limits_{\Delta \to 0} u_\Delta(t)$。对 $u_\Delta(t)$ 求导可得 $\delta_\Delta(t)$,如图 2-12(b)所示。$\delta_\Delta(t)$ 是宽为 Δ、高为 $1/\Delta$、面积为 1 的矩形脉冲,利用单位冲激信号的极限模型定义,可得

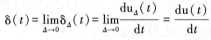

$$\delta(t) = \lim_{\Delta \to 0} \delta_\Delta(t) = \lim_{\Delta \to 0} \frac{\mathrm{d}u_\Delta(t)}{\mathrm{d}t} = \frac{\mathrm{d}u(t)}{\mathrm{d}t}$$

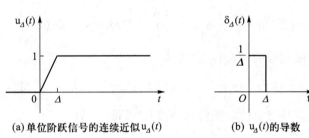

(a)单位阶跃信号的连续近似 $u_\Delta(t)$ (b) $u_\Delta(t)$ 的导数

图 2-12 单位阶跃信号的导数

从上面的分析可以看出,单位阶跃信号 $u(t)$ 在 $t=0$ 点不连续,跃变值为 1,对其求导后,即产生强度为 1 的单位冲激信号 $\delta(t)$。这一结论适用于任意信号,即对信号求导时,信号在不连续点的导数为冲激信号或延时冲激信号,冲激信号的强度就是不连续点的跳跃值。

冲激信号的上述特性在信号与系统的分析中有着重要的作用,下面举例说明。

【例 2-1】 利用冲激信号的性质计算下列各式。

(1) $\sin(t)\delta\left(t - \dfrac{\pi}{2}\right)$;   (2) $\displaystyle\int_{-\infty}^{\infty} \delta(t-2)\mathrm{e}^{-2t}u(t)\,\mathrm{d}t$;

(3) $\displaystyle\int_{-4}^{+3} \mathrm{e}^{-t}\delta(t-6)\,\mathrm{d}t$;   (4) $(t+2)\delta(2-2t)$;

(5) $\displaystyle\int_{1}^{2} \delta(2t-3)\sin(2t)\,\mathrm{d}t$;   (6) $\displaystyle\int_{-\infty}^{t} \cos(\tau)\delta(\tau)\,\mathrm{d}\tau$。

解:(1) 利用冲激信号的筛选特性,可得

$$\sin(t)\delta\left(t - \frac{\pi}{2}\right) = \sin\frac{\pi}{2}\delta\left(t - \frac{\pi}{2}\right) = \delta\left(t - \frac{\pi}{2}\right)$$

(2) 利用冲激信号的抽样特性,可得

$$\int_{-\infty}^{\infty} \delta(t-2)\mathrm{e}^{-2t}u(t)\,\mathrm{d}t = \int_{0}^{\infty} \delta(t-2)\mathrm{e}^{-2t}\,\mathrm{d}t = \mathrm{e}^{-2t}\big|_{t=2} = \mathrm{e}^{-4}$$

（3）利用冲激信号的筛选特性，可得

$$\int_{-4}^{+3} e^{-t} \delta(t-6)\,dt = e^{-6} \int_{-4}^{+3} \delta(t-6)\,dt$$

由于冲激信号 $\delta(t-6)$ 在 $t \neq 6$ 时为零，故其在区间 $[-4,3]$ 上的积分为零，由此可得

$$\int_{-4}^{+3} e^{-t} \delta(t-6)\,dt = 0$$

（4）利用冲激信号的展缩特性和筛选特性，可得

$$(t+2)\delta(2-2t) = \frac{1}{|-2|}(t+2)\delta(t-1) = \frac{3}{2}\delta(t-1)$$

（5）利用冲激信号的展缩特性和抽样特性，可得

$$\int_{1}^{2} \delta(2t-3)\sin(2t)\,dt = \int_{1}^{2} \frac{1}{2}\delta\left(t-\frac{3}{2}\right)\sin(2t)\,dt = \frac{1}{2}\sin(2t)\Big|_{t=\frac{3}{2}} = \frac{1}{2}\sin 3$$

（6）利用冲激信号的筛选特性，可得

$$\int_{-\infty}^{t} \cos(\tau)\delta(\tau)\,d\tau = \int_{-\infty}^{t} \cos(0)\delta(\tau)\,d\tau = \cos(0)\int_{-\infty}^{t} \delta(\tau)\,d\tau$$

再利用冲激信号与单位阶跃信号的关系，可得

$$\int_{-\infty}^{t} \cos(\tau)\delta(\tau)\,d\tau = \cos(0)\int_{-\infty}^{t} \delta(\tau)\,d\tau = u(t)$$

从以上例题可以看出，在冲激信号的抽样特性中，其积分区间不一定都是 $(-\infty, +\infty)$，但只要积分区间不包括冲激信号 $\delta(t-t_0)$ 的 $t = t_0$ 时刻，则积分结果必为零。此外，对于 $\delta(at+b)$ 形式的冲激信号，要先利用冲激信号的展缩特性将其化为 $\frac{1}{|a|}\delta\left(t+\frac{b}{a}\right)$ 形式后，才可利用冲激信号的抽样特性与筛选特性。

3. 斜坡信号

斜坡信号以符号 $r(t)$ 表示，其定义为

$$r(t) = \int_{-\infty}^{t} u(\tau)\,d\tau = \begin{cases} t, & t \geqslant 0 \\ 0, & t < 0 \end{cases} \tag{2-30}$$

其波形如图 2-13 所示。

从单位阶跃信号与斜坡信号的定义，可以导出单位阶跃信号与斜坡信号之间的关系。即有

$$r(t) = \int_{-\infty}^{t} u(\tau)\,d\tau \tag{2-31}$$

$$\frac{dr(t)}{dt} = u(t) \tag{2-32}$$

应用斜坡信号与单位阶跃信号，可以表示任意的三角脉冲信号。如图 2-14(a)所示的三角脉冲信号可利用

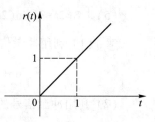

图 2-13　斜坡信号

斜坡信号和有时移的斜坡信号表示为 $x(t) = r(t+1) - 2r(t) + r(t-1)$，图 2-14(b) 所示的三角脉冲信号可利用斜坡信号与单位阶跃信号表示为 $x(t) = r(t) - r(t-1) - u(t-1)$。

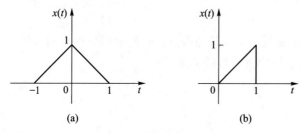

图 2-14　任意三角脉冲信号

4. 冲激偶信号

（1）冲激偶信号的定义

冲激信号的时间导数 $\delta'(t)$ 即为冲激偶信号，其定义为

$$\delta'(t) = \frac{\mathrm{d}\delta(t)}{\mathrm{d}t} \tag{2-33}$$

冲激偶信号也以强度表示，其波形如图 2-15 所示。

（2）冲激偶信号的性质

① 抽样特性

$$\int_{-\infty}^{\infty} x(t)\delta'(t - t_0)\,\mathrm{d}t = -x'(t_0) \tag{2-34}$$

式中 $x'(t_0)$ 为 $x(t)$ 在 t_0 点的导数值。

② 筛选特性

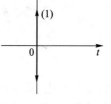

图 2-15　冲激偶信号

$$x(t)\delta'(t-t_0) = -x'(t_0)\delta(t-t_0) + x(t_0)\delta'(t-t_0) \tag{2-35}$$

③ 展缩特性

$$\delta'(at) = \frac{1}{a\,|a|}\delta'(t), \quad a \neq 0 \tag{2-36}$$

对于具有展缩和时移的冲激偶信号，存在

$$\delta'(at+b) = \frac{1}{a\,|a|}\delta'\left(t + \frac{b}{a}\right), \quad a \neq 0 \tag{2-37}$$

由展缩特性可推出，当 $a = -1$ 时，有

$$\delta'(-t) = -\delta'(t) \tag{2-38}$$

这说明 $\delta'(t)$ 是奇函数，故有

$$\int_{-\infty}^{\infty} \delta'(t)\,\mathrm{d}t = 0 \tag{2-39}$$

延时冲激偶信号同样也存在

$$\int_{-\infty}^{\infty} \delta'(t - t_0)\,\mathrm{d}t = 0 \qquad\qquad (2\text{-}40)$$

④ 卷积特性

$$x(t) * \delta'(t) = x'(t) \qquad\qquad (2\text{-}41)$$

此可以根据信号的卷积定义以及冲激偶信号的抽样特性求得。

⑤ 冲激偶信号与冲激信号的关系

$$\delta'(t) = \frac{\mathrm{d}\delta(t)}{\mathrm{d}t} \qquad\qquad (2\text{-}42)$$

$$\int_{-\infty}^{t} \delta'(\tau)\,\mathrm{d}\tau = \delta(t) \qquad\qquad (2\text{-}43)$$

【例 2-2】 计算 $\int_0^2 (3t^2+1)\delta'(2-3t)\,\mathrm{d}t$ 的值。

解：利用冲激偶信号的展缩特性，可得

$$\int_0^2 (3t^2 + 1)\delta'(2 - 3t)\,\mathrm{d}t = \int_0^2 (3t^2 + 1)\frac{1}{-3\,|-3|}\delta'\left(t - \frac{2}{3}\right)\mathrm{d}t$$

再利用冲激偶信号的抽样特性，可得

$$\int_0^2 (3t^2 + 1)\delta'(2 - 3t)\,\mathrm{d}t = -\frac{1}{9}\int_0^2 (3t^2 + 1)\delta'\left(t - \frac{2}{3}\right)\mathrm{d}t$$

$$= \frac{1}{9}(3t^2 + 1)'\Big|_{t=\frac{2}{3}} = \frac{4}{9}$$

综上所述，基本信号可分为普通信号与奇异信号。普通信号以复指数信号加以概括，复指数信号的几种特例派生出直流信号、指数信号、正弦信号等，这些信号的共同特性是对它们求导或积分后形式不变；而奇异信号以冲激信号为基础，取其积分或二重积分而派生出单位阶跃信号、斜坡信号，取其导数而派生出冲激偶信号。因此，在基本信号中，复指数信号与冲激信号是两个核心信号，它们在信号与系统分析中起着十分重要的作用。

2.2 连续时间信号的基本运算

2.2.1 信号的尺度变换、翻转与时移

1. 尺度变换(展缩)

信号的尺度变换是指将信号 $x(t)$ 变化到 $x(at)$（其中 $a>0$）的运算，若 $0<a<1$，则 $x(at)$ 是 $x(t)$ 以纵轴为中心扩展 $\frac{1}{a}$ 倍。若 $a>1$，则 $x(at)$ 是 $x(t)$ 以纵轴为中心压

缩 a 倍。

【例 2-3】 已知信号 $x(t) = \begin{cases} \dfrac{t+2}{2}, & -2 \leqslant t \leqslant 0 \\ 1, & 0 < t < 1 \\ 0, & \text{其他} \end{cases}$ ，分别画出 $x(2t)$ 和 $x\left(\dfrac{t}{2}\right)$ 的

波形。

解： 根据信号的解析表示式，并运用函数的基本定义，可得

$$x(2t) = \begin{cases} \dfrac{2t+2}{2}, & -2 \leqslant 2t \leqslant 0 \\ 1, & 0 < 2t < 1 \\ 0, & 2t > 1, 2t < -2 \end{cases} = \begin{cases} t+1, & -1 \leqslant t \leqslant 0 \\ 1, & 0 < t < \dfrac{1}{2} \\ 0, & t > \dfrac{1}{2}, t < -1 \end{cases}$$

$$x\left(\dfrac{t}{2}\right) = \begin{cases} \dfrac{0.5t+2}{2}, & -2 \leqslant 0.5t \leqslant 0 \\ 1, & 0 < 0.5t < 1 \\ 0, & 0.5t > 1, 0.5t < -2 \end{cases} = \begin{cases} \dfrac{t+4}{4}, & -4 \leqslant t \leqslant 0 \\ 1, & 0 < t < 2 \\ 0, & t > 2, t < -4 \end{cases}$$

$x(t)$、$x(2t)$ 和 $x\left(\dfrac{t}{2}\right)$ 的波形分别如图 2-16(a)(b)(c) 所示。

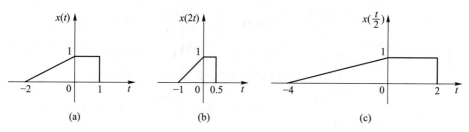

(a)　　　　　　　(b)　　　　　　　(c)

图 2-16 连续时间信号的尺度变换

由图可见，信号 $x(2t)$ 是信号 $x(t)$ 以纵轴为中心压缩 2 倍，信号 $x\left(\dfrac{t}{2}\right)$ 是信号 $x(t)$ 以纵轴为中心扩展 2 倍。

2. 翻转

信号的翻转是指将信号 $x(t)$ 变化为 $x(-t)$ 的运算，即将 $x(t)$ 以纵轴为中心做 180°翻转。

【例 2-4】 根据例 2-3 中的信号 $x(t)$，画出 $x(-t)$ 的波形。

解： 根据信号的解析表示式，并运用函数的基本定义，可得

$$x(-t) = \begin{cases} \dfrac{-t+2}{2}, & -2 \leqslant -t \leqslant 0 \\ 1, & 0 < -t < 1 \\ 0, & -t > 1, -t < -2 \end{cases} = \begin{cases} \dfrac{-t+2}{2}, & 0 \leqslant t \leqslant 2 \\ 1, & -1 < t < 0 \\ 0, & t > 2, t < -1 \end{cases}$$

$x(t)$ 和 $x(-t)$ 的波形分别如图 2-17(a)(b)所示。

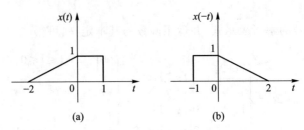

图 2-17 连续时间信号的翻转

3. 时移(平移)

信号的时移是指将信号 $x(t)$ 变化为信号 $x(t \pm t_0)$（其中 $t_0 > 0$）的运算。若为 $x(t-t_0)$，则表示信号 $x(t)$ 右移 t_0 单位；若为 $x(t+t_0)$，则表示信号 $x(t)$ 左移 t_0 单位。

【例 2-5】 根据例 2-3 中的信号 $x(t)$，分别画出 $x(t+1)$ 和 $x(t-1)$ 的波形。

解：根据信号的解析表示式，并运用函数的基本定义，可得

$$x(t+1) = \begin{cases} \dfrac{t+1+2}{2}, & -2 \leqslant t+1 \leqslant 0 \\ 1, & 0 < t+1 < 1 \\ 0, & t+1 > 1, t+1 < -2 \end{cases} = \begin{cases} \dfrac{t+3}{2}, & -3 \leqslant t \leqslant -1 \\ 1, & -1 < t < 0 \\ 0, & t > 0, t < -3 \end{cases}$$

$$x(t-1) = \begin{cases} \dfrac{t-1+2}{2}, & -2 \leqslant t-1 \leqslant 0 \\ 1, & 0 < t-1 < 1 \\ 0, & t-1 > 1, t-1 < -2 \end{cases} = \begin{cases} \dfrac{t+1}{2}, & -1 \leqslant t \leqslant 1 \\ 1, & 1 < t < 2 \\ 0, & t > 2, t < -1 \end{cases}$$

$x(t)$、$x(t+1)$ 和 $x(t-1)$ 波形分别如图 2-18(a)(b)(c)所示。

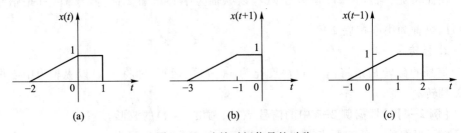

图 2-18 连续时间信号的时移

上面对信号的展缩、翻转与时移分别进行了描述。实际上,信号的变化常常是上述三种方式的综合,即信号 $x(t)$ 变化为 $x(at+b)$(其中 $a \neq 0$)。现举例说明其变化过程。

【例 2-6】 根据例 2-3 中的信号 $x(t)$,画出 $x(-2t-3)$ 的波形。

解: $x(-2t-3)$ 包含翻转、展缩和时移三种运算,可以按下述顺序进行处理。

$$x(t) \xrightarrow{\text{翻转 } t \to -t} x(-t) \xrightarrow{\text{压缩 } t \to 2t} x(-2t) \xrightarrow{\text{左移 } t \to t+1.5} x[-2(t+1.5)]$$

$x(-t)$、$x(-2t)$ 和 $x(-2t-3)$ 波形如图 2-19 所示。改变上述运算顺序,也会得到相同的结果。

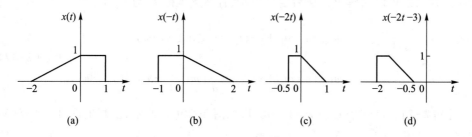

图 2-19 连续时间信号的翻转、展缩和时移

从上面分析可以看出,信号的翻转、展缩和时移运算只是函数自变量的简单变换,而变换前后信号端点的函数值不变。因此,可以通过端点函数值不变的特性来确定信号变换前后其图形中各端点的位置。

设变换前的信号为 $x(t)$,t_{b1} 与 t_{b2} 对应其左、右端点坐标,变换后的信号为 $x(at+b)$,t_{a1} 与 t_{a2} 对应其左、右端点坐标。由于信号变化前后信号的端点函数值不变,故有

$$x(t_{b1}) = x(at_{a1}+b)$$
$$x(t_{b2}) = x(at_{a2}+b)$$

(2-44)

根据上述关系可以求解出变换后信号的左、右端点坐标 t_{a1} 与 t_{a2},即

$$t_{b1} = at_{a1}+b \Rightarrow t_{a1} = \frac{1}{a}(t_{b1}-b)$$

$$t_{b2} = at_{a2}+b \Rightarrow t_{a2} = \frac{1}{a}(t_{b2}-b)$$

(2-45)

如例 2-6 中,信号 $x(t)$ 变换成信号 $x(-2t-3)$,则有 $t_{b1} = -2$,$t_{b2} = 1$,$a = -2$,$b = -3$。利用式(2-45)可计算出 $t_{a1} = -0.5$,$t_{a2} = -2$,即信号 $x(t)$ 中的端点坐标 $t_{b1} = -2$ 对应信号 $x(-2t-3)$ 中的端点坐标 $t_{a1} = -0.5$,$x(t)$ 中的端点坐标 $t_{b2} = 1$ 对应信号

$x(-2t-3)$ 中的端点坐标 $t_{a2}=-2$。

　　上述方法过程简单,特别适合信号从 $x(mt+n)$ 变换到 $x(at+b)$ 的过程。因为此时若按原先的方法,需要将信号 $x(mt+n)$ 经过时移、展缩、翻转的逆过程得到信号 $x(t)$,再将信号 $x(t)$ 经过翻转、展缩、时移得到信号 $x(at+b)$。若根据信号变换前后的端点函数值不变的原理,则可以很简便地计算出变换后信号的端点坐标,从而得到变换后的信号 $x(at+b)$。其计算公式如下:

$$x(mt_{b1}+n)=x(at_{a1}+b)$$
$$x(mt_{b2}+n)=x(at_{a2}+b)$$

$$(2-46)$$

根据上述关系可以求解出变换后信号的左、右端点坐标 t_{a1} 与 t_{a2},即

$$mt_{b1}+n=at_{a1}+b \Rightarrow t_{a1}=\frac{1}{a}(mt_{b1}+n-b)$$

$$mt_{b2}+n=at_{a2}+b \Rightarrow t_{a2}=\frac{1}{a}(mt_{b2}+n-b)$$

$$(2-47)$$

【例 2-7】　已知信号 $x(2t+3)$ 的波形如图 2-20(a)所示,试画出信号 $x(-3t+6)$ 的波形。

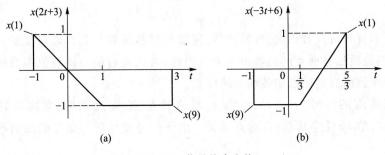

图 2-20　信号综合变换

　　解:由图 2-20(a)可见,信号 $x(2t+3)$ 的左端点函数值为 $x(1)$,右端点函数值为 $x(9)$。

　　信号 $x(2t+3)$ 变换为信号 $x(-3t+6)$,则对应有

$$t_{b1}=-1,\quad t_{b2}=3,\quad m=2,\quad n=3,\quad a=-3,\quad b=6$$

利用式(2-47)计算可得

$$t_{a1}=\frac{1}{a}(mt_{b1}+n-b)=-\frac{1}{3}[2\times(-1)+3-6]=\frac{5}{3}$$

$$t_{a2}=\frac{1}{a}(mt_{b2}+n-b)=-\frac{1}{3}[2\times3+3-6]=-1$$

即信号 $x(2t+3)$ 中的端点坐标 $t_{b1}=-1$ 对应变换后的信号 $x(-3t+6)$ 中的端点坐标 $t_{a1}=\dfrac{5}{3}$，$x(2t+3)$ 中的端点坐标 $t_{b2}=3$ 对应 $x(-3t+6)$ 中的端点坐标 $t_{a2}=-1$。利用变换前后信号的端点函数值不变的原理，由图 2-20(a) 所示的信号 $x(2t+3)$ 即可得到图 2-20(b) 所示的信号 $x(-3t+6)$ 的波形。由图 2-20(b) 可见，信号 $x(-3t+6)$ 的端点函数值仍为 $x(1)$、$x(9)$，只是因为存在翻转，左、右端点的位置出现转换。

许多较复杂的信号可以由基本信号通过相加、相乘、微分及积分等运算来表达，这样就可以把较复杂的信号分析变为对基本信号的分析。

2.2.2 信号的相加、相乘、微分与积分

1. 相加与相乘

信号的相加是指若干信号之和，可表示为

$$y(t)=x_1(t)+x_2(t)+\cdots+x_n(t) \tag{2-48}$$

图 2-21 所示是信号相加的一个例子。

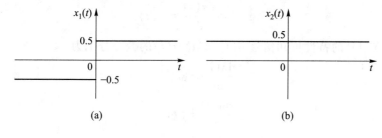

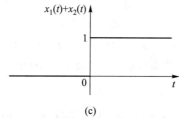

图 2-21　信号的相加

信号的相乘是指若干信号的乘积，可表示为

$$y(t)=x_1(t)\cdot x_2(t)\cdot\cdots\cdot x_n(t) \tag{2-49}$$

图 2-22 所示是信号相乘的一个例子。

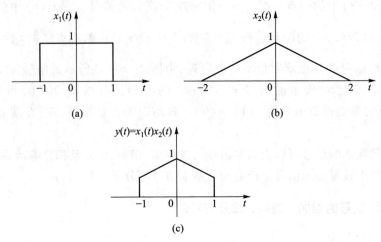

图 2-22 信号的相乘

2. 信号的微分

信号的微分是指信号对时间的导数,可表示为

$$g(t) = \frac{\mathrm{d}x(t)}{\mathrm{d}t} = x'(t) \tag{2-50}$$

由基本信号的特性可知信号 $\delta(t)$、$u(t)$、$r(t)$ 的微分分别为

$$\frac{\mathrm{d}\delta(t)}{\mathrm{d}t} = \delta'(t) \tag{2-51}$$

$$\frac{\mathrm{d}u(t)}{\mathrm{d}t} = \delta(t) \tag{2-52}$$

$$\frac{\mathrm{d}r(t)}{\mathrm{d}t} = u(t) \tag{2-53}$$

【例 2-8】 已知信号 $x(t) = \mathrm{e}^{-t}u(t)$,求 $x'(t)$,$x''(t)$。

解:利用两个函数乘积的微分法则,以及 $u(t)$ 的微分、$\delta(t)$ 的微分和 $\delta(t)$ 的筛选特性,可得

$$x'(t) = \frac{\mathrm{d}x(t)}{\mathrm{d}t} = -\mathrm{e}^{-t}u(t) + \mathrm{e}^{-t}\delta(t) = -\mathrm{e}^{-t}u(t) + \delta(t)$$

$$x''(t) = \frac{\mathrm{d}x'(t)}{\mathrm{d}t} = \mathrm{e}^{-t}u(t) - \delta(t) + \delta'(t)$$

【例 2-9】 已知信号 $x(t)$ 如图 2-23(a)所示,求 $x'(t)$。

解:由图 2-23(a)可以看出

$$x(t) = \begin{cases} t-2, & -2<t<-1 \\ -1, & -1<t<1 \\ 0.5(t-1), & 1<t<3 \end{cases}$$

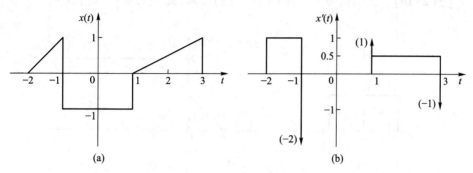

图 2-23 信号的微分

且 $x(t)$ 在 $t=-1$、$t=1$ 和 $t=3$ 时刻有跃变,跃变值分别为 -2、1 和 -1,故对 $x(t)$ 求导时,在 $t=-1$ 点会出现强度为 -2 的冲激信号,在 $t=1$ 点会出现强度为 1 的冲激信号,在 $t=3$ 点会出现强度为 -1 的冲激信号,即

$$x'(t) = \begin{cases} 1, & -2 < t < -1 \\ -2\delta(t+1), & t = -1 \\ 0, & -1 < t < 1 \\ \delta(t-1), & t = 1 \\ 0.5, & 1 < t < 3 \\ -\delta(t-3), & t = 3 \end{cases}$$

$x'(t)$ 的波形如图 2-23(b)所示。也可以根据导数的几何意义,通过信号的图形直接画出其对应的导数波形,然后根据该波形写出解析表示式。

3. 信号的积分

信号的积分是指信号在区间 $(-\infty, t)$ 上的积分,即

$$g(t) = \int_{-\infty}^{t} x(\tau) \mathrm{d}\tau \tag{2-54}$$

为了表示简便,可记为 $x^{(-1)}(t)$。由基本信号的特性可知 $\delta'(t)$、$\delta(t)$、$u(t)$ 的积分分别为

$$\int_{-\infty}^{t} \delta'(\tau) \mathrm{d}\tau = \delta(t) \tag{2-55}$$

$$\int_{-\infty}^{t} \delta(\tau) \mathrm{d}\tau = u(t) \tag{2-56}$$

$$\int_{-\infty}^{t} u(\tau) \mathrm{d}\tau = r(t) \tag{2-57}$$

【例 2-10】　已知信号 $x(t)$ 如图 2-24(a) 所示,求 $g(t) = \int_{-\infty}^{t} x(\tau)\,\mathrm{d}\tau$。

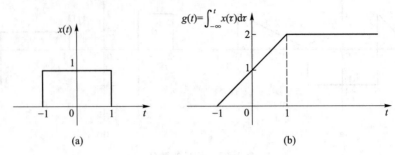

图 2-24　信号的积分

解:由图 2-24(a),可得

$$g(t) = \int_{-\infty}^{t} x(\tau)\,\mathrm{d}\tau = \begin{cases} 0, & t < -1 \\ \int_{-1}^{t} 1\,\mathrm{d}\tau, & -1 < t \leqslant 1 \\ \int_{-1}^{1} 1\,\mathrm{d}\tau, & t > 1 \end{cases} = \begin{cases} 0, & t < -1 \\ t+1, & -1 < t \leqslant 1 \\ 2, & t > 1 \end{cases}$$

信号 $x(t)$ 的积分如图 2-24(b) 所示。在计算信号 $x(t)$ 的积分时,也可以将 $x(t)$ 用基本信号表示,即

$$x(t) = \mathrm{u}(t+1) - \mathrm{u}(t-1)$$

利用单位阶跃信号 $\mathrm{u}(t)$ 的积分,可求出

$$g(t) = \int_{-\infty}^{t} x(\tau)\,\mathrm{d}\tau = \int_{-\infty}^{t} [\mathrm{u}(\tau+1) - \mathrm{u}(\tau-1)]\,\mathrm{d}\tau$$
$$= r(t+1) - r(t-1)$$

画出 $r(t+1) - r(t-1)$ 的波形,可得与图 2-24(b) 一致的结果。

在进行信号分析时,为了能够简便而有效地分析信号,通常将任意信号表示为基本信号或经过运算后的基本信号的线性组合。这样一来,利用基本信号的特性和信号的线性组合关系就可以研究任意信号的特性。

【例 2-11】　已知信号 $x(t)$ 如图 2-25(a) 所示,试用基本信号表示 $x(t)$。

解:信号 $x(t)$ 可以由图 2-25(b) 和 (c) 两信号之差表示,即

$$x(t) = x_1(t) - x_2(t)$$

信号 $x_1(t)$ 可以利用单位阶跃信号表示为 $\mathrm{u}(-t+2)$,三角波 $x_2(t)$ 可以利用斜坡信号的线性组合表示为 $r(t+1) - 2r(t) + r(t-1)$,由此可得

$$x(t) = \mathrm{u}(-t+2) - r(t+1) + 2r(t) - r(t-1)$$

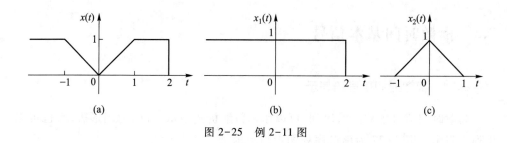

图 2-25 例 2-11 图

【**例 2-12**】 已知信号 $x(t)$ 如图 2-26 所示, 试用基本信号表示 $x(t)$, 并求 $x'(t)$。

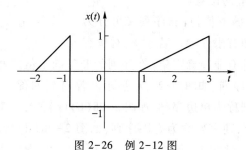

图 2-26 例 2-12 图

解: 利用单位阶跃信号的截断性, 将信号 $x(t)$ 分段表示为

$$x(t) = (t+2)[u(t+2) - u(t+1)] - [u(t+1) - u(t-1)] + 0.5(t-1)[u(t-1) - u(t-3)]$$

将上式表示为斜坡信号和单位阶跃信号的线性组合, 即

$$x(t) = (t+2)u(t+2) - (t+1)u(t+1) - 2u(t+1) + u(t-1) + 0.5(t-1)u(t-1) - 0.5(t-3)u(t-3) - u(t-3)$$

$$= r(t+2) - r(t+1) - 2u(t+1) + u(t-1) + 0.5r(t-1) - 0.5r(t-3) - u(t-3)$$

利用 $u(t)$ 和 $r(t)$ 的微分, 可求出

$$x'(t) = u(t+2) - u(t+1) - 2\delta(t+1) + \delta(t-1) + 0.5u(t-1) - 0.5u(t-3) - \delta(t-3)$$

$x'(t)$ 的波形如图 2-23(b) 所示。

在利用基本信号或经过运算后的基本信号的线性组合表示任意信号 $x(t)$ 时, 若 $x(t)$ 相对比较简单, 能够一目了然地表示为基本信号或经过运算后的基本信号的线性组合, 则可直接进行信号的分解。若 $x(t)$ 比较复杂, 则可以利用单位阶跃信号的截断性, 将信号 $x(t)$ 分段表示, 然后再将其化简为基本信号或经过运算后的基本信号的线性组合。

2.3　离散时间基本信号

2.3.1　离散时间信号的表示

离散时间信号也称离散序列,可以用函数解析式表示,可以用图形表示,也可以用列表表示。图 2-27 为离散序列图形表示示例,该序列的列表表示为

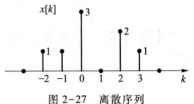

图 2-27　离散序列

$$x[k] = \{1,1,\overset{\downarrow}{3},0,2,1\}$$

序列中 ↓ 表示 $k=0$ 对应的位置。

根据离散变量 k 的取值范围,序列又可分为双边序列、单边序列和有限序列。若 $x[k]$ 对所有 $k(-\infty < k < \infty, k \in \mathbf{Z})$ 都有非零确定值(在序列的非零确定值之间可以出现有限个零值),则序列称为双边序列,如图 2-28(a)所示。若 $x[k]$ 对部分 $k(k \geq N_1$ 或 $k \leq N_2)$ 有非零确定值,则序列称为单边序列,如图 2-28(b)(c)所示。若 $x[k]$ 仅在 $N_1 \leq k \leq N_2$ 区间有非零确定值,则序列称为有限序列,如图 2-28(d)所示。对于单边序列,若序列 $x[k]$ 在 $k \geq N_1$ 时有值,而在 $k < N_1$ 时 $x[k]=0$,则序列称为右边序列,如图 2-28(b)所示;若序列 $x[k]$ 在 $k \leq N_2$ 时有值,而在 $k > N_2$ 时 $x[k]=0$,则序列称为左边序列,如图 2-28(c)所示。$k \geq 0$ 时有值的右边序列又称为因果序列;$k \leq 0$ 时有非零值的左边序列又称为反因果序列。

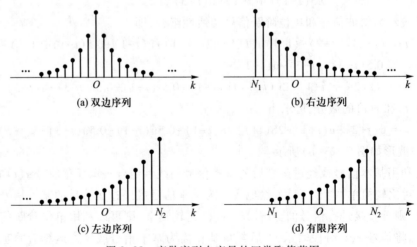

图 2-28　离散序列自变量的四类取值范围

2.3.2 基本离散序列

1. 实指数序列

实指数序列可表示为

$$x[k] = Ar^k, \quad k \in \mathbf{Z} \tag{2-58}$$

式中 A 和 r 均为实数，$\mathbf{Z}$ 表示整数集。若 $|r| > 1$，则信号幅度随指数 k 增加，如图 2-29(a)(c) 所示，若 $|r| < 1$，信号幅度随指数 k 衰减，如图 2-29(b)(d) 所示。若 r 是正值，则指数序列所有值是同一符号，如图 2-29(a)(b) 所示。若 r 是负值，则指数序列的值符号交替变化，如图 2-29(c)(d) 所示。

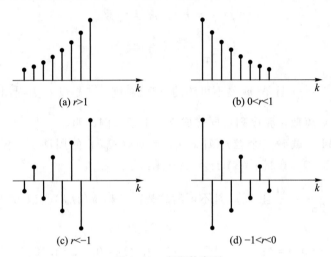

(a) $r>1$ (b) $0<r<1$

(c) $r<-1$ (d) $-1<r<0$

图 2-29 实指数序列

2. 虚指数序列和正弦序列

虚指数序列和正弦序列分别定义为

$$x[k] = e^{j\Omega_0 k}, \quad k \in \mathbf{Z} \tag{2-59}$$

$$x[k] = A\sin(\Omega_0 k + \varphi), \quad k \in \mathbf{Z} \tag{2-60}$$

正弦序列与余弦序列统称为正弦序列。利用 Euler 公式可以将正弦序列和虚指数序列联系起来，即

$$e^{j\Omega_0 k} = \cos(\Omega_0 k) + j\sin(\Omega_0 k) \tag{2-61}$$

而

$$\cos(\Omega_0 k) = \frac{1}{2}(e^{j\Omega_0 k} + e^{-j\Omega_0 k}) \tag{2-62}$$

$$\sin(\Omega_0 k) = \frac{1}{2j}(e^{j\Omega_0 k} - e^{-j\Omega_0 k}) \tag{2-63}$$

值得注意的是，虽然连续时间虚指数信号 $e^{j\omega_0 t}$ 和离散时间虚指数信号 $e^{j\Omega_0 k}$ 看起

来相似,但两者却存在很大的差异。

① 离散时间虚指数信号 $e^{j\Omega_0 k}$ 波形的变化不一定随角频率 Ω_0 的增加而加快,角频率为 Ω_0 的虚指数信号与角频率为 $\Omega_0 \pm n2\pi$ 的虚指数信号相同,即

$$e^{j(\Omega_0+n2\pi)k} = e^{j\Omega_0 k} e^{j2\pi nk} = e^{j\Omega_0 k} \qquad (2\text{-}64)$$

因此,研究离散时间虚指数信号时,只需分析信号角频率 Ω_0 在一个 2π 区间内的取值即可。在实际中常将 Ω_0 限制在区间 $[-\pi, \pi]$ 或 $[0, 2\pi]$。

② 离散时间虚指数信号 $e^{j\Omega_0 k}$ 的周期性。若离散序列 $e^{j\Omega_0 k}$ 为周期信号,必须有

$$e^{j\Omega_0(k+N)} = e^{j\Omega_0 k} e^{j\Omega_0 N} = e^{j\Omega_0 k} \qquad (2\text{-}65)$$

这就要求 $\qquad\qquad\qquad\qquad e^{j\Omega_0 N} = 1$

即 $\qquad\qquad\qquad\qquad \Omega_0 N = m2\pi, m$ 为整数

或 $\qquad\qquad\qquad\qquad \dfrac{\Omega_0}{2\pi} = \dfrac{m}{N} = 有理数 \qquad (2\text{-}66)$

亦即,如果 $\dfrac{|\Omega_0|}{2\pi} = \dfrac{m}{N}$ 且 N、m 是不可约的正整数,则 $e^{j\Omega_0 k}$ 是以 N 为周期的周期信号。

上述两点对离散正弦序列也同样成立。下面举例说明。

【例 2-13】 试确定余弦序列 $x[k] = \cos(\Omega_0 k)$ 的周期 N,并画出其波形。
(1) $\Omega_0 = 0$;(2) $\Omega_0 = 0.2\pi$;(3) $\Omega_0 = 0.9\pi$;(4) $\Omega_0 = \pi$。

解:如果 $\dfrac{|\Omega_0|}{2\pi} = \dfrac{m}{N}$ 且 N、m 是不可约的整数,则 $\cos(\Omega_0 k)$ 是以 N 为周期的周期信号。

(1) $\Omega_0/2\pi = 0, N = 1$; $\qquad\qquad$ (2) $\Omega_0/2\pi = 0.2/2 = 1/10, N = 10$;

(3) $\Omega_0/2\pi = 0.9/2 = 9/20, N = 20$; $\qquad$ (4) $\Omega_0/2\pi = 1/2, N = 2$。

随着角频率 Ω_0 增加,余弦序列的周期 N 不一定会变短。

余弦序列 $\cos(\Omega_0 k)$ 的波形如图 2-30 所示,由图可见,当角频率 Ω_0 从 0 增加到 π 时,余弦序列幅度的变化在逐渐地加快。由于 $\cos[(2\pi - \Omega_0)k] = \cos(\Omega_0 k)$,所以当 Ω_0 从 π 增加到 2π 时,余弦序列幅度的变化将会逐渐变慢。所以角频率在 π 附近的余弦序列是幅度变化比较快的信号,称之为高频信号。角频率在 0 或 2π 附近的余弦序列是幅度变化较为缓慢的信号,称之为低频信号。

【例 2-14】 判断下列正弦序列是否为周期信号。若是,求出周期 N。
(1) 对 $\sin(6t)$ 以 $T = 1/3$ s 进行抽样所得序列 $x_1[k]$;
(2) 对 $\cos(\pi t)$ 以 $T = 0.08$ s 进行抽样所得序列 $x_2[k]$;
(3) 对 $\cos(\pi t)$ 以 $T = 0.16$ s 进行抽样所得序列 $x_3[k]$;
(4) 对 $\cos(\pi t)$ 以 $T = 0.24$ s 进行抽样所得序列 $x_4[k]$。

解:(1) $\qquad\qquad x_1[k] = \sin(6t)\Big|_{t=\frac{1}{3}k} = \sin(2k)$

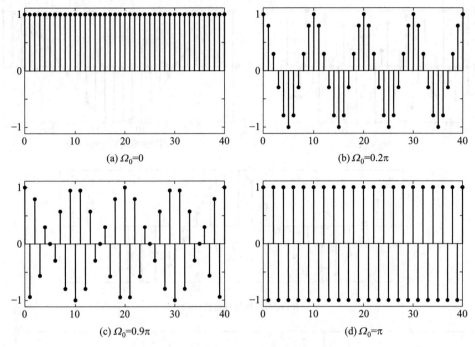

(a) $\Omega_0 = 0$

(b) $\Omega_0 = 0.2\pi$

(c) $\Omega_0 = 0.9\pi$

(d) $\Omega_0 = \pi$

图 2-30 余弦序列 $x[k] = \cos(\Omega_0 k)$ 的波形

对 $x_1[k]$，$\Omega_0 = 2$，有

$$\frac{\Omega_0}{2\pi} = \frac{1}{\pi}$$

由于 $\dfrac{1}{\pi}$ 不是有理数，故 $x_1[k]$ 是非周期的，其波形如图 2-31(a) 所示。

（2）
$$x_2[k] = \cos(\pi t)\Big|_{t=0.08k} = \cos(0.08\pi k)$$

对 $x_2[k]$，$\Omega_0 = 0.08\pi$，有

$$\frac{\Omega_0}{2\pi} = \frac{0.08\pi}{2\pi} = \frac{1}{25}$$

由于 $\dfrac{1}{25}$ 是不可约的有理数，故 $x_2[k]$ 的周期为 $N = 25$，其波形如图 2-31(b) 所示。

（3）
$$x_3[k] = \cos(\pi t)\Big|_{t=0.16k} = \cos(0.16\pi k)$$

对 $x_3[k]$，$\Omega_0 = 0.16\pi$，有

$$\frac{\Omega_0}{2\pi} = \frac{0.16\pi}{2\pi} = \frac{2}{25}$$

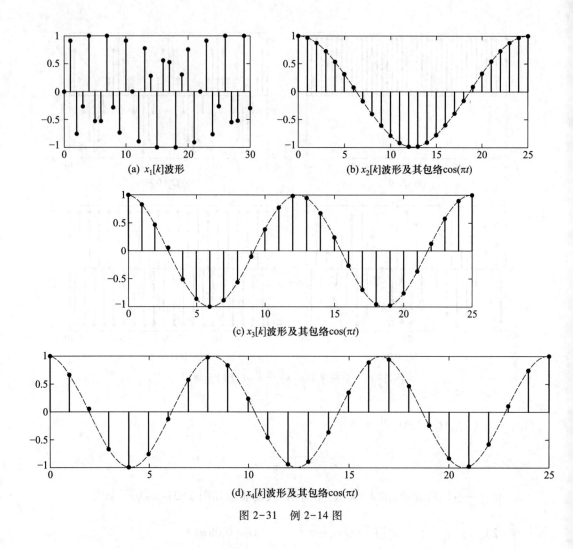

(a) $x_1[k]$波形

(b) $x_2[k]$波形及其包络$\cos(\pi t)$

(c) $x_3[k]$波形及其包络$\cos(\pi t)$

(d) $x_4[k]$波形及其包络$\cos(\pi t)$

图 2-31　例 2-14 图

由于$\dfrac{2}{25}$是不可约的有理数,故 $x_3[k]$ 的周期为 $N=25$,其波形如图 2-31(c)

所示。

(4)　　　　　　　$x_4[k]=\cos(\pi t)\Big|_{t=0.24k}=\cos(0.24\pi k)$

对 $x_4[k]$,$\Omega_0=0.24\pi$,有

$$\frac{\Omega_0}{2\pi}=\frac{0.24\pi}{2\pi}=\frac{3}{25}$$

由于$\dfrac{3}{25}$是不可约的有理数,故 $x_4[k]$ 的周期为 $N=25$,其波形如图 2-31(d)

所示。

从时间上来看,离散周期序列 $x_2[k]$ 波形重复出现的时间间隔为 $T_d = NT = 25 \times 0.08$ s $= 2$ s,离散周期序列 $x_3[k]$ 波形重复出现的时间间隔为 $T_d = NT = 25 \times 0.16$ s $= 4$ s,离散周期序列 $x_4[k]$ 波形重复出现的时间间隔为 $T_d = NT = 25 \times 0.24$ s $= 6$ s,而连续周期信号 $\cos(\pi t)$ 的周期为 $T_0 = 2$ s。由此可见,对连续周期信号进行抽样所得离散序列不一定都是周期序列,即便抽样所得离散序列是周期序列,其周期与原连续周期信号的周期也不一定对应,即 T_d 不一定等于 T_0。将 $x_2[k]$、$x_3[k]$、$x_4[k]$ 与对应的连续时间信号比较还可以看出,当满足 $\dfrac{|\Omega_0|}{2\pi} = \dfrac{m}{N}$,且 N、m 是不可约正整数时,N 为离散余弦序列的周期,而 m 表示离散余弦序列一个周期 N 内包含原连续周期余弦信号的周期数。

3. 复指数序列

复指数序列定义为

$$x[k] = Ar^k \mathrm{e}^{\mathrm{j}\Omega_0 k} = Az^k, \qquad k \in \mathbf{Z} \tag{2-67}$$

式中 $z = r\mathrm{e}^{\mathrm{j}\Omega_0}$,$A$ 一般为实数,也可为复数。当 A 为实数时,利用 Euler 公式将式(2-67)展开,可得

$$Ar^k \mathrm{e}^{\mathrm{j}\Omega_0 k} = Ar^k \cos(\Omega_0 k) + \mathrm{j}Ar^k \sin(\Omega_0 k) \tag{2-68}$$

上式表明,一个复指数序列可分解为实部、虚部两部分。实部、虚部分别为幅度按指数规律变化的正弦序列。若 $r < 1$,$\Omega_0 \neq 0$,实部和虚部为衰减正弦序列,波形如图 2-32(a)所示;若 $r > 1$,$\Omega_0 \neq 0$,实部和虚部为增幅正弦序列,波形如图 2-32(b)所示;若 $r = 1$,$\Omega_0 \neq 0$,实部和虚部为等幅正弦序列;若 $r \neq 1$,$\Omega_0 = 0$,则复指数序列成为一般的实指数序列;若 $r = 1$,$\Omega_0 = 0$,复指数序列成为直流信号。

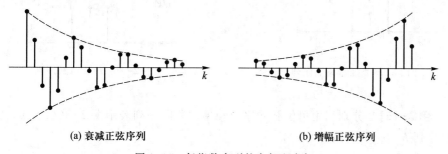

(a) 衰减正弦序列   (b) 增幅正弦序列

图 2-32　复指数序列的实部和虚部

4. 单位脉冲序列

单位脉冲序列又称单位序列,用符号 $\delta[k]$ 表示,定义为

$$\delta[k] = \begin{cases} 1, & k = 0 \\ 0, & k \neq 0 \end{cases} \tag{2-69}$$

$\delta[k]$ 在 $k = 0$ 时有确定值 1,这与 $\delta(t)$ 在 $t = 0$ 时刻的情况不同。单位脉冲序列

和有位移的单位脉冲序列分别如图 2-33(a)(b) 所示, 它们统称为脉冲序列或脉冲信号。

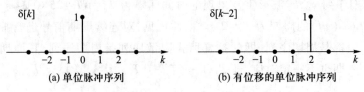

(a) 单位脉冲序列　　　　　　　(b) 有位移的单位脉冲序列

图 2-33　单位脉冲序列

任意序列可以利用单位脉冲序列及位移单位脉冲序列的加权叠加表示, 如图 2-34 所示离散序列可以表示为

$$x[k] = \delta[k+2] + 2\delta[k+1] + \delta[k] + 2\delta[k-1] + \delta[k-2] - \delta[k-3]$$

5. 单位阶跃序列

单位阶跃序列用 $u[k]$ 表示, 定义为

$$u[k] = \begin{cases} 1, & k \geqslant 0 \\ 0, & k < 0 \end{cases} \tag{2-70}$$

单位阶跃序列如图 2-35 所示。单位脉冲序列与单位阶跃序列的关系如下:

$$u[k] = \sum_{n=-\infty}^{k} \delta[n] \tag{2-71}$$

$$\delta[k] = u[k] - u[k-1] \tag{2-72}$$

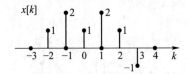

图 2-34　任意离散序列

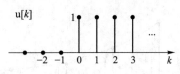

图 2-35　单位阶跃序列

【例 2-15】　分别利用单位脉冲序列和单位阶跃序列表示图 2-36(a)(b) 所示矩形序列 $R_N[k]$ 和斜坡序列 $r[k]$。

解:

$$R_N[k] = u[k] - u[k-N] = \sum_{n=0}^{N-1} \delta[k-n] \tag{2-73}$$

$$r[k] = ku[k] = \sum_{n=0}^{\infty} n\delta[k-n] \tag{2-74}$$

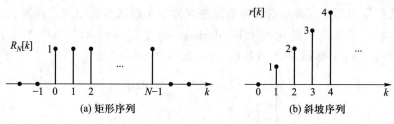

图 2-36　矩形序列和斜坡序列

2.4　离散时间信号的基本运算

2.4.1　序列的翻转、位移与尺度变换

1. 翻转

离散信号的翻转是指将信号 $x[k]$ 变化为 $x[-k]$ 的运算,即将 $x[k]$ 以纵轴为中心作 180° 翻转,如图 2-37 所示。

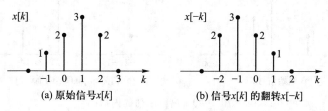

图 2-37　离散信号的翻转

2. 位移

离散信号的位移是指将信号 $x[k]$ 变化为信号 $x[k\pm n]$（其中 $n>0$）的运算。若为 $x[k-n]$,则表示信号 $x[k]$ 右移 n 个单位;若为 $x[k+n]$,则表示信号 $x[k]$ 左移 n 个单位。如图 2-38 所示。

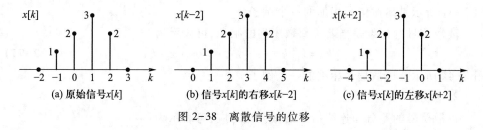

图 2-38　离散信号的位移

53

3. 尺度变换

离散信号的尺度变换是指将原离散序列样本个数减少或增加的运算,分别称为抽取和内插。序列 $x[k]$ 的 M 倍抽取(decimation)定义为 $x[Mk]$,其中 M 为正整数,表示在序列 $x[k]$ 中每隔 $M-1$ 点抽取一点,如图 2-39 所示。

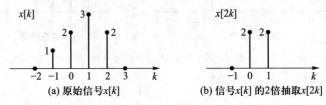

(a) 原始信号 $x[k]$　　　　　(b) 信号 $x[k]$ 的 2 倍抽取 $x[2k]$

图 2-39　离散序列的抽取

序列 $x[k]$ 的 L 倍内插(interpolation)定义为

$$x_1[k] = \begin{cases} x\left[\dfrac{k}{L}\right], & k \text{ 是 } L \text{ 的整数倍} \\ 0, & \text{其他} \end{cases} \tag{2-75}$$

表示在序列 $x[k]$ 中每两点之间插入 $L-1$ 个零点,如图 2-40 所示。

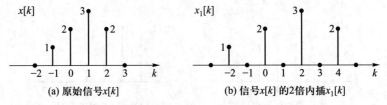

(a) 原始信号 $x[k]$　　　　　(b) 信号 $x[k]$ 的 2 倍内插 $x_1[k]$

图 2-40　离散序列的内插

2.4.2　序列的相加、相乘、差分与求和

1. 相加与相乘

离散信号的相加是指若干离散序列之和,可表示为

$$y[k] = x_1[k] + x_2[k] + \cdots + x_n[k] \tag{2-76}$$

图 2-41 所示是离散信号相加的一个例子。

离散信号的相乘是指若干离散序列的乘积,可表示为

$$y[k] = x_1[k] \cdot x_2[k] \cdot \cdots \cdot x_n[k] \tag{2-77}$$

图 2-42 所示是离散信号相乘的一个例子。

2. 差分

离散信号的差分与连续信号的微分相对应,可表示为

$$\nabla x[k] = x[k] - x[k-1] \tag{2-78}$$

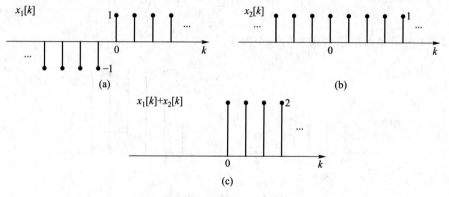

图 2-41 离散信号的相加

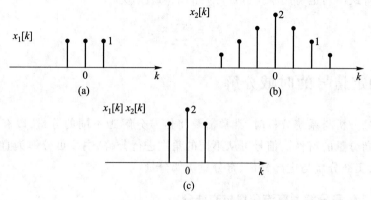

图 2-42 离散信号的相乘

或

$$\Delta x[k] = x[k+1] - x[k] \qquad (2-79)$$

式（2-78）称为一阶后向差分，式（2-79）称为一阶前向差分。以此类推，二阶和 n 阶差分可分别表示为

$$\nabla^2 x[k] = \nabla\{\nabla x[k]\} = x[k] - 2x[k-1] + x[k-2] \qquad (2-80)$$

$$\Delta^2 x[k] = \Delta\{\Delta x[k]\} = x[k+2] - 2x[k+1] + x[k] \qquad (2-81)$$

$$\nabla^n x[k] = \nabla\{\nabla^{n-1} x[k]\} \qquad (2-82)$$

$$\Delta^n x[k] = \Delta^{n-1}\{\Delta x[k]\} \qquad (2-83)$$

单位脉冲序列可用单位阶跃序列的一阶后向差分表示，即

$$\delta[k] = \nabla u[k] = u[k] - u[k-1] \qquad (2-84)$$

3. 求和

离散信号的求和与连续信号的积分相对应，是将离散序列在 $(-\infty, k)$ 范围进行求和，可表示为

$$y[k] = \sum_{n=-\infty}^{k} x[n] \tag{2-85}$$

图 2-43 所示是离散信号求和的一个例子。

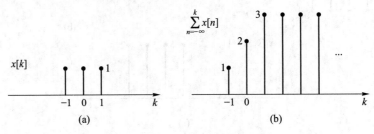

图 2-43　离散信号求和

单位阶跃序列也可用单位脉冲序列的求和表示为

$$u[k] = \sum_{n=-\infty}^{k} \delta[n] \tag{2-86}$$

2.5　确定信号的时域分解

在信号分析与系统分析时,常常需要将信号分解为不同的分量,以有利于分析信号中不同分量的特性。信号可从不同的角度进行分解,主要可分解为直流分量与交流分量、实部分量与虚部分量、奇分量与偶分量。

2.5.1　信号分解为直流分量与交流分量

信号可以分解为直流分量与交流分量之和。信号的直流分量是指在信号定义区间上的信号平均值,其对应于信号中不随时间变化的稳定分量。信号除去直流分量后的部分称为交流分量。若用 $x_{DC}(t)$ 表示连续时间信号的直流分量,$x_{AC}(t)$ 表示连续时间信号的交流分量,对于任意连续时间信号则有

$$x(t) = x_{DC}(t) + x_{AC}(t) \tag{2-87}$$

式中

$$x_{DC}(t) = \frac{1}{b-a} \int_{a}^{b} x(t)\,dt \tag{2-88}$$

其中 (a,b) 为信号的定义区间。图 2-44 给出了信号分解的实例。

求解信号的直流分量在工程中有着诸多应用,例如利用整流电路从交流电压信号中提取所需幅值的直流电压信号。大多数整流电路由变压电路、全波整流电路、滤波稳压电路组成,如图 2-45 所示,其在直流电动机的调速、发电机的励磁调节等领域得到广泛应用。

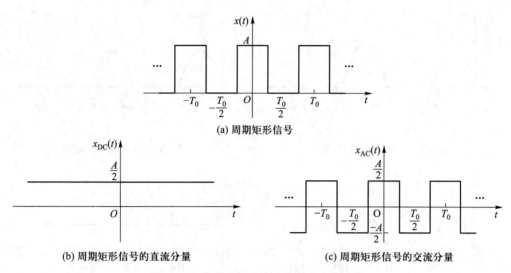

(a) 周期矩形信号

(b) 周期矩形信号的直流分量

(c) 周期矩形信号的交流分量

图 2-44 信号分解为直流分量和交流分量

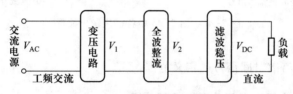

图 2-45 整流电路原理框图

在图 2-45 中,振幅为 220 V、频率为 50 Hz 交流电压信号 V_{AC} 经过变压电路得到振幅为 V_m、频率为 50 Hz 交流电压信号 V_1,波形分别如图 2-46(a) 和 (b) 所示;交流电压信号 V_1 经过全波整流得信号 V_2,波形如图 2-46(c) 所示;信号 V_2 波形经过滤波稳压电路即可提取出直流电压 V_{DC},如图 2-46(d) 所示。直流电压 V_{DC} 的幅值可由式(2-88)计算,得

$$V_{DC}(t) = 100 \int_0^{\frac{1}{100}} V_m \sin(2\pi \times 50t)\, \mathrm{d}t = \frac{2}{\pi} V_m \approx 0.64 V_m$$

可见,直流电压分量的幅值与交流电压信号 V_1 的幅值 V_m 有关。因此,通过调整变压器的匝比调节交流电压 V_1 的幅值即可获得所需的直流电压幅值。

对于离散时间信号也有同样的结论,即

$$x[k] = x_{DC}[k] + x_{AC}[k] \tag{2-89}$$

式中 $x_{DC}[k]$ 表示离散时间信号的直流分量,$x_{AC}[k]$ 表示离散时间信号的交流分量,且有

$$x_{DC}[k] = \frac{1}{N_2 - N_1 + 1} \sum_{k=N_1}^{N_2} x[k] \tag{2-90}$$

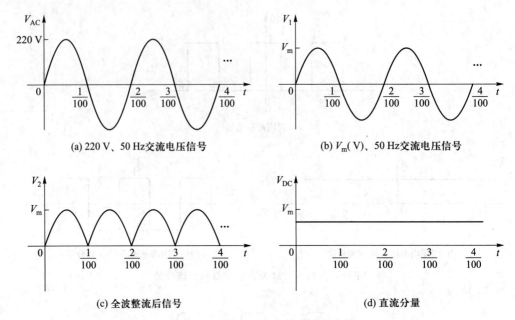

(a) 220 V、50 Hz交流电压信号　　　　　　　　(b) V_m(V)、50 Hz交流电压信号

(c) 全波整流后信号　　　　　　　　　　　(d) 直流分量

图 2-46　图 2-45 中各模块输出波形

式中 $[N_1,N_2]$ 为离散时间信号的定义范围。

2.5.2　信号分解为实部分量与虚部分量

任意复信号都可以分解为实部分量与虚部分量之和。

对于连续时间复信号 $x(t)$ 可分解为

$$x(t)=x_r(t)+\mathrm{j}x_i(t) \tag{2-91}$$

其中 $x_r(t)$、$x_i(t)$ 都是实信号,分别表示实部分量和虚部分量。若信号 $x(t)$ 对应的共轭信号以 $x^*(t)$ 表示,即

$$x^*(t)=x_r(t)-\mathrm{j}x_i(t) \tag{2-92}$$

则 $x_r(t)$ 与 $x_i(t)$ 可分别表示为

$$x_r(t)=\frac{1}{2}\left[x(t)+x^*(t)\right] \tag{2-93}$$

$$x_i(t)=\frac{1}{2\mathrm{j}}\left[x(t)-x^*(t)\right] \tag{2-94}$$

离散时间复序列 $x[k]$ 也可分解为实部分量 $x_r[k]$ 与虚部分量 $x_i[k]$,即

$$x_r[k]=\frac{1}{2}\left\{x[k]+x^*[k]\right\} \tag{2-95}$$

$$x_i[k]=\frac{1}{2\mathrm{j}}\left\{x[k]-x^*[k]\right\} \tag{2-96}$$

虽然实际产生的信号都是实信号,但在信号分析理论中,常借助复信号来研究某些实信号的问题,它可以建立某些有益的概念或简化运算。例如,复指数信号常用于表示正弦、余弦信号等。

2.5.3 信号分解为奇分量与偶分量

连续实信号可以分解为奇分量 $x_o(t)$ 与偶分量 $x_e(t)$ 之和,即

$$x(t) = x_e(t) + x_o(t) \qquad (2-97)$$

偶分量定义为
$$x_e(t) = \frac{1}{2}[x(t) + x(-t)] \qquad (2-98)$$

奇分量定义为
$$x_o(t) = \frac{1}{2}[x(t) - x(-t)] \qquad (2-99)$$

且有
$$x_e(t) = x_e(-t), \quad x_o(t) = -x_o(-t)$$

证明:$x(t) = \frac{1}{2}[x(t) + x(-t) - x(-t) + x(t)]$

$$= \frac{1}{2}[x(t) + x(-t)] + \frac{1}{2}[x(t) - x(-t)] = x_e(t) + x_o(t)$$

【例 2-16】 画出图 2-47(a)所示实信号 $x(t)$ 的奇、偶分量。

解:将 $x(t)$ 翻转得 $x(-t)$ 如图 2-47(b)所示。由式(2-98)和式(2-99)可得 $x(t)$ 的奇、偶两个分量,分别如图 2-47(c)和(d)所示。由图可见,信号的偶分量为偶对称,奇分量为奇对称。

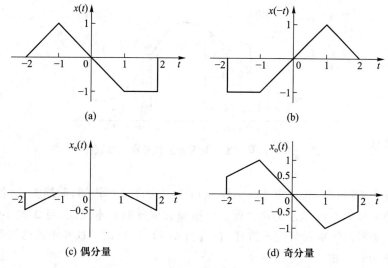

图 2-47 信号分解为奇分量与偶分量

离散实序列同样可以分解为奇分量 $x_{\mathrm{o}}[k]$ 与偶分量 $x_{\mathrm{e}}[k]$ 之和,即

$$x[k]=x_{\mathrm{e}}[k]+x_{\mathrm{o}}[k] \tag{2-100}$$

偶分量定义为

$$x_{\mathrm{e}}[k]=\frac{1}{2}\{x[k]+x[-k]\} \tag{2-101}$$

奇分量定义为

$$x_{\mathrm{o}}[k]=\frac{1}{2}\{x[k]-x[-k]\} \tag{2-102}$$

2.6　确定信号的时域表示

在信号分析与系统分析时,常将信号表示为基本信号的加权叠加,信号的表示有利于将满足一定约束条件的所有信号表示为某类基本信号,从而将这些信号的分析转变为对该类基本信号的分析,使信号与系统分析的物理过程更加清晰。信号可以表示为不同类的基本信号,分别对应信号不同域的表示。在信号与系统课程中,重点介绍信号表示为 δ 信号、虚指数信号(正弦信号)和复指数信号,分别对应信号的时域表示、频域表示和复频域表示。本章为信号的时域分析,因此,这里先介绍信号的时域表示。

2.6.1　连续信号表示为冲激信号的加权叠加

任意连续信号 $x(t)$ 都可以表示为冲激信号的加权叠加。下面以图 2-48 加以说明。

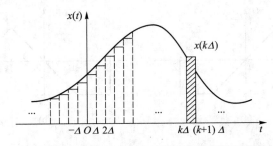

图 2-48　任意信号分解为冲激信号序列加权叠加

从图 2-48 可见,将任意连续信号 $x(t)$ 表示为许多小矩形,间隔为 Δ,各矩形的高度就是信号 $x(t)$ 在该点的函数值。根据函数积分的基本概念,当 Δ 很小时,可以用这些小矩形信号来近似表示信号 $x(t)$;当 $\Delta \to 0$ 时,可以用这些小矩形信号来完全表示信号 $x(t)$。即

$$x(t)\approx\cdots+x(0)\left[\mathrm{u}(t)-\mathrm{u}(t-\Delta)\right]+x(\Delta)\left[\mathrm{u}(t-\Delta)-\mathrm{u}(t-2\Delta)\right]+\cdots+$$

$$x(k\Delta)\bigl[\mathrm{u}(t-k\Delta)-\mathrm{u}(t-k\Delta-\Delta)\bigr]+\cdots$$

$$=\cdots+x(0)\frac{\bigl[\mathrm{u}(t)-\mathrm{u}(t-\Delta)\bigr]}{\Delta}\Delta+x(\Delta)\frac{\bigl[\mathrm{u}(t-\Delta)-\mathrm{u}(t-2\Delta)\bigr]}{\Delta}\Delta+\cdots+$$

$$x(k\Delta)\frac{\bigl[\mathrm{u}(t-k\Delta)-\mathrm{u}(t-k\Delta-\Delta)\bigr]}{\Delta}\Delta+\cdots$$

$$=\sum_{k=-\infty}^{\infty}x(k\Delta)\frac{\bigl[\mathrm{u}(t-k\Delta)-\mathrm{u}(t-k\Delta-\Delta)\bigr]}{\Delta}\Delta \tag{2-103}$$

上式只是近似表示信号 $x(t)$，且 Δ 越小，其误差越小。当 $\Delta\to0$ 时，可以用上式完全表示信号 $x(t)$。由于当 $\Delta\to0$ 时，$k\Delta\to\tau,\Delta\to\mathrm{d}\tau$，且

$$\frac{\bigl[\mathrm{u}(t-k\Delta)-\mathrm{u}(t-k\Delta-\Delta)\bigr]}{\Delta}\to\delta(t-\tau)$$

故 $x(t)$ 可准确表示为

$$x(t)=\lim_{\Delta\to0}\sum_{k=-\infty}^{\infty}x(k\Delta)\delta(t-k\Delta)\Delta=\int_{-\infty}^{\infty}x(\tau)\delta(t-\tau)\mathrm{d}\tau \tag{2-104}$$

式(2-104)实际上就是前面讨论过的冲激信号卷积特性，但这里不是说明冲激信号的卷积特性，而是说明任意连续信号可以表示为冲激信号的加权叠加，这是非常重要的结论。因为它表明不同的信号 $x(t)$ 可以表示为冲激信号的加权和，不同的只是它们的强度不同。这样，当求解信号 $x(t)$ 通过系统产生的零状态响应时，只需求解冲激信号 $\delta(t)$ 通过该系统产生的零状态响应，然后利用线性非时变系统的特性，进行叠加和延时即可求得信号 $x(t)$ 产生的零状态响应。因此，任意连续信号 $x(t)$ 表示为冲激信号的加权叠加是连续时间系统时域分析的基础。

2.6.2 离散序列表示为脉冲序列的加权叠加

图 2-49 所示信号 $x[k]$ 为任意离散序列，可以将其用单位脉冲序列和有位移的单位脉冲序列的加权和表示为

$$x[k]=\cdots+x[-1]\delta[k+1]+x[0]\delta[k]+x[1]\delta[k-1]+\cdots+x[n]\delta[k-n]+\cdots$$

$$=\sum_{n=-\infty}^{\infty}x[n]\delta[k-n] \tag{2-105}$$

式(2-105)表明任意离散序列可以表示为单位脉冲序列的加权叠加，这也是非常重要的结论，其作用和含义与连续信号相同。当求解离散序列 $x[k]$ 通过离散时间线性非时变系统产生的零状态响应时，只需求解单位脉冲序列 $\delta[k]$ 通过该系统产生的响应，然后利用线性非时变特性，即可求得信号 $x[k]$ 产生的零状态响应，从而在时域确立输入信号、输出信号与离散 LTI 系统三者之间的内在关系。因此，任意离散序列 $x[k]$ 表示为单位脉冲序列的加权叠加是离散时间系统时域分析的基础。

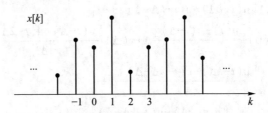

图 2-49　离散序列分解为单位脉冲序列的加权叠加

2.7　利用 MATLAB 进行信号的时域分析

2.7.1　连续信号的 MATLAB 表示

MATLAB 提供了大量的产生基本信号的函数。最常用的指数信号、正弦信号是 MATLAB 的内部函数,即不安装任何工具箱就可调用的函数。

1. 指数信号 Ae^{at}

指数信号 Ae^{at} 在 MATLAB 中可用 exp 函数表示,其调用形式为

$$y = A * exp(a * t)$$

图 2-3 所示因果衰减指数信号的 MATLAB 表示如下,取 $A = 1, a = -0.4$。

```
% example2_1 decaying exponential signal
A = 1; a = -0.4;
t = 0:001:10;
xt = A * exp(a * t);
plot(t, xt)
```

2. 正弦信号

正弦信号 $A\cos(\omega_0 t + \varphi)$ 和 $A\sin(\omega_0 t + \varphi)$ 分别用 MATLAB 的内部函数 cos 和 sin 表示,其调用形式为

$$y = A * cos(w0 * t + phi)$$
$$y = A * sin(w0 * t + phi)$$

图 2-4 所示正弦信号的 MATLAB 表示如下,取 $A = 1, \omega_0 = 2\pi, \varphi = \dfrac{\pi}{6}$。

```
% example2_2 sinusoidal singnal
A = 1; w0 = 2 * pi; phi = pi /6;
t = 0:0.001:8;
xt = A * sin(w0 * t + phi);
plot(t, xt)
```

除了内部函数外,在信号处理工具箱(Signal Processing Toolbox)里还提供了诸如矩形脉冲、三角波脉冲、周期矩形脉冲和周期三角波等信号处理中常用的信号。

3. 抽样函数 Sa(t)

抽样函数 Sa(t) 在 MATLAB 中用 sinc 函数表示,定义为

$$\text{sinc}(t) = \frac{\sin(\pi t)}{\pi t}$$

其调用形式为

$$y = \text{sinc}(t)$$

图 2-6 所示抽样函数的 MATLAB 表示如下:

```
% example2_3 Sample function
t = -4.5 * pi:pi/100:4.5 * pi;
xt = sinc(t/pi);
plot(t,xt)
```

4. 矩形脉冲信号

矩形脉冲信号在 MATLAB 中用 rectpuls 函数表示,其调用形式为

$$y = \text{rectpuls}(t,\text{width})$$

用以产生一个幅度为 1,宽度为 width,以零点对称的矩形波。width 的缺省值为 1。

图 2-8(a)所示以 2T 对称的矩形脉冲信号的 MATLAB 表示如下,取 $T=1$。

```
t = 0:0.001:4;
T = 1;
xt = rectpuls(t-2 * T,T);
plot(t,xt)
axis([0,4,-0.5,1.5])
```

5. 三角波脉冲信号

三角波脉冲信号在 MATLAB 中用 tripuls 函数表示,其调用形式为

$$y = \text{tripuls}(t, \text{width},\text{skew})$$

用以产生一个最大幅度为 1,宽度为 width 的三角波。函数值的非零范围为 (-width/2, width/2)。skew 定义为 2 倍的三角波顶点坐标 $t_{\max}$ 与三角波宽度之比,即 skew = 2$t_{\max}$/ width,其取值范围为 -1 到 +1 之间,决定了三角波的形状。width 的缺省值为 1,skew 缺省值为 0。tripuls(t)产生宽度为 1 的对称三角波。例如图 2-50 (a)所示三角波可由下述 MATLAB 语句实现。

```
% example2_5
t = -4:0.001:4;
xt = tripuls(t,4,0.5);
plot(t,xt)
```

若将程序中 tripuls(t,4,0.5)改为 tripuls(t,4,1),就可得到图 2-50(b)所示三角波。

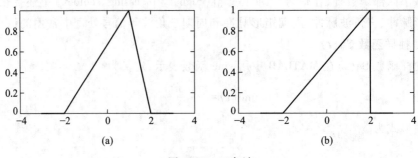

(a)

(b)

图 2-50　三角波

6. 周期矩形脉冲信号

周期矩形脉冲信号在 MATLAB 中用 square 函数表示,其调用形式为

$$x = \text{square(w0} * \text{t,duty\_cycle)}$$

用以产生一个幅度是 $+1$ 和 -1,基波频率为 $\omega_0\left(\text{即周期 } T = \dfrac{2\pi}{\omega_0}\right)$ 的矩形脉冲信号。

duty_cycle 是指一个周期内正脉冲的宽度与信号周期的百分比,缺省值为 1。例如图 2-51 所示周期 $T = 1$,正脉冲宽度与信号周期比为 20% 的周期矩形脉冲可由下述 MATLAB 语句实现。

```
% example2_6 square wave
t = 0:0.0001:5;
A = 1;T = 1;w0 = 2 * pi /T;
ft = A * square(w0 * t,20);
plot(t,ft)
axis([0,5,-1.5,1.5])
```

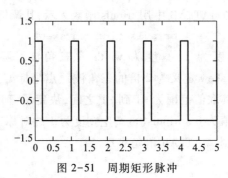

图 2-51　周期矩形脉冲

7. 周期三角波信号

周期三角波信号在 MATLAB 中用 sawtooth 函数表示,其调用形式为

$$x = \text{sawtooth(w0} * \text{t,width)}$$

产生一个基波频率为 ω_0,即周期 $T = \dfrac{2\pi}{\omega_0}$ 的三角波信号。三角波的幅度是 +1 和 -1,-1

出现在 nT 点。设在 $[0,T]$ 区间内 +1 出现的位置为 $t_{\max}$,则 width = $\dfrac{t_{\max}}{T}$。width 的缺省

值为 0.5。例如图 2-52 所示周期 $T = 1$ 的三角波可由下述 MATLAB 语句实现。

```
% example2_7 triangular wave
t = 0:0.001:5;
A = 1;T = 1;w0 = 2 * pi /T;
xt = A * sawtooth(w0 * t,1);
plot(t,xt)
axis([0,5,-1.5,1.5])
```

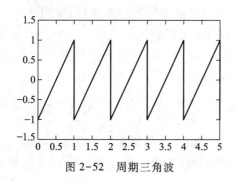

图 2-52 周期三角波

2.7.2 离散信号的 MATLAB 表示

对任意离散序列 $x[k]$,需用 2 个向量来表示。一个表示 k 的取值范围,另一个
表示序列的值。例如序列 $x[k] = \{2,1,\overset{\downarrow}{1},-1,3,0,2\}$ 可用 MATLAB 表示为

```
k = -2:4;  x=[2,1,1,-1,3,0,2];
```

若序列是从 $k = 0$ 开始,则只用一个向量 x 就可表示序列。由于计算机内存的限制,
MATLAB 无法表示一个任意的无穷序列。

1. 指数序列

离散指数序列的一般形式为 a^k,可以用 MATLAB 中的数组幂运算 a.^k 实现。

例如图 2-29(d) 所示的衰减指数信号可用 MATLAB 程序表示如下,取 $A = 1,a = -0.6$。

```
% example2_8 exponential sequence
k = 0:10;
A = 1;
a = -0.6;
```

```
xk = A * a.^k;
stem(k,xk)
```

程序中 stem(k,xk) 用于绘制离散序列的波形。改变程序中的 a 可分别得到图 2-29(a)(b)(c) 所示波形。

2. 正弦序列

离散正弦序列的 MATLAB 表示与连续信号相同,只是用 stem(k,x) 画出序列的波形。例如图 2-31(a) 所示正弦序列 $\sin(2k)$ 的 MATLAB 实现如下:

```
% example2_9 discrete-time sinusoidal signal
k = 0:30;
xk = sin(2 * k);
stem(k,xk)
```

用同样的方法可以得到离散的周期矩形脉冲、周期三角波、非周期矩形脉冲序列、三角波等序列的 MATLAB 表示。

3. 单位脉冲序列

单位脉冲序列定义为

$$\delta[k] = \begin{cases} 1, & k = 0 \\ 0, & k \neq 0 \end{cases} = \{\cdots,0,0,\overset{\downarrow}{1},0,0,\cdots\}$$

一种简单的方法是借助 MATLAB 中的零矩阵函数 zeros 表示。零矩阵 zeros(1,N) 产生一个由 N 个 0 组成的列向量,对于有限区间的 $\delta[k]$ 可以表示为

```
k = -50:50;
delta = [zeros(1,50),1,zeros(1,50)];
stem(k,delta)
```

另外一种更有效的方法是将单位脉冲序列写成 MATLAB 函数,利用关系运算"等于"来实现它。在 $k_1 \leqslant k \leqslant k_2$ 范围内的单位脉冲序列 $\delta[k-k_0]$,MATLAB 函数可写为

```
function [x,k] = impseq(k0,k1,k2)
% 产生 x[k]=delta(k-k0);k1<=k<=k2
k = [k1:k2];x = [(k-k0) = = 0];
```

程序中关系运算 (k-k0) = = 0 的结果是一个 **0 - 1** 矩阵,即 $k = k_0$ 时返回"真"值 **1**,$k \neq k_0$ 时返回"非真"值 **0**。

4. 单位阶跃序列

单位阶跃序列定义为

$$u[k] = \begin{cases} 1, & k \geqslant 0 \\ 0, & k < 0 \end{cases} = \{\cdots,0,0,\overset{\downarrow}{1},1,1,\cdots\}$$

一种简单的方法是借助 MATLAB 中的单位矩阵函数 ones 表示。单位矩阵 ones(1,N) 产生一个由 N 个 1 组成的列向量,对于有限区间的 $u[k]$ 可以表示为

```
k = -50:50;
uk = [zeros(1,50), ones(1,51)];
stem(k,uk)
```

与单位脉冲序列的 MATLAB 表示相似,也可以将单位阶跃序列写成 MATLAB 函数,并利用关系运算"大于等于"来实现它。在 $k_1 \leq k \leq k_2$ 范围内的单位阶跃序列 $u[k-k_0]$,MATLAB 函数可写为

```
function [f,k] = stepseq(k0,k1,k2)
% 产生 x[k] = u(k-k0); k1 <= k <= k2
k = [k1:k2]; x = [(k-k0) >= 0];
```

程序中关系运算 (k-k0) >= 0 的结果是一个 **0-1** 矩阵,即 $k \geq k_0$ 时返回"真"值 **1**, $k < k_0$ 时返回"非真"值 **0**。

2.7.3 信号基本运算的 MATLAB 实现

1. 信号的翻转、时移、尺度变换

信号的翻转、时移、尺度变换运算,实际上是函数自变量的运算。在信号翻转 $x(-t)$ 和 $x[-k]$ 运算中,函数的自变量乘以一个负号,在 MATLAB 中可以直接写出。翻转运算在 MATLAB 中还可以利用 fliplr(x) 函数实现,而翻转后信号的坐标则可以由 - fliplr(k) 得到。在信号时移 $x(t \pm t_0)$ 和 $x[k \pm k_0]$ 运算中,函数的自变量加、减一个常数,因此在 MATLAB 中可用算术运算符"-"或"+"来实现。在连续信号的尺度变换 $x(at)$ 中,函数的自变量乘以一个常数,因此在 MATLAB 中可用算术运算符"*"来实现。但离散序列的内插和抽取往往是通过数组运算实现的。实现 M 倍抽取的 MATLAB 语句为

$$xD = x(1:M:end);$$

实现 L 倍内插的 MATLAB 语句为

$$xI = zeros(1, L * length(x));$$
$$xI(1:L:end) = x;$$

【例 2-17】 试利用 MATLAB 画出例 2-6 信号 $x(t)$ 和 $x(-2t-3)$ 的波形。

解: 由于信号的尺度变换、翻转、时移是函数自变量的运算,为了实现方便,将信号 $x(t)$ 写成 MATLAB 函数,函数名为 x2_1,程序如下:

```
function yt = x2_1(t)
yt = 0.5 * (t+2) .* (t >= -2&t <= 0) + 1 * (t > 0&t <= 1);
```

调用函数 x2_1,即可画出 $x(t)$ 波形,实现 $x(-2t-3)$,MATLAB 程序如下:

```
% example2_10
t = -3:0.001:2;
subplot(2,1,1)
plot(t,x2_1(t))
```

```
title('x(t)')
axis([-3,2,-1,2])
subplot(2,1,2)
plot(t,x2_1(-2*t-3))
title('x(-2t-3)')
axis([-3,2,-1,2])
```

程序运行结果如图 2-53 所示。

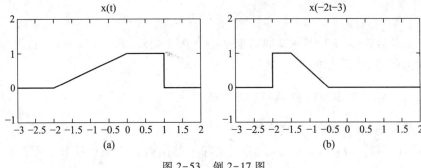

图 2-53　例 2-17 图

2. 信号的相加与相乘

信号的相加在 MATLAB 中可用算术运算符"+"实现。待运算的两信号在 MATLAB 中是以向量的形式表示的,要保证加法运算正确进行,两信号的长度必须相同。对于连续时间信号还应注意,除了保证信号的长度相同外,还应保证两信号抽样的时刻相同。

信号的相乘在 MATLAB 中可用数组运算符". *"实现,其运算时也受到与"+"运算符相同的限制。如图 2-5(a)所示的信号 $Ae^{at}\sin(\omega_0 t)$,可以看成是指数信号 Ae^{at} 与正弦信号 $\sin(\omega_0 t)$ 相乘,取 $A=1, a=-0.4, \omega_0=2\pi$,其 MATLAB 实现如下:

```
% example2_11 exponentially damped sinusoidal signal
t=0:0.001:8;
A=1; a=-0.4;w0=2*pi;
xt=A*exp(a*t).*sin(w0*t);
plot(t,xt)
```

3. 离散序列的差分与求和

在 MATLAB 中用 diff 函数实现离散序列的差分 $\nabla x[k]$,其调用格式为

$$y=diff(x)$$

离散序列的求和 $\sum_{k=k_1}^{k_2} x[k]$ 与信号相加运算不同,求和运算是把 k_1 和 k_2 之间的所有样本 $x[k]$ 加起来,在 MATLAB 中用 sum 函数实现,其调用格式为

```
y = sum(x(k1:k2));
```

【例 2-18】　用 MATLAB 计算指数信号 $(-0.6)^k \mathrm{u}[k]$ 的能量。

解：离散信号的能量定义为

$$E = \lim_{N \to \infty} \sum_{k=-N}^{N} \left| x[k] \right|^2$$

其 MATLAB 实现如下：

```
% example2_12 the energy of exponential sequence
k = 0:10;
A = 1;
a = -0.6;
xk = A * a.^k;
E = sum(abs(xk).^2)
```

运行结果为

```
E =
1.5625
```

4. 连续信号的微分与积分

连续信号的微分也可以用 diff 近似计算。例如 $\sin(x^2)' = 2x\cos(x^2)$ 可由以下 MATLAB 语句近似实现：

```
h = 0.001; x = 0:h:pi;
y = diff(sin(x.^2))/h;
```

连续信号的定积分可由 MATLAB 中 integral 函数实现。其调用格式分别为

```
y = integral(FUN,a,b);
```

其中 FUN 为函数句柄，a 和 b 指定积分区间。

【例 2-19】　对图 2-50(a) 所示的三角波 $x(t)$，试利用 MATLAB 画出 $\dfrac{\mathrm{d}x(t)}{\mathrm{d}t}$ 和 $\displaystyle\int_{-\infty}^{t} x(\tau)\mathrm{d}\tau$ 的波形。

解：为了便于利用 integral 函数计算信号的积分，将图 2-50 所示的三角波 $x(t)$ 写成 MATLAB 函数，函数名为 x2_2，程序如下：

```
function yt = x2_2(t)
yt = tripuls(t,4,0.5);
```

利用 diff 和 integral 函数，并调用 x2_2 可实现信号三角波 $x(t)$ 的微分、积分，程序如下：

```
% example2_12 differentiation
h = 0.001;t = -3:h:3;
y1 = diff(x2_2(t)) * 1/h;
```

```
plot(t(1:length(t)-1),y1);
title('dx(t)/dt');

% example2_13 integration
t = -3:0.1:3;
for x = 1:length(t)
    y2(x) = integral(@x2_2,-3,t(x));
end
plot(t,y2)
title('integral of x(t)')
```

运行结果如图 2-54 所示。

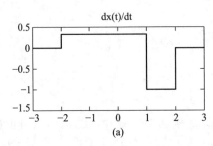 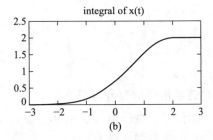

图 2-54　例 2-19 图

习　题

2-1　定性绘出下列信号的波形,其中 $-\infty < t < +\infty$ 。

(1) $x(t) = u(t+1) - 2u(t) + u(t-1)$;

(2) $x(t) = \lim_{a \to 0} \dfrac{1}{a} \left[u(t) - u(t-a) \right]$;

(3) $x(t) = \delta(t-1) - 2\delta(t-2) + \delta(t-3)$;

(4) $x(t) = r(t+1) - r(t-1) - u(t-1) + \delta(t+1)$;

(5) $x(t) = r(t+2) - r(t+1) - r(t-1) + r(t-2)$;

(6) $x(t) = 2e^{-2t} u(t-2)$;

(7) $x(t) = e^{-2t} \left[u(t) - u(t-4) \right]$;

(8) $x(t) = e^{-2t} \sin(2t) u(t)$ 。

2-2　试画出下列信号波形,从中可得出何结论? 其中 $-\infty < t < +\infty$ 。

(1) $x(t) = \sin\left(\dfrac{\pi}{2}t\right) u(t)$;　　　　　(2) $x(t) = \sin\left(\dfrac{\pi}{2}t\right) u(t-1)$;

(3) $x(t) = \sin\left[\dfrac{\pi}{2}(t-1)\right] u(t)$;　　　　(4) $x(t) = \sin\left[\dfrac{\pi}{2}(t-1)\right] u(t-1)$ 。

2-3 计算下列信号。

(1) $e^{-2t}\delta(t)$；

(2) $(t^3+2t^2+3)\delta(t-2)$；

(3) $e^{-2t}\delta(-t)$；

(4) $e^{-2t}\delta(2t)$；

(5) $e^{-4t}\delta(2+2t)$；

(6) $e^{-4t}\delta(2-2t)$。

2-4 计算下列积分的值。

(1) $\displaystyle\int_{-\infty}^{+\infty}\sin(t)\delta\left(t-\frac{\pi}{4}\right)dt$；

(2) $\displaystyle\int_{-4}^{+6}e^{-2t}\delta(t+8)dt$；

(3) $\displaystyle\int_{-5}^{0}e^{-t}\delta(2t+2)dt$；

(4) $\displaystyle\int_{0}^{4}(t+2)\delta(2-4t)dt$；

(5) $\displaystyle\int_{-\infty}^{+\infty}e^{-j\omega_0 t}[\delta(t+T)-\delta(t-T)]dt$；

(6) $\displaystyle\int_{-\infty}^{+\infty}e^{-2(t-\tau)}\delta(\tau-3)d\tau$；

(7) $\displaystyle\int_{-2}^{3}\delta'(t-1)e^{-3t}u(t)dt$；

(8) $\displaystyle\int_{1}^{3}\delta'(t+2)\sin(3t)dt$。

2-5 已知信号 $x(t)$ 的波形如题 2-5 图所示，绘出下列信号的波形。

(1) $x(3t-4)$；

(2) $x(-3t-2)$；

(3) $x\left(\dfrac{t}{3}+1\right)$；

(4) $x\left(-\dfrac{t}{3}+1\right)$。

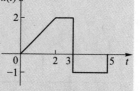

题 2-5 图

2-6 已知信号 $x(2t-1)$ 的波形如题 2-6 图所示，试绘出信号 $x(-4t+3)$ 的波形。

2-7 已知信号 $x(t)$ 的波形如题 2-7 图所示，绘出下列信号的波形。

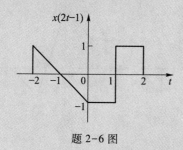

题 2-6 图

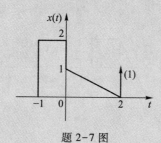

题 2-7 图

(1) $x\left(\dfrac{t}{3}\right)$；

(2) $x(-2t-5)$；

(3) $x(t)+u(t-1)$；

(4) $x(t)u(1-t)$；

(5) $x(t)\delta(t-1)$；

(6) $x'(t)$。

2-8 画出下列信号 $x(t)$ 的波形，并计算其微分 $x'(t)$ 和积分 $x^{(-1)}(t)=\displaystyle\int_{-\infty}^{t}x(\tau)d\tau$。

（1）$x(t) = \delta(t-a)u(t-b), a>0, b>0$；　　　（2）$x(t) = u(t) \cdot u(2-t)$；

（3）$x(t) = \cos(t)u(t)$；　　　　　　　　　　（4）$x(t) = \sin(t)[u(t)-u(t-\pi)]$。

2-9　已知信号 $x(t) = e^{-t}[u(t-1)-u(t-2)]+t\delta(t-3)$，试：

（1）计算 $x'(t)$，并绘出其波形；

（2）计算 $x^{(-1)}(t) = \displaystyle\int_{-\infty}^{t} x(\tau)\,\mathrm{d}\tau$，并绘出其波形。

2-10　利用基本信号表示题 2-10 图中所示各信号。

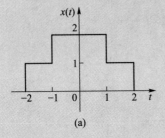

(a)

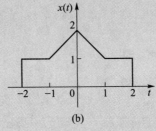

(b)

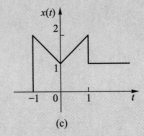

(c)

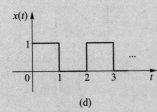

(d)

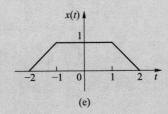

(e)

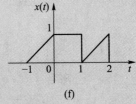

(f)

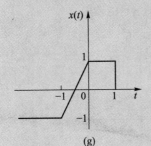

(g)

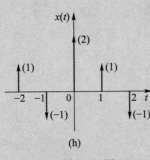

(h)

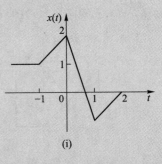

(i)

题 2-10 图

2-11　定性绘出下列离散信号的波形，其中 $-\infty < k < +\infty$。

（1）$x[k] = \delta[k+2]+2\delta[k]-\delta[k-1]+\delta[k-3]$；

（2）$x[k] = u[k+3]-u[k-3]$；

（3）$x[k] = 0.9^k\{u[k]-u[k-5]\}$；

（4）$x[k] = 0.9^k u[k-1]$；

（5）$x[k] = 0.9^{k-1} u[k-1]$；

（6）$x[k] = 0.9^k \sin(0.2\pi k) u[k]$。

2-12 已知离散序列

$$x[k] = \begin{cases} 0.8^k, & -2 \le k \le 3 \\ 0, & k<-2, k>3 \end{cases}$$

（1）利用单位阶跃序列的截取特性表示 $x[k]$；

（2）利用单位脉冲序列表示 $x[k]$。

2-13 离散时间信号 $x[k]$ 如题 2-13 图所示，画出下列离散信号的波形。

（1）$x[-k+2]$；　　　　　　　　（2）$x[-3k+2]$；

（3）$x[k]$ 的 3 倍抽取；　　　　　（4）$x[k]$ 的 3 倍内插。

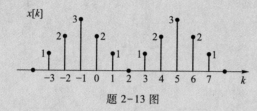

题 2-13 图

2-14 已知 $x_1[k] = \{-1, 1, 0, \overset{\downarrow}{2}, 1, 0, -1\}$，$x_2[k] = \{1, 2, \overset{\downarrow}{3}, -1, -1, -1, -1\}$，画出下列离散序列的波形。

（1）$y_1[k] = x_1[k] + x_2[k]$；　　　　（2）$y_2[k] = x_1[k] x_2[k]$；

（3）$y_3[k] = x_1[2k] + x_2[3k]$；　　　（4）$y_4[k] = x_1[k+1] + x_2[-k]$；

（5）$y_5[k] = \sum_{n=-\infty}^{k} x_1[n]$；　　　　（6）$y_6[k] = x_2[k] - x_2[k-1]$。

2-15 已知题 2-15 图所示离散时间信号，画出下列离散信号波形。

（1）$x[k] u[1-k]$；　　　　　　（2）$x[k]\{u[k+2] - u[k-2]\}$；

（3）$x[k]\delta[k-1]$；　　　　　　（4）$x[k]\delta[2k]$。

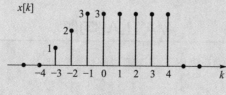

题 2-15 图

2-16 利用基本离散序列表示题 2-16 图所示序列。

2-17 分别画出题 2-17 图所示信号的奇分量与偶分量。

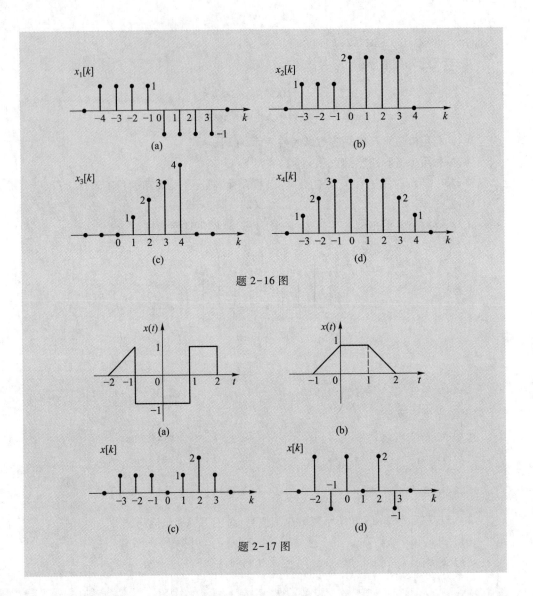

题 2-16 图

题 2-17 图

MATLAB习题

M2-1　利用 MATLAB 画出下列连续时间信号的波形。

(1) $x(t) = \mathrm{u}(t) - \mathrm{u}(t-2)$；

(2) $x(t) = \mathrm{u}(t)$；

(3) $x(t) = 10\mathrm{e}^{-t} - 5\mathrm{e}^{-2t}$；

(4) $x(t) = t\mathrm{u}(t)$；

(5) $x(t) = 2\left| \sin\left(10\pi t + \dfrac{\pi}{3}\right) \right|$；

(6) $x(t) = \cos(t) + \sin(2\pi t)$；

(7) $x(t) = 4\mathrm{e}^{-0.5t}\cos(2\pi t)$；

(8) $x(t) = \mathrm{Sa}(\pi t)\cos(30t)$。

M2-2 已知信号 $x(t)$ 的波形如题 M2-2 图所示。

（1）利用 MATLAB 函数画出信号 $x(t)$ 的波形；

（2）画出 $x(t)$、$x(0.5t)$ 和 $x(2-0.5\,t)$ 的波形；

（3）画出信号 $x(t)$ 的奇分量和偶分量。

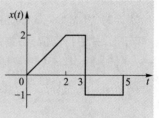

题 M2-2 图

M2-3 利用 MATLAB 画出下列离散时间信号的波形。

（1）$x[k]=\delta[k]$；　　　　　　　（2）$x[k]=\mathrm{u}[k]$；

（3）$x[k]=10\left(\dfrac{1}{2}\right)^{k}\mathrm{u}[k]$；　　　　（4）$x[k]=\mathrm{u}[k+2]-\mathrm{u}[k-5]$；

（5）$x[k]=k\mathrm{u}[k]$；　　　　　　（6）$x[k]=5\,(0.8)^{k}\cos(0.9\pi k)$。

M2-4 画出离散正弦序列 $\sin(\Omega_0 k)$ 的波形，取 $\Omega_0=0.1\pi,0.5\pi,0.9\pi,1.1\pi,1.5\pi,$ 1.9π。观察信号波形随 Ω_0 取值不同而变化的规律，从中得出什么结论？

M2-5 已知连续信号 $x_1(t)=\cos(6\pi t)$，$x_2(t)=\cos(14\pi t)$ 和 $x_3(t)=\cos(26\pi t)$，以抽样频率 $f_{\text{sam}}=10$ Hz 对这 3 个信号进行抽样得离散序列 $x_1[k]$、$x_2[k]$、$x_3[k]$。试在同一图上画出连续信号和其对应的离散序列，并对所得结果进行讨论。

M2-6 已知离散序列 $x[k]=\{-3,-2,3,1,\overset{\downarrow}{-2},-3,-4,2,-1,4,1,-1\}$。

（1）利用 stem 函数画出 $x[k]$ 的波形；

（2）画出离散序列 $x[k]$ 经 3 倍内插和 3 倍抽取后的波形；

（3）画出离散序列 $x[k+2]$ 和离散序列 $x[k-4]$ 的波形；

（4）利用 fliplr 函数实现离散序列 $x[-k]$，并画出其波形。

M2-7 利用 MATLAB 产生和播放声音信号。

（1）生成不同频率（262 Hz、294 Hz、330 Hz、349 Hz、392 Hz、440 Hz、494 Hz、524 Hz）的正弦信号，观察其波形，感觉其音调的变化；

（2）将频率为 262 Hz、294 Hz、330 Hz、262 Hz、262 Hz、294 Hz、330 Hz、262 Hz、330 Hz、349 Hz、392 Hz、392 Hz、330 Hz、349 Hz、392 Hz、392 Hz 的正弦信号按顺序播放，感觉其声音的变化；

（3）请朗读"信号与系统"，并录音成 wav 格式，利用 MATLAB 进行语音信号的读取与播放，画出其时域波形。

提示：利用 MATLAB 的函数 audioread(file) 和 sound(x,fs) 以读取声音文件和播放声音信号。

M2-8 利用 MATLAB 实现语音信号的翻转与展缩。

（1）将 M2-7(3) 录制的语音信号在时域上进行扩展、压缩，画出相应的时域波形，并进行播放，感觉声音有何变化；

（2）将 M2-7(3)录制的语音信号在时域上进行幅度放大与缩小,画出相应的时域波形,并进行播放,感觉声音有何变化;

（3）将 M2-7(3)录制的语音信号在时域上进行翻转,画出相应的时域波形,并进行播放,听声音有何变化。

第3章　系统的时域分析

系统时域分析的主要内容是基于信号的时域表示,分析信号通过线性非时变(linear time invariance,LTI)系统所产生的响应,从而揭示信号作用于系统的机理,并相应地给出系统的时域描述。在种类繁多的系统中,线性非时变系统分析具有重要的意义,其具有的线性非时变特性,可以简化系统响应的分析。线性非时变连续时间系统由线性常系数的微分方程描述,线性非时变离散时间系统由线性常系数的差分方程描述。在线性非时变系统响应时域求解中,将完全响应分解为零输入响应和零状态响应,物理概念更加清晰。根据信号的时域表示,即连续时间信号在时域表示为冲激信号的加权叠加,离散时间信号在时域表示为脉冲信号的加权叠加,可以得到信号通过 LTI 系统的零状态响应,即连续 LTI 系统的零状态响应为输入激励与系统单位冲激响应的卷积积分,离散 LTI 系统的零状态响应为输入激励与系统单位脉冲响应的卷积和。连续系统的单位冲激响应和离散系统的单位脉冲响应为系统一种典型的时域描述,其反映了系统的时域特性,可分析系统的因果性、稳定性等诸多特性,在 LTI 系统的时域分析中起着重要的作用。

3.1　线性非时变系统的数学描述

建立描述系统输入输出约束关系的数学模型是进行系统分析的基础。本节通过几个简单系统说明如何建立连续时间系统和离散时间系统的数学模型,以及线性非时变系统数学模型的特点。

3.1.1　连续时间系统的数学描述

连续时间系统的种类多种多样,应用场合也各异,但描述连续时间系统的数学模型却是相似的,都可以用微分方程来描述。下面几个简单的连续时间系统例子说明连续时间系统数学模型的建立及一般规律。

【例 3-1】　如图 3-1 所示 RLC 电路,求电阻 R_2 两端的电压 $y(t)$ 与输入电压源 $x(t)$ 的关系。

解: 设电路中两回路电流分别为 $i_1(t)$ 和 $i_2(t)$,根据 KVL 列写回路电压方程求

出电流 $i_2(t)$，再由元件 R_2 的伏安关系求出电压 $y(t)$。

根据 KVL 定理，$LCR_2x(t)$ 回路和 $LR_1x(t)$ 回路的回路电压方程为

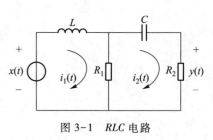

图 3-1 RLC 电路

$$L\frac{\mathrm{d}i_1(t)}{\mathrm{d}t} + \frac{1}{C}\int_{-\infty}^{t} i_2(\tau)\,\mathrm{d}\tau + R_2 i_2(t) = x(t)$$

$$L\frac{\mathrm{d}i_1(t)}{\mathrm{d}t} + R_1[i_1(t) - i_2(t)] = x(t)$$

经整理后可得 $L\left(\dfrac{R_2}{R_1}+1\right)\dfrac{\mathrm{d}^2 i_2(t)}{\mathrm{d}t^2} + \left(\dfrac{L}{R_1 C}+R_2\right)\dfrac{\mathrm{d}i_2(t)}{\mathrm{d}t} + \dfrac{1}{C}i_2(t) = \dfrac{\mathrm{d}x(t)}{\mathrm{d}t}$

将元件 R_2 的伏安关系 $i_2(t) = \dfrac{1}{R_2}y(t)$ 代入上式，即得输出电压 $y(t)$ 与输入电压源 $x(t)$ 的关系式为

$$L\left(\frac{1}{R_1}+\frac{1}{R_2}\right)\frac{\mathrm{d}^2 y(t)}{\mathrm{d}t^2} + \left(\frac{L}{R_1 R_2 C}+1\right)\frac{\mathrm{d}y(t)}{\mathrm{d}t} + \frac{1}{R_2 C}y(t) = \frac{\mathrm{d}x(t)}{\mathrm{d}t} \tag{3-1}$$

【例 3-2】 图 3-2 所示为一简单的力学系统。系统中物体质量为 m，弹簧的弹性系数为 k_s，物体与地面的摩擦系数为 f_d，物体在外力 $x(t)$ 作用下的位移为 $y(t)$。确定物体位移 $y(t)$ 与外力 $x(t)$ 的关系。

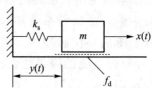

图 3-2 简单的力学系统

解： 在图 3-2 所示系统中除外力外，还存在三种类型的力影响物体的运动，它们分别是运动物体的惯性力、物体与地面的摩擦力和弹簧产生的恢复力。

根据牛顿第二定律，运动物体的惯性力等于质量乘以加速度，即

$$x_i(t) = m\frac{\mathrm{d}^2 y(t)}{\mathrm{d}t^2}$$

物体与地面的摩擦力与速度成正比，即

$$x_f(t) = f_d\frac{\mathrm{d}y(t)}{\mathrm{d}t}$$

根据胡克（Hooke）定理，弹簧在弹性限度内产生的恢复力与位移成正比，即

$$x_k(t) = k_s y(t)$$

系统中的四种力是平衡的，由达郎贝尔（D'Alembert）原理即可得到输入与输出的关系为

$$m\frac{\mathrm{d}^2 y(t)}{\mathrm{d}t^2} + f_d\frac{\mathrm{d}y(t)}{\mathrm{d}t} + k_s y(t) = x(t) \tag{3-2}$$

【**例 3-3**】　图 3-3 所示是一个长度为 L、质量为 M 的单摆系统,其输入 $x(t)$ 是作用于 M 上沿运动切线方向的力,输出 $y(t)$ 是单摆与

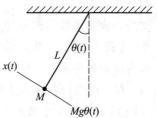

垂直方向的夹角 $\theta(t)$,建立输入与输出的关系。

解:系统中除了输入 $x(t)$ 外,还有重力在运动切线方向的分力 $Mg\sin[\theta(t)]$,惯性力 $I\dfrac{\mathrm{d}^2\theta(t)}{\mathrm{d}t^2}$,其中 g 是重力加速度,$I=M(L^2)$ 是惯性动量。根据力学理论,输入与输出的关系可以用如下二阶微分方程描述:

图 3-3　单摆系统

$$I\frac{\mathrm{d}^2\theta(t)}{\mathrm{d}t^2}+MgL\sin[\theta(t)]=Lx(t) \tag{3-3}$$

由于微分方程中含有 $\sin[\theta(t)]$ 项,所以式(3-3)是一个非线性微分方程。求解非线性方程往往是一项复杂的工作,但当 $\theta(t)$ 很小时,$\sin[\theta(t)]\approx\theta(t)$,式(3-3)可以近似用一个线性微分方程表示为

$$I\frac{\mathrm{d}^2\theta(t)}{\mathrm{d}t^2}+MgL\theta(t)=Lx(t) \tag{3-4}$$

式(3-4)称为系统的小信号模型。

比较上面几个例子中式(3-1)、式(3-2)和式(3-4)可以看出,虽然它们是不相同的物理系统,但描述系统输入输出约束关系的微分方程形式却相同。一个 n 阶连续时间线性系统可以用 n 阶线性微分方程描述,即

$$y^{(n)}(t)+a_{n-1}y^{(n-1)}(t)+\cdots+a_1y'(t)+a_0y(t)$$
$$=b_mx^{(m)}(t)+b_{m-1}x^{(m-1)}(t)+\cdots+b_1x'(t)+b_0x(t) \tag{3-5}$$

式中 $y^{(n)}(t)$ 表示 $y(t)$ 的 n 阶导数,$x^{(m)}(t)$ 表示 $x(t)$ 的 m 阶导数,$a_0,a_1,\cdots,a_{n-1}$ 和 $b_0,b_1,\cdots,b_m$ 为各项系数。

3.1.2　离散时间系统的数学描述

不同的离散时间系统也可以用相同形式的数学模型描述。下面用几个简单离散时间系统的例子说明离散时间系统数学模型的建立及一般规律。

【**例 3-4**】　某人从当月起每月初到银行存款 $x[k]$ 元,月息 $r=0.15\%$。设第 k 月初的总存款数为 $y[k]$ 元,试写出描述总存款数 $y[k]$ 与月存款数 $x[k]$ 关系的方程式。

解:第 k 月初的总存款数为以下三项之和:

第 k 月初之前的总存款数 $y[k-1]$;

第 k 月初存入的款数 $x[k]$;

第 k 月初之前的利息 $ry[k-1]$。

所以
$$y[k] = (1+r)y[k-1] + x[k]$$

即
$$y[k] - 1.0015y[k-1] = x[k]$$

此为一阶常系数后向差分方程。

【例 3-5】　一质点沿水平方向做直线运动,它在某一秒内所走的距离等于前一秒内所走的距离的 2 倍,试列出描述该质点行程的方程。

解:这里行程是离散时间变量 k 的函数。设 $y[k]$ 表示质点在第 k 秒末的行程, $y[k+1]$ 表示质点在第 $k+1$ 秒末的行程,如图 3-4 所示。根据题意,有
$$y[k+2] - y[k+1] = 2(y[k+1] - y[k])$$

即
$$y[k+2] - 3y[k+1] + 2y[k] = 0$$

此为二阶常系数前向差分方程。

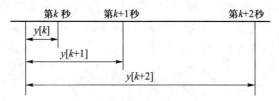

图 3-4　行程随离散时间变化示意图

【例 3-6】　如果在观测信号时,所得的观测值不仅包含有用信号还混叠有噪声,往往需要对信号进行滤波,滤除噪声信号。一种简单的方法是采用滑动平均系统对信号进行滤波处理。设 $x[k]$ 是混有噪声的观测值,作为系统的输入信号, $y[k]$ 是经系统处理后的输出。 $M_1 + M_2 + 1$ 点滑动平均系统的输入输出关系为
$$y[k] = \frac{1}{M_1 + M_2 + 1} \sum_{n=-M_1}^{M_2} x[k+n], \quad M_1 \geq 0, M_2 \geq 0$$

一般, n 阶离散时间线性系统可以用 n 阶线性差分方程描述。差分方程有前向差分方程和后向差分方程两种。 n 阶离散时间系统的前向差分方程一般形式为
$$y[k+n] + a_{n-1}y[k+n-1] + \cdots + a_0 y[k]$$
$$= b_m x[k+m] + b_{m-1}x[k+m-1] + \cdots + b_0 x[k] \tag{3-6}$$

或简写成
$$\sum_{i=0}^{n} a_i y[k+i] = \sum_{j=0}^{m} b_j x[k+j] \tag{3-7}$$

其中 $a_i(i=0,1,2,\cdots,n)$, $b_j(j=0,1,2,\cdots,m)$ 为各项系数, $a_n=1$ 。

n 阶离散时间系统的后向差分方程一般形式为
$$y[k] + a_1 y[k-1] + \cdots + a_{n-1}y[k-n+1] + a_n y[k-n]$$
$$= b_0 x[k] + b_1 x[k-1] + \cdots + b_{m-1}x[k-m+1] + b_m x[k-m] \tag{3-8}$$

或简写成

$$\sum_{i=0}^{n} a_i y[k-i] = \sum_{j=0}^{m} b_j x[k-j] \tag{3-9}$$

其中 $a_i(i=0,1,2,\cdots,n)$，$b_j(j=0,1,2,\cdots,m)$ 为各项系数，$a_0=1$。

后向差分方程与前向差分方程并无本质差异，都可以描述离散系统。如例 3-5 质点运动行程的变化规律也可以用后向差分方程描述为

$$y[k]-y[k-1]=2(y[k-1]-y[k-2])$$

即

$$y[k]-3y[k-1]+2y[k-2]=0$$

考虑到离散时间系统的输入、输出信号多为因果序列，故在系统分析中一般采用后向差分方程。

3.1.3 线性非时变系统

既具有线性特性又具有非时变特性的系统称为线性非时变系统，简称 LTI 系统。线性非时变的连续时间系统与线性非时变的离散时间系统是本课程讨论的重点，它们也是系统理论的核心与基础。

1. 线性非时变系统的描述

根据上面的分析可知，描述连续时间系统的数学模型是微分方程，描述离散时间系统的数学模型是差分方程。而线性非时变系统其数学模型是线性常系数微分方程或差分方程。

【例 3-7】 已知某连续时间线性系统的微分方程描述为

$$y'(t)+a(t)y(t)=bx(t) \tag{3-10}$$

其中 b 是常数，$a(t)$ 是时间变量的函数，试判断该系统是否是非时变系统。

解： 设 $r(t)$ 是系统在零初始状态下，由激励信号 $s(t)$ 作用下产生的响应。因此 $r(t)$ 和 $s(t)$ 满足微分方程式(3-10)，即

$$r'(t)+a(t)r(t)=bs(t) \tag{3-11}$$

将上式中的 t 用 $t-t_0$ 代，有

$$r'(t-t_0)+a(t-t_0)r(t-t_0)=bs(t-t_0) \tag{3-12}$$

令 $\beta(t)$ 为时移输入信号 $s(t-t_0)$ 作用下产生的响应，根据式(3-11)定义的输入输出关系，有

$$\beta'(t)+a(t)\beta(t)=bs(t-t_0) \tag{3-13}$$

比较式(3-12)和式(3-13)可以看出，如果 $a(t)=a(t-t_0)$，那么 $\beta(t)=r(t-t_0)$。若使 t_0 为任意值时 $a(t)=a(t-t_0)$ 成立，$a(t)$ 必须是常数。也就是说，只有当微分方程的系数 $a(t)$ 为常数时，式(3-10)描述的系统才是非时变系统。

这个结论虽然是由一阶系统推导而得，但对 n 阶系统同样成立，即 n 阶连续时间 LTI 系统由 n 阶线性常系数微分方程描述，其一般形式为

$$y^{(n)}(t) + a_{n-1}y^{(n-1)}(t) + \cdots + a_1 y'(t) + a_0 y(t)$$

$$= b_m x^{(m)}(t) + b_{m-1} x^{(m-1)}(t) + \cdots + b_1 x'(t) + b_0 x(t) \tag{3-14}$$

式中 a_0、a_1、$\cdots$、a_{n-1} 与 b_0、b_1、$\cdots$、b_m 为常数。

对离散时间系统也有同样的结论,n 阶离散时间 LTI 系统由 n 阶线性常系数差分方程描述。若用后向差分方程表示,其一般形式为

$$\sum_{i=0}^{n} a_i y[k-i] = \sum_{j=0}^{m} b_j x[k-j] \tag{3-15}$$

式中 $a_i(i=1,2,\cdots,n)$,$b_j(j=1,2,\cdots,m)$ 都是常数,$a_0 = 1$。

这里还需要说明一点,要使线性常系数微分方程描述的连续时间系统是非时变的,还必须满足 IR(initial rest)条件。设 $x(t)$ 和 $y(t)$ 分别表示一个系统的输入和输出,若 $t<t_0$,$x(t)=0$ 时,存在 $t<t_0$,$y(t)=0$,则称该系统满足 IR 条件。同样,线性常系数差分方程描述的离散时间系统在满足 IR 时才是非时变系统。实际上,IR 条件与因果系统的条件相一致。

2. 线性非时变系统的特性

由于线性非时变系统具有线性特性和非时变特性,因此 LTI 系统的输入输出关系具有以下特性。

(1) 微分特性与差分特性

对于连续时间 LTI 系统满足如下微分特性。

若
$$T\{x(t)\} = y(t)$$

则有
$$T\left\{\frac{\mathrm{d}x(t)}{\mathrm{d}t}\right\} = \frac{\mathrm{d}y(t)}{\mathrm{d}t} \tag{3-16}$$

证明:$T\left\{\dfrac{\mathrm{d}x(t)}{\mathrm{d}t}\right\} = T\left\{\lim\limits_{\Delta \to 0} \dfrac{x(t+\Delta) - x(t)}{\Delta}\right\}$

$$\xlongequal{\text{线性}} \lim_{\Delta \to 0} \frac{T\{x(t+\Delta)\} - T\{x(t)\}}{\Delta}$$

$$\xlongequal{\text{时不变}} \lim_{\Delta \to 0} \frac{y(t+\Delta) - y(t)}{\Delta} = \frac{\mathrm{d}y(t)}{\mathrm{d}t}$$

这表明,若连续时间 LTI 系统的输入是原激励信号 $x(t)$ 的导数 $\dfrac{\mathrm{d}x(t)}{\mathrm{d}t}$,则系统的输出也是原响应 $y(t)$ 的导数 $\dfrac{\mathrm{d}y(t)}{\mathrm{d}t}$。该结论可以推广到高阶导数的情况。

对于离散时间 LTI 系统,若离散时间 LTI 系统在激励信号 $x[k]$ 作用下产生的响应为 $y[k]$,则系统在 $x[k]$ 一阶差分作用下产生的响应也为 $y[k]$ 的一阶差分。即

若
$$T\{x[k]\} = y[k]$$

则有
$$T\{x[k] - x[k-1]\} = y[k] - y[k-1] \tag{3-17}$$

该结论同样可以推广到高阶差分的情况。

（2）积分特性与求和特性

对于连续时间 LTI 系统,若系统的输入信号是原激励信号的积分,则系统的响应也是原响应的积分。可以表示为

若
$$T\{x(t)\} = y(t)$$

则有
$$T\left\{\int_{-\infty}^{t} x(\tau)\,\mathrm{d}\tau\right\} = \int_{-\infty}^{t} y(\tau)\,\mathrm{d}\tau \tag{3-18}$$

证明:信号 $x(t)$ 的积分可用图 3-5 所示的等宽矩形脉冲面积之和近似表示,即

$$\int_{-\infty}^{t} x(\tau)\,\mathrm{d}\tau = \lim_{\Delta \to 0} \sum_{k=0}^{\infty} x(t - k\Delta)\Delta$$

根据线性非时变特性可推出

$$T\left\{\int_{-\infty}^{t} x(\tau)\,\mathrm{d}\tau\right\} = T\left\{\lim_{\Delta \to 0} \sum_{k=0}^{\infty} x(t - k\Delta)\Delta\right\}$$

$$\xrightarrow{\text{线性}} \lim_{\Delta \to 0} \sum_{k=0}^{\infty} T\{x(t - k\Delta)\}\Delta$$

$$\xrightarrow{\text{时不变}} \lim_{\Delta \to 0} \sum_{k=0}^{\infty} y(t - k\Delta)\Delta = \int_{-\infty}^{t} y(\tau)\,\mathrm{d}\tau$$

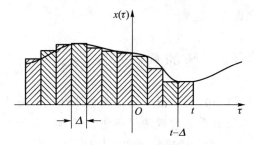

图 3-5 信号积分的近似表示

对于离散时间 LTI 系统,也有类似的结论,即

若
$$T\{x[k]\} = y[k]$$

则有
$$T\left\{\sum_{n=-\infty}^{k} x[n]\right\} = \sum_{n=-\infty}^{k} y[n] \tag{3-19}$$

也就是说,若离散时间 LTI 系统的输入信号是原激励信号的求和,则系统的响应也是原响应的求和。

【例 3-8】 已知某线性非时变连续时间系统在输入 $x_1(t)$ 的作用下,其零状态响应为 $y_1(t)$,试求在 $x_2(t)$ 作用下系统的零状态响应 $y_2(t)$。$x_1(t)$、$y_1(t)$ 和 $x_2(t)$ 分别如图 3-6(a)(b)(c)所示。

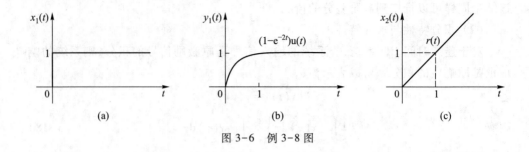

图 3-6　例 3-8 图

解：若能够确定输入 $x_2(t)$ 与输入 $x_1(t)$ 的关系，则利用线性、非时变特性即可确定零状态响应 $y_2(t)$ 与 $y_1(t)$ 的关系。

从 $x_1(t)$ 和 $x_2(t)$ 图形可以看得出，$x_2(t)$ 与 $x_1(t)$ 存在以下关系：

$$x_2(t) = x_1^{(-1)}(t) = \int_{-\infty}^{t} x_1(\tau)\,\mathrm{d}\tau$$

因此，$y_2(t)$ 与 $y_1(t)$ 之间也存在同样的关系：

$$y_2(t) = y_1^{(-1)}(t) = \int_{-\infty}^{t} y_1(\tau)\,\mathrm{d}\tau = \left[\int_{0}^{t}(1 - \mathrm{e}^{-2\tau})\,\mathrm{d}\tau\right]u(t)$$
$$= r(t) + 0.5(\mathrm{e}^{-2t} - 1)u(t)$$

在分析线性非时变系统响应时，充分利用线性非时变系统的特性可以简化系统响应的分析，物理概念也更加清晰。

3.2　连续时间 LTI 系统的响应

描述连续时间 LTI 系统的数学模型是常系数线性微分方程。分析信号通过连续系统的响应可以采用求解微分方程的经典法。经典法分析系统响应存在许多局限：若描述系统的微分方程中激励项较复杂，则难以设定相应的特解形式；若激励信号发生变化，则系统响应需全部重新求解；若初始条件发生变化，则系统响应也要全部重新求解。此外，经典法是一种纯数学方法，无法突出系统响应的物理概念。

另一种分析系统响应的方法是基于信号的时域表示，以及利用 LTI 系统的线性非时变特性。其将系统的初始状态也作为一种输入激励，根据系统的线性特性，将系统的响应看作是初始状态与输入激励分别单独作用于系统而产生的响应叠加。其中，由初始状态单独作用于系统而产生的输出称为零输入响应，记作 $y_{zi}(t)$；而由输入激励单独作用于系统而产生的输出称为零状态响应，记作 $y_{zs}(t)$。因此，连续时间 LTI 系统的完全响应 $y(t)$ 为零输入响应 $y_{zi}(t)$ 与零状态响应 $y_{zs}(t)$ 之和，即

$$y(t) = y_{zi}(t) + y_{zs}(t), \quad t > 0 \tag{3-20}$$

对于由系统初始状态产生的零输入响应，可以通过齐次微分方程来求解。对于与系

统外部输入激励有关的零状态响应,则通过信号时域表示和系统时域描述的方法来求解。

3.2.1 零输入响应

系统的零输入响应是输入信号为零,仅由系统的初始状态单独作用于系统而产生的输出响应。系统的初始状态 $y(0^-)$、$y'(0^-)$、$\cdots$、$y^{(n-1)}(0^-)$ 是指系统没有外部激励时系统的固有状态,反映的是系统以往的历史信息。

描述 n 阶连续时间 LTI 系统的数学模型是常系数线性微分方程,根据零输入响应的定义,零输入响应对应齐次微分方程的齐次解。令式(3-14)右端的输入为零,得齐次微分方程为

$$y^{(n)}(t)+a_{n-1}y^{(n-1)}(t)+\cdots+a_1y'(t)+a_0y(t)=0 \tag{3-21}$$

根据齐次微分方程的求解方法,其解的基本形式为 $A\mathrm{e}^{st}$。将 $A\mathrm{e}^{st}$ 代入式(3-21),得

$$As^n\mathrm{e}^{st}+Aa_{n-1}s^{n-1}\mathrm{e}^{st}+\cdots+Aa_1s\mathrm{e}^{st}+Aa_0\mathrm{e}^{st}=0$$

由于 $A=0$ 对应的解是无意义的,在 $A\neq0$ 的条件下可得

$$s^n+a_{n-1}s^{n-1}+\cdots+a_1s+a_0=0$$

上式称为微分方程对应的特征方程。解特征方程求得特征根 $s_i(i=1,2,\cdots,n)$,由特征根可写出齐次解的形式如下。

(1)当特征根是不等实根 s_1、s_2、$\cdots$、s_n 时,齐次解的形式为

$$y_{zi}(t)=K_1\mathrm{e}^{s_1t}+K_2\mathrm{e}^{s_2t}+\cdots+K_n\mathrm{e}^{s_nt} \tag{3-22}$$

(2)当特征根是相等实根 $s_1=s_2=\cdots=s_n=s$ 时,齐次解的形式为

$$y_{zi}(t)=K_1\mathrm{e}^{st}+K_2t\mathrm{e}^{st}+\cdots+K_nt^{n-1}\mathrm{e}^{st} \tag{3-23}$$

(3)当特征根是成对共轭复根 $s_1=\sigma_1\pm\mathrm{j}\omega_1$、$s_2=\sigma_2\pm\mathrm{j}\omega_2$、$\cdots$、$s_i=\sigma_i\pm\mathrm{j}\omega_i$,$i=\dfrac{n}{2}$ 时,齐次解的形式为

$$y_{zi}(t)=\mathrm{e}^{\sigma_1t}\left[K_1\cos(\omega_1t)+K_2\sin(\omega_1t)\right]+\cdots+\mathrm{e}^{\sigma_it}\left[K_{n-1}\cos(\omega_it)+K_n\sin(\omega_it)\right] \tag{3-24}$$

根据系统的初始状态确定以上各式中的待定系数 K_i,即可得到系统的零输入响应。

【例 3-9】 已知描述某二阶连续时间 LTI 系统的微分方程为

$$y''(t)+6y'(t)+8y(t)=x(t)$$

系统的初始状态为 $y(0^-)=1$,$y'(0^-)=2$,求该系统的零输入响应 $y_{zi}(t)$。

解:根据该系统的微分方程,可知其对应的特征方程为

$$s^2+6s+8=0$$

解特征方程,可得特征根为

$$s_1=-2,\quad s_2=-4\quad(两不等实根)$$

故设系统的零输入响应 $y_{zi}(t)$ 的形式为

$$y_{zi}(t)=K_1\mathrm{e}^{-2t}+K_2\mathrm{e}^{-4t}, \quad t\geqslant 0^-$$

代入初始状态 $y(0^-)$ 和 $y'(0^-)$ 的值,可求解待定系数 K_1 和 K_2,即

$$y(0^-)=K_1+K_2=1$$

$$y'(0^-)=-2K_1-4K_2=2$$

解得 $K_1=3,K_2=-2$。因此系统的零输入响应为

$$y_{zi}(t)=3\mathrm{e}^{-2t}-2\mathrm{e}^{-4t}, \quad t\geqslant 0^-$$

可见系统零输入响应与输入无关,系统微分方程对应的特征根决定系统零输入响应的形式,系统初始状态只影响系统零输入响应的系数。

【例 3-10】　已知描述某三阶连续时间 LTI 系统的微分方程为

$$y^{(3)}(t)+2y''(t)+2y'(t)=x(t)$$

系统的初始状态 $y(0^-)=1$, $y'(0^-)=-3$, $y''(0^-)=2$,求该系统的零输入响应 $y_{zi}(t)$。

解:微分方程对应的特征方程为

$$s^3+2s^2+2s=0$$

解特征方程,得特征根为

$$s_1=0, \quad s_2=-1+\mathrm{j}, \quad s_3=-1-\mathrm{j} \quad (\text{一个实根,两个共轭复根})$$

故设系统的零输入响应 $y_{zi}(t)$ 的形式为

$$y_{zi}(t)=K_1+\mathrm{e}^{-t}(K_2\cos t+K_3\sin t), \quad t\geqslant 0^-$$

代入初始状态 $y(0^-)$, $y'(0^-)$ 和 $y''(0^-)$,可得

$$y(0^-)=K_1+K_2=1$$

$$y'(0^-)=-K_2+K_3=-3$$

$$y''(0^-)=-2K_3=2$$

解得 $K_1=-1,K_2=2,K_3=-1$。因此该系统的零输入响应为

$$y_{zi}(t)=-1+\mathrm{e}^{-t}(2\cos t-\sin t), \quad t\geqslant 0^-$$

若系统是以具体电路形式给出,则需要根据电路结构与元件参数求出描述该电路输入输出关系的微分方程式,然后再用上述方法计算零输入响应。

【例 3-11】　已知图 3-7 所示 RLC 电路,$R=$ 2 Ω,$L=\dfrac{1}{2}$ H,$C=\dfrac{1}{2}$ F,电容上的初始储能为 $y(0^-)=1$ V,电感上的初始储能为 $i_L(0^-)=1$ A,试求输入激励 $x(t)$ 为零时的电容电压 $y(t)$。

解:根据基尔霍夫电压定律(KVL),由电路列出电容电压 $y(t)$ 的微分方程如下:

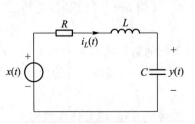

图 3-7　RLC 串联电路

$$LCy''(t)+RCy'(t)+y(t)=x(t)$$

代入 R、L、C 元件参数值并化简得

$$y''(t)+4y'(t)+4y(t)=4x(t)$$

这是一个二阶系统,系统的特征根为 $s_1=s_2=-2$,是两相等实根,故零输入响应 $y(t)$ 的形式为

$$y(t)=(K_1+K_2t)\,e^{-2t}, \quad t\geqslant 0^-$$

确定 $y(t)$ 中的待定系数需要知道 $y(0^-)$ 和 $y'(0^-)$ 两个初始状态。已知 $y(0^-)$ 和 $i_L(0^-)$,由电容元件的伏安关系

$$y(t)=\frac{1}{C}\int_{-\infty}^{t} i_L(\tau)\,d\tau$$

可得

$$y'(t)=\frac{1}{C}i_L(t)$$

故有

$$y'(0^-)=\frac{1}{C}i_L(0^-)=2 \text{ V}$$

代入初始状态 $y(0^-)$ 和 $y'(0^-)$,可得

$$y(0^-)=K_1=1$$
$$y'(0^-)=-2K_1+K_2=2$$

解得 $K_1=1$,$K_2=4$,故该电路的零输入响应 $y(t)$ 为

$$y(t)=(1+4t)\,e^{-2t}, \quad t\geqslant 0^-$$

3.2.2 零状态响应

连续时间系统的零状态响应是当系统的初始状态为零时,由外部激励 $x(t)$ 作用于系统而产生的系统响应,用 $y_{zs}(t)$ 表示。求解系统的零状态响应可以采用求解微分方程的经典法,但此处主要介绍基于信号时域表示和系统时域描述的卷积法。

对于线性非时变系统,通过卷积法求系统零状态响应 $y_{zs}(t)$ 的基本方法是,基于信号的时域表示将任意连续时间信号 $x(t)$ 表示为单位冲激信号的加权叠加,通过分析单位冲激信号作用于系统的零状态响应,利用线性非时变系统的特性,从而解得系统在任意信号 $x(t)$ 激励下的零状态响应。

根据信号的时域表示,由式(2-104)可得

$$x(t)=\int_{-\infty}^{+\infty} x(\tau)\cdot\delta(t-\tau)\,d\tau=\lim_{\Delta\to 0}\sum_{k=-\infty}^{+\infty} x(k\Delta)\cdot\delta(t-k\Delta)\cdot\Delta$$

即任意信号 $x(t)$ 可以表示为无限多个冲激信号的叠加。不同的信号 $x(t)$ 只是冲激信号 $\delta(t-k\Delta)$ 前的加权系数 $x(k\Delta)$ 不同。这样,任意信号 $x(t)$ 作用于连续时间 LTI 系统产生的零状态响应 $y_{zs}(t)$ 可由 $\delta(t-k\Delta)$ 产生的响应叠加而成。

单位冲激信号作用于系统的零状态响应称为系统的冲激响应,用符号表示为

$$T\{\delta(t)\} = h(t)$$

式中 $h(t)$ 是系统的冲激响应。对于线性非时变系统,存在下列关系式。

由非时变特性

$$T\{\delta(t-k\Delta)\} = h(t-k\Delta)$$

由线性特性的均匀性

$$T\{x(k\Delta)\Delta \cdot \delta(t-k\Delta)\} = x(k\Delta)\Delta \cdot h(t-k\Delta)$$

再由线性特性的叠加性

$$T\left\{ \sum_{k=-\infty}^{+\infty} x(k\Delta)\Delta \cdot \delta(t-k\Delta) \right\} = \sum_{k=-\infty}^{+\infty} x(k\Delta)\Delta \cdot h(t-k\Delta)$$

当 $\Delta \to 0$ 时,上式可写成

$$T\left\{ \int_{-\infty}^{+\infty} x(\tau)\delta(t-\tau)\mathrm{d}\tau \right\} = \int_{-\infty}^{+\infty} x(\tau)h(t-\tau)\mathrm{d}\tau$$

上式右端的积分称为 $x(t)$ 与 $h(t)$ 的卷积积分。可见,连续时间 LTI 系统的零状态响应 $y_{zs}(t)$ 等于输入激励 $x(t)$ 与系统的冲激响应 $h(t)$ 的卷积积分,即

$$y_{zs}(t) = \int_{-\infty}^{+\infty} x(\tau)h(t-\tau)\mathrm{d}\tau = x(t) * h(t) \tag{3-25}$$

式中符号 * 表示卷积积分。

【例 3-12】　已知某连续时间 LTI 系统的冲激响应 $h(t) = (\mathrm{e}^{-2t} - \mathrm{e}^{-5t})\mathrm{u}(t)$,激励信号 $x(t) = \mathrm{u}(t)$,试求该系统的零状态响应。

解:利用式(3-25)可求出系统的零状态响应 $y_{zs}(t)$ 为

$$
\begin{aligned}
y_{zs}(t) &= x(t) * h(t) = \int_{-\infty}^{+\infty} x(\tau)h(t-\tau)\mathrm{d}\tau \\
&= \int_{-\infty}^{\infty} \mathrm{u}(\tau)[\mathrm{e}^{-2(t-\tau)} - \mathrm{e}^{-5(t-\tau)}]\mathrm{u}(t-\tau)\mathrm{d}\tau \\
&= \begin{cases} \int_0^t [\mathrm{e}^{-2(t-\tau)} - \mathrm{e}^{-5(t-\tau)}]\mathrm{d}\tau, & t > 0 \\ 0, & t < 0 \end{cases} \\
&= (0.3 - 0.5\mathrm{e}^{-2t} + 0.2\mathrm{e}^{-5t})\mathrm{u}(t)
\end{aligned}
$$

从以上分析可见,在利用卷积法求解连续时间 LTI 系统的零状态响应时,首先需要分析出系统的冲激响应 $h(t)$,然后经过卷积积分方法得到系统的零状态响应。下面分别讨论冲激响应的求解与卷积积分计算。

3.2.3　单位冲激响应

连续时间 LTI 系统在系统初始状态为零的条件下,以单位冲激信号 $\delta(t)$ 激励系统所产生的输出响应称为单位冲激响应(简称冲激响应),以符号 $h(t)$ 表示。冲激响应 $h(t)$ 仅取决于系统本身,不同的系统对应不同的冲激响应 $h(t)$,即系统与其冲

激响应为——对应关系,其反映了系统的时域特性。因此,连续时间 LTI 系统的冲激响应 $h(t)$ 可以作为系统的时域描述。信号的时域表示和系统的时域描述为信号与系统的时域分析奠定了基础。通过系统的冲激响应 $h(t)$ 求解系统的零状态响应 $y_{zs}(t)$,揭示了信号通过 LTI 系统的作用机理,阐述了输入信号 $x(t)$、输出信号 $y_{zs}(t)$、系统冲激响应 $h(t)$ 三者之间的相互关系,从而为信号分析和系统分析奠定了理论基础。因此,冲激响应 $h(t)$ 的分析是系统时域分析的重要内容。

根据描述连续时间 LTI 系统输入、输出关系的数学模型,其冲激响应 $h(t)$ 应满足微分方程

$$h^{(n)}(t) + a_{n-1}h^{(n-1)}(t) + \cdots + a_1h'(t) + a_0h(t)$$
$$= b_m\delta^{(m)}(t) + b_{m-1}\delta^{(m-1)}(t) + \cdots + b_1\delta'(t) + b_0\delta(t) \qquad (3-26)$$

及初始状态 $h^{(i)}(0^-) = 0 (i = 0, 1, \cdots, n-1)$。由于 $\delta(t)$ 及其各阶导数在 $t \geq 0^+$ 时都等于零,故式(3-26)右端各项在 $t \geq 0^+$ 时恒等于零,这时式(3-26)成为齐次方程,这样冲激响应 $h(t)$ 的形式应具有微分方程齐次解的形式,即根据式(3-22)~式(3-24)可以写出 $h(t)$ 的基本形式。如果微分方程的特征根是不等实根,且当 $n > m$ 时,$h(t)$ 可以表示为

$$h(t) = \left(\sum_{i=1}^{n} K_i e^{s_i t} \right) u(t) \qquad (3-27)$$

式中的待定系数 $K_i (i = 1, 2, \cdots, n)$ 可以采用冲激平衡法确定,即将式(3-27)代入式(3-26)中,为保持系统对应的微分方程式恒等,方程式两边所具有的冲激信号及其高阶导数必须相等,据此可求得系统的冲激响应 $h(t)$ 中的待定系数。当 $n \leq m$ 时,要使方程式两边所具有的冲激信号及其高阶导数相等,则 $h(t)$ 表示式中还应含有 $\delta(t)$ 及其相应阶的导数 $\delta^{(m-n)}(t)$、$\delta^{(m-n-1)}(t)$、$\cdots$、$\delta'(t)$ 等项。下面举例说明冲激平衡法求解冲激响应的过程。

【例 3-13】 已知描述某连续 LTI 系统的微分方程式为

$$y'(t) + 4y(t) = 2x(t)$$

试求该系统的冲激响应 $h(t)$。

解:根据系统冲激响应 $h(t)$ 的定义,当 $x(t) = \delta(t)$ 时,$y(t)$ 即为 $h(t)$,即原微分方程式为

$$h'(t) + 4h(t) = 2\delta(t), \quad t \geq 0$$

由于微分方程式的特征根 $s_1 = -4$,且满足 $n > m$,因此冲激响应 $h(t)$ 的形式为

$$h(t) = Ae^{-4t}u(t)$$

式中 A 为待定系数,将 $h(t)$ 代入原方程式有

$$\frac{\mathrm{d}}{\mathrm{d}t}\left[Ae^{-4t}u(t) \right] + 4Ae^{-4t}u(t) = 2\delta(t)$$

即

$$Ae^{-4t}\delta(t)-4Ae^{-4t}\mathrm{u}(t)+4Ae^{-4t}\mathrm{u}(t)=2\delta(t)$$

$$A\delta(t)=2\delta(t)$$

解得 $A=2$。因此可得系统的冲激响应为

$$h(t)=2e^{-4t}\mathrm{u}(t)$$

在上面例题中,利用了单位阶跃信号 $\mathrm{u}(t)$ 与单位冲激信号 $\delta(t)$ 的微积分关系。即只要 $h(t)$ 中含有 $\mathrm{u}(t)$,则 $h'(t)$ 中必含有 $\delta(t)$,$h''(t)$ 中必含有 $\delta'(t)$,依此类推。此外,在对 $Ae^{st}\mathrm{u}(t)$ 进行求导时,必须按两个函数乘积的导数公式进行,即

$$[x(t)g(t)]'=x'(t)g(t)+x(t)g'(t)$$

对求导后含有 $\delta(t)$ 的项利用冲激信号的筛选特性进行化简,即

$$x(t)\delta(t)=x(0)\delta(t)$$

【例 3-14】　已知某连续 LTI 系统的微分方程式为

$$y'(t)+4y(t)=3x'(t)+2x(t)$$

试求系统的冲激响应 $h(t)$。

解:根据系统冲激响应 $h(t)$ 的定义,当 $x(t)=\delta(t)$ 时,$y(t)$ 即为 $h(t)$,即原微分方程式为

$$h'(t)+4h(t)=3\delta'(t)+2\delta(t)$$

由于微分方程式的特征根 $s_1=-4$,且 $n=m$,为了保持微分方程式的左右平衡,冲激响应 $h(t)$ 必含有 $\delta(t)$ 项,因此冲激响应 $h(t)$ 的形式为

$$h(t)=Ae^{-4t}\mathrm{u}(t)+B\delta(t)$$

式中 A、B 为待定系数,将 $h(t)$ 代入原方程式有

$$\frac{\mathrm{d}}{\mathrm{d}t}\big[Ae^{-4t}\mathrm{u}(t)+B\delta(t)\big]+4\big[Ae^{-4t}\mathrm{u}(t)+B\delta(t)\big]=3\delta'(t)+2\delta(t)$$

即

$$(A+4B)\delta(t)+B\delta'(t)=3\delta'(t)+2\delta(t)$$

$$\begin{cases}A+4B=2\\B=3\end{cases}$$

解得 $A=-10$,$B=3$。因此可得系统的冲激响应为

$$h(t)=-10e^{-4t}\mathrm{u}(t)+3\delta(t)$$

从例 3-14 可以看出,冲激响应 $h(t)$ 中是否含有冲激信号 $\delta(t)$ 及其高阶导数,是通过观察微分方程右边的 $\delta(t)$ 的导数最高次与方程左边 $h(t)$ 的导数最高次来决定。对于 $h(t)$ 中的 $\mathrm{u}(t)$ 项,其形式由特征方程的特征根来决定,其设定形式与零输入响应的设定方式相同,即将特征根分为不等根、重根、共轭复根等几种情况分别设定。

3.2.4 卷积积分

连续时间信号卷积积分是计算连续时间 LTI 系统零状态响应的基本方法。因此,卷积积分在时域分析中是非常重要的运算,下面详细介绍卷积积分的计算及其性质。

1. 卷积积分的计算

对于任意两个连续时间信号 $x(t)$ 和 $h(t)$,两者的卷积积分定义为

$$y(t) = x(t) * h(t) = \int_{-\infty}^{\infty} x(\tau) h(t-\tau) d\tau \tag{3-28}$$

计算两个信号的卷积可以利用定义式直接计算,也可以利用图解的方法计算。利用图形方法可以把抽象的卷积计算形象化,更直观地理解卷积的计算过程,下面先介绍卷积的图形计算。

根据卷积积分的定义,积分变量为 τ。$h(t-\tau)$ 说明 $h(\tau)$ 有翻转和平移的过程,将 $x(\tau)$ 与 $h(t-\tau)$ 相乘,对其乘积结果积分即可计算出卷积的结果。利用图形做卷积积分运算需要五步:

(1)将 $x(t)$ 和 $h(t)$ 中的自变量由 t 改为 τ,τ 成为函数的自变量。

(2)将其中一个信号翻转,如将 $h(\tau)$ 翻转得 $h(-\tau)$。

(3)将 $h(-\tau)$ 平移 t,成为 $h(t-\tau)$,t 是参变量。$t>0$ 时,图形右移;$t<0$ 时,图形左移。

(4)将 $x(\tau)$ 与 $h(t-\tau)$ 相乘。

(5)对乘积后的图形积分。

下面通过例题说明。

【例 3-15】 已知 $x(t) = e^{-t} u(t)$,$h(t) = u(t)$,计算 $y(t) = x(t) * h(t)$。

解:(1)将信号的自变量由 t 改为 τ,如图 3-8(a)(b)所示;

(2)将 $h(\tau)$ 翻转得 $h(-\tau)$,如图 3-8(c)所示;

(3)将 $h(-\tau)$ 平移 t,根据 $x(\tau)$ 与 $h(t-\tau)$ 的重叠情况,分段讨论如下:

当 $t<0$ 时,$x(\tau)$ 与 $h(t-\tau)$ 图形没有相遇,如图 3-8(d)所示,此时 $x(\tau)$ 与 $h(t-\tau)$ 的乘积结果为零,故

$$y(t) = x(t) * h(t) = \int_{-\infty}^{+\infty} x(\tau) h(t-\tau) d\tau = 0$$

当 $t>0$ 时,$x(\tau)$ 与 $h(t-\tau)$ 图形相遇,而且随着 t 的增加,其重合区间增大,重合区间为 $(0,t)$,如图 3-8(e)所示,故

$$y(t) = x(t) * h(t) = \int_{-\infty}^{+\infty} x(\tau) h(t-\tau) d\tau = \int_{0}^{t} e^{-\tau} u(t-\tau) d\tau$$

$$= \int_0^t \mathrm{e}^{-\tau} \mathrm{d}\tau = 1 - \mathrm{e}^{-t}, \quad t > 0$$

卷积结果如图 3-8(f)所示。

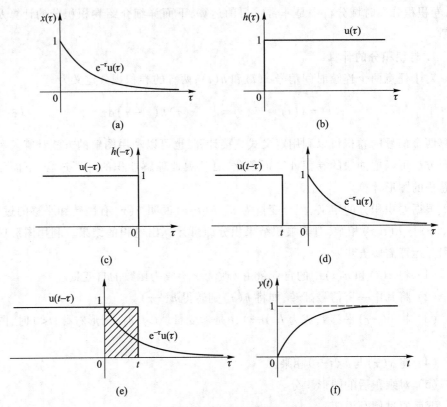

图 3-8 指数信号与单位阶跃信号的卷积

【例 3-16】 已知信号 $x(t)$ 和 $h(t)$ 的波形如图 3-9(a)(b)所示,计算 $y(t) = x(t) * h(t)$。

解:首先将 $x(t)$ 和 $h(t)$ 中的自变量由 t 改为 τ,如图 3-9(a)(b)所示;再将 $h(\tau)$ 翻转平移为 $h(t-\tau)$,如图 3-9(c)所示。然后观察 $x(\tau)$ 与 $h(t-\tau)$ 乘积随着参变量 t 变化而变化的情况,从而将 t 分成不同的区间,分别计算卷积积分的结果,计算过程如下:

(1) 当 $t < -1$ 时,$h(t-\tau)$ 的波形与 $x(\tau)$ 的波形没有相遇,因此 $x(\tau)h(t-\tau) = 0$,故

$$y(t) = x(t) * h(t) = \int_{-\infty}^{+\infty} x(\tau)h(t-\tau)\mathrm{d}\tau = 0$$

(2) 当 $-1 \leqslant t < 0$ 时,$h(t-\tau)$ 的波形与 $x(\tau)$ 的波形相遇,而且随着 t 的增加,其重合区间增大,如图 3-9(d)所示,重合区间为 $(-1, t)$。因此卷积积分的上、下限取 t

与-1,即有

$$y(t) = x(t) * h(t) = \int_{-\infty}^{+\infty} x(\tau)h(t-\tau)\mathrm{d}\tau = \int_{-1}^{t} 1 \cdot 1\mathrm{d}\tau = t+1$$

（3）当$0 \leqslant t < 1$时,$h(t-\tau)$的波形与$x(\tau)$的波形一直相遇,随着t的增加,其重合区间的长度不变,如图 3-9（e）所示,重合区间为$(-1+t, t)$。因此卷积积分的上、下限取t与$-1+t$,即有

$$y(t) = x(t) * h(t) = \int_{-\infty}^{+\infty} x(\tau)h(t-\tau)\mathrm{d}\tau = \int_{-1+t}^{t} 1 \cdot 1\mathrm{d}\tau = 1$$

（4）当$1 \leqslant t < 2$时,$h(t-\tau)$的波形与$x(\tau)$的波形继续相遇,但随着t的增加,其重合区间逐渐减小,如图 3-9(f)所示,重合区间为$(-1+t, 1)$,因此卷积积分的上、下限取1与$-1+t$,即有

$$y(t) = x(t) * h(t) = \int_{-\infty}^{+\infty} x(\tau)h(t-\tau)\mathrm{d}\tau = \int_{-1+t}^{1} 1 \cdot 1\mathrm{d}\tau = 2-t$$

（5）当$t \geqslant 2$时,$h(t-\tau)$的波形与$x(\tau)$的波形又不再相遇。此时$x(\tau)h(t-\tau) = 0$,故

$$y(t) = x(t) * h(t) = \int_{-\infty}^{+\infty} x(\tau)h(t-\tau)\mathrm{d}\tau = 0$$

卷积$y(t) = x(t) * h(t)$的各段积分结果如图 3-9（g）所示。可见两个不等宽的矩形脉冲的卷积为一个等腰梯形。

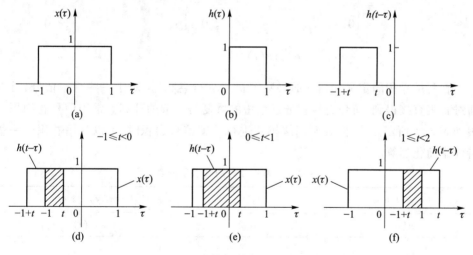

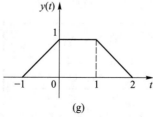

卷积积分

图 3-9 两个不等宽矩形脉冲卷积

从以上图形卷积的计算过程可以清楚地看到,卷积积分包括信号的翻转、平移、乘积和积分四个过程,在此过程中关键是确定积分区间与被积函数表达式。卷积结果 $y(t)$ 的起点等于 $x(t)$ 与 $h(t)$ 的起点之和,$y(t)$ 的终点等于 $x(t)$ 与 $h(t)$ 的终点之和。若卷积的两个信号不含有冲激信号或其各阶导数,则卷积的结果必定为一个连续函数,不会出现间断点。此外,翻转信号时,尽可能翻转较为简单的信号,以简化计算过程。

若待卷积的两个信号 $x_1(t)$ 与 $x_2(t)$ 能用解析函数式表达,则可以采用解析法,直接按照卷积的积分定义式进行计算。

【例 3-17】 计算卷积 $u(t) * u(t)$。

解: 根据卷积积分的定义,可得

$$u(t) * u(t) = \int_{-\infty}^{+\infty} u(\tau) \cdot u(t-\tau) d\tau = \begin{cases} \int_0^t 1 \cdot d\tau, & t > 0 \\ 0, & t \leq 0 \end{cases} = r(t)$$

【例 3-18】 已知 $x_1(t) = e^{-3t}u(t)$,$x_2(t) = e^{-5t}u(t)$,试计算卷积 $x_1(t) * x_2(t)$。

解: 根据卷积积分的定义,可得

$$x_1(t) * x_2(t) = \int_{-\infty}^{+\infty} x_1(\tau) \cdot x_2(t-\tau) d\tau = \int_{-\infty}^{+\infty} e^{-3\tau} u(\tau) \cdot e^{-5(t-\tau)} u(t-\tau) d\tau$$

$$= \begin{cases} \int_0^t e^{-3\tau} \cdot e^{-5(t-\tau)} d\tau, & t > 0 \\ 0, & t < 0 \end{cases} = \begin{cases} \dfrac{1}{2}(e^{-3t} - e^{-5t}), & t > 0 \\ 0, & t < 0 \end{cases}$$

$$= \frac{1}{2}(e^{-3t} - e^{-5t})u(t)$$

在利用卷积的定义和信号的函数解析式进行卷积时,对于一些基本信号,可以通过查表直接得到,避免直接积分过程中的重复与繁杂的计算。常用信号卷积积分表如表 3-1 所示。当然,在利用解析式进行求解信号卷积时,可以利用卷积的一些特性来简化运算。

表 3-1　常用信号的卷积积分表

$x_1(t)$	$x_2(t)$	$x_1(t) * x_2(t)$
$u(t)$	$u(t)$	$r(t)$
$e^{-\alpha t}u(t)$	$u(t)$	$\dfrac{1}{\alpha}(1 - e^{-\alpha t})u(t)$
$e^{-\alpha t}u(t)$	$e^{-\beta t}u(t)$	$\dfrac{1}{\alpha-\beta}(e^{-\beta t} - e^{-\alpha t})u(t), \alpha \neq \beta$
$e^{-\alpha t}u(t)$	$e^{-\alpha t}u(t)$	$te^{-\alpha t}u(t)$
$r(t)$	$u(t)$	$\dfrac{1}{2}t^2 u(t)$

在表 3-1 中,都设定信号 $x_1(t)$ 与 $x_2(t)$ 为因果信号,即都乘以了 $u(t)$。若在实际使用上述公式时,信号 $x_1(t)$ 与 $x_2(t)$ 有平移,则根据卷积的平移特性仍然可以利用上述公式。

2. 卷积积分的性质

(1)交换律

$$x(t) * h(t) = h(t) * x(t) \tag{3-29}$$

上式说明两信号的卷积积分与次序无关。

(2)分配律

$$x(t) * [h_1(t) + h_2(t)] = x(t) * h_1(t) + x(t) * h_2(t) \tag{3-30}$$

(3)结合律

$$[x(t) * h_1(t)] * h_2(t) = x(t) * [h_1(t) * h_2(t)] \tag{3-31}$$

(4)平移特性

若

$$x(t) * h(t) = y(t)$$

则

$$x(t-t_1) * h(t-t_2) = y(t-t_1-t_2) \tag{3-32}$$

证明:$x(t-t_1) * h(t-t_2) = \int_{-\infty}^{\infty} x(\tau-t_1) h(t-\tau-t_2) \mathrm{d}\tau$

$$\xrightarrow{\tau - t_1 = \lambda} \int_{-\infty}^{\infty} x(\lambda) h(t-t_1-t_2-\lambda) \mathrm{d}\lambda$$

$$= y(t-t_1-t_2)$$

(5)卷积的微分特性

若

$$y(t) = x(t) * h(t)$$

则

$$y'(t) = x'(t) * h(t) = x(t) * h'(t) \tag{3-33}$$

证明:$\dfrac{\mathrm{d}}{\mathrm{d}t} y(t) = \dfrac{\mathrm{d}}{\mathrm{d}t} \int_{-\infty}^{+\infty} h(\tau) \cdot x(t-\tau) \mathrm{d}\tau$

$$= \int_{-\infty}^{+\infty} h(\tau) \cdot x'(t-\tau) \mathrm{d}\tau = x'(t) * h(t)$$

同理

$$\frac{\mathrm{d}}{\mathrm{d}t} y(t) = \frac{\mathrm{d}}{\mathrm{d}t} \int_{-\infty}^{+\infty} x(\tau) \cdot h(t-\tau) \mathrm{d}\tau$$

$$= \int_{-\infty}^{+\infty} x(\tau) \cdot h'(t-\tau) \mathrm{d}\tau = x(t) * h'(t)$$

（6）卷积的积分特性

若

$$y(t) = x(t) * h(t)$$

则

$$y^{(-1)}(t) = x^{(-1)}(t) * h(t) = x(t) * h^{(-1)}(t) \tag{3-34}$$

式中 $y^{(-1)}(t)$、$x^{(-1)}(t)$、$h^{(-1)}(t)$ 分别表示 $y(t)$、$x(t)$ 及 $h(t)$ 对时间 t 的一次积分。

（7）卷积的等效特性

若

$$y(t) = x(t) * h(t)$$

则

$$y(t) = x^{(-1)}(t) * h'(t) = x'(t) * h^{(-1)}(t) \tag{3-35}$$

式（3-35）说明，通过激励信号 $x(t)$ 的积分与冲激响应 $h(t)$ 的导数的卷积，或激励信号 $x(t)$ 的导数与冲激响应 $h(t)$ 的积分的卷积，同样可以求得系统的零状态响应。利用此关系有时可简化系统零状态响应的计算。

3. 奇异信号的卷积

（1）延时特性

$$x(t) * \delta(t-T) = x(t-T) \tag{3-36}$$

式（3-36）表明任意信号 $x(t)$ 与延时冲激信号 $\delta(t-T)$ 的卷积，其结果等于信号 $x(t)$ 本身的延时。如果一个系统的冲激响应 $h(t)$ 为延时冲激信号 $\delta(t-T)$，则此系统称为延时器。

卷积的延时特性还可以进一步延伸，即有

$$x(t-t_1) * \delta(t-t_2) = x(t-t_1-t_2) \tag{3-37}$$

（2）微分特性

$$x(t) * \delta'(t) = x'(t) \tag{3-38}$$

式（3-38）表明任意信号 $x(t)$ 与冲激偶信号 $\delta'(t)$ 卷积，其结果为信号 $x(t)$ 的一阶导数。如果一个系统的冲激响应 $h(t)$ 为冲激偶信号 $\delta'(t)$，则此系统称为微分器。

（3）积分特性

$$x(t) * u(t) = \int_{-\infty}^{t} x(\tau)\mathrm{d}\tau = x^{(-1)}(t) \tag{3-39}$$

式（3-39）表明任意信号 $x(t)$ 与单位阶跃信号 $u(t)$ 卷积，其结果为信号 $x(t)$ 本身对时间的积分。如果一个系统的冲激响应 $h(t)$ 为单位阶跃信号 $u(t)$，则此系统称为积分器。

下面通过具体的例题说明卷积特性的一些应用。

【例 3-19】 已知 $x(t)$ 和 $h(t)$ 的波形分别如图 3-10（a）（b）所示，利用平移特性及 $u(t) * u(t) = r(t)$，计算 $y(t) = x(t) * h(t)$。

解：将 $x(t)$ 和 $h(t)$ 分别用单位阶跃信号 $u(t)$ 表示，有

$$x(t)=u(t+0.5)-u(t-0.5),h(t)=2[u(t)-u(t-1)]$$

利用 $u(t)*u(t)=r(t)$ 及卷积积分的平移特性，可得

$$
\begin{aligned}
y(t) &= x(t)*h(t)=[u(t+0.5)-u(t-0.5)]*2[u(t)-u(t-1)]\\
&=2[r(t+0.5)-2r(t-0.5)+r(t-1.5)]
\end{aligned}
$$

卷积结果如图 3-10（c）所示。可见两等宽矩形脉冲的卷积为一个等腰三角形。

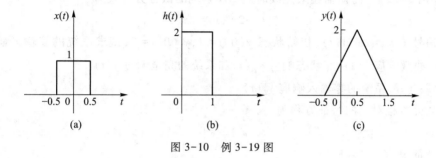

图 3-10 例 3-19 图

【**例 3-20**】 已知 $x(t)$ 和 $h(t)$ 的波形分别如图 3-10(a)(b)所示，利用卷积的等效特性，计算 $y(t)=x(t)*h(t)$。

解：由卷积的等效特性，有 $y(t)=x'(t)*h^{(-1)}(t)$

因为 $x'(t)=\delta(t+0.5)-\delta(t-0.5)$，波形如图 3-11(a) 所示，$h^{(-1)}(t)=2[r(t)-r(t-1)]$，波形如图 3-11(b)所示，故由卷积积分的延时特性，有

$$y(t)=[\delta(t+0.5)-\delta(t-0.5)]*h^{(-1)}(t)=h^{(-1)}(t+0.5)-h^{(-1)}(t-0.5)$$

$y(t)$ 的波形如图 3-11(c)所示。

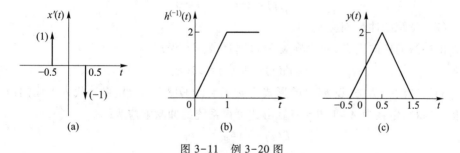

图 3-11 例 3-20 图

从以上分析可以看出，卷积积分可以利用图形法、解析法或利用卷积积分的性质进行计算。图形法概念清楚，有助于对卷积运算过程的直观理解。解析法和卷积积分的性质常一起使用，对于一些可以表示为常用信号线性组合的信号，可以利用表 3-1 中的常用信号的卷积，并结合相应的卷积积分的性质简化卷积积分的计算，

如例 3-19 和例 3-20。

3.2.5　连续时间 LTI 系统分析举例

上面介绍了系统的零输入响应、冲激响应的求解,以及利用输入信号与系统冲激响应的卷积积分计算系统的零状态响应,下面举例说明连续时间 LTI 系统完全响应的求解。

【例 3-21】　已知描述某连续时间 LTI 系统的微分方程式为

$$y''(t) + 2y'(t) = 2x(t)$$

激励信号 $x(t) = 2\mathrm{e}^{-t}\mathrm{u}(t)$,初始状态 $y(0^-) = 1$,$y'(0^-) = 2$,试求系统的零输入响应 $y_{zi}(t)$、冲激响应 $h(t)$、零状态响应 $y_{zs}(t)$ 和系统的完全响应 $y(t)$。

解:(1)系统的零输入响应 $y_{zi}(t)$。

微分方程对应的特征方程为

$$s^2 + 2s = 0$$

解得特征根为

$$s_1 = 0, \quad s_2 = -2$$

因此设系统的零输入响应 $y_{zi}(t)$ 的形式为

$$y_{zi}(t) = K_1 + K_2\mathrm{e}^{-2t}, \quad t \geqslant 0^-$$

代入系统的初始状态 $y(0^-)$ 和 $y'(0^-)$,有

$$y(0^-) = K_1 + K_2 = 1$$

$$y'(0^-) = -2K_2 = 2$$

解得待定系数 K_1、K_2 分别为 $K_1 = 2$、$K_2 = -1$,故求得系统的零输入响应 $y_{zi}(t)$ 为

$$y_{zi}(t) = 2 - \mathrm{e}^{-2t}, \quad t \geqslant 0^-$$

(2)系统的冲激响应 $h(t)$。

由冲激响应的定义,冲激响应 $h(t)$ 满足微分方程式

$$h''(t) + 2h'(t) = 2\delta(t)$$

利用冲激平衡法,设 $h(t)$ 的形式为 $h(t) = (A + B\mathrm{e}^{-2t})\mathrm{u}(t)$,将其代入上面的微分方程,求得待定系数 $A = 1$,$B = -1$。由此可得系统的冲激响应为

$$h(t) = (1 - \mathrm{e}^{-2t})\mathrm{u}(t)$$

(3)利用卷积法可求出系统的零状态响应 $y_{zs}(t)$ 为

$$y_{zs}(t) = x(t) * h(t) = \int_{-\infty}^{+\infty} x(\tau) \cdot h(t - \tau)\mathrm{d}\tau$$

$$= \begin{cases} \int_0^t 2\mathrm{e}^{-\tau}\mathrm{d}\tau - \int_0^t 2\mathrm{e}^{-\tau}\mathrm{e}^{-2(t-\tau)}\mathrm{d}\tau, & t > 0 \\ 0, & t < 0 \end{cases}$$

$$= \begin{cases} 2 - 4e^{-t} + 2e^{-2t}, & t > 0 \\ 0, & t < 0 \end{cases}$$

$$= (2 - 4e^{-t} + 2e^{-2t})u(t)$$

（4）系统的完全响应为

$$y(t) = y_{zi}(t) + y_{zs}(t)$$

$$= (2 - e^{-2t}) + (2 - 4e^{-t} + 2e^{-2t}), \quad t > 0$$

$$= 4 - 4e^{-t} + e^{-2t}, \quad t > 0$$

该系统的零输入响应 $y_{zi}(t)$、零状态响应 $y_{zs}(t)$ 和完全响应 $y(t)$ 的波形如图 3-12 所示。

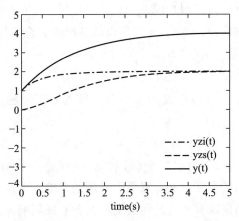

图 3-12　例 3-21 图,零输入响应与零状态响应

值得注意的是,系统的零输入响应 $y_{zi}(t)$ 是由系统的初始状态产生的响应,系统的初始状态是从 $t = 0^-$ 时刻开始,故最后求得的零输入响应 $y_{zi}(t)$ 后面标明 $t \geqslant 0^-$。系统的零状态响应 $y_{zs}(t)$ 是由外部激励 $x(t)$ 产生,故最后求得的零状态响应 $y_{zs}(t)$ 与激励 $x(t)$ 开始时刻一致,$x(t)$ 一般后面加 $u(t)$,故 $y_{zs}(t)$ 后面也是加 $u(t)$。当表达系统的完全响应时,选取系统的零输入响应 $y_{zi}(t)$ 与零状态响应 $y_{zs}(t)$ 的公共部分,一般统写成 $t > 0$。关于系统完全响应的表达方法,不同的教材常有不同的表示方法,虽然形式不同,但异曲同工。

从系统输入的角度,连续时间 LTI 系统的完全响应可分解为零输入响应 $y_{zi}(t)$ 与零状态响应 $y_{zs}(t)$ 之和,还可以从其他角度将其分解为固有响应 $y_h(t)$ 与强制响应 $y_p(t)$ 之和,以及瞬态响应 $y_t(t)$ 与稳态响应 $y_s(t)$ 之和。系统的固有响应 $y_h(t)$ 是指完全响应 $y(t)$ 中那些与系统特征根相对应的响应,而系统强制响应 $y_p(t)$ 是指完全响应 $y(t)$ 中那些与外部激励相对应的响应。系统的瞬态响应 $y_t(t)$ 是指完全响应 $y(t)$ 中随时间增长而趋于零的项[即当 $t \to +\infty$ 时,$y_t(t) \to 0$],而系统的稳态响应 $y_s(t)$ 是指完全响应 $y(t)$ 中随时间增长不趋于零的项。

【**例 3-22**】　试求例 3-21 中的系统：

(1) 固有响应 $y_h(t)$ 与强制响应 $y_p(t)$；

(2) 瞬态响应 $y_t(t)$ 与稳态响应 $y_s(t)$；

(3) 若激励信号为 $e^{-(t-1)}u(t-1)$，重求系统的零输入响应 $y_{zi}(t)$、零状态响应 $y_{zs}(t)$ 和系统的完全响应 $y(t)$。

解： 若已知系统的完全响应，则系统的固有响应 $y_h(t)$ 和强制响应 $y_p(t)$、瞬态响应 $y_t(t)$ 和稳态响应 $y_s(t)$ 不需要重新求解，只需要根据其相应的定义从完全响应中分解出来。由例 3-21 已知，系统的完全响应为 $y(t)=4-4e^{-t}+e^{-2t}$，$t>0$。

(1) 固有响应 $y_h(t)$ 与强制响应 $y_p(t)$。

因为系统的特征根为 $s_1=0$，$s_2=-2$，所以从系统的完全响应中可以看出，与系统特征根相对应的固有响应 $y_h(t)$ 为

$$y_h(t)=4+e^{-2t}, \quad t>0$$

又由于系统的外部输入 $x(t)$ 形式为 $e^{-t}u(t)$，故与外部激励相同形式的强制响应 $y_p(t)$ 为

$$y_p(t)=-4e^{-t}, \quad t>0$$

该系统的固有响应 $y_h(t)$、强制响应 $y_p(t)$ 和完全响应 $y(t)$ 如图 3-13(a) 所示。可见，系统各种响应之间既有区别又有联系。系统的零输入响应全部属于系统的固有响应，系统的零状态响应既有系统的固有响应又含有强制响应。

(2) 瞬态响应 $y_t(t)$ 与稳态响应 $y_s(t)$。

在系统完全响应 $y(t)$ 中，随时间增长而趋于零的项是 e^{-t} 和 e^{-2t}，故系统的瞬态响应 $y_t(t)$ 为

$$y_t(t)=-4e^{-t}+e^{-2t}, \quad t>0$$

在系统完全响应 $y(t)$ 中，随时间增长不趋于零的项是 4 这一项，故系统的稳态响应 $y_s(t)$ 为

$$y_s(t)=4, \quad t>0$$

该系统的瞬态响应 $y_t(t)$、稳态响应 $y_s(t)$ 和完全响应 $y(t)$ 如图 3-13(b) 所示。

(3) 由于系统的初始状态未变，故系统的零输入响应不变，即

$$y_{zi}(t)=2-e^{-2t}, \quad t\geq 0^-$$

因为激励信号 $e^{-(t-1)}u(t-1)=0.5x(t-1)$，所以利用系统的线性特性和非时变特性，可得系统的零状态响应为

$$T\{e^{-(t-1)}u(t-1)\}=0.5y_{zs}(t-1)=[1-2e^{-(t-1)}+e^{-2(t-1)}]u(t-1)$$

系统的完全响应为

$$\begin{aligned}y(t)&=y_{zi}(t)+T\{e^{-(t-1)}u(t-1)\}\\&=(2-e^{-2t})+[1-2e^{-(t-1)}+e^{-2(t-1)}]u(t-1), \quad t>0\end{aligned}$$

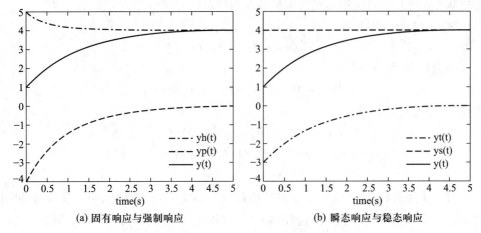

(a) 固有响应与强制响应　　　　　(b) 瞬态响应与稳态响应

图 3-13　例 3-22 图,系统完全响应的分解

在连续时间 LTI 系统响应的时域分析中,将系统的完全响应 $y(t)$ 分解为零输入响应 $y_{zi}(t)$ 与零状态响应 $y_{zs}(t)$。这种分解方法充分体现了线性非时变系统的特性,物理概念清晰,过程简便。若仅系统的外部激励 $x(t)$ 发生变化,则只有系统零状态响应 $y_{zs}(t)$ 随之相应变化,系统的零输入响应 $y_{zi}(t)$ 与之无关。同样,若只有系统的初始状态发生变化,则也只影响系统的零输入响应 $y_{zi}(t)$。

连续时间 LTI 系统的时域分析是以连续时间信号的时域分析为基础,通过冲激信号作用于系统的零状态响应,引出了连续时间 LTI 系统的时域描述。通过分析连续时间 LTI 系统的时域响应,揭示了输入信号、输出信号、连续系统三者之间在时域的内在关系。

3.3　离散时间 LTI 系统的响应

从时域描述离散时间 LTI 系统的数学模型是常系数线性差分方程。分析信号通过系统的响应可以采用求解差分方程的经典法。但在采用经典法分析系统响应时,存在与连续时间系统经典法相似的问题。若差分方程中激励项较复杂,则难以设定相应的特解形式;若激励信号发生变化,则系统响应需全部重新求解;若初始条件发生变化,则系统响应也要全部重新求解。此外,经典法是一种纯数学方法,无法突出系统响应的物理概念。

由于描述离散时间系统的差分方程是具有递推关系的代数方程,若已知初始状态和激励,则可以利用迭代法求得差分方程的数值解。

【例 3-23】　已知描述某一阶离散 LTI 系统的差分方程为
$$y[k]-0.5y[k-1]=u[k]$$

初始状态 $y[-1]=1$,试用迭代法求解系统响应。

解: 将差分方程写成

$$y[k]=\mathrm{u}[k]+0.5y[k-1]$$

代入初始状态,可求得

$$y[0]=\mathrm{u}[0]+0.5y[-1]=1+0.5\times1=1.5$$

类似地,依此迭代可得

$$y[1]=\mathrm{u}[1]+0.5y[0]=1+0.5\times(2-0.5)=1.75$$

$$y[2]=\mathrm{u}[2]+0.5y[1]=1+0.5\times(2-0.5^2)=1.875$$

$$\vdots$$

对于采用式(3-15)后向差分方程描述的 n 阶离散时间系统,当已知 n 个初始状态 $\{y[-1],y[-2],\cdots,y[-n]\}$ 和输入时,就可由下式迭代计算出系统的输出:

$$y[k]=-\sum_{i=1}^{n}a_iy[k-i]+\sum_{j=0}^{m}b_jx[k-j] \tag{3-40}$$

利用迭代法求解差分方程思路清楚,便于编写计算程序,可得到差分方程有限项的数值解,但不易得到解析形式的解。如同连续时间 LTI 系统一样,离散时间 LTI 系统的完全响应也可以看作是初始状态与输入激励分别单独作用于系统产生的响应叠加。其中,由初始状态单独作用于系统而产生的输出响应称为零输入响应,记作 $y_{zi}[k]$;而由输入激励单独作用于系统而产生的输出响应称为零状态响应,记作 $y_{zs}[k]$。因此,有

$$y[k]=y_{zi}[k]+y_{zs}[k]$$

即离散时间 LTI 系统的完全响应 $y[k]$ 为零输入响应 $y_{zi}[k]$ 与零状态响应 $y_{zs}[k]$ 之和。

3.3.1　零输入响应

零输入响应 $y_{zi}[k]$ 是外部输入激励为零时,仅由系统的初始状态所引起的输出响应。在输入为零时,描述 n 阶离散时间 LTI 系统的数学模型式(3-15)等号右端激励项全部为零,差分方程成为齐次差分方程,即

$$\sum_{i=0}^{n}a_iy[k-i]=0 \tag{3-41}$$

故系统零输入响应的形式与齐次差分方程解(即齐次解)的形式一致。式(3-41)方程对应的特征方程为

$$a_0+a_1r^{-1}+\cdots+a_{n-1}r^{-(n-1)}+a_nr^{-n}=0$$

或

$$a_0r^n+a_1r^{n-1}+\cdots+a_{n-1}r+a_n=0$$

特征方程的根称为特征根,n 阶差分方程有 n 个特征根 $r_i(i=1,2,\cdots,n)$,根据特征

根的不同情况,齐次解将具有不同的形式。

当特征根是不等的实根 r_1、r_2、$\cdots$、r_n 时,有

$$y_{zi}[k] = C_1 r_1^k + C_2 r_2^k + \cdots + C_n r_n^k \tag{3-42}$$

当特征根是 n 阶重根 r 时,有

$$y_{zi}[k] = C_1 r^k + C_2 k r^k + \cdots + C_n k^{n-1} r^k \tag{3-43}$$

当特征根是共轭复根 $r_1 = a + jb = \rho e^{j\Omega_0}$,$r_2 = a - jb = \rho e^{-j\Omega_0}$ 时,有

$$y_{zi}[k] = C_1 \rho^k \cos(k\Omega_0) + C_2 \rho^k \sin(k\Omega_0) \tag{3-44}$$

式(3-42)至式(3-44)中的待定系数 C_1、C_2、$\cdots$、C_n 由系统的 n 个初始状态 $y[-1]$、$y[-2]$、$\cdots$、$y[-n]$ 确定。

【例 3-24】 若描述某离散时间 LTI 系统的差分方程为

$$y[k] + 3y[k-1] + 2y[k-2] = x[k]$$

已知系统的初始状态 $y[-1] = 0$,$y[-2] = \dfrac{1}{2}$,求系统的零输入响应 $y_{zi}[k]$。

解: 差分方程的特征方程为

$$r^2 + 3r + 2 = 0$$

解得特征根 $r_1 = -1$,$r_2 = -2$,为两个不等的实根。因此,零输入响应的形式为

$$y_{zi}[k] = C_1(-1)^k + C_2(-2)^k$$

代入初始状态,有

$$y[-1] = -C_1 - \frac{1}{2}C_2 = 0$$

$$y[-2] = C_1 + \frac{1}{4}C_2 = \frac{1}{2}$$

解得 $C_1 = 1$,$C_2 = -2$,故系统的零输入响应为

$$y_{zi}[k] = (-1)^k - 2(-2)^k, k \geq 0$$

【例 3-25】 若描述某离散 LTI 系统的差分方程为

$$y[k] + 1.5y[k-1] - 0.5y[k-3] = x[k]$$

已知初始状态 $y[-1] = 0.5$,$y[-2] = 2$,$y[-3] = 4$,求系统的零输入响应 $y_{zi}[k]$。

解: 差分方程的特征方程为

$$r^3 + 1.5r^2 - 0.5 = 0$$

解得特征根 $r_1 = 0.5$,$r_2 = r_3 = -1$,存在重根。因此,零输入响应的形式为

$$y_{zi}[k] = C_1(0.5)^k + C_2(-1)^k + C_3 k(-1)^k$$

代入初始状态,有

$$y[-1] = 2C_1 - C_2 + C_3 = 0.5$$

$$y[-2] = 4C_1 + C_2 - 2C_3 = 2$$

$$y[-3] = 8C_1 - C_2 + 3C_3 = 4$$

解得 $C_1 = \dfrac{17}{36}, C_2 = \dfrac{7}{9}, C_3 = \dfrac{1}{3}$，故系统的零输入响应为

$$y_{zi}[k] = \frac{17}{36}(0.5)^k + \frac{7}{9}(-1)^k + \frac{1}{3}k(-1)^k, \quad k \geqslant 0$$

例题中特征根为不相等的实根或重根，若系统特征方程的特征根含有共轭复根，可根据式(3-44)写出零输入响应的形式，再由初始状态确定待定系数，即可求出系统的零输入响应。

3.3.2　零状态响应

离散时间系统的零状态响应 $y_{zs}[k]$ 是系统的初始状态为零，仅由输入信号 $x[k]$ 所产生的响应。在连续时间 LTI 系统中，通过把激励信号分解为冲激信号的加权叠加，求出每一个冲激信号单独作用于系统的冲激响应，然后把这些响应叠加，即得系统对此激励信号的零状态响应。这个叠加的过程表现为卷积积分。在离散时间 LTI 系统中，可以采用相同的原理分析离散时间 LTI 系统的响应。

由式(2-105)可知，任意离散时间信号 $x[k]$ 可以表示为单位脉冲序列的加权叠加，即

$$x[k] = \sum_{n=-\infty}^{\infty} x[n]\delta[k-n]$$

系统在单位脉冲序列 $\delta[k]$ 作用下的零状态响应称为单位脉冲响应，用符号 $h[k]$ 表示，即

$$T\{\delta[k]\} = h[k]$$

由系统的非时变特性得

$$T\{\delta[k-n]\} = h[k-n]$$

由系统线性特性的均匀性得

$$T\{x[n]\delta[k-n]\} = x[n]h[k-n]$$

再由系统线性特性的叠加性得

$$T\left\{\sum_{n=-\infty}^{\infty} x[n]\delta[k-n]\right\} = \sum_{n=-\infty}^{\infty} x[n]h[k-n]$$

即离散时间 LTI 系统的零状态响应为

$$y_{zs}[k] = \sum_{n=-\infty}^{\infty} x[n]h[k-n] \tag{3-45}$$

上式称为卷积和，用符号记为

$$y_{zs}[k] = x[k] * h[k] \tag{3-46}$$

式(3-45)表明离散时间 LTI 系统的零状态响应等于激励信号和系统单位脉冲响应的卷积和。

【例 3-26】 已知某离散时间 LTI 系统的单位脉冲响应 $h[k] = \left(\dfrac{1}{2}\right)^k u[k]$，输入序列 $x[k] = u[k]$，试求该系统的零状态响应 $y_{zs}[k]$。

解： 利用式(3-45)可求出系统的零状态响应 $y_{zs}[k]$ 为

$$y_{zs}[k] = \sum_{n=-\infty}^{\infty} u[n] \left(\frac{1}{2}\right)^{k-n} u[k-n] = \begin{cases} \displaystyle\sum_{n=0}^{k} \left(\frac{1}{2}\right)^{k-n}, & k \geqslant 0 \\ 0, & k < 0 \end{cases}$$

$$= \frac{1 - \left(\dfrac{1}{2}\right)^{k+1}}{1 - \dfrac{1}{2}} u[k] = \left[2 - \left(\frac{1}{2}\right)^k\right] u[k]$$

可见，在求解离散时间 LTI 系统的零状态响应时，需要先得到系统的单位脉冲响应 $h[k]$，然后计算输入序列 $x[k]$ 与 $h[k]$ 的卷积和。下面分别讨论单位脉冲响应的求解与卷积和计算。

3.3.3　单位脉冲响应

单位脉冲序列 $\delta[k]$ 作用于离散时间 LTI 系统所产生的零状态响应称为单位脉冲响应(简称脉冲响应)，用符号 $h[k]$ 表示，它的作用与连续时间系统的冲激响应 $h(t)$ 相同。

单位脉冲序列 $\delta[k]$ 只在 $k=0$ 时取值 $\delta[0]=1$，在 k 为其他值时都是零，利用这一特点可以方便地用迭代法求出 $h[k]$。

【例 3-27】 若描述某离散时间 LTI 系统的差分方程为

$$y[k] - 0.5y[k-1] = x[k]$$

求其单位脉冲响应 $h[k]$。

解： 根据单位脉冲响应 $h[k]$ 的定义，它应满足方程

$$h[k] - 0.5h[k-1] = \delta[k]$$

对于因果系统，由于 $\delta[-1]=0$，故 $h[-1]=0$。采用迭代法将差分方程写成

$$h[k] = \delta[k] + 0.5h[k-1]$$

代入 $h[-1]=0$，可求得

$$h[0] = \delta[0] + 0.5h[-1] = 1 + 0 = 1$$

类似地，依此迭代可得

$$h[1] = \delta[1] + 0.5h[0] = 0 + 0.5 \times 1 = 0.5$$
$$h[2] = \delta[2] + 0.5h[1] = 0 + 0.5 \times 0.5 = 0.5^2$$
$$\vdots$$

利用迭代法求系统的单位脉冲响应不易得出解析形式的解，一般只能得到有限

项的数值解。为了能够获得其解析解，可采用等效初始条件法。对于因果系统，单位脉冲序列瞬时作用后，其输入变为零，此时描述离散系统的差分方程变为齐次差分方程，而单位脉冲序列对系统的瞬时作用则转化为系统的等效初始条件，这样就把问题转化为求解齐次差分方程，从而得到 $h[k]$ 的解析解。单位脉冲序列的等效初始条件可以根据差分方程和零状态条件 $y[-1]=0, \cdots, y[-n]=0$ 递推求出。下面举例说明等效初始条件法求解单位脉冲响应 $h[k]$ 的过程。

【例 3-28】 若描述某离散时间 LTI 系统的差分方程为

$$y[k]+3y[k-1]+2y[k-2]=x[k]$$

求该系统的单位脉冲响应 $h[k]$。

解：根据单位脉冲响应 $h[k]$ 的定义，它应满足差分方程

$$h[k]+3h[k-1]+2h[k-2]=\delta[k]$$

（1）求等效初始条件。对于因果系统，有 $h[-1]=0, h[-2]=0$，代入上面方程，可以推出等效初始条件

$$h[0]=\delta[0]-3h[-1]-2h[-2]=1$$
$$h[1]=\delta[1]-3h[0]-2h[-1]=-3$$
$$\vdots$$

求解该二阶差分方程需要两个初始条件，可以选择 $h[0]$ 和 $h[1]$ 作为初始条件。选择初始条件的基本原则是必须将 $\delta[k]$ 的作用体现在等效的初始条件之中。

（2）求差分方程的齐次解。差分方程对应的特征方程为

$$r^2+3r+2=0$$

解得特征根 $r_1=-1, r_2=-2$，故单位脉冲响应的形式为

$$h[k]=[C_1(-1)^k+C_2(-2)^k]u[k]$$

代入初始条件，有

$$h[0]=C_1+C_2=1$$
$$h[1]=-C_1-2C_2=-3$$

解得 $C_1=-1, C_2=2$，故系统的单位脉冲响应为

$$h[k]=[-(-1)^k+2(-2)^k]u[k]$$

3.3.4 序列卷积和

离散时间 LTI 系统的输出等于系统的输入与单位脉冲响应的卷积和，因此，离散时间信号卷积和是计算离散时间 LTI 系统零状态响应的有力工具，其与连续时间信号卷积积分一样重要。下面将详细介绍卷积和的计算与性质。

1. 序列卷积和的计算

两个序列的卷积和定义为

$$x[k] * h[k] = \sum_{n=-\infty}^{\infty} x[n]h[k-n] \tag{3-47}$$

卷积和的图形解释与卷积积分类似,卷积和的计算也可分解为以下五步:

(1) 将 $x[k]$、$h[k]$ 中的自变量由 k 改为 n,n 成为函数的自变量。

(2) 把其中一个信号翻转,如将 $h[n]$ 翻转得 $h[-n]$。

(3) 把 $h[-n]$ 位移 k,得 $h[k-n]$,k 是参变量。$k>0$ 时,图形右移;$k<0$ 时,图形左移。

(4) 将 $x[n]$ 与 $h[k-n]$ 相乘。

(5) 对乘积后的图形求和。

下面的例子说明了卷积和的计算过程。

【例 3-29】 $R_N[k] = \begin{cases} 1, & 0 \leqslant n \leqslant N-1 \\ 0, & 其他 \end{cases}$,计算 $y[k] = R_N[k] * R_N[k]$。

解:(1) 将序列的自变量由 k 改为 n,如图 3-14(a) 所示;

(2) 将 $R_N[n]$ 翻转成 $R_N[-n]$,如图 3-14(b) 所示;

(3) 将 $R_N[-n]$ 位移 k,根据 $R_N[n]$ 与 $R_N[k-n]$ 的重叠情况,分段讨论。

当 $k<0$ 时,$R_N[n]$ 与 $R_N[k-n]$ 图形没有相遇,如图 3-14(c) 所示,故 $y[k]=0$。

当 $0 \leqslant k \leqslant N-1$ 时,$R_N[n]$ 与 $R_N[k-n]$ 图形相遇,而且随着 k 的增加,其重合区间增大,重合区间为 $[0,k]$,如图 3-14(d) 所示,故

$$y[k] = \sum_{n=-\infty}^{\infty} R_N[n]R_N[k-n] = \sum_{n=0}^{k} 1 \cdot 1 = k+1$$

当 $N-1 < k \leqslant 2N-2$ 时,$R_N[n]$ 与 $R_N[k-n]$ 图形仍相遇,而且随着 k 的增加,其重合区间减小,重合区间为 $[-(N-1)+k, N-1]$,如图 3-14(e) 所示,故

$$y[k] = \sum_{n=-\infty}^{\infty} R_N[n]R_N[k-n] = \sum_{n=-(N-1)+k}^{N-1} 1 \cdot 1 = 2N-1-k$$

当 $k>2N-2$ 时,$R_N[n]$ 与 $R_N[k-n]$ 图形不再相遇,故 $y[k]=0$。

卷积结果如图 3-14(f) 所示。

由卷积和的图形解释不难得出如下结论。若 $x[k]$ 的非零点范围为 $N_1 \leqslant k \leqslant N_2$,非零点的个数为 $L_1 = N_2 - N_1 + 1$,$h[k]$ 的非零点范围为 $N_3 \leqslant k \leqslant N_4$,非零点的个数为 $L_2 = N_4 - N_3 + 1$,则 $x[k] * h[k]$ 的非零点范围为

$$N_1 + N_3 \leqslant k \leqslant N_2 + N_4 \tag{3-48}$$

非零点的个数为 $L = L_1 + L_2 - 1$。即两个离散序列卷积和所得到的序列,其起点等于两个序列的起点之和,终点等于两个序列的终点之和。卷积和序列的长度等于两个序列的长度之和减 1。

两序列的卷积和除了根据定义求解外,还可以通过列表法得到。设 $x[k]$ 和 $h[k]$ 都是因果序列,则由卷积和的定义有

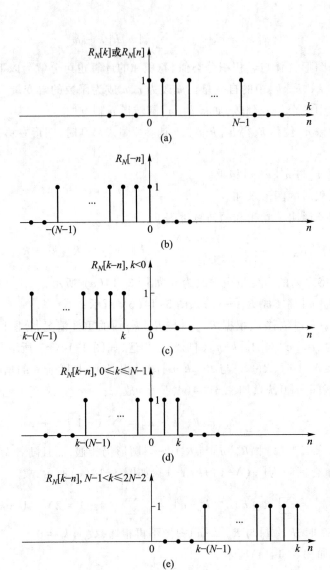

序列卷积和

图 3-14　矩形脉冲序列卷积和的图解

$$x[k] * h[k] = \sum_{n=0}^{k} x[n]h[k-n], \quad k \geq 0$$

当 $k=0$ 时, $y[0]=x[0]h[0]$;

当 $k=1$ 时, $y[1]=x[0]h[1]+x[1]h[0]$;

当 $k=2$ 时, $y[2]=x[0]h[2]+x[1]h[1]+x[2]h[0]$;

当 $k=3$ 时, $y[3]=x[0]h[3]+x[1]h[2]+x[2]h[1]+x[3]h[0]$;

$\vdots$

于是可以求出 $y[k]=\{y[0],y[1],y[2],\cdots\}$。

以上求解过程可以归纳成列表法:将 $x[k]$ 的值顺序排成一行,将 $h[k]$ 的值顺序排成一列,行与列的交叉点记入相应 $x[k]$ 与 $h[k]$ 的乘积,如图 3-15 所示。不难看出,对角斜线上各数值就是 $x[n]h[k-n]$ 的值,对角斜线上各数值的和就是 $y[k]$ 各项的值。值得注意的是,列表法只适用于两个有限长序列的卷积和计算。

上述列表法虽是由因果序列的卷积推出,但对于非因果序列的卷积同样适用。

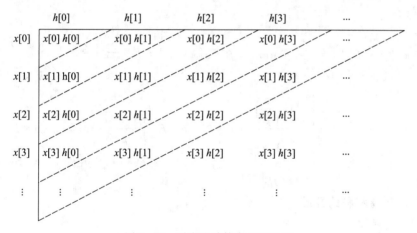

图 3-15　列表法计算序列卷积和

【例 3-30】　计算 $x[k]=\mathrm{u}[k+2]-\mathrm{u}[k-3]$,与 $h[k]=\{1,\overset{\downarrow}{4},2,3\}$ 的卷积和。

解:将序列 $x[k]$ 列表表示为 $x[k]=\mathrm{u}[k+2]-\mathrm{u}[k-3]=\{1,1,\overset{\downarrow}{1},1,1\}$,由于 $x[k]$ 和 $h[k]$ 均为有限长序列,故可以采用列表法简便迅速地求出结果。根据图 3-15 所示的列表规律,列表如图 3-16 所示,由此可计算出 $y[k]=\{1,5,7,10,10,9,5,3\}$。利用式(3-48)可以确定出 $y[k]$ 第一个非零值的位置(即起点位置)为 $-2+(-1)=-3$,因此卷积结果 $y[k]$ 可表示成

$$y[k]=\{1,5,7,\overset{\downarrow}{10},10,9,5,3\}$$

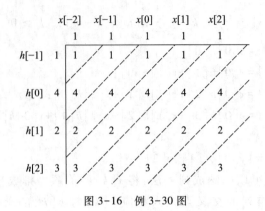

图 3-16　例 3-30 图

卷积和计算

若待卷积的两个序列 $x_1[k]$ 与 $x_2[k]$ 能用解析函数式表达,则可以采用解析法,直接按照卷积和的定义式进行计算。

【例 3-31】　计算 $x[k]=\alpha^k u[k]$,与 $h[k]=\beta^k u[k]$ 的卷积和。

解:

$$x[k]*h[k]=\sum_{n=-\infty}^{\infty}\alpha^n u[n]\cdot\beta^{k-n}u[k-n]=\begin{cases}\beta^k\displaystyle\sum_{n=0}^{k}\left(\dfrac{\alpha}{\beta}\right)^n,&k\geqslant0\\[2mm]0,&k<0\end{cases}$$

$$=\begin{cases}\beta^k\dfrac{1-\left(\dfrac{\alpha}{\beta}\right)^{k+1}}{1-\dfrac{\alpha}{\beta}}u[k],&\alpha\neq\beta\\[4mm](k+1)\beta^k u[k],&\alpha=\beta\end{cases}=\begin{cases}\dfrac{\beta^{k+1}-\alpha^{k+1}}{\beta-\alpha}u[k],&\alpha\neq\beta\\[3mm](k+1)\beta^k u[k],&\alpha=\beta\end{cases}$$

2. 序列卷积和的性质

(1) 交换律

$$x[k]*h[k]=h[k]*x[k] \tag{3-49}$$

式 (3-49) 说明两序列的卷积和与次序无关。

(2) 分配律

$$x[k]*(h_1[k]+h_2[k])=x[k]*h_1[k]+x[k]*h_2[k] \tag{3-50}$$

(3) 结合律

$$(x[k]*h_1[k])*h_2[k]=x[k]*(h_1[k]*h_2[k]) \tag{3-51}$$

(4) 位移特性

$$x[k]*\delta[k-n]=x[k-n] \tag{3-52}$$

式 (3-52) 表明任意信号 $x[k]$ 与位移单位脉冲序列 $\delta[k-n]$ 卷积,其结果等于信号 $x[k]$ 本身的位移。

若 $x[k] * h[k] = y[k]$,则利用位移特性可推出

$$x[k-n] * h[k-l] = y[k-(n+l)] \tag{3-53}$$

（5）差分特性

若 $x[k] * h[k] = y[k]$,则

$$\nabla x[k] * h[k] = x[k] * \nabla h[k] = \nabla y[k] \tag{3-54}$$

$$\Delta x[k] * h[k] = x[k] * \Delta h[k] = \Delta y[k] \tag{3-55}$$

（6）求和特性

$$x[k] * u[k] = \sum_{n=-\infty}^{k} x[n] \tag{3-56}$$

若 $x[k] * h[k] = y[k]$,则

$$x[k] * \sum_{n=-\infty}^{k} h[n] = (\sum_{n=-\infty}^{k} x[n]) * h[k] = \sum_{n=-\infty}^{k} y[n] \tag{3-57}$$

【例 3-32】 利用位移特性计算 $x[k] = u[k+2] - u[k-3]$,与 $h[k] = \{1, \overset{\downarrow}{4}, 2, 3\}$ 的卷积和。

解： $h[k]$ 可用单位脉冲序列及其位移表示为

$$h[k] = \delta[k+1] + 4\delta[k] + 2\delta[k-1] + 3\delta[k-2]$$

利用卷积和的位移特性,可得

$$x[k] * h[k] = x[k] * \{\delta[k+1] + 4\delta[k] + 2\delta[k-1] + 3\delta[k-2]\}$$
$$= x[k+1] + 4x[k] + 2x[k-1] + 3x[k-2]$$

由于 $x[k] = u[k+2] - u[k-3] = \{1, 1, \overset{\downarrow}{1}, 1, 1\}$,故

$$x[k] * h[k] = \{1, 5, 7, \overset{\downarrow}{10}, 10, 9, 5, 3\}$$

【例 3-33】 利用求和特性计算 $x[k] = u[k]$ 与 $h[k] = \alpha^k u[k]$ 的卷积和,其中 $\alpha \neq 1$。

解： 利用式(3-56)卷积和的求和特性,可得

$$x[k] * h[k] = u[k] * \alpha^k u[k] = \sum_{n=-\infty}^{k} \alpha^n u[n]$$

$$= \begin{cases} \sum_{n=0}^{k} \alpha^n, & k \geqslant 0 \\ 0, & k < 0 \end{cases} = \frac{1-\alpha^{k+1}}{1-\alpha} u[k]$$

从以上分析可以看出,卷积和可以利用图形法、列表法、解析法以及卷积和的性质进行计算。图形法概念清楚,有助于对卷积运算过程的理解。列表法简单易算,但只适用于有限长序列的卷积。而解析法和卷积和的性质常一起使用,利用卷积和的性质可简化卷积和的计算。

3.3.5 离散时间 LTI 系统分析举例

上面介绍了离散时间 LTI 系统的零输入响应、单位脉冲响应的求解,以及利用

输入信号与系统单位脉冲响应的卷积和计算系统的零状态响应,下面举例说明系统完全响应的求解。

【例 3-34】　若描述某离散时间 LTI 系统的差分方程为

$$6y[k]-5y[k-1]+y[k-2]=x[k]$$

已知初始状态 $y[-1]=-11$,$y[-2]=-49$;激励 $x[k]=u[k]$。试求系统的零输入响应 $y_{zi}[k]$、单位脉冲响应 $h[k]$、零状态响应 $y_{zs}[k]$ 和完全响应 $y[k]$。

解:(1)求零输入响应 $y_{zi}[k]$

差分方程对应的特征方程为

$$6r^2-5r+1=0$$

解得特征根为两个不等实根 $r_1=\dfrac{1}{2}$,$r_2=\dfrac{1}{3}$,其零输入响应的形式为

$$y_{zi}[k]=C_1\left(\frac{1}{2}\right)^k+C_2\left(\frac{1}{3}\right)^k$$

代入初始状态,有

$$y[-1]=2C_1+3C_2=-11$$
$$y[-2]=4C_1+9C_2=-49$$

解得 $C_1=8$,$C_2=-9$,故系统的零输入响应为

$$y_{zi}[k]=8\left(\frac{1}{2}\right)^k-9\left(\frac{1}{3}\right)^k,\quad k\geqslant 0$$

（2）求单位脉冲响应 $h[k]$

根据单位脉冲响应 $h[k]$ 的定义,其满足差分方程

$$6h[k]-5h[k-1]+h[k-2]=\delta[k]$$

将 $h[-1]=0$、$h[-2]=0$ 代入上面方程,可推出等效初始条件 $h[0]=\dfrac{1}{6}$、$h[1]=\dfrac{5}{36}$。

由系统的特征根可得单位脉冲响应的形式为

$$h[k]=\left[A\left(\frac{1}{2}\right)^k+B\left(\frac{1}{3}\right)^k\right]u[k]$$

代入等效初始条件,可求出待定系数 $A=\dfrac{1}{2}$、$B=-\dfrac{1}{3}$。故系统的单位脉冲响应为

$$h[k]=\left[\frac{1}{2}\left(\frac{1}{2}\right)^k-\frac{1}{3}\left(\frac{1}{3}\right)^k\right]u[k]$$

（3）系统的零状态响应 $y_{zs}[k]$

利用激励 $x[k]$ 与单位脉冲响应 $h[k]$ 的卷积和求解,即

$$y_{zs}[k]=x[k]*h[k]=u[k]*\left[\frac{1}{2}\left(\frac{1}{2}\right)^k-\frac{1}{3}\left(\frac{1}{3}\right)^k\right]u[k]$$

$$= \begin{cases} \sum\limits_{n=0}^{k} \left[\dfrac{1}{2}\left(\dfrac{1}{2}\right)^n - \dfrac{1}{3}\left(\dfrac{1}{3}\right)^n \right], & k \geqslant 0 \\ 0, & k < 0 \end{cases}$$

$$= \begin{cases} \dfrac{1}{2} - \dfrac{1}{2}\left(\dfrac{1}{2}\right)^k + \dfrac{1}{6}\left(\dfrac{1}{3}\right)^k, & k \geqslant 0 \\ 0, & k < 0 \end{cases}$$

$$= \left[\dfrac{1}{2} - \dfrac{1}{2}\left(\dfrac{1}{2}\right)^k + \dfrac{1}{6}\left(\dfrac{1}{3}\right)^k \right] u[k]$$

（4）系统的完全响应

$$y[k] = y_{zi}[k] + y_{zs}[k] = \frac{1}{2} + \frac{15}{2}\left(\frac{1}{2}\right)^k - \frac{53}{6}\left(\frac{1}{3}\right)^k, \quad k \geqslant 0$$

值得注意的是，系统的零输入响应 $y_{zi}[k]$ 是由系统的初始状态产生的响应，故求得的零输入响应 $y_{zi}[k]$ 后面标明 $k \geqslant 0$。系统的零状态响应 $y_{zs}[k]$ 是由外部激励 $x[k]$ 产生的，故最后求得的零状态响应 $y_{zs}[k]$ 与激励 $x[k]$ 开始时刻一致，$x[k]$ 一般后面加 $u[k]$，$y_{zs}[k]$ 后面也是加 $u[k]$。当表达系统的完全响应 $y[k]$ 时，取系统的零输入响应 $y_{zi}[k]$ 与零状态响应 $y_{zs}[k]$ 的公共部分，一般统写成 $k \geqslant 0$。

从系统输入的角度，离散时间 LTI 系统的完全响应可分解为零输入响应 $y_{zi}[k]$ 与零状态响应 $y_{zs}[k]$ 之和，从其他角度还可分解其为固有响应 $y_h[k]$ 与强制响应 $y_p[k]$ 之和。系统的固有响应 $y_h[k]$ 是指完全响应 $y[k]$ 中那些与系统特征根相对应的响应，而系统强制响应 $y_p[k]$ 是指完全响应 $y[k]$ 中那些与外部激励相同形式的响应。除此之外，系统完全响应 $y[k]$ 还可以分解为瞬态响应 $y_t[k]$ 与稳态响应 $y_s[k]$ 之和。所谓系统的瞬态响应 $y_t[k]$ 是指完全响应 $y[k]$ 中随时间增长而趋于零的项（当 $k \to +\infty$ 时，$y_t[k] \to 0$），而系统的稳态响应 $y_s[k]$ 是指完全响应 $y[k]$ 中随时间增长不趋于零的项。

【例 3-35】　对于例 3-34 系统，试求：

（1）固有响应 $y_h[k]$ 与强制响应 $y_p[k]$；

（2）瞬态响应 $y_t[k]$ 与稳态响应 $y_s[k]$；

（3）若激励信号为 $2u[k-1]$，重求系统的零输入响应 $y_{zi}[k]$、零状态响应 $y_{zs}[k]$ 和完全响应 $y[k]$。

解：若已知系统的完全响应，则系统的固有响应 $y_h[k]$、强制响应 $y_p[k]$、瞬态响应 $y_t[k]$、稳态响应 $y_s[k]$ 不需要求解，只需要根据其相应的定义从完全响应中分解出来。由例 3-34，系统的完全响应为

$$y[k] = \frac{1}{2} + \frac{15}{2}\left(\frac{1}{2}\right)^k - \frac{53}{6}\left(\frac{1}{3}\right)^k, \quad k \geqslant 0$$

（1）固有响应 $y_h[k]$ 与强制响应 $y_p[k]$

因为系统的特征根为 $r_1 = \dfrac{1}{2}$，$r_2 = \dfrac{1}{3}$，所以从系统的完全响应中可以看出，与系统特征根相对应的固有响应 $y_h[k]$ 为

$$y_h[k] = \frac{15}{2}\left(\frac{1}{2}\right)^k - \frac{53}{6}\left(\frac{1}{3}\right)^k, \quad k \geqslant 0$$

又由于系统的外部输入 $x[k]$ 形式为 $u[k]$，故与外部激励相同形式的强制响应 $y_p[k]$ 为

$$y_p[k] = \frac{1}{2}, \quad k \geqslant 0$$

可见，系统各种响应之间既有区别又有联系。系统的零输入响应全部属于系统的固有响应，系统的零状态响应既有系统的固有响应又含有强制响应。

（2）瞬态响应 $y_t[k]$ 与稳态响应 $y_s[k]$

在系统完全响应 $y[k]$ 中，随时间增长而趋于零的是含有 $\left(\dfrac{1}{2}\right)^k$ 和 $\left(\dfrac{1}{3}\right)^k$ 的两项，故系统的瞬态响应 $y_t[k]$ 为

$$y_t[k] = \frac{15}{2}\left(\frac{1}{2}\right)^k - \frac{53}{6}\left(\frac{1}{3}\right)^k, \quad k \geqslant 0$$

在系统完全响应 $y[k]$ 中，随时间增长不趋于零的项是 $\dfrac{1}{2}$ 这一项，故系统的稳态响应 $y_s[k]$ 为

$$y_s[k] = \frac{1}{2}, \quad k \geqslant 0$$

本例中固有响应 $y_h[k]$ 与瞬态响应 $y_t[k]$ 相同，强制响应 $y_p[k]$ 与稳态响应 $y_s[k]$ 相同，但一般情况下，两者没有必然相等的关系。

（3）由于系统的初始状态未变，故系统的零输入响应不变，即

$$y_{zi}[k] = 8\left(\frac{1}{2}\right)^k - 9\left(\frac{1}{3}\right)^k, \quad k \geqslant 0$$

因为激励信号 $2u[k-1] = 2x[k-1]$，所以利用系统的线性特性和非时变特性，可得系统的零状态响应为

$$T\{2u[k-1]\} = 2y_{zs}[k-1] = 2\left[\frac{1}{2} - \frac{1}{2}\left(\frac{1}{2}\right)^{k-1} + \frac{1}{6}\left(\frac{1}{3}\right)^{k-1}\right]u[k-1]$$

系统的完全响应为

$$y[k] = y_{zi}[k] + T\{2u[k-1]\}$$
$$= 8\left(\frac{1}{2}\right)^k - 9\left(\frac{1}{3}\right)^k + 2\left[\frac{1}{2} - \frac{1}{2}\left(\frac{1}{2}\right)^{k-1} + \frac{1}{6}\left(\frac{1}{3}\right)^{k-1}\right]u[k-1], \quad k \geqslant 0$$

在离散时间 LTI 系统响应的时域求解中,将系统的完全响应 $y[k]$ 分解为零输入响应 $y_{zi}[k]$ 与零状态响应 $y_{zs}[k]$。这种分解方法充分体现线性非时变系统的特性,物理概念清晰,也为求解 LTI 系统的响应提供了极大方便。若仅系统的外部激励 $x[k]$ 发生变化,则只有系统零状态响应 $y_{zs}[k]$ 随之相应变化,系统的零输入响应 $y_{zi}[k]$ 与之无关;同样,若只有系统的初始状态发生变化,则也只影响系统的零输入响应 $y_{zi}[k]$。

同连续时间 LTI 系统的时域分析相对应,离散时间 LTI 系统的时域分析是以离散时间信号的时域分析为基础,通过单位脉冲序列作用于离散系统的零状态响应,引出了离散时间 LTI 系统的时域描述。通过分析离散时间 LTI 系统的时域响应,给出了输入信号、输出信号、离散系统三者之间在时域的相互关系。

3.4 冲激响应(脉冲响应)表示的系统特性

由于任意连续时间信号 $x(t)$ 可以表示为冲激信号 $\delta(t)$ 的加权叠加,而连续时间 LTI 系统的零状态响应则是基于 $\delta(t)$ 作用于系统的零状态响应,即冲激响应 $h(t)$,以及线性非时变特性。系统不同则其冲激响应 $h(t)$ 也不同,因此,冲激响应 $h(t)$ 可以表征连续系统,成为连续系统的时域描述。根据连续系统对应的冲激响应 $h(t)$,则可分析该连续系统的时域特性。如无失真传输系统 $h(t)=K\cdot\delta(t-t_d)$,其中 K 为正常数,t_d 是输入信号通过系统后的延迟时间;理想积分器 $h(t)=u(t)$;理想微分器 $h(t)=\delta'(t)$;延时器 $h[k]=\delta(t-t_d)$ 等。同理,离散时间 LTI 系统不同则其单位脉冲响应 $h[k]$ 也不同,因此,单位脉冲响应 $h[k]$ 可以表征离散系统,成为离散系统的时域描述。根据离散系统对应的单位脉冲响应 $h[k]$,则可分析该离散系统的时域特性。如无失真传输系统 $h[k]=K\cdot\delta[k-k_d]$,其中 K 为正常数,k_d 是输入信号通过系统后的延迟单元;求和器 $h[k]=u[k]$;差分器 $h[k]=\delta[k]-\delta[k-1]$;单位延时器 $h[k]=\delta[k-1]$ 等。

复杂系统通常是若干子系统有效连接而成,其冲激响应(单位脉冲响应)可以通过子系统的冲激响应(单位脉冲响应)而得到。此外,冲激响应(单位脉冲响应)还可以判断系统的因果性、稳定性等特性。

3.4.1 级联系统的冲激响应(脉冲响应)

两个连续时间 LTI 系统的级联如图 3-17(a)所示。若两个子系统的冲激响应分别为 $h_1(t)$ 和 $h_2(t)$,则连续时间信号 $x(t)$ 通过第一个子系统的输出为

$$z(t)=x(t)*h_1(t)$$

将第一个子系统的输出作为第二个子系统的输入,则可求出该级联系统的输出

$$y(t)=z(t)*h_2(t)=x(t)*h_1(t)*h_2(t)$$

根据卷积积分的结合律性质,有

$$y(t) = x(t) * h_1(t) * h_2(t) = x(t) * \left[h_1(t) * h_2(t) \right] = x(t) * h(t) \quad (3-58)$$

式中 $h(t) = h_1(t) * h_2(t)$。可见,两个连续时间子系统通过级联而构成的系统,其冲激响应等于两个子系统冲激响应的卷积。也就是说,图 3-17(a)所示两个系统的级联等效于图 3-17(b)所示的单个系统。

根据卷积积分的交换律,两个子系统冲激响应的卷积可以表示成

$$h(t) = h_1(t) * h_2(t) = h_2(t) * h_1(t) \quad (3-59)$$

即交换两个级联系统的先后连接次序不影响系统总的冲激响应 $h(t)$,图 3-17(a)与图 3-17(c)是等效的。

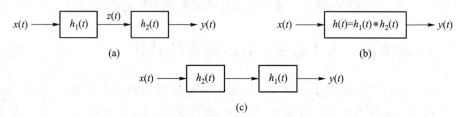

图 3-17　连续时间系统的级联

两个离散时间 LTI 系统的级联也有同样的结论,如图 3-18 所示,图(a)、图(b)和图(c)都是等效的。事实上,该结论对多个连续时间 LTI 系统级联或离散时间 LTI 系统的级联都成立。

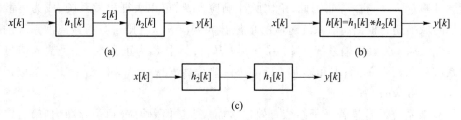

图 3-18　离散时间系统的级联

3.4.2　并联系统的冲激响应(脉冲响应)

两个连续时间 LTI 系统的并联如图 3-19(a)所示。若两个子系统的冲激响应分别为 $h_1(t)$ 和 $h_2(t)$,则连续时间信号 $x(t)$ 通过两个子系统的输出分别为

$$y_1(t) = x(t) * h_1(t), y_2(t) = x(t) * h_2(t)$$

整个并联系统的输出为两个子系统输出 $y_1(t)$ 与 $y_2(t)$ 之和,即

$$y(t) = x(t) * h_1(t) + x(t) * h_2(t)$$

应用卷积积分的分配律性质,上式可写成

$$y(t) = x(t) * [h_1(t) + h_2(t)] = x(t) * h(t) \qquad (3-60)$$

式中 $h(t) = h_1(t) + h_2(t)$。可见,两个连续时间子系统通过并联而构成系统,其冲激响应等于两个子系统冲激响应之和。也就是说,图 3-19(a)所示两个系统的并联等效于图 3-19(b)所示的单个系统。

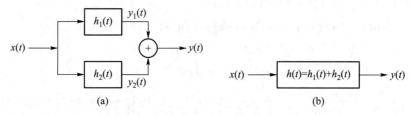

图 3-19 连续时间系统的并联

离散时间 LTI 系统的并联也有同样的结论,即单位脉冲响应分别为 $h_1[k]$、$h_2[k]$ 的两个系统并联等效于一个单位脉冲响应为 $h_1[k] + h_2[k]$ 的系统,如图3-20 所示。该结论对多个连续时间 LTI 系统并联或离散时间 LTI 系统的并联都成立。

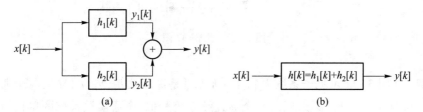

图 3-20 离散时间系统的并联

【例 3-36】 已知某连续时间 LTI 系统如图 3-21 所示,求该系统的单位冲激响应。其中 $h_1(t) = u(t-1)$,$h_2(t) = e^{-3t}u(t-2)$,$h_3(t) = e^{-2t}u(t)$。

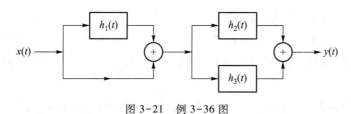

图 3-21 例 3-36 图

解: 当多个子系统通过级联、并联组成一个大系统时,大系统的冲激响应 $h(t)$ 可以直接通过各子系统的冲激响应计算得到。

从图 3-21 可见,子系统 $h_1(t)$ 与全通连续系统组成并联系统,子系统 $h_2(t)$ 与子

系统 $h_3(t)$ 也组成并联系统,将两并联系统再进行级联即得图 3-21 所示系统。对于全通连续系统,若输入为 $x(t)$,输出为 $y(t)$,则输入与输出满足下面关系:

$$y(t) = x(t) * h(t) = x(t)$$

可见,全通连续系统的冲激响应为冲激信号 $\delta(t)$。因此图 3-21 所示系统的冲激响应为

$$\begin{aligned}
h(t) &= [h_1(t) + \delta(t)] * [h_2(t) + h_3(t)] \\
&= [u(t-1) + \delta(t)] * [e^{-3t}u(t-2) + e^{-2t}u(t)] \\
&= u(t-1) * e^{-3t}u(t-2) + u(t-1) * e^{-2t}u(t) + \\
&\quad \delta(t) * e^{-3t}u(t-2) + \delta(t) * e^{-2t}u(t) \\
&= \frac{e^{-6}}{3}[1 - e^{-3(t-3)}]u(t-3) + \frac{1}{2}[1 - e^{-2(t-1)}]u(t-1) + e^{-3t}u(t-2) + e^{-2t}u(t)
\end{aligned}$$

【例 3-37】 写出图 3-22 所示离散时间 LTI 系统的单位脉冲响应 $h[k]$。其中 $h_1[k] = 2\delta[k-1]$,$h_2[k] = 0.5^k u[k]$,$h_3[k] = 3u[k]$。

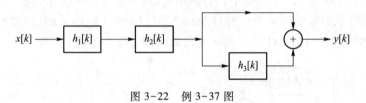

图 3-22 例 3-37 图

解: 从图 3-22 可见子系统 $h_1[k]$ 与 $h_2[k]$ 是级联关系,$h_3[k]$ 支路与全通支路并联后再与 $h_1[k]$、$h_2[k]$ 级联。与全通连续系统相似,全通离散系统的单位脉冲响应为单位脉冲序列 $\delta[k]$。因此图 3-22 所示系统的单位脉冲响应为

$$\begin{aligned}
h[k] &= h_1[k] * h_2[k] * \{\delta[k] + h_3[k]\} = 2\delta[k-1] * 0.5^k u[k] * \{\delta[k] + 3u[k]\} \\
&= 2\delta[k-1] * 0.5^k u[k] * \delta[k] + 6\delta[k-1] * 0.5^k u[k] * u[k] \\
&= 2(0.5)^{k-1}u[k-1] + 6(2 - 0.5^{k-1})u[k-1] \\
&= [12 - 4(0.5)^{k-1}]u[k-1]
\end{aligned}$$

由此可见,复杂系统可以由简单系统通过级联或并联等构成,根据简单系统之间的连接关系,就可以确定复杂连续系统的冲激响应或复杂离散系统的单位脉冲响应。

值得注意的是,全通系统在系统框图中以带箭头的直线表示,全通连续系统的单位冲激响应 $h(t) = \delta(t)$,全通离散系统的单位脉冲响应 $h[k] = \delta[k]$。

3.4.3 因果系统

因果系统是指系统 t_0 时刻的输出只与 t_0 时刻及以前的输入信号有关,即系统

的输出不超前于输入。对于连续时间 LTI 系统,其零状态响应 $y_{zs}(t)$ 是输入 $x(t)$ 与冲激响应 $h(t)$ 的卷积积分,可以把连续时间 LTI 系统的因果性与系统的冲激响应联系起来。若系统的输入为 $x(t)$,系统的冲激响应为 $h(t)$,则连续时间 LTI 系统的零状态响应为

$$y_{zs}(t) = \int_{-\infty}^{\infty} x(\tau)h(t-\tau)\,\mathrm{d}\tau \tag{3-61}$$

根据卷积积分的特性,$y_{zs}(t)$ 的起点应是信号 $x(t)$ 的起点与 $h(t)$ 的起点之和。如果连续时间 LTI 系统的冲激响应满足

$$h(t) = 0, \quad t < 0 \tag{3-62}$$

则输出信号 $y_{zs}(t)$ 不可能超前于输入信号 $x(t)$。可以证明式(3-62)是连续时间 LTI 因果系统的充分必要条件,它表明一个因果连续 LTI 系统的冲激响应在冲激出现之前为零,这也与因果性的直观概念一致。因此,若连续时间 LTI 系统为因果系统,根据式(3-61),则输入信号 $x(t)$ 通过该连续系统的零状态响应可以简写成

$$y_{zs}(t) = \int_{-\infty}^{t} x(\tau)h(t-\tau)\,\mathrm{d}\tau$$

或

$$y_{zs}(t) = \int_{0}^{\infty} h(\tau)x(t-\tau)\,\mathrm{d}\tau \tag{3-63}$$

对离散时间 LTI 系统也有同样的结论。离散时间 LTI 系统是因果系统的充分必要条件为

$$h[k] = 0, \quad k < 0 \tag{3-64}$$

此时,输入信号 $x[k]$ 通过该离散系统的零状态响应可以简写成

$$y_{zs}[k] = \sum_{n=-\infty}^{k} x[n]h[k-n] \tag{3-65}$$

或

$$y_{zs}[k] = \sum_{n=0}^{\infty} h[n]x[k-n] \tag{3-66}$$

【例 3-38】 判断 $M_1 + M_2 + 1$ 点滑动平均(moving average)系统是否为因果系统,其中 $M_1 \geq 0$、$M_2 \geq 0$。

解:$M_1 + M_2 + 1$ 点滑动平均系统的输入输出关系为

$$y[k] = \frac{1}{M_1 + M_2 + 1} \sum_{n=-M_1}^{M_2} x[k+n]$$

该系统为离散 LTI 系统。

根据单位脉冲响应的定义,输入 $x[k] = \delta[k]$ 时,系统的输出即为单位脉冲响应,即

$$h[k] = \frac{1}{M_1 + M_2 + 1} \sum_{n=-M_1}^{M_2} \delta[k+n]$$

$$= \begin{cases} \dfrac{1}{M_1+M_2+1}, & -M_2 \leqslant k \leqslant M_1, \\ 0, & \text{其他} \end{cases}$$

显然,只有当 $M_2 = 0$ 时,才满足 $h[k] = 0, k<0$ 的充要条件。即当 $M_2 = 0$ 时,该离散 LTI 系统是因果系统。

3.4.4　稳定系统

若连续时间系统对任意的有界输入其输出也有界,则称该连续系统是稳定系统。设 $x(t)$ 是系统的输入,当 $x(t)$ 有界,即对任意的 t 有

$$|x(t)| \leqslant M_x < \infty \tag{3-67}$$

如果系统的输出 $y(t)$ 也有界,即

$$|y(t)| \leqslant M_y < \infty \tag{3-68}$$

则系统稳定。上述定义是"有界输入,有界输出"意义下的稳定,简称为 BIBO (bounded input, bounded output) 稳定。

在实际中根据定义很难判断一个系统是否稳定,因为我们不可能对每一个可能的有界输入所产生的响应进行分析,所以需要通过其他途径判断系统的稳定性。由于连续 LTI 系统的冲激响应可以有效地建立系统输入和输出之间的关系,因此利用系统的冲激响应也能判断系统的稳定性。

定理: 对于连续时间 LTI 系统,其 BIBO 稳定的充分必要条件是

$$\int_{-\infty}^{\infty} |h(\tau)| \mathrm{d}\tau = S < \infty \tag{3-69}$$

证明: (1) 充分性

设输入信号是有界的,即 $|x(t)| < M_x$,由连续时间 LTI 系统的输入和输出关系得

$$|y(t)| = \left| \int_{-\infty}^{\infty} x(\tau) h(t-\tau) \mathrm{d}\tau \right| \leqslant \int_{-\infty}^{\infty} |x(\tau)| |h(t-\tau)| \mathrm{d}\tau$$

$$\leqslant M_x \int_{-\infty}^{\infty} |h(t-\tau)| \mathrm{d}\tau = M_x \int_{-\infty}^{\infty} |h(\tau)| \mathrm{d}\tau = M_x S < \infty$$

所以输出信号是有界的,即系统满足 BIBO 稳定。

(2) 必要性

设系统是稳定的,构造一信号为

$$x(t) = \begin{cases} \dfrac{h^*(-t)}{|h(-t)|}, & h(-t) \neq 0 \\ 0, & h(-t) = 0 \end{cases}$$

由 $x(t)$ 的定义知 $|x(t)| \leqslant 1$,即 $x(t)$ 是有界的。由于系统是稳定的,输出也是有界的,因此系统在 $t=0$ 时刻的输出 $y(0)$ 为

$$y(0) = \int_{-\infty}^{\infty} x(\tau)h(-\tau)\mathrm{d}\tau = \int_{-\infty}^{\infty} \frac{h^*(-\tau)h(-\tau)}{|h(-\tau)|}\mathrm{d}\tau$$

$$= \int_{-\infty}^{\infty} |h(-\tau)|\mathrm{d}\tau = \int_{-\infty}^{\infty} |h(\tau)|\mathrm{d}\tau = S$$

故系统稳定时必须有 $S<\infty$。

同理可以定义离散系统在有界输入有界输出意义下的稳定。可以证明对于离散时间 LTI 系统,其 BIBO 稳定的充分必要条件是

$$\sum_{k=-\infty}^{\infty} |h[k]| = S < \infty \tag{3-70}$$

【例 3-39】 已知某连续时间 LTI 系统的冲激响应为 $h(t) = \mathrm{e}^{at}\mathrm{u}(t)$,判断该系统是否稳定。

解:由于该系统为 LTI 系统,可根据连续 LTI 系统稳定的充要条件进行判定,即

$$\int_{-\infty}^{\infty} |h(\tau)|\mathrm{d}\tau = \int_{0}^{\infty} \mathrm{e}^{a\tau}\mathrm{d}\tau = \frac{1}{a}\mathrm{e}^{a\tau}\bigg|_{0}^{\infty}$$

当 $a<0$ 时,由于 $\int_{-\infty}^{\infty} |h(\tau)|\mathrm{d}\tau = \frac{1}{-a}$,因而系统稳定;

而当 $a \geq 0$ 时,由于 $\int_{-\infty}^{\infty} |h(\tau)|\mathrm{d}\tau \to \infty$,因而系统不稳定。

【例 3-40】 判断 M_1+M_2+1 点滑动平均系统是否稳定。

解:该滑动平均系统为离散 LTI 系统,由例 3-38 可知,该系统的单位脉冲响应为

$$h[k] = \begin{cases} \dfrac{1}{M_1+M_2+1}, & -M_2 \leq k \leq M_1 \\ 0, & \text{其他} \end{cases}$$

由于

$$\sum_{k=-\infty}^{\infty} |h[k]| = \sum_{k=-M_2}^{M_1} \frac{1}{M_1+M_2+1} = 1$$

所以该离散 LTI 系统稳定。

3.5 利用 MATLAB 进行系统的时域分析

1. 连续时间系统零状态响应的求解

连续时间 LTI 系统以常系数微分方程描述,系统的零状态响应可通过求解初始状态为零的微分方程得到。在 MATLAB 中,控制系统工具箱提供了一个用于求解零初始条件微分方程数值解的函数 lsim。其调用方式为

```
y=lsim(sys,x,t)
```

式中 t 表示计算系统响应的抽样点向量,x 是系统的输入信号向量,sys 是连续时间 LTI 系统模型,用来表示微分方程、差分方程或状态方程。在求解微分方程时,连续时间 LTI 系统模型 sys 要借助 tf 函数获得,其调用方式为

$$sys = tf(b,a)$$

式中 b 和 a 分别为微分方程右端和左端各项的系数向量。例如对 3 阶微分方程

$$a_3 y'''(t) + a_2 y''(t) + a_1 y'(t) + a_0 y(t) = b_3 x'''(t) + b_2 x''(t) + b_1 x'(t) + b_0 x(t)$$

可用

```
a=[a3, a2, a1, a0];  b=[b3, b2, b1, b0];  sys=tf(b,a)
```

获得连续时间 LTI 模型。注意微分方程中为零的系数一定要写入向量 a 和 b 之中。

【例 3-41】　图 3-23 所示 RLC 串联电路,$R = 3\ \Omega$,$L = 1$ H,$C = 0.5$ F,系统输入 $x(t) = \sin(t) + \sin(20t)$,其波形如图 3-24(a) 所示,其中 $\sin(t)$ 的波形如图 3-24(b) 所示,$\sin(20t)$ 的波形如图 3-24(c) 所示,求系统的零状态响应 $y_{zs}(t)$。

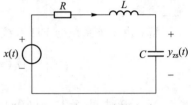

图 3-23　RLC 串联电路

解: 由电路基本理论,可得描述系统输入输出关系的微分方程为

$$LC \frac{\mathrm{d}^2 y_{zs}(t)}{\mathrm{d}t^2} + RC \frac{\mathrm{d}y_{zs}(t)}{\mathrm{d}t} + y_{zs}(t) = x(t)$$

代入元件参数,可得

$$\frac{\mathrm{d}^2 y_{zs}(t)}{\mathrm{d}t^2} + 3 \frac{\mathrm{d}y_{zs}(t)}{\mathrm{d}t} + 2 y_{zs}(t) = 2x(t)$$

当输入 $x(t) = \sin(t) + \sin(20t)$ 时,计算系统零状态响应 $y_{zs}(t)$ 的 MATLAB 程序如下:

```
% program3_1 微分方程求解
ts=0;te=30;dt=0.01;
sys=tf([2],[1 3 2]);
t=ts:dt:te;
x=sin(t)+sin(20*t);
y=lsim(sys,x,t)
plot(t,y);
xlabel('time(s)')
ylabel('yzs(t)')
```

程序运行结果如图 3-24(d) 所示。比较图 3-24 所示输入和输出波形可以看出,输入信号 $x(t) = \sin(t) + \sin(20t)$ 通过系统后,$\sin(20t)$ 分量被抑制。

2. 连续时间系统冲激响应和阶跃响应的求解

在 MATLAB 中,求解连续时间 LTI 系统冲激响应可应用控制系统工具箱提供的

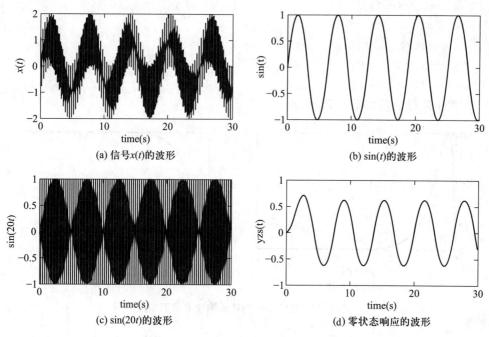

图 3-24 例 3-41 系统的输入和输出波形

函数 impulse,求解阶跃响应可利用函数 step。其调用方式为

$$y = impulse(sys,t)$$

$$y = step(sys,t)$$

式中 t 表示计算系统响应的抽样点向量,sys 是连续时间 LTI 系统模型。下面举例说明其应用。

【例 3-42】 试求例 3-41 中 RLC 串联电路的冲激响应 $h(t)$ 和阶跃响应 $g(t)$。

解:由例 3-41,描述 RLC 串联电路的微分方程为

$$\frac{\mathrm{d}^2 y_{zs}(t)}{\mathrm{d}t^2} + 3\frac{\mathrm{d}y_{zs}(t)}{\mathrm{d}t} + 2y_{zs}(t) = 2x(t)$$

利用 impulse 和 step 函数可求出其冲激响应 $h(t)$ 和阶跃响应 $g(t)$,MATLAB 程序如下:

```
% program3_2 连续时间系统的冲激响应和阶跃响应
ts = 0;te = 15;dt = 0.01;
sys = tf([2],[1 3 2]);
t = ts:dt:te;
h = impulse(sys,t);
g = step(sys,t);
figure(1);plot(t,h);
```

123

```
xlabel('time(s)')
ylabel('h(t)')
figure(2) ;plot(t,g);
xlabel('time(s)')
ylabel('g(t)')
```

程序运行结果如图 3-25 所示。

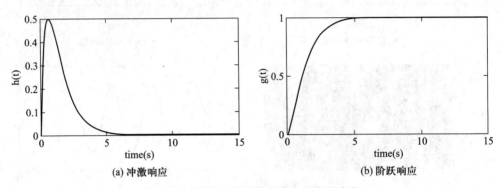

(a) 冲激响应　　　　　　　　　　　　(b) 阶跃响应

图 3-25　连续系统的冲激响应和阶跃响应

3. 离散时间系统零状态响应的求解

大量的离散时间 LTI 系统都可用如下线性常系数差分方程描述：

$$\sum_{i=0}^{n} a_i y[k-i] = \sum_{j=0}^{m} b_j x[k-j]$$

其中 $x[k]$、$y[k]$ 分别表示系统的输入和输出，n 是差分方程的阶数。已知差分方程的 n 个初始状态和输入 $x[k]$，就可以编程由下式迭代计算出系统的输出：

$$y[k] = -\sum_{i=1}^{n} \frac{a_i}{a_0} y[k-i] + \sum_{j=0}^{m} \frac{b_j}{a_0} x[k-j]$$

在零初始状态下，MATLAB 信号处理工具箱提供了一个 filter 函数计算由差分方程描述的系统的响应。其调用方式为

```
y=filter(b,a,x)
```

式中 b=[b0,b1,b2,…,bM]，a=[a0,a1,a2,…,aN]分别是差分方程左、右端的系数向量，x 表示输入序列，y 表示输出序列。注意输出序列的长度与输入序列长度相同。

【例 3-43】　受噪声干扰的信号为 $x[k]=s[k]+d[k]$，其中 $s[k]=(2k)0.9^k$ 是原始信号，$d[k]$ 是噪声。已知 M 点滑动平均系统的输入输出关系为

$$y[k] = \frac{1}{M} \sum_{n=0}^{M-1} x[k-n]$$

试编程实现用 M 点滑动平均系统对受噪声干扰的信号进行去噪。

解: 系统的输入信号 $x[k]$ 含有用信号 $s[k]$ 和噪声信号 $d[k]$。噪声信号 $d[k]$ 可以用 rand 函数产生,将其与有用信号 $s[k]$ 叠加,即得到受噪声干扰的输入信号 $x[k]$。下面 MATLAB 程序实现了对信号 $x[k]$ 去噪,取 $M=5$。

```
% program3_3 Signal Smoothing by Moving Average Filter
R = 51; % Length of input signal
% generate( -0.5, 05)uniformly distributed random numbers
d = rand(1,R)-0.5;
k = 0:R-1;
s = 2 * k.*(0.9.^k);
x = s+d;
figure(1) ; plot(k,d,'r-.',k,s,'b--',k,x,'g-');
xlabel('time index k'); legend('d[k]','s[k]','x[k]');
M = 5; b = ones(M,1)/M; a = 1;
y = filter(b,a,x);
figure(2) ; plot(k,s,'b--',k,y,'r-');
xlabel('time index k');
legend('s[k]','y[k]');
```

程序运行的结果如图 3-26 所示。图 3-26(a)中 3 条曲线分别为噪声信号 $d[k]$、有用信号 $s[k]$ 和受噪声干扰的输入信号 $x[k]$。图 3-26(b)中 $s[k]$ 为有用信号,$y[k]$ 是经过 5 点滑动平均系统去噪的结果。比较这两条曲线可以看出,$y[k]$ 与 $s[k]$ 波形除了有 $\dfrac{M-1}{2}$ 的延时外,两者基本相似,这说明 $y[k]$ 中的噪声信号被系统有效抑制,M 点滑动平均系统实现了对受噪声干扰信号的去噪。

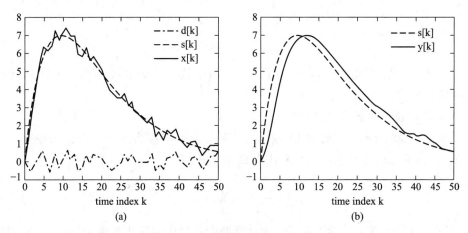

图 3-26 M 点滑动平均系统对受噪声干扰信号的去噪

4. 离散时间系统单位脉冲响应的求解

在 MATLAB 中,求解离散时间 LTI 系统单位脉冲响应,可应用信号处理工具箱提供的函数 impz,其调用方式为

$$h = impz(b,a,k)$$

式中 $b = [b0,b1,b2,\cdots,bM]$,$a = [a0,a1,a2,\cdots,aN]$ 分别是差分方程左、右端的系数向量,k 表示输出序列的取值范围,h 就是系统的单位脉冲响应。

【例 3-44】　描述某因果离散时间 LTI 系统的差分方程为

$$y[k]+2.3452y[k-1]+2.75y[k-2]+1.889y[k-3]+0.6488y[k-4]=0.6488x[k]$$

（1）试求系统的单位脉冲响应 $h[k]$;

（2）若输入序列为 $x[k] = \cos(0.2\pi k)+\cos(0.8\pi k)$,试求系统的零状态响应 $y_{zs}[k]$。

解:

```
% program 3_4 离散时间系统的单位脉冲响应和零状态响应
k = 0:50;
B1 = [0.6488];
A1 = [1.0000,2.3452,2.7500,1.8890,0.6488];
hk = impz(B1,A1,k);
subplot(3,1,1);
stem(k, hk);
xk = cos(0.2 * pi * k)+cos(0.8 * pi * k);
subplot(3,1,2);
stem(k, xk);
yk = filter(B1,A1,xk);
subplot(3,1,3);
stem(k, yk);
```

程序运行结果如图 3-27 所示,图中(a)为单位脉冲响应,(b)为输入序列,(c)为零状态响应。

5. 离散卷积的计算及其应用

如图 3-28 所示离散时间 LTI 系统,其单位脉冲响应为 $h[k]$,若已知输入信号 $x[k]$,则该系统的零状态响应可利用卷积和求出,即

$$y_{zs}[k] = \sum_{n=0}^{k} x[n]h[k-n]$$

MATLAB 信号处理工具箱提供了一个计算两个离散序列卷积和的函数 conv,其调用方式为

$$c = conv(a,b)$$

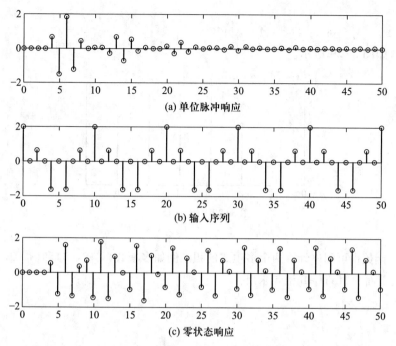

图 3-27 离散时间系统的单位脉冲响应、输入序列和零状态响应

式中 a、b 为待卷积两序列的向量表示，c 是卷积结果。向量 c 的长度为向量 a、b 长度之和减 1，即 length(c)= length(a)+length(b)−1。

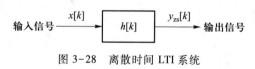

图 3-28 离散时间 LTI 系统

【例 3-45】 已知序列 $x[k] = \{1,2,3,4; k = 0,1,2,3\}$，$y[k] = \{1,1,1,1,1; k = 0,1,2,3,4\}$，计算 $x[k] * y[k]$ 并画出卷积结果。

解：MATLAB 程序如下：

```
% program 3_5 卷积
x=[1,2,3,4];
y=[1,1,1,1,1];
z=conv(x,y);
N=length(z);
stem(0:N-1,z);
```

程序运行结果为

```
z =
    1    3    6   10   10    9    7    4
```

波形如图 3-29 所示。

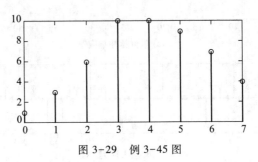

图 3-29　例 3-45 图

conv 函数也可用来计算两个多项式的积。例如多项式 (s^3+2s+3) 和 (s^2+3s+2) 的乘积可通过下面的 MATLAB 语句求出：

```
a=[1,0,2,3];
b=[1,3,2];
c=conv(a,b)
```

语句 a=[1,0,2,3] 和 b=[1,3,2] 分别是多项式 (s^3+2s+3) 和 (s^2+3s+2) 的向量表示。注意，在用向量表示多项式时，应将多项式各项包括零系数项的系数均写入向量的对应元素中。如多项式 (s^3+2s+3) 中 2 次方的系数为零，故向量 a 的第 2 个元素也为零。如果表示成 a=[1,2,3]，则计算机将认为表示的多项式为 s^2+2s+3。上面语句运行的结果为

```
c =
    1    3    4    9   13    6
```

即 $(s^3+2s+3)(s^2+3s+2) = s^5+3s^4+4s^3+9s^2+13s+6$。

在工程应用中，并非总是根据系统的输入和系统来求输出。对于图 3-28 所示单位脉冲响应为 $h[k]$ 的离散时间 LTI 系统，有时会已知系统的输出信号 $y_{zs}[k]$，而需要从其中恢复输入信号 $x[k]$，该过程称为解卷积。MATLAB 信号处理工具箱提供了解卷积函数 deconv，其可以根据 $h[k]$ 和 $y_{zs}[k]$ 求出输入信号 $x[k]$。deconv 的调用方式为

$$x=deconv(y,h)$$

式中 y、h 分别为输出序列和单位脉冲序列的向量表示，其为有限长序列，x 是解卷积结果。

【例 3-46】　已知某音频信号 $y[k]$ 的波形如图 3-30(a) 所示，其是由输入信号

$x[k]$ 通过单位脉冲响应为 $h[k]=[\overset{\downarrow}{1},2,3,4,5,6,5,4,3,2,1]$ 的离散时间 LTI 系统的输出,声音有些失真,试利用解卷积恢复出原信号 $x[k]$。

解：MATLAB 程序如下：

```
% program 3_6 解卷积
[y,fs]=audioread('y_new.wav');          % 读取 y[k]
time=(1:length(y))/fs;figure;           % 计算播放时间
plot(time,y);                           % 绘制 y[k]波形
h=[1,2,3,4,5,6,5,4,3,2,1];
x=deconv(y,h);                          % 解卷积
wavplay(x,fs);                          % 播放 x[k]
time=(1:length(x))/fs;                  % 计算播放时间
figure;plot(time, x);                   % 绘制 x[k]波形
audiowrite(x,fs, 'x_new.wav');          % 保存 x[k]音频文件
```

程序运行结果如图 3-30(b)所示。

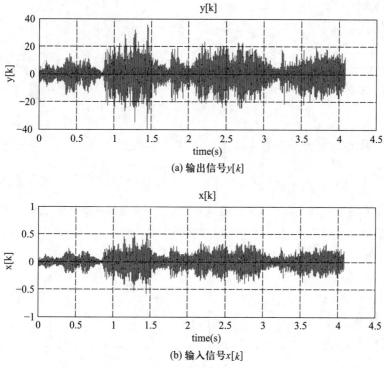

(a) 输出信号 $y[k]$

(b) 输入信号 $x[k]$

图 3-30 例 3-46 图

习　题

3-1　判断下列系统是否是线性、非时变系统,其中 $x(t)$、$y(t)$ 分别是连续时间系统的输入和输出,$x[k]$、$y[k]$ 分别是离散时间系统的输入和输出。

(1) $y'(t)+4y(t)=x(t-1)$;　　　　(2) $y''(t)+2y'(t)+5y(t)=x'(t)+2x(t)$;

(3) $y'(t)+ty(t)=x(t)+2$;　　　　(4) $y''(t)+2y'(t)+5y(t)=x^2(t)$;

(5) $y[k]+0.5ky[k-1]=x[k]$;　　　(6) $y[k]+0.5y[k-1]=x[k]+1$;

(7) $y[k]+2y[k-1]=x[k-1]$;　　　(8) $y[k]=x[k]+x[k-1]+x[k-2]$。

3-2　已知 $x(t)=u(t)-u(t-1)$ 通过某连续时间 LTI 系统的零状态响应为 $y(t)=\delta(t+1)+\delta(t-1)$,信号 $g(t)$ 的波形如题 3-2 图所示,试求 $g(t)$ 通过该系统的零状态响应 $y_g(t)$,并画出其波形。

3-3　已知信号 $x(t)=u(t)-u(t-1)$ 通过某连续时间 LTI 系统的零状态响应 $y(t)$ 如题3-3 图所示,试求单位阶跃信号 $u(t)$ 通过该系统的零状态响应,并画出其波形。

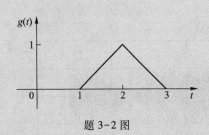

题 3-2 图

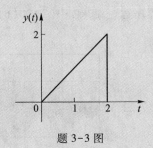

题 3-3 图

3-4　已知某离散时间 LTI 系统,当输入为 $x_1[k]=\delta[k-1]$ 时,零状态响应为 $y_1[k]=\left(\dfrac{1}{2}\right)^{k-1}u[k-1]$,试求输入为 $x_2[k]=2\delta[k]+u[k]$ 时的零状态响应 $y_2[k]$。

3-5　已知某离散时间 LTI 系统在 $x_1[k]$ 激励下的零状态响应为 $y_1[k]$,试求该系统在 $x_2[k]$ 激励下的零状态响应 $y_2[k]$,离散信号 $x_1[k]$、$y_1[k]$ 和 $x_2[k]$ 的波形如题 3-5 图所示。

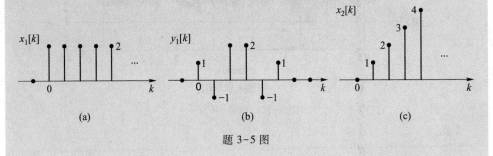

题 3-5 图

3-6 试求下列连续时间 LTI 系统的零输入响应。

(1) $y''(t) + 5y'(t) + 4y(t) = 2x'(t) + 5x(t)$; $y(0^-) = 1, y'(0^-) = 5$;

(2) $y''(t) + 4y'(t) + 4y(t) = 3x'(t) + 2x(t)$; $y(0^-) = -2, y'(0^-) = 3$;

(3) $y''(t) + 4y'(t) + 8y(t) = 3x'(t) + x(t)$; $y(0^-) = 5, y'(0^-) = 2$;

(4) $y'''(t) + 3y''(t) + 2y'(t) = x'(t) + 4x(t)$; $y(0^-) = 1, y'(0^-) = 0, y''(0^-) = 1$。

3-7 试求下列微分方程所描述的连续时间 LTI 系统的单位冲激响应 $h(t)$。

(1) $y'(t) + 3y(t) = 2x(t)$;

(2) $y'(t) + 6y(t) = 3x'(t) + 2x(t)$;

(3) $y''(t) + 3y'(t) + 2y(t) = 4x(t)$;

(4) $y''(t) + 4y'(t) + 4y(t) = 2x'(t) + 5x(t)$;

(5) $y''(t) + 4y'(t) + 8y(t) = 4x'(t) + 2x(t)$;

(6) $y''(t) + 5y'(t) + 6y(t) = x''(t) + 7x'(t) + 4x(t)$。

3-8 求题 3-8 图示 RC 电路中电容电压的单位冲激响应和单位阶跃响应。

3-9 求题 3-9 图示 RL 电路中电感电流的单位冲激响应和单位阶跃响应。

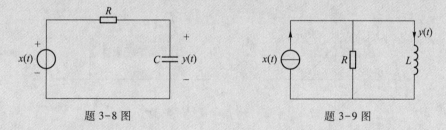

题 3-8 图　　　　　　　　　　题 3-9 图

3-10 利用图解法计算题 3-10 图所示信号 $x(t)$ 和 $h(t)$ 的卷积积分。

3-11 试证明:若信号 $x(t)$ 的非零点范围为 $t_1 \leq t \leq t_2$,信号 $h(t)$ 的非零点范围为 $t_3 \leq t \leq t_4$,则 $x(t) * h(t)$ 的非零点范围为 $t_1 + t_3 \leq t \leq t_2 + t_4$。

3-12 计算下列卷积积分。

(1) $[\delta(t+1) + 2\delta(t-1)] * [\delta(t-1) - \delta(t-3)]$;

(2) $[u(t) - u(t-1)] * [u(t-2) - u(t-3)]$;

(3) $[u(t) - u(t-1)] * e^{-2t}u(t)$;　　　(4) $2e^{-2t}u(t) * 3e^{-t}u(t)$;

(5) $2e^{-2(t-1)}u(t-1) * 3e^{-t}u(t-2)$;　　　(6) $2e^{-2t}u(t) * 3e^{t}u(-t)$;

(7) $2e^{2t}u(-t) * 3e^{t}u(-t)$;　　　(8) $2e^{-2t}u(t) * 3e^{-|t|}$。

3-13 利用卷积积分的性质计算题 3-13 图所示信号 $x(t)$ 和 $h(t)$ 的卷积积分,并画出结果波形。

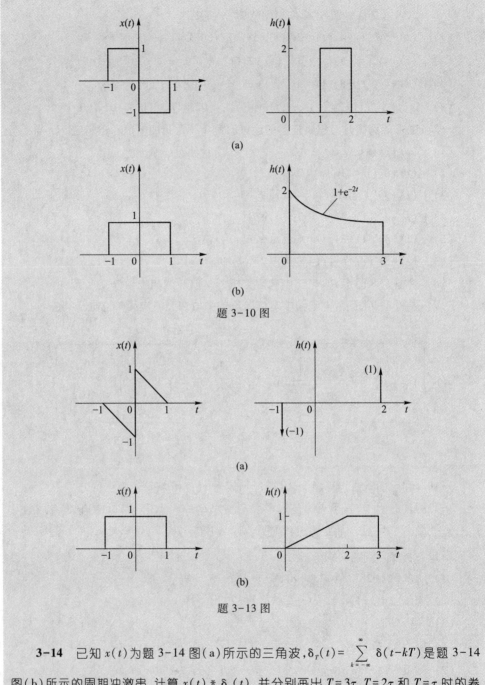

(a)

(b)

题 3-10 图

(a)

(b)

题 3-13 图

3-14 已知 $x(t)$ 为题 3-14 图 (a) 所示的三角波,$\delta_T(t) = \sum\limits_{k=-\infty}^{\infty} \delta(t-kT)$ 是题 3-14 图 (b) 所示的周期冲激串,计算 $x(t) * \delta_T(t)$,并分别画出 $T=3\tau$,$T=2\tau$ 和 $T=\tau$ 时的卷积结果波形。

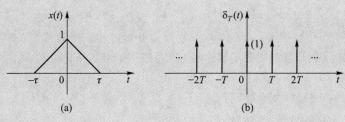

题 3-14 图

3-15 已知某连续时间 LTI 系统的输入为 $x(t)$，系统的阶跃响应为 $g(t)$，试证明系统的零状态响应可以表示为

$$y_{zs}(t) = \int_{-\infty}^{\infty} x'(\tau) g(t-\tau) \, \mathrm{d}\tau$$

上式称为杜阿美尔(Duhamel)积分。

3-16 已知某连续时间 LTI 系统在单位阶跃信号 $u(t)$ 激励下产生的阶跃响应为 $y_1(t) = (2e^{-2t}-1)u(t)$，试求系统在 $x_2(t) = e^{-3t}u(t)$ 激励下产生的零状态响应 $y_2(t)$。

3-17 已知某连续时间 LTI 系统对 $\delta'(t)$ 的零状态响应为 $y_{zs}(t) = 3e^{-2t}u(t)$，试求：

（1）系统的冲激响应 $h(t)$；

（2）系统对输入激励 $x(t) = 2[u(t)-u(t-2)]$ 产生的零状态响应 $y_2(t)$。

3-18 已知某因果连续时间 LTI 系统的微分方程为

$$y''(t) + 7y'(t) + 10y(t) = 2x'(t) + 3x(t)$$

已知 $x(t) = e^{-t}u(t)$，$y(0^-) = 1$，$y'(0^-) = 1$。

（1）求系统的单位冲激响应 $h(t)$；

（2）求系统的零输入响应 $y_{zi}(t)$，零状态响应 $y_{zs}(t)$ 及完全响应 $y_1(t)$；

（3）若 $x(t) = e^{-t}u(t-1)$，重求系统的完全响应 $y_2(t)$。

3-19 已知某因果连续时间 LTI 系统的微分方程为

$$y''(t) + 5y'(t) + 6y(t) = x(t)$$

已知 $y(0^-) = 1$，$y'(0^-) = 0$，$x(t) = 10\cos t u(t)$。

（1）求系统的单位冲激响应 $h(t)$；

（2）求系统的零输入响应 $y_{zi}(t)$、零状态响应 $y_{zs}(t)$ 及完全响应 $y(t)$；

（3）指出系统响应中的瞬态响应分量 $y_t(t)$ 和稳态响应分量 $y_s(t)$，以及其固有响应分量 $y_h(t)$ 和强制响应分量 $y_p(t)$。

3-20 试求下列离散时间 LTI 系统的零输入响应。

（1）$y[k] - \dfrac{5}{2}y[k-1] + y[k-2] = x[k] + x[k-1]$，$y[-1] = 1$，$y[-2] = 3$；

(2) $y[k]-y[k-1]+y[k-2]=x[k]$, $y[-1]=0$, $y[-2]=1$;

(3) $y[k]+2y[k-1]+y[k-2]=2x[k]+x[k-1]$, $y[-1]=-1$, $y[-2]=1.5$。

3-21 求下列方程描述的离散时间 LTI 系统的单位脉冲响应 $h[k]$。

(1) $y[k]=x[k]-x[k-1]$;

(2) $y[k]+0.6y[k-1]=x[k]$;

(3) $y[k]+0.6y[k-1]=2x[k-1]$;

(4) $y[k]-\dfrac{3}{4}y[k-1]+\dfrac{1}{8}y[k-2]=x[k]$;

(5) $y[k]-5y[k-1]+6y[k-2]=x[k]-3x[k-2]$。

3-22 求加权平均系统 $y[k]=\dfrac{2}{M(M+1)}\sum\limits_{n=0}^{M-1}(M-n)x[k-n]$, $M=3$ 的单位脉冲响应 $h[k]$ 及其阶跃响应 $g[k]$。

3-23 利用图解法计算序列 $x[k]$ 与 $h[k]$ 的卷积和。

(1) $x[k]=2^k\{u[k]-u[k-N]\}$, $h[k]=u[k]$;

(2) $x[k]=2^k\{u[k]-u[k-N]\}$, $h[k]=u[k]-u[k-N]$。

3-24 试证明:若 $x[k]$ 的非零点范围为 $N_1\le k\le N_2$, $h[k]$ 的非零点范围为 $N_3\le k\le N_4$, 则 $x[k]*h[k]$ 的非零点范围为 $N_1+N_3\le k\le N_2+N_4$。

3-25 计算序列 $x[k]$ 与 $h[k]$ 的卷积和。

(1) $x[k]=\{\overset{\downarrow}{1},2,1\}$, $h[k]=\{\overset{\downarrow}{1},0,2,0,1\}$;

(2) $x[k]=\{-3,\overset{\downarrow}{4},6,0,-1\}$, $h[k]=u[k]-u[k-4]$;

(3) $x[k]=\left(\dfrac{1}{2}\right)^k u[k-2]$, $h[k]=\delta[k]-\delta[k-1]$;

(4) $x[k]=\delta[k+1]+\delta[k-1]$, $h[k]=\sum\limits_{r=-\infty}^{\infty}\delta[k-4r]$。

3-26 计算下列离散序列的卷积和。

(1) $u[k]*u[k]$;   (2) $\left(\dfrac{1}{3}\right)^k u[k]*u[k-1]$;

(3) $\alpha^{k-1}u[k-1]*\beta^{k-2}u[k-2]$;   (4) $\alpha^k u[k]*\alpha^{-k}u[-k]$, $|\alpha|<1$。

3-27 已知某因果离散时间 LTI 系统的差分方程为

$$y[k]-4y[k-1]+4y[k-2]=4x[k]$$

初始状态为 $y[-1]=0$, $y[-2]=2$, 输入序列为 $x[k]=(-3)^k u[k]$, 试求:

(1) 系统的单位脉冲响应 $h[k]$;

(2) 系统的零输入响应 $y_{zi}[k]$、零状态响应 $y_{zs}[k]$ 及完全响应 $y[k]$;

(3) 若 $x[k]=5(-3)^{k-1}u[k-1]$, 重求(1)(2)。

3-28 已知某因果离散时间 LTI 系统的差分方程为

$$y[k] - \frac{5}{6}y[k-1] + \frac{1}{6}y[k-2] = x[k]$$

初始状态为 $y[-1] = 0, y[-2] = 1$，输入序列为 $x[k] = u[k]$，试求：

（1）系统的单位脉冲响应 $h[k]$；

（2）系统的零输入响应 $y_{zi}[k]$、零状态响应 $y_{zs}[k]$ 及完全响应 $y[k]$；

（3）指出系统响应中的瞬态响应分量 $y_t[k]$ 和稳态响应分量 $y_s[k]$，以及其固有响应分量 $y_h[k]$ 和强制响应分量 $y_p[k]$。

3-29 求题 3-29 图所示连续时间 LTI 系统的单位冲激响应 $h(t)$，已知 $h_1(t) = u(t), h_2(t) = 2\delta(t-2), h_3(t) = e^{-2t}u(t), h_4(t) = e^{-3t}u(t)$。

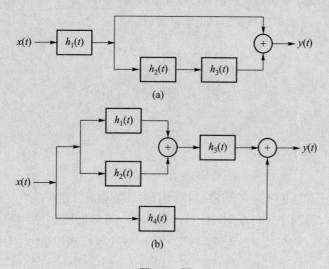

(a)

(b)

题 3-29 图

3-30 求题 3-30 图所示离散时间 LTI 系统的单位脉冲响应 $h[k]$。其中 $h_1[k] = \left(\frac{1}{2}\right)^k u[k], h_2[k] = \left(\frac{1}{3}\right)^k u[k], h_3[k] = u[k], h_4[k] = 2\delta[k-1]$。

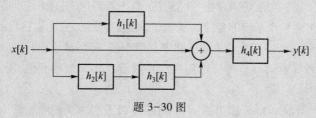

题 3-30 图

3-31 判断下列 LTI 系统是否为因果系统或稳定系统。

(1) $h(t) = \mathrm{e}^{-|t|}\sin(\omega_0 t)$；　　　　　　(2) $h(t) = \mathrm{e}^{at}\mathrm{u}(-t)$；

(3) $h[k] = \cos\left(\dfrac{\pi}{2}k\right)\mathrm{u}[k]$；　　　　(4) $h[k] = a^k\{\mathrm{u}[k] - \mathrm{u}[k-N]\}$，$N>0$。

第 3 章部分
习题参考答案

MATLAB习题

M3-1 在题 M3-1 图所示电路中，$L = \dfrac{1}{3}$ H，$C = \dfrac{1}{2}$ F，$R = 1\ \Omega$，$x(t)$ 是输入信号，$y(t)$ 是输出响应。

(1) 建立描述该系统的微分方程；

(2) 利用 impulse 函数求系统的单位冲激响应；

(3) 利用 step 函数求系统的单位阶跃响应。

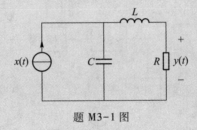

题 M3-1 图

M3-2 已知描述下列 4 个连续时间 LTI 系统的微分方程：

(1) $y^{(4)}(t) + 26.1y^{(3)}(t) + 341.4y''(t) + 2613.1y'(t) + 10\,000y(t) = 10\,000x(t)$；

(2) $y^{(4)}(t) + 78.4y^{(3)}(t) + 3\,072.8y''(t) + 70\,554.4y'(t) + 810\,000y(t) = x^{(4)}(t)$；

(3) $y^{(4)}(t) + 5.7y^{(3)}(t) + 656y''(t) + 1\,810.2y'(t) + 102\,400y(t) = 16x''(t)$；

(4) $y^{(4)}(t) + 11.3y^{(3)}(t) + 832y''(t) + 4\,344.5y'(t) + 147\,456y(t)$
$= x^{(4)}(t) + 768x''(t) + 147\,456x(t)$。

其输入信号均为 $x(t) = \cos(10t) + \cos(20t) + \cos(30t)$，利用 MATLAB 完成以下要求：

(1) 画出信号 $x(t)$ 在 0~5 s 的波形；

(2) 求出上述 4 个系统的单位冲激响应，画出其波形，并比较它们的特征；

(3) 求出上述 4 个系统的单位阶跃响应，画出其波形，并比较它们的特征；

(4) 求出 $x(t)$ 作用在 4 个系统上的零状态响应，画出其波形；

(5) 比较系统输入 $x(t)$ 的波形与 4 个系统零状态响应的波形，能从时域进行解释吗？

M3-3 利用 MATLAB 提供的 conv 函数计算下面序列的卷积和，并验证卷积和的交换律、分配律与结合律。

$x[k]=\{\overset{\downarrow}{0.85},0.53,0.21,0.67,0.84,0.12\}$，$h[k]=\{\overset{\downarrow}{0.68},0.37,0.83,0.52,0.71\}$

M3-4 已知描述 4 个离散时间 LTI 系统的差分方程如下：

（1）$y[k]-2.369\,5y[k-1]+2.314\,0y[k-2]-1.054\,7y[k-3]+0.187\,4y[k-4]$

$\quad = 0.004\,8x[k]+0.019\,3x[k-1]+0.028\,9x[k-2]+0.019\,3x[k-3]+0.004\,8x[k-4]$；

（2）$y[k]+2.048\,4y[k-1]+1.841\,8y[k-2]+0.782\,4y[k-3]+0.131\,7y[k-4]$

$\quad = 0.008\,9x[k]-0.035\,7x[k-1]+0.053\,5x[k-2]-0.035\,7x[k-3]+0.008\,9x[k-4]$；

（3）$y[k]+1.143\,0y[k-2]+0.412\,8y[k-4]$

$\quad = 0.067\,5x[k]-0.134\,9x[k-2]+0.067\,5x[k-4]$；

（4）$y[k]+1.561\,0y[k-2]+0.641\,4y[k-4]$

$\quad = 0.800\,6x[k]+1.601\,2x[k-2]+0.800\,6x[k-4]$。

其输入信号均为 $x[k]=\cos(0.2\pi k)+\cos(0.5\pi k)+\cos(0.8\pi k)$，利用 MATLAB 完成以下要求：

（1）画出信号 $x[k]$ 在 $k=0\sim50$ 的波形；

（2）求出上述 4 个系统的单位脉冲响应，画出其波形，并比较它们的特征；

（3）求出 $x[k]$ 作用在 4 个系统上的零状态响应，画出其波形；

（4）比较系统输入 $x[k]$ 的波形与 4 个系统零状态响应的波形，能从时域进行有效解释吗？

M3-5 两个连续信号的卷积积分定义为

$$y(t)=\int_{-\infty}^{\infty}x(\tau)h(t-\tau)\,\mathrm{d}\tau$$

为了能够利用数值方法进行计算，需对连续信号进行抽样。记 $x[k]=x(k\Delta)$，$h[k]=h(k\Delta)$，Δ 为进行数值计算所选定的抽样间隔，则可证明连续信号卷积积分可近似的表示为

$$y(k\Delta)\approx\Delta\times(x[k]*h[k])$$

上式可以利用 MATLAB 提供的 conv 函数近似计算连续信号的卷积积分。设 $x(t)=\mathrm{u}(t)-\mathrm{u}(t-1)$，$h(t)=\mathrm{u}(t)-\mathrm{u}(t-3)$。

（1）利用解析法求出 $y(t)=x(t)*h(t)$ 的理论结果；

（2）利用不同的抽样间隔 Δ 计算出卷积积分的近似结果，并与理论结果比较。有何结论？

（3）若 $x(t)$ 和 $h(t)$ 不是时限信号，如 $x(t)=\mathrm{u}(t)$，$h(t)=\mathrm{e}^{-t}\mathrm{u}(t)$，则利用上述近似计算方法是否会遇到问题？若出现问题请分析出现问题的原因，并给出一种解决问题的方案。

第 4 章　信号的频域分析

本章从信号表示的角度介绍连续周期信号的连续傅里叶级数 CFS（continuous Fourier series）、连续非周期信号的连续时间傅里叶变换 CTFT（continuous time Fourier transform）、离散周期信号的离散傅里叶级数 DFS（discrete Fourier series）、离散非周期信号的离散时间傅里叶变换 DTFT（discrete time Fourier transform）。在此基础上，引入了上述四种信号的频谱，并通过 Fourier 级数或变换的性质，阐述了信号的时域与频域之间的对应关系，展现了其数学概念、物理概念和工程概念。利用信号时域分析和频域分析的理论阐述了信号的时域抽样定理与频域抽样定理，并介绍了利用 MATLAB 分析信号频谱的基本方法。

信号的时域分析是将信号表示为冲激信号或脉冲信号的线性组合，从时域给出了信号通过 LTI 系统时，输入、输出、系统三者之间的内在关系。信号的频域分析将信号表示为正弦类信号（虚指数信号），从频域诠释信号的特性，并分析输入、输出、系统三者之间的关系。为何在信号时域分析的基础上，引入信号的频域分析？下面通过几个例子来说明这个问题。图 4-1(a)(b)分别是男生和女生朗读同一个单词所得语音信号的时域波形，若希望从时域信号波形中分析出男声和女声各有什么特征比较困难。图 4-1(c)是音乐《江南 Style》的时域波形，图 4-1(d) 是含噪声的《江南 Style》时域波形，在时域有用信号和噪声信号叠加在一起，很难从图 4-1 (d)所示信号中滤除噪声，恢复出图 4-1(c) 所示音乐信号。图 4-1(e)(f)分别是双音多频电话两个数字键对应的拨号音的时域波形，双音多频电话数字键的拨号音由两个不同频率的正弦信号叠加而成，但要从图 4-1(e)(f)中识别出这两个波形分别对应的是哪个数字键也很困难。

但如果将图 4-1 所示时域信号表示为正弦类信号，即通过 Fourier（傅里叶）级数或变换将时域信号映射到频域，上述问题就会迎刃而解。Fourier（1768—1830）是 19 世纪初法国数学家和物理学家，他提出满足一定条件的时域信号可以表示为一系列正弦（或虚指数）信号的加权叠加，即周期为 T_0 的连续周期信号 $\tilde{x}(t)$ 可以表示为 $e^{jn\omega_0 t}(\omega_0 = 2\pi/T_0)$ 的线性组合，连续非周期信号 $x(t)$ 可以表示为 $e^{j\omega t}$ 的线性组合，周期为 N 的离散周期信号 $\tilde{x}[k]$ 可以表示为 $e^{jn\Omega_0 k}(\Omega_0 = 2\pi/N)$ 的线性组合，离散非周期信号 $x[k]$ 可以表示为 $e^{j\Omega k}$ 的线性组合，它们统称为信号的 Fourier 表示。信号

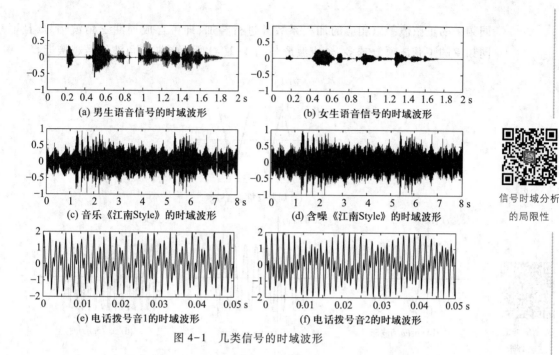

(a) 男生语音信号的时域波形

(b) 女生语音信号的时域波形

(c) 音乐《江南Style》的时域波形

(d) 含噪《江南Style》的时域波形

(e) 电话拨号音1的时域波形

(f) 电话拨号音2的时域波形

信号时域分析
的局限性

图 4-1　几类信号的时域波形

Fourier 表示中的加权系数称为信号的频谱,并且时域信号与其对应的频谱之间构成一一对应的关系。信号的 Fourier 表示揭示了信号的时域与频域之间的内在联系,为信号和系统的分析提供了一种新的方法和途径。

4.1 连续时间周期信号的频域分析

4.1.1 周期信号 Fourier 级数表示

1. 周期信号 Fourier 级数表示的一个例子

图 4-2(a)所示为周期三角波信号 $\tilde{x}(t)$,图 4-2(b)(c)(d)分别为不同频率的正弦波。图 4-2(e)中实线是图4-2(b)所示正弦波乘以加权系数的波形,虚线是由实线叠加近似表示的周期信号 $\tilde{x}(t)$;图 4-2(f)中实线是图 4-2(b)和(c)所示正弦波分别乘以加权系数的波形,虚线是由实线叠加近似表示的周期信号 $\tilde{x}(t)$,即 $\tilde{x}(t) \approx 0.810\ 6\cos(\omega_0 t) + 0.090\ 1\cos(3\omega_0 t)$;图 4-2(g)中的实线是图 4-2(b) (c)和(d)所示正弦波分别乘以加权系数的波形,虚线是实线叠加近似表示的周期信号 $\tilde{x}(t)$,即 $\tilde{x}(t) \approx 0.810\ 6\cos(\omega_0 t) + 0.090\ 1\cos(3\omega_0 t) + 0.032\ 4\cos(5\omega_0 t)$ 。由此可见,不

同频率的正弦波乘以相应的加权系数并进行叠加,即可合成周期三角波信号,且不同频率的正弦波项数越多,合成波形与图 4-2(a)所示周期三角波信号越接近。

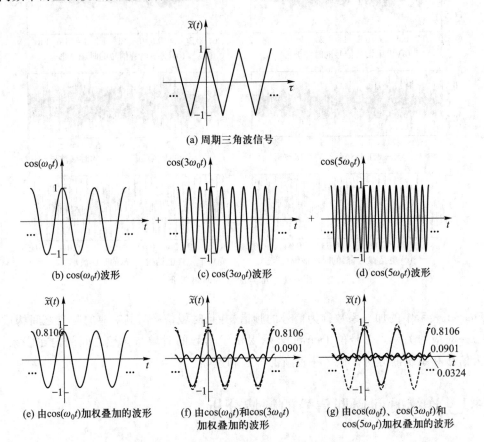

周期信号的
正弦表示

(a) 周期三角波信号

(b) $\cos(\omega_0 t)$ 波形

(c) $\cos(3\omega_0 t)$ 波形

(d) $\cos(5\omega_0 t)$ 波形

(e) 由 $\cos(\omega_0 t)$ 加权叠加的波形

(f) 由 $\cos(\omega_0 t)$ 和 $\cos(3\omega_0 t)$ 加权叠加的波形

(g) 由 $\cos(\omega_0 t)$、$\cos(3\omega_0 t)$ 和 $\cos(5\omega_0 t)$ 加权叠加的波形

图 4-2　利用不同频率的正弦波表示周期三角波

连续周期信号可以表示为一系列不同频率的正弦波的加权叠加,这一理论是 19 世纪初法国数学家和物理学家 Fourier 在热的传播和扩散现象研究中得出的结论。18 世纪中期瑞士数学家 Euler(欧拉)在振动弦的研究工作中曾提出过类似的结论,但由于当时学者们对这一结论的激烈争论,Euler 没有继续从数学上深入探求下去。1807 年 Fourier 发现物体的温度分布可用成谐波关系的正弦函数级数表示,他还断言:"任何"周期信号都可以用成谐波关系的正弦函数级数来表示。由于当时 Fourier 并未对此结论进行严格的数学证明,因此受到了以 Lagrange(拉格朗日)为代表的部分学者的反对,但反对者也不能给出有力的不同论据。直到 1829 年,Dirichlet(狄里赫利)才对这个问题作出了令人信服的回答,Dirichlet 认为,周期信号在满足一定条件时,可以用成谐波关系的正弦函数级数表示。之所以称其为 Fourier 级数,是因为 Fourier 不仅断言了周期信号可以用成谐波关系的正弦函数级数来表

示,还指出非周期信号也可以用正弦函数的加权积分表示,这一理论在工程实际中有着广泛应用。因此,无论是周期信号还是非周期信号,无论是连续时间信号还是离散时间信号,只要是将信号表示为正弦(或虚指数)信号,就称为信号的 Fourier 分析。

2. 信号的正交分解

信号表示为虚指数信号或正弦信号,在数学中就是将信号分解为完备的正交信号集,信号的正交分解是信号分析理论的基础。

若复信号$\cdots,f_1(t),f_2(t),f_3(t),\cdots$在区间$(t_1,t_2)$满足

$$\int_{t_1}^{t_2}f_m(t)f_n^*(t)\mathrm{d}t=\begin{cases}0, & m\neq n\\K, & m=n\end{cases}, \quad m,n\text{ 为任意整数} \tag{4-1}$$

则复信号$\cdots,f_1(t),f_2(t),f_3(t),\cdots$为正交信号。将其构成一个正交信号集,若不存在任何非零信号$g(t)$满足

$$\int_{t_1}^{t_2}f_n(t)g^*(t)\mathrm{d}t=0 \tag{4-2}$$

则该正交信号集是完备的。

正弦信号集$\{1,\cos(n\omega_0t),\sin(n\omega_0t)\}$$(n=0,1,2,\cdots)$在区间$(t_0,t_0+T)$ $\left(\text{其中 }T=\dfrac{2\pi}{\omega_0}\right)$有

$$\int_{t_0}^{t_0+T}\cos(m\omega_0t)\cos(n\omega_0t)\mathrm{d}t=\begin{cases}0, & m\neq n\\\dfrac{T}{2}, & m=n\neq 0\\T, & m=n=0\end{cases}$$

$$\int_{t_0}^{t_0+T}\sin(m\omega_0t)\sin(n\omega_0t)\mathrm{d}t=\begin{cases}0, & m\neq n\\\dfrac{T}{2}, & m=n\neq 0\end{cases}$$

$$\int_{t_0}^{t_0+T}\cos(m\omega_0t)\sin(n\omega_0t)\mathrm{d}t=0$$

满足正交特性,是正交信号集。可以证明其还具有完备性,故正弦信号集$\{1,\cos(n\omega_0t),\sin(n\omega_0t)\}$$(n=0,1,2,\cdots)$是完备的正交信号集。

虚指数信号集$\{\mathrm{e}^{jn\omega_0t}\}$$(n=0,\pm1,\pm2,\cdots)$在区间$(t_0,t_0+T)$$\left(T=\dfrac{2\pi}{\omega_0}\right)$有

$$\int_{t_0}^{t_0+T}\mathrm{e}^{jm\omega_0t}\left(\mathrm{e}^{jn\omega_0t}\right)^*\mathrm{d}t=\begin{cases}0, & m\neq n\\T, & m=n\end{cases} \tag{4-3}$$

满足正交特性,且也具有完备性,故虚指数信号集也是完备的正交信号集。除此之外,在信号领域中,还存在着多种完备的正交信号集。如 Legendre(勒让德)多项式、Chebyshev(契比雪夫)多项式、Bassel(贝塞尔)函数集、Walsh(沃尔什)函数集、

小波函数集等。

信号 $x(t)$ 在区间 (t_1,t_2) 可以由完备的正交信号集中的信号表示,即

$$x(t) = \cdots + C_1 f_1(t) + C_2 f_2(t) + \cdots + C_N f_N(t) + \cdots = \sum_{n=-\infty}^{\infty} C_n f_n(t)$$

由于信号 $\cdots, f_1(t), f_2(t), f_3(t), \cdots$ 相互正交,利用式(4-1)可推出加权系数 C_n 为

$$C_n = \frac{\int_{t_1}^{t_2} x(t) f_n^*(t)\,dt}{\int_{t_1}^{t_2} f_n(t) f_n^*(t)\,dt} \tag{4-4}$$

在工程实际中,我们无法得到无限项的加权系数 C_n。当只用 N 项近似表示信号 $x(t)$ 时

$$x(t) \approx C_1 f_1(t) + C_2 f_2(t) + \cdots + C_N f_N(t) = \sum_{n=1}^{N} C_n f_n(t) = \hat{x}(t) \tag{4-5}$$

则近似信号 $\hat{x}(t)$ 与信号 $x(t)$ 之间必然存在误差。

两信号之间的均方误差为

$$\text{MSE} = \frac{1}{t_2 - t_1} \int_{t_1}^{t_2} \left| x(t) - \hat{x}(t) \right|^2 dt = \frac{1}{t_2 - t_1} \int_{t_1}^{t_2} \left| x(t) - \sum_{n=1}^{N} C_n f_n(t) \right|^2 dt \tag{4-6}$$

为使得均方误差 MSE 最小,对式(4-6)中系数 C_n 分别求偏导数。利用正交特性整理后可得

$$C_n = \frac{\int_{t_1}^{t_2} x(t) f_n^*(t)\,dt}{\int_{t_1}^{t_2} f_n(t) f_n^*(t)\,dt} \tag{4-7}$$

式(4-7)与式(4-4)完全一致。也就是说,按照式(4-4)计算加权系数时,由正交函数集中有限项近似表示的信号 $\hat{x}(t)$ 与信号 $x(t)$ 之间的均方误差为最小,即 $\hat{x}(t)$ 成为信号 $x(t)$ 在最小均方误差准则下的最佳近似。

3. 指数形式 Fourier 级数

根据连续 Fourier 级数(CFS)的理论,满足一定条件的连续周期信号 $\tilde{x}(t)$ 可以表示为无限项虚指数信号 $e^{jn\omega_0 t}$ 的加权叠加,即

$$\tilde{x}(t) = \sum_{n=-\infty}^{\infty} C_n e^{jn\omega_0 t}, \quad \omega_0 = \frac{2\pi}{T_0} \tag{4-8}$$

式(4-8)称为连续周期信号 $\tilde{x}(t)$ 的 Fourier 级数表示,C_n 称为周期信号 $\tilde{x}(t)$ 的 Fourier 系数。其中:T_0 为周期信号 $\tilde{x}(t)$ 的周期,ω_0 为周期信号 $\tilde{x}(t)$ 的角频率。角频

率 ω_0 与频率 f_0 之间存在 $\omega_0 = 2\pi f_0$ 的关系,角频率 ω_0 与周期 T_0 之间存在 $\omega_0 = 2\pi/T_0$ 的关系,而频率 f_0 与周期 T_0 之间存在 $f_0 = 1/T_0$ 的关系。

根据式(4-3)虚指数信号的正交性,利用式(4-4)可以求解出连续周期信号的 Fourier 级数表示式中的加权系数 C_n,即

$$C_n = \frac{1}{T_0} \int_{t_0}^{T_0+t_0} \widetilde{x}(t) e^{-jn\omega_0 t} dt = \frac{1}{T_0} \int_{<T_0>} \widetilde{x}(t) e^{-jn\omega_0 t} dt \qquad (4-9)$$

显然,C_n 是 $n\omega_0$ 的函数,即 $C_n = C_n(n\omega_0)$,一般简写为 C_n。由于式(4-9)中的被积函数是一个周期为 T_0 的周期信号,而周期信号在一个周期内的积分值与起点无关。因此,采用符号 $\int_{<T_0>}$ 表示对信号在一个周期 T_0 内积分。

在周期信号 $\widetilde{x}(t)$ 的 Fourier 级数表示式(4-8)中,$n = 0$ 项 C_0 是一个常数,它表示信号 $\widetilde{x}(t)$ 中的直流分量。$n = +1$ 和 $n = -1$ 对应的这两项($C_1 e^{j\omega_0 t}$, $C_{-1} e^{-j\omega_0 t}$)的频率都为 f_0,两项合在一起 $C_1 e^{j\omega_0 t} + C_{-1} e^{-j\omega_0 t}$ 称为信号的基波分量(fundamental harmonic components)或一次谐波分量(first harmonic components)。$n = +2$ 和 $n = -2$ 对应的频率都为 $2f_0$,两项合在一起称为信号的 2 次谐波分量(second harmonic components)。一般地,$n = +N$ 和 $n = -N$ 对应的两项之和称为信号的 N 次谐波分量。

若周期信号 $\widetilde{x}(t)$ 为实信号,则其 Fourier 系数 C_n 满足

$$C_n = C_{-n}^* \qquad (4-10)$$

证明:将 $-n$ 代入式(4-9)可得

$$C_{-n} = \frac{1}{T_0} \int_{t_0}^{T_0+t_0} \widetilde{x}(t) e^{jn\omega_0 t} dt$$

由于 $\widetilde{x}(t)$ 为实信号,因此,对上式两边取共轭可得

$$C_{-n}^* = \frac{1}{T_0} \int_{t_0}^{T_0+t_0} \widetilde{x}(t) e^{-jn\omega_0 t} dt \qquad (4-11)$$

比较式(4-9)和式(4-11),故有

$$C_n = C_{-n}^*, \text{或写为} \quad C_n(n\omega_0) = C_{-n}^*(-n\omega_0)$$

式(4-10)表明,当信号 $\widetilde{x}(t)$ 为实信号时,$\widetilde{x}(t)$ 的 Fourier 系数 C_n 具有共轭偶对称性。

4. 三角形式 Fourier 级数

对于实周期信号 $\widetilde{x}(t)$,其 Fourier 级数表示式可以以另一种形式表示。由于式(4-8)可以表示为

$$\widetilde{x}(t) = C_0 + \sum_{n=-\infty}^{-1} C_n e^{jn\omega_0 t} + \sum_{n=1}^{\infty} C_n e^{jn\omega_0 t} = C_0 + \sum_{n=1}^{\infty} (C_n e^{jn\omega_0 t} + C_{-n} e^{-jn\omega_0 t})$$

$$(4-12)$$

Fourier 系数 C_n 一般为复函数,引入两个实函数 a_n 和 b_n 来表示 C_n,即

$$C_n = \frac{a_n - \mathrm{j}b_n}{2} \tag{4-13}$$

当信号 $\tilde{x}(t)$ 为实信号时,由于存在式(4-10)特性,因此有

$$C_{-n} = C_n^* = \frac{a_n + \mathrm{j}b_n}{2} \tag{4-14}$$

由于 C_0 是周期信号的直流分量,对于实周期信号,C_0 为实数,所以 $b_0 = 0$,即有

$$C_0 = \frac{a_0}{2} = \frac{1}{T_0} \int_{t_0}^{T_0 + t_0} \tilde{x}(t)\,\mathrm{d}t \tag{4-15}$$

将式(4-13)、式(4-14)代入式(4-12)中,整理后可得

$$\tilde{x}(t) = \frac{a_0}{2} + \sum_{n=1}^{\infty} \left[a_n \cos(n\omega_0 t) + b_n \sin(n\omega_0 t) \right] \tag{4-16}$$

由式(4-9)和式(4-13)可得

$$a_n = \frac{2}{T_0} \int_{t_0}^{T_0 + t_0} \tilde{x}(t)\cos(n\omega_0 t)\,\mathrm{d}t, \quad n = 1, 2, 3, \cdots \tag{4-17}$$

$$b_n = \frac{2}{T_0} \int_{t_0}^{T_0 + t_0} \tilde{x}(t)\sin(n\omega_0 t)\,\mathrm{d}t, \quad n = 1, 2, 3, \cdots \tag{4-18}$$

式(4-16)称为实周期信号的三角函数形式的 Fourier 级数表示式。

对于实周期信号 $\tilde{x}(t)$,既可以按照式(4-8)给出的复指数形式的 Fourier 级数表示,也可以按照三角函数形式的 Fourier 级数表示,两者本质是相同的,可以通过 Euler 公式统一起来。三角函数形式的 Fourier 级数的特点是 Fourier 系数 a_n 和 b_n 都是实函数,物理概念容易解释。指数形式的 Fourier 级数的系数 C_n 虽然为复函数,但指数形式的 Fourier 级数表示更加简洁,而且其既可以表示实周期信号也可以表示复周期信号。

5. 周期信号 Fourier 级数表示的约束条件

根据 Fourier 级数理论,并非所有的周期信号 $\tilde{x}(t)$ 都可以由式(4-8)表示。周期信号 $\tilde{x}(t)$ 需要满足一定的条件才存在 Fourier 级数表示。下面简要讨论该约束条件。

由有限项 Fourier 系数 C_n 构成的 Fourier 级数部分和定义为

$$\tilde{x}_N(t) = \sum_{n=-N}^{N} C_n \mathrm{e}^{\mathrm{j}n\omega_0 t} \tag{4-19}$$

若 $\tilde{x}_N(t)$ 能够在能量意义下收敛于 $\tilde{x}(t)$,即

$$\lim_{N \to \infty} \int_0^{T_0} |\widetilde{x}(t) - \widetilde{x}_N(t)|^2 dt = 0 \qquad (4\text{-}20)$$

则表明周期信号 $\widetilde{x}(t)$ 的 Fourier 级数存在且收敛于 $\widetilde{x}(t)$。

周期信号 $\widetilde{x}(t)$ 的 Fourier 级数表示存在,必须满足三个基本条件。

(1) $\widetilde{x}(t)$ 在一个周期内满足绝对可积,即

$$\int_{t_0}^{T_0+t_0} |\widetilde{x}(t)| \, dt < \infty \qquad (4\text{-}21)$$

(2) 周期信号 $\widetilde{x}(t)$ 在一个周期内存在有限个不连续点。

(3) 周期信号 $\widetilde{x}(t)$ 在一个周期内存在有限个极大值和极小值点。

上述三个基本条件称为 Dirichlet 条件。在实际中遇见的大多数周期信号都能满足 Dirichlet 条件,因而都存在 Fourier 级数表示。值得注意的是,上述条件是充分条件,即满足 Dirichlet 条件的周期信号都可以表示为 Fourier 级数。但某些不满足 Dirichlet 条件的周期信号也可能表示为 Fourier 级数。

当周期信号 $\widetilde{x}(t)$ 满足 Dirichlet 条件时,$\widetilde{x}(t)$ 的 Fourier 级数在 $\widetilde{x}(t)$ 的连续点处收敛于信号 $\widetilde{x}(t)$。而在 $\widetilde{x}(t)$ 的不连续点处,$\widetilde{x}(t)$ 的 Fourier 级数收敛于该点的左极限和右极限的平均值 $\dfrac{\left[\widetilde{x}(t^+) + \widetilde{x}(t^-)\right]}{2}$。其中左极限:$\widetilde{x}(t^-) = \lim_{\varepsilon \to 0} \widetilde{x}(t-\varepsilon)$,右极限:$\widetilde{x}(t^+) = \lim_{\varepsilon \to 0} \widetilde{x}(t+\varepsilon)$。

图 4-3 画出了周期矩形信号在幅度 $A=1$,周期 $T_0=2$,脉冲宽度 $\tau=1$ 时 Fourier 级数的部分和 $\widetilde{x}_N(t)$。随着 N 的增加,Fourier 级数部分和 $\widetilde{x}_N(t)$ 更加逼近信号 $\widetilde{x}(t)$。在信号 $\widetilde{x}(t)$ 的不连续点 $t=\pm\dfrac{1}{2}$ 处,部分和 $\widetilde{x}_N(t)$ 收敛于 $\widetilde{x}(t)$ 在该点处的左极限和右极限的平均值。在不连续点附近,$\widetilde{x}_N(t)$ 出现起伏,且起伏的频率随着 N 的变大而增加,但起伏的峰值不随 N 的增大而下降。若信号 $\widetilde{x}(t)$ 在某不连续点的跳跃值是 1,则其 Fourier 级数部分和 $\widetilde{x}_N(t)$ 在此不连续点附近的起伏峰值是 1.09,即起伏的峰值是信号间断点处跳跃值的 9%。无论 N 多大,这个 9% 的超量不变,这就是 Gibbs 现象。当 Fourier 级数部分和 $\widetilde{x}_N(t)$ 中的项数 N 很大时,不连续点附近波峰宽度趋近于零,所以波峰下的面积也趋近于零,因而在能量意义下部分和 $\widetilde{x}_N(t)$ 收敛于 $\widetilde{x}(t)$。

由此可见,造成 Gibbs 现象的原因是周期信号 $\tilde{x}(t)$ 的 Fourier 级数在 $\tilde{x}(t)$ 不连续点附近只满足能量意义下的收敛,不满足一致收敛。

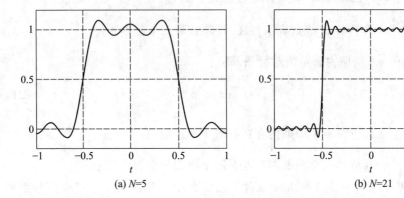

(a) N=5   (b) N=21

图 4-3 Gibbs 现象

Gibbs 现象

6. 周期信号的对称性与 Fourier 级数

在分析周期信号的 Fourier 级数时,若周期信号 $\tilde{x}(t)$ 的波形具有某种对称性,则其相应的 Fourier 级数表示将呈现出一定的特性。周期信号的对称性大致分两类,一类是对整个周期对称,如奇对称信号或偶对称信号,这种对称性决定了 Fourier 级数表示式中是否含有正弦项或余弦项;另一类对称性是波形前半周期与后半周期是否相同或成镜像关系。这种对称性决定了 Fourier 级数表示式中是否含有偶次谐波或奇次谐波。

(1)偶对称信号

如果周期为 T_0 的实周期信号 $\tilde{x}(t)$ 具有下列关系

$$\tilde{x}(t) = \tilde{x}(-t) \qquad (4-22)$$

则表示周期信号 $\tilde{x}(t)$ 为 t 的偶对称信号,其信号波形对于纵轴呈现左右对称,故也称为纵轴对称信号。图 4-4 是偶对称周期信号的一个实例。

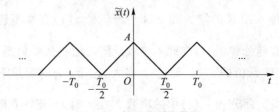

图 4-4 偶对称周期信号

根据式(4-9)并取 $t_0 = -\dfrac{T_0}{2}$，可得

$$C_n = \frac{1}{T_0} \int_{-\frac{T_0}{2}}^{\frac{T_0}{2}} \widetilde{x}(t) \mathrm{e}^{-\mathrm{j}n\omega_0 t} \mathrm{d}t$$

$$= \frac{1}{T_0} \int_{-\frac{T_0}{2}}^{\frac{T_0}{2}} \widetilde{x}(t)\cos(n\omega_0 t)\mathrm{d}t - \frac{1}{T_0} \int_{-\frac{T_0}{2}}^{\frac{T_0}{2}} \mathrm{j}\widetilde{x}(t)\sin(n\omega_0 t)\mathrm{d}t$$

由于奇对称信号在对称区间上积分为零，所以实偶对称信号 $\widetilde{x}(t)$ 的 Fourier 系数为

$$C_n = \frac{1}{T_0} \int_{-\frac{T_0}{2}}^{\frac{T_0}{2}} \widetilde{x}(t)\cos(n\omega_0 t)\mathrm{d}t \tag{4-23}$$

由式(4-23)可知，实偶对称信号 $\widetilde{x}(t)$ 的 Fourier 系数 C_n 也是实偶对称的，即 $C_n = C_{-n}$。

将 $C_n = C_{-n}$ 代入式(4-12)可得实偶对称的周期信号 $\widetilde{x}(t)$ 的 Fourier 级数表示式为

$$\widetilde{x}(t) = C_0 + 2\sum_{n=1}^{\infty} C_n\cos(n\omega_0 t) = \frac{a_0}{2} + \sum_{n=1}^{\infty} a_n\cos(n\omega_0 t) \tag{4-24}$$

可见对于偶对称的实周期信号 $\widetilde{x}(t)$，其 Fourier 级数表示式中只含有直流项和余弦项。

（2）奇对称信号

如果周期为 T_0 的实周期信号 $\widetilde{x}(t)$ 具有下列关系

$$\widetilde{x}(t) = -\widetilde{x}(-t) \tag{4-25}$$

则表示周期信号 $\widetilde{x}(t)$ 为奇对称信号，其信号波形对于原点是斜对称的，故也称为原点对称信号。图4-5是奇对称周期信号的一个实例。

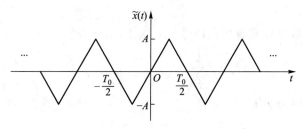

图4-5 奇对称周期信号

根据式(4-9)并取 $t_0 = -\dfrac{T_0}{2}$，同理可得

$$C_n = \frac{1}{T_0} \int_{-\frac{T_0}{2}}^{\frac{T_0}{2}} \tilde{x}(t) \mathrm{e}^{-\mathrm{j}n\omega_0 t} \mathrm{d}t = \frac{-\mathrm{j}}{T_0} \int_{-\frac{T_0}{2}}^{\frac{T_0}{2}} \tilde{x}(t) \sin(n\omega_0 t) \mathrm{d}t \qquad (4\text{-}26)$$

由式(4-26)可知，实奇对称信号 $\tilde{x}(t)$ 的 Fourier 系数 C_n 为纯虚函数，且虚部满足奇对称，即 $C_n = -C_{-n}$。

若将 $C_n = -C_{-n}$ 代入式(4-12)，同理可得实奇对称信号 $\tilde{x}(t)$ 的 Fourier 级数表示式为

$$\tilde{x}(t) = \sum_{n=1}^{\infty} b_n \sin(n\omega_0 t) \qquad (4\text{-}27)$$

可见对于奇对称的实周期信号 $\tilde{x}(t)$，其 Fourier 级数表示式中只含有正弦项。

（3）半波重叠信号

如果周期为 T_0 的周期信号 $\tilde{x}(t)$ 具有下列关系

$$\tilde{x}(t) = \tilde{x}\left(t \pm \frac{T_0}{2}\right) \qquad (4\text{-}28)$$

则表示周期信号 $\tilde{x}(t)$ 的波形平移半个周期后与原波形完全重合，故称为半波重叠信号。图 4-6 是半波重叠周期信号的一个实例。

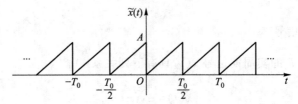

图 4-6　半波重叠周期信号

由式(4-28)可知，半波重叠周期信号 $\tilde{x}(t)$ 的实际周期 $T_1 = \dfrac{T_0}{2}$，对应的角频率 $\omega_1 = \dfrac{2\pi}{T_1} = 2\omega_0$，所以半波重叠周期信号 $\tilde{x}(t)$ 的 Fourier 表示式为

$$\tilde{x}(t) = \sum_{n=-\infty}^{\infty} C_n \mathrm{e}^{\mathrm{j}n\omega_1 t} = \sum_{n=-\infty}^{\infty} C_n \mathrm{e}^{\mathrm{j}2n\omega_0 t} \qquad (4\text{-}29)$$

取 $t_0 = 0$，则由式(4-9)有

$$C_n = \frac{1}{T_1} \int_0^{T_1} \tilde{x}(t) \mathrm{e}^{-\mathrm{j}n\omega_1 t} \mathrm{d}t = \frac{2}{T_0} \int_0^{\frac{T_0}{2}} \tilde{x}(t) \mathrm{e}^{-\mathrm{j}2n\omega_0 t} \mathrm{d}t \qquad (4\text{-}30)$$

根据式(4-29)可知,半波重叠周期信号 $\tilde{x}(t)$ 的 Fourier 级数表示式中只有偶次谐波分量,没有奇次谐波分量。尽管半波重叠周期信号 $\tilde{x}(t)$ 的 Fourier 级数表示式中只含有偶次谐波,但其可能既有正弦分量又有余弦分量。

（4）半波镜像信号

如果周期为 T_0 的周期信号 $\tilde{x}(t)$ 具有下列关系

$$\tilde{x}(t) = -\tilde{x}\left(t \pm \frac{T_0}{2}\right) \tag{4-31}$$

则表示周期信号 $\tilde{x}(t)$ 的波形平移半个周期后,将与原波形呈现上下镜像对称,故称为半波镜像信号。图 4-7 是半波镜像周期信号的一个实例。

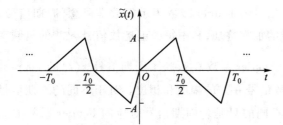

图 4-7　半波镜像信号

构造周期为 T_0 的信号 $\overset{\sim}{x_1}(t)$,其在第一个周期内的定义为

$$\overset{\sim}{x_1}(t) = \begin{cases} \tilde{x}(t), & 0 \leqslant t < T_0/2 \\ 0, & T_0/2 \leqslant t \leqslant T_0 \end{cases} \tag{4-32}$$

则由图 4-7 可知, $\tilde{x}(t)$ 可表示为

$$\tilde{x}(t) = \overset{\sim}{x_1}(t) - \overset{\sim}{x_1}\left(t - \frac{T_0}{2}\right)$$

设周期信号 $\overset{\sim}{x_1}(t)$ 的 Fourier 级数表示式为

$$\overset{\sim}{x_1}(t) = \sum_{n=-\infty}^{\infty} C_n e^{jn\omega_0 t}$$

则有

$$\overset{\sim}{x_1}\left(t - \frac{T_0}{2}\right) = \sum_{n=-\infty}^{\infty} C_n e^{jn\omega_0\left(t - \frac{T_0}{2}\right)} = \sum_{n=-\infty}^{\infty} (-1)^n C_n e^{jn\omega_0 t}$$

所以

$$\widetilde{x}(t) = \widetilde{x}_1(t) - \widetilde{x}_1\left(t - \frac{T_0}{2}\right) = \sum_{n=-\infty}^{\infty} 2C_n e^{jn\omega_0 t}, \quad n \text{ 为奇} \qquad (4\text{-}33)$$

取 $t_0 = 0$，则由式(4-9)和式(4-32)有

$$C_n = \frac{1}{T_0} \int_0^{T_0} \widetilde{x}_1(t) e^{-jn\omega_0 t} dt = \frac{1}{T_0} \int_0^{\frac{T_0}{2}} \widetilde{x}(t) e^{-jn\omega_0 t} dt \qquad (4\text{-}34)$$

根据式(4-33)可知，半波镜像周期信号 $\widetilde{x}(t)$ 的 Fourier 级数表示式中只含有奇次谐波分量，而无直流分量和偶次谐波分量。但其可能既有正弦分量又有余弦分量。

4.1.2 周期信号的频谱

根据连续周期信号的 Fourier 级数表示的数学概念，周期信号 $\widetilde{x}(t)$ 可以表示为一系列虚指数信号的加权叠加，其中每个虚指数信号 $e^{jn\omega_0 t}$ 的角频率 $n\omega_0$ 都是基波角频率 ω_0 的整数倍。Fourier 系数 C_n 反映了周期信号 $\widetilde{x}(t)$ 的 Fourier 级数表示式中角频率为 $n\omega_0$ 的虚指数信号 $e^{jn\omega_0 t}$ 的幅度和相位。对于不同的周期信号，其 Fourier 级数表示的形式相同，不同的只是各周期信号对应的 Fourier 系数 C_n。因此，周期信号

频谱的概念

Fourier 级数表示建立了周期信号 $\widetilde{x}(t)$ 与 Fourier 系数 C_n 之间一一对应关系。Fourier 系数 C_n 的物理概念是其反映了周期信号 $\widetilde{x}(t)$ 中各次谐波 $e^{jn\omega_0 t}$ 相应的幅度和相位，故称周期信号 $\widetilde{x}(t)$ 的 Fourier 系数 C_n 为信号 $\widetilde{x}(t)$ 的频谱。

周期信号 $\widetilde{x}(t)$ 的频谱 C_n 一般是复函数，可表示为

$$C_n = |C_n| e^{j\varphi_n} \qquad (4\text{-}35)$$

$|C_n|$ 随频率(角频率)变化的特性称之为信号的幅度频谱(magnitude spectrum)，简称幅度谱。φ_n 随频率(角频率)变化的特性称之为信号的相位频谱(phase spectrum)，简称相位谱。下面通过分析一些常见周期信号的频谱来加深对信号频谱概念的理解。

【例 4-1】 计算图 4-8 所示的周期矩形脉冲信号的频谱，并画出频谱图。

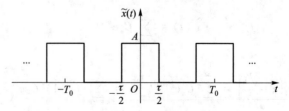

图 4-8 周期矩形信号

解:根据信号波形,可知周期矩形信号 $\tilde{x}(t)$ 在一个周期 $\left[-\dfrac{T_0}{2},\dfrac{T_0}{2}\right]$ 内的定义为

$$\tilde{x}(t)=\begin{cases}A, & |t|<\dfrac{\tau}{2}\\[2mm]0, & |t|>\dfrac{\tau}{2}\end{cases}$$

根据式(4-9)可计算出周期矩形信号 $\tilde{x}(t)$ 的频谱 C_n,即

$$C_n=\frac{1}{T_0}\int_{-\frac{T_0}{2}}^{\frac{T_0}{2}}\tilde{x}_T(t)\,\mathrm{e}^{-jn\omega_0 t}\mathrm{d}t=\frac{1}{T_0}\int_{-\frac{\tau}{2}}^{\frac{\tau}{2}}A\mathrm{e}^{-jn\omega_0 t}\mathrm{d}t$$

$$=\left.\frac{A}{T_0(-jn\omega_0)}\mathrm{e}^{-jn\omega_0 t}\right|_{t=-\frac{\tau}{2}}^{t=\frac{\tau}{2}}=\tau\frac{A\sin\left(n\omega_0\dfrac{\tau}{2}\right)}{T_0 n\omega_0\dfrac{\tau}{2}}=\frac{A\tau}{T_0}\mathrm{Sa}\left(\frac{n\omega_0\tau}{2}\right)$$

由于周期矩形信号 $\tilde{x}(t)$ 的频谱 C_n 为实函数,因而各谐波分量的相位或为零(C_n 为正)或为 $\pm\pi$(C_n 为负),因此,可以直接画出 C_n 的分布图,而不需分别画出其幅度频谱 $|C_n|$ 与相位频谱 φ_n。根据抽样函数 $\mathrm{Sa}(t)$ 的曲线便可得周期矩形信号 $\tilde{x}(t)$ 的频谱图,如图4-9所示。

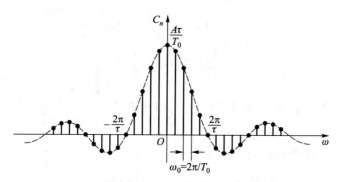

图4-9 周期矩形信号的频谱

周期矩形信号 $\tilde{x}(t)$ 的 Fourier 级数表示式为

$$\tilde{x}(t)=\sum_{n=-\infty}^{\infty}C_n\mathrm{e}^{jn\omega_0 t}=\sum_{n=-\infty}^{\infty}\left(\frac{A\tau}{T_0}\right)\mathrm{Sa}\left(\frac{n\omega_0\tau}{2}\right)\mathrm{e}^{jn\omega_0 t} \tag{4-36}$$

由于周期矩形信号 $\tilde{x}(t)$ 是实信号且满足偶对称,故根据式(4-24),周期矩形信号 $\tilde{x}(t)$ 的三角形式的 Fourier 级数表示为

$$\widetilde{x}(t) = \left(\frac{A\tau}{T_0}\right) + \sum_{n=1}^{\infty}\left(\frac{2A\tau}{T_0}\right)\operatorname{Sa}\left(\frac{n\omega_0\tau}{2}\right)\cos(n\omega_0 t) \qquad (4-37)$$

式(4-37)表明，实偶对称的周期矩形信号 $\widetilde{x}(t)$ 中只含有余弦信号分量和直流分量。

【例 4-2】　计算图 4-10 所示的周期三角波信号 $\widetilde{x}(t)$ 的频谱，并画出频谱图。

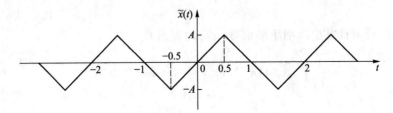

图 4-10　周期三角波信号

解：由于该三角波信号 $\widetilde{x}(t)$ 的周期 $T=2$，所以

$$\omega_0 = \frac{2\pi}{T} = \pi$$

周期信号 $\widetilde{x}(t)$ 在区间 $\left[-\dfrac{1}{2},\dfrac{3}{2}\right]$ 的表示式为

$$\widetilde{x}(t) = \begin{cases} 2At, & |t| \leqslant \dfrac{1}{2} \\[2mm] 2A(1-t), & \dfrac{1}{2} < t \leqslant \dfrac{3}{2} \end{cases}$$

由于 $\widetilde{x}(t)$ 是实信号，且为奇对称信号，因此有

$$C_0 = 0$$

根据 Fourier 级数系数的计算公式，有

$$C_n = \frac{1}{2}\int_{-\frac{1}{2}}^{\frac{1}{2}} 2At e^{-jn\pi t}\mathrm{d}t + \frac{1}{2}\int_{\frac{1}{2}}^{\frac{3}{2}} 2A(1-t) e^{-jn\pi t}\mathrm{d}t$$

计算上式积分可得三角波信号的频谱 C_n 为

$$C_n = \frac{-4A\mathrm{j}}{n^2\pi^2}\sin\left(\frac{n\pi}{2}\right), \qquad n \neq 0$$

C_n 为纯虚函数，其幅度频谱和相位频谱分别为

$$|C_n| = \begin{cases} \dfrac{4A}{n^2\pi^2}, & n = 2r+1 \\[2mm] 0, & n = 2r \end{cases}, \quad r \in \mathbf{Z}$$

$$\varphi_n = \begin{cases} -\dfrac{\pi}{2}, & n = 4r+1 \\[3mm] \dfrac{\pi}{2}, & n = 4r-1 \end{cases} , r \in \mathbf{Z}$$

C_n 的分布图如图 4-11 所示。

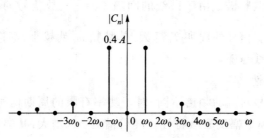

(a) 周期三角波信号的幅度谱

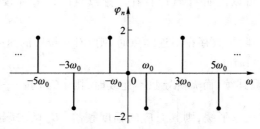

(b) 周期三角波信号的相位谱

图 4-11　周期三角波信号的频谱

周期三角波信号的 Fourier 级数表示式为

$$\tilde{x}(t) = \sum_{n=-\infty}^{\infty} C_n \mathrm{e}^{jn\omega_0 t} = \sum_{n=-\infty,\, n\neq 0}^{\infty} \frac{-4Aj}{n^2\pi^2} \sin\left(\frac{n\pi}{2}\right) \mathrm{e}^{jn\pi t}$$

由于周期三角波信号 $\tilde{x}(t)$ 是实信号且满足奇对称,故根据式(4-27),该周期三角波信号 $\tilde{x}(t)$ 的三角形式的 Fourier 级数表示为

$$\tilde{x}(t) = \sum_{n=1}^{\infty} \frac{8A}{n^2\pi^2} \sin\left(\frac{n\pi}{2}\right) \sin(n\pi t)$$

$$= \frac{8A}{\pi^2}\left[\sin(\pi t) - \frac{1}{9}\sin(3\pi t) + \frac{1}{25}\sin(5\pi t) - \frac{1}{49}\sin(7\pi t) + \cdots \right] \qquad (4-38)$$

式(4-38)表明,实奇对称的周期三角波信号 $\tilde{x}(t)$ 中只含有正弦信号分量。由于此三角波信号也是半波镜像信号,故三角波信号 $\tilde{x}(t)$ 中只含有奇次谐波。

　　以上周期信号的频谱具有一些特性,这些特性是周期信号的频谱所具有的共同特性。

1. 离散频谱特性

所有周期信号的频谱都是由间隔为 ω_0 的谱线组成。周期信号的离散频谱是周期信号频谱的重要特征。不同的周期信号其频谱分布的形状不同,但都是以基频 ω_0 为间隔分布的离散频谱。由于谱线的间隔 $\omega_0 = \dfrac{2\pi}{T_0}$,故信号的周期决定其离散频谱的谱线间隔大小。信号的周期 T_0 越大,其基频 ω_0 就越小,则谱线越密。反之,T_0 越小,ω_0 越大,则谱线越疏。

2. 幅度衰减特性

不同的周期信号对应的频谱不同,对于功率有限的周期信号,它们都有一个共同的特性,这就是频谱幅度衰减特性。随着谐波 $n\omega_0$ 增大,其幅度频谱 $|C_n|$ 不断衰减,并最终趋于零。可以证明当 $\tilde{x}(t)$ 存在不连续点时,$|C_n|$ 按 $\dfrac{1}{n}$ 的速度衰减。若 $\tilde{x}(t)$ 连续而 $\tilde{x}(t)$ 的一阶导数存在不连续点时,则 $|C_n|$ 按 $\dfrac{1}{n^2}$ 的速度衰减。一般地,如果 $\tilde{x}(t)$ 前 $k-1$ 阶导数连续,而 k 阶导数不连续时,则 $|C_n|$ 按 $\dfrac{1}{n^{k+1}}$ 的速度衰减。由此可见,若时域信号变化越平缓,则其对应的幅度频谱 $|C_n|$ 衰减越快,即信号中高频分量(高次谐波)越少;反之,若时域信号变化越剧烈,则其对应的幅度频谱 $|C_n|$ 衰减越慢,即信号中高频分量越多。

3. 信号的有效带宽

从周期矩形信号的频谱图可见,每当 $\dfrac{n\omega_0\tau}{2} = m\pi$,即 $n\omega_0 = \dfrac{2m\pi}{\tau}$ ($m = \pm1, \pm2, \cdots$) 时,其频谱包络线通过零点。其中第一个零点在 $\pm\dfrac{2\pi}{\tau}$ 处,此后谐波的幅度逐渐减小。通常将包含主要谐波分量的 $0 \sim \dfrac{2\pi}{\tau}$ 这段频率范围称为周期矩形信号的有效频带宽度(简称有效带宽),以符号 ω_B(单位为 rad/s)或 f_B(单位为 Hz)表示,即有

$$\omega_B = 2\pi/\tau, \qquad f_B = 1/\tau$$

信号在频域的有效带宽 ω_B 与信号在时域的持续时间 τ 成反比,即 τ 越大,其 ω_B 越小。

信号的有效带宽是信号频域特性中重要指标,它具有实际应用意义。在信号的有效带宽内,集中了信号的绝大部分谐波分量。换句话说,若信号丢失有效带宽以外的谐波成分,不会对信号产生明显影响。同样,任何系统也有其有效带宽(可以通过分析系统的频率响应得到)。当信号通过系统时,信号与系统的有效带宽必须"匹

配"。若信号的有效带宽大于系统的有效带宽,则信号通过此系统时,就会损失许多重要的成分而产生较大失真;若信号的有效带宽远小于系统的带宽,信号可以顺利通过,但对系统资源是极大浪费。

【**例 4-3**】 计算周期信号 $\widetilde{x}(t) = 1 + \cos\left(\omega_0 t - \dfrac{\pi}{2}\right) + 0.5 \cos\left(2\omega_0 t + \dfrac{\pi}{3}\right)$ 的频谱,并画出频谱图。

解: 由 Euler 公式,周期信号 $\widetilde{x}(t)$ 可表示为

$$\widetilde{x}(t) = 1 + \frac{1}{2}\left(e^{\frac{-j\pi}{2}}e^{j\omega_0 t} + e^{\frac{j\pi}{2}}e^{-j\omega_0 t}\right) + \frac{1}{4}\left(e^{\frac{j\pi}{3}}e^{j2\omega_0 t} + e^{-\frac{j\pi}{3}}e^{-j2\omega_0 t}\right)$$

根据式(4-9)可得该信号的频谱 C_n 为

$$C_0 = 1, \quad C_1 = \frac{1}{2}e^{-\frac{j\pi}{2}}, \quad C_{-1} = \frac{1}{2}e^{\frac{j\pi}{2}}, \quad C_2 = \frac{1}{4}e^{\frac{j\pi}{3}}, \quad C_{-2} = \frac{1}{4}e^{-\frac{j\pi}{3}}$$

该信号的频谱如图 4-12 所示。

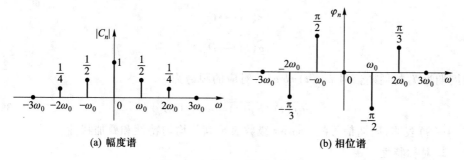

(a) 幅度谱   (b) 相位谱

图 4-12 例 4-3 信号的频谱

由频率的定义可知,频率是单位时间内信号波形重复的次数,所以频率一定是正数。而在以上周期信号的频谱图中却出现了负频率。由 Euler 公式可知,一个角频率为 $n\omega_0$ 的正弦信号可用虚指数信号 $e^{jn\omega_0 t}$ 和 $e^{-jn\omega_0 t}$ 的线性组合来表示。因此,频谱图中在负频率$(-n\omega_0)$处的频谱只是表示信号的 Fourier 级数表示式中存在虚指数 $e^{-jn\omega_0 t}$ 项。当 $\widetilde{x}(t)$ 是一个实周期信号时,由于 $C_n = C_{-n}^*$,因而其 Fourier 级数表示式中的 $C_n e^{jn\omega_0 t}$ 项和 $C_{-n} e^{-jn\omega_0 t}$ 项的组合,总能构成一角频率为 $n\omega_0$ 的余弦信号 $2|C_n|\cos(n\omega_0 t + \varphi_n)$。

通过周期信号的 Fourier 级数表示,可以得到周期信号 $\widetilde{x}(t)$ 对应的频谱 C_n。从 $\widetilde{x}(t)$ 的频谱可以清楚看到周期信号中的频率成分,即构成信号的各谐波分量的幅度和相位。如果已知周期信号的频谱,也可由式(4-8)重建信号。由于周期信号 $\widetilde{x}(t)$

与频谱 C_n 之间是一一对应关系,所以频谱提供了另一种描述信号 $\tilde{x}(t)$ 的方法——信号的频域表示。信号的时域表示和频域表示从不同的角度展现了信号的特征,为深入研究和分析信号奠定了理论基础。

4.1.3　连续 Fourier 级数的基本性质

连续周期信号的 Fourier 级数表示具有一系列重要的性质,这些性质揭示了周期信号的时域与频域之间的内在联系,有助于深入理解 Fourier 级数的数学概念和物理概念。此外,利用 Fourier 级数的性质也可以简化信号频谱的计算。为了清晰表述 Fourier 级数的性质,采用符号 $\tilde{x}(t) \longleftrightarrow C_n$ 表示周期为 T_0 的信号 $\tilde{x}(t)$ 对应的频谱为 C_n。

1. 线性特性

设信号 $\tilde{x}(t)$ 和 $\tilde{g}(t)$ 均为周期为 T_0 的周期信号,它们对应的频谱分别为

$$\tilde{x}(t) \longleftrightarrow C_n$$

$$\tilde{g}(t) \longleftrightarrow D_n$$

则周期为 T_0 的周期信号 $a\tilde{x}(t) + b\tilde{g}(t)$ 对应的频谱为

$$a\tilde{x}(t) + b\tilde{g}(t) \longleftrightarrow aC_n + bD_n \tag{4-39}$$

式(4-39)表明,周期信号的 Fourier 级数表示满足均匀特性和叠加特性。

2. 对称特性

设信号 $\tilde{x}(t)$ 是周期为 T_0 的周期信号,其对应的频谱为

$$\tilde{x}(t) \longleftrightarrow C_n$$

则周期为 T_0 的周期信号 $\tilde{x}^*(t)$ 和 $\tilde{x}^*(-t)$ 对应的频谱分别为

$$\tilde{x}^*(t) \longleftrightarrow C_{-n}^*, \quad \tilde{x}^*(-t) \longleftrightarrow C_n^* \tag{4-40}$$

利用式(4-40)可以证明,实周期信号 $\tilde{x}(t)$ 的幅度频谱 $|C_n|$ 具有偶对称,相位频谱 φ_n 具有奇对称。

3. 时移特性

设 $\tilde{x}(t)$ 是周期为 T_0 的周期信号,其对应的频谱为

$$\tilde{x}(t) \longleftrightarrow C_n$$

则周期为 T_0 的周期信号 $\tilde{x}(t-t_1)$ 对应的频谱为

$$\widetilde{x}(t-t_1) \longleftrightarrow \mathrm{e}^{-\mathrm{j}n\omega_0 t_1} C_n \tag{4-41}$$

式(4-41)表明,若周期信号在时域中出现时移,其频谱在频域中将产生附加相移,而幅度频谱保持不变。即信号 $\widetilde{x}(t)$ 在时域的时移将导致其频谱 C_n 在频域的相移。

4. 频移特性

设 $\widetilde{x}(t)$ 是周期为 T_0 的周期信号,其对应的频谱为

$$\widetilde{x}(t) \longleftrightarrow C_n$$

则周期为 T_0 的周期信号 $\widetilde{x}(t)\mathrm{e}^{\mathrm{j}M\omega_0 t}$ 对应的频谱为

$$\widetilde{x}(t)\mathrm{e}^{\mathrm{j}M\omega_0 t} \longleftrightarrow C_{n-M} \tag{4-42}$$

式(4-42)表明,信号 $\widetilde{x}(t)$ 在时域的相移将导致其频谱 C_n 在频域的频移。

5. 周期卷积特性

两个周期为 T_0 的周期信号 $\widetilde{x}(t)$ 和 $\widetilde{g}(t)$ 的周期卷积定义为

$$y(t) = \int_0^{T_0} \widetilde{x}(\tau)\widetilde{g}(t-\tau)\mathrm{d}\tau \tag{4-43}$$

周期信号 $\widetilde{x}(t)$ 和 $\widetilde{g}(t)$ 的周期卷积 $y(t)$ 仍是周期为 T_0 的周期信号。若信号 $\widetilde{x}(t)$ 和 $\widetilde{g}(t)$ 对应的频谱分别为

$$\widetilde{x}(t) \longleftrightarrow C_n$$

$$\widetilde{g}(t) \longleftrightarrow D_n$$

则周期信号 $y(t)$ 对应的频谱为

$$y(t) = \int_0^{T_0} \widetilde{x}(\tau)\widetilde{g}(t-\tau)\mathrm{d}\tau \longleftrightarrow T_0 C_n D_n \tag{4-44}$$

式(4-44)表明,周期信号在时域的周期卷积对应其频谱在频域的乘积。

6. 微分特性

设 $\widetilde{x}(t)$ 是周期为 T_0 的周期信号,其对应的频谱为

$$\widetilde{x}(t) \longleftrightarrow C_n$$

则 $\widetilde{x}(t)$ 的导数 $\widetilde{x}'(t)$ 对应的频谱为

$$\widetilde{x}'(t) \longleftrightarrow \mathrm{j}n\omega_0 C_n \tag{4-45}$$

4.1.4　连续周期信号的功率谱

周期信号属于功率信号,周期信号 $\widetilde{x}(t)$ 在 1 Ω电阻上消耗的平均功率(或归一

化功率）为

$$P = \frac{1}{T_0} \int_{-\frac{T_0}{2}}^{\frac{T_0}{2}} \mid \tilde{x}(t) \mid^2 \mathrm{d}t \qquad (4-46)$$

其中 T_0 为周期信号的周期。

根据周期信号平均功率定义，可知正弦信号 $A\sin(n\omega_0 t + \theta)$ 和余弦信号 $A\cos(n\omega_0 t + \theta)$ 的平均功率都是 $\dfrac{A^2}{2}$，只与实数的幅值 A 有关，而与角频率 $n\omega_0$ 和相位 θ 无关。虚指数信号 $C_n \mathrm{e}^{jn\omega_0 t}$ 的平均功率为 $\mid C_n \mid^2$，只与幅值 $\mid C_n \mid$ 有关，而与角频率 $n\omega_0$ 和相位 φ_n 无关；虚指数信号 $C_{-n} \mathrm{e}^{-jn\omega_0 t}$ 的平均功率为 $\mid C_{-n} \mid^2$，只与幅值 $\mid C_{-n} \mid$ 有关，而与角频率 $n\omega_0$ 和相位 φ_{-n} 无关。

由于周期信号 $\tilde{x}(t)$ 的指数形式 Fourier 级数表示式为

$$\tilde{x}(t) = \sum_{n=-\infty}^{\infty} C_n \, \mathrm{e}^{jn\omega_0 t}$$

将上式带入式（4-46）可得

$$P = \frac{1}{T_0} \int_{-\frac{T_0}{2}}^{\frac{T_0}{2}} \mid \tilde{x}(t) \mid^2 \mathrm{d}t = \frac{1}{T_0} \int_{-\frac{T_0}{2}}^{\frac{T_0}{2}} \tilde{x}(t)\tilde{x}^*(t)\,\mathrm{d}t = \frac{1}{T_0} \int_{-\frac{T_0}{2}}^{\frac{T_0}{2}} \tilde{x}^*(t) \left(\sum_{n=-\infty}^{\infty} C_n \, \mathrm{e}^{jn\omega_0 t} \right) \mathrm{d}t$$

交换上式中的求和与积分次序

$$P = \sum_{n=-\infty}^{\infty} C_n \frac{1}{T_0} \int_{-\frac{T_0}{2}}^{\frac{T_0}{2}} x^*(t) \, \mathrm{e}^{jn\omega_0 t} \mathrm{d}t$$

$$= \sum_{n=-\infty}^{\infty} C_n \left(\frac{1}{T_0} \int_{-\frac{T_0}{2}}^{\frac{T_0}{2}} \tilde{x}(t) \, \mathrm{e}^{-jn\omega_0 t} \mathrm{d}t \right)^* = \sum_{n=-\infty}^{\infty} C_n C_n^* = \sum_{n=-\infty}^{\infty} \mid C_n \mid^2$$

即

$$P = \frac{1}{T_0} \int_{-\frac{T_0}{2}}^{\frac{T_0}{2}} \mid \tilde{x}(t) \mid^2 \mathrm{d}t = \sum_{n=-\infty}^{\infty} \mid C_n \mid^2 \qquad (4-47)$$

式（4-47）表明，周期信号 $\tilde{x}(t)$ 的平均功率等于信号所包含的直流、基波以及各次谐波信号的平均功率之和，此称为 Parseval（帕什瓦尔）功率守恒定理。周期信号的 Fourier 级数表示能够满足功率守恒具有重要的物理意义。$\mid C_n \mid^2$ 随 $n\omega_0$ 分布的特性称为周期信号的功率频谱，简称功率谱。

对于实周期信号，由于存在 $C_n = C_{-n}^*$，因此有

$$P = \sum_{n=-\infty}^{\infty} \mid C_n \mid^2 = C_0^2 + 2 \sum_{n=1}^{\infty} \mid C_n \mid^2 \qquad (4-48)$$

显然，周期信号的功率谱 $\mid C_n \mid^2$ 也为离散频谱。从周期信号的功率谱中不仅可

以看到各次谐波分量的平均功率分布情况,而且可以确定在周期信号的有效带宽内谐波分量具有的平均功率占整个周期信号的平均功率之比。

【例 4-4】 试画出图 4-8 所示周期矩形信号的功率谱 $|C_n|^2$,并计算在其有效带宽 $\left(0 \sim \dfrac{2\pi}{\tau}\right)$ 内谐波分量所具有的平均功率占整个信号平均功率的百分比。其中 $A = 1, T_0 = \dfrac{1}{4}, \tau = \dfrac{1}{20}$。

解:周期矩形信号的频谱为

$$C_n = \frac{A\tau}{T} \mathrm{Sa}\left(\frac{n\omega_0 \tau}{2}\right)$$

将 $A = 1, T_0 = \dfrac{1}{4}, \tau = \dfrac{1}{20}, \omega_0 = \dfrac{2\pi}{T_0} = 8\pi$ 代入可得

$$C_n = 0.2\mathrm{Sa}\left(\frac{n\omega_0}{40}\right) = 0.2\mathrm{Sa}\left(\frac{n\pi}{5}\right)$$

因此可得周期矩形信号的功率谱为

$$|C_n|^2 = 0.04\mathrm{Sa}^2\left(\frac{n\pi}{5}\right)$$

图 4-13 所示为周期矩形信号的功率谱 $|C_n|^2$ 随 $n\omega_0$ 变化的图形。

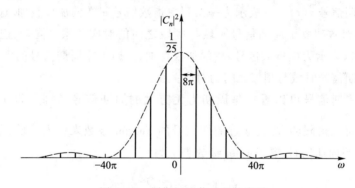

图 4-13 周期矩形信号的功率谱

由图可见,其第一个零点出现在 $\dfrac{2\pi}{\tau} = 40\pi$ 处,在有效频带宽度 $\left(0 \sim \dfrac{2\pi}{\tau}\right)$ 内,包含了一个直流分量和四个谐波分量。已知周期矩形信号 $\tilde{x}(t)$ 的平均功率为

$$P = \frac{1}{T_0} \int_{-\frac{T_0}{2}}^{\frac{T_0}{2}} |\tilde{x}(t)|^2 \mathrm{d}t = 4 \int_{-\frac{1}{40}}^{\frac{1}{40}} 1^2 \mathrm{d}t = 0.2$$

在有效带宽$\left(0 \sim \dfrac{2\pi}{\tau}\right)$内的各谐波分量的平均功率为

$$P_1 = \sum_{n=-4}^{4} |C_n|^2 = |C_0|^2 + 2\sum_{n=1}^{4} |C_n|^2 = 0.180\ 6$$

$$\frac{P_1}{P} = \frac{0.180\ 6}{0.200} = 90\%$$

上式表明,周期矩形信号包含在有效带宽内的各谐波分量的平均功率之和占整个信号平均功率的90%。因此,若用直流分量、基波、二次、三次、四次谐波来近似周期矩形信号,可以达到较高的精度。同样,若该信号在通过系统时,只损失了有效带宽以外的所有谐波分量,则信号只有较少的失真。

信号的有效带宽在信号分析和处理中具有重要的工程应用价值。对于功率信号,其有效带宽可以根据信号的功率谱来确定。由于连续周期信号的 Fourier 变换满足 Parseval 功率守恒定理,因此信号的有效带宽具有清晰的物理意义。

4.2　连续时间非周期信号的频域分析

4.2.1　连续时间信号的 Fourier 变换及其频谱

连续周期信号$\widetilde{x}(t)$可以表示为一系列虚指数信号 $\mathrm{e}^{jn\omega_0 t}$ 的加权叠加,通过周期信号的 Fourier 级数建立了周期信号时域与频域之间的对应关系。同理,连续非周期信号 $x(t)$ 可以表示为虚指数信号 $\mathrm{e}^{j\omega t}$ 的加权叠加,其通过非周期信号的 Fourier 变换建立了非周期信号时域与频域之间的对应关系。

由于非周期信号可以看作是周期为无穷大的周期信号,因此,非周期信号的Fourier 变换可以极限的方式,通过周期信号的 Fourier 级数来引入。设 $\widetilde{x}(t)$ 是一个以 T_0 为周期的周期信号,其 Fourier 级数表示为

$$\widetilde{x}(t) = \sum_{n=-\infty}^{\infty} C_n\, \mathrm{e}^{jn\omega_0 t} \tag{4-49}$$

周期信号 $\widetilde{x}(t)$ 的频谱 C_n 为

$$C_n = \frac{1}{T_0} \int_{-\frac{T_0}{2}}^{\frac{T_0}{2}} \widetilde{x}(t)\, \mathrm{e}^{-jn\omega_0 t} \mathrm{d}t \tag{4-50}$$

设 $x(t)$ 是一非周期信号,如图 4-14(a)所示。将 $x(t)$ 按照周期 T_0 进行延拓构成周期信号 $\widetilde{x}(t)$,如图 4-14(b)所示。显然,当 $T_0 \to \infty$ 时,周期信号变成了非周期信号,即

$$\lim_{T_0 \to \infty} \widetilde{x}(t) = x(t)$$

故 $T_0 \to \infty$ 极限情况下 $\widetilde{x}(t)$ 的 Fourier 级数表示等于 $x(t)$。

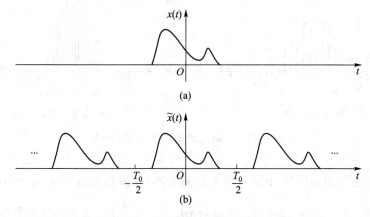

图 4-14 非周期信号的周期化

为了避免在 $T_0 \to \infty$ 时,由式(4-50)定义的 $C_n \to 0$,可将式(4-49)和式(4-50)等价地定义为

$$x(t) = \lim_{T_0 \to \infty} \sum_{n=-\infty}^{\infty} \frac{D_n}{T_0} \mathrm{e}^{jn\omega_0 t} \tag{4-51}$$

$$D_n = \int_{-\frac{T_0}{2}}^{\frac{T_0}{2}} \widetilde{x}(t) \mathrm{e}^{-jn\omega_0 t} \mathrm{d}t, \omega_0 = \frac{2\pi}{T_0} \tag{4-52}$$

下面先通过周期矩形信号的具体例子来说明如何由周期信号的频谱推导出非周期信号的频谱。已知周期为 T_0、宽度为 τ 的周期矩形信号的频谱为

$$C_n = \frac{A\tau}{T_0} \mathrm{Sa}\left(\frac{n\omega_0 \tau}{2}\right)$$

所以

$$D_n = T_0 C_n = A\tau \mathrm{Sa}\left(\frac{n\omega_0 \tau}{2}\right)$$

由于谱线的间隔 $\omega_0 = \dfrac{2\pi}{T_0}$,故信号的周期决定了离散频谱的谱线间隔。信号的周期 T_0 越大,其基频 ω_0 就越小,则谱线越密。图 4-15 说明了信号周期与谱线间隔之间的关系。当信号的周期 T_0 趋于无穷大时,则周期信号变为非周期信号。此时信号的谱线间隔趋于零,即离散频谱变为连续频谱,记 $\omega = n\omega_0$,则宽度为 τ 的非周期矩形脉冲的频谱为

$$X(j\omega) = \lim_{T_0 \to \infty} D_n = \lim_{T_0 \to \infty} T_0 C_n = A\tau \mathrm{Sa}\left(\frac{\omega\tau}{2}\right)$$

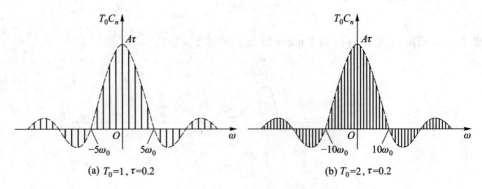

(a) $T_0=1, \tau=0.2$　　　　　　　　　(b) $T_0=2, \tau=0.2$

图 4-15　周期 T_0 增加对离散谱的影响

对于任意的周期信号,其频谱分布的形状不同,但都是以基频 ω_0 为间隔而分布的离散频谱。当 $T_0 \to \infty$, $\Delta\omega = (n+1)\omega_0 - n\omega_0 = \omega_0 = \dfrac{2\pi}{T_0}$, $n\omega_0$ 成为连续变量用 ω 表示,式(4-51)可写成

$$x(t) = \lim_{T_0 \to \infty} \widetilde{x}(t) = \lim_{T_0 \to \infty} \sum_{n=-\infty}^{\infty} \frac{D_n}{T_0} \mathrm{e}^{\mathrm{j}n\omega_0 t}$$

$$= \lim_{T_0 \to \infty} \sum_{n=-\infty}^{\infty} \left(\frac{D_n}{2\pi} \right) \mathrm{e}^{\mathrm{j}\omega t} \Delta\omega = \frac{1}{2\pi} \int_{-\infty}^{\infty} X(\mathrm{j}\omega) \mathrm{e}^{\mathrm{j}\omega t} \mathrm{d}\omega$$

式(4-52) 变为

$$X(\mathrm{j}\omega) = \lim_{T_0 \to \infty} D_n = \lim_{T_0 \to \infty} \int_{-\frac{T_0}{2}}^{\frac{T_0}{2}} x(t) \mathrm{e}^{-\mathrm{j}\omega t} \mathrm{d}t = \int_{-\infty}^{\infty} x(t) \mathrm{e}^{-\mathrm{j}\omega t} \mathrm{d}t$$

即

$$x(t) = \frac{1}{2\pi} \int_{-\infty}^{\infty} X(\mathrm{j}\omega) \mathrm{e}^{\mathrm{j}\omega t} \mathrm{d}\omega \qquad (4\text{-}53)$$

$$X(\mathrm{j}\omega) = \int_{-\infty}^{\infty} x(t) \mathrm{e}^{-\mathrm{j}\omega t} \mathrm{d}t \qquad (4\text{-}54)$$

式(4-54)称为非周期信号 $x(t)$ 的连续时间 Fourier 变换(CTFT), $X(\mathrm{j}\omega)$ 称为非周期信号 $x(t)$ 的频谱(函数)。式(4-53) 称为 $X(\mathrm{j}\omega)$ 的 Fourier 反变换,其物理意义是非周期信号 $x(t)$ 可以表示为无数个频率为 ω ,复振幅为 $\left[\dfrac{X(\mathrm{j}\omega)}{2\pi} \right] \mathrm{d}\omega$ 的虚指数信号 $\mathrm{e}^{\mathrm{j}\omega t}$ 的线性组合。不同的非周期信号都可以表示为式(4-53)的形式,所不同的只是虚指数信号 $\mathrm{e}^{\mathrm{j}\omega t}$ 前面的系数 $X(\mathrm{j}\omega)$ 不同。

非周期信号 $x(t)$ 与其对应的频谱 $X(\mathrm{j}\omega)$ 之间的关系可表示为

$$X(j\omega) = \mathscr{F}\{x(t)\} \tag{4-55}$$

$$x(t) = \mathscr{F}^{-1}\{X(j\omega)\} \tag{4-56}$$

或

$$x(t) \overset{\mathscr{F}}{\longleftrightarrow} X(j\omega) \tag{4-57}$$

非周期信号 $x(t)$ 的频谱 $X(j\omega)$ 是反映非周期信号特征的重要参数。周期信号频谱与非周期信号的频谱都是反映信号的频率分布特性,但两者也有某些区别。

（1）周期信号的频谱为离散频谱,非周期信号的频谱为连续频谱。

（2）周期信号的频谱为 C_n 的分布,表示每个谐波分量的复振幅;而非周期信号的频谱为 $X(j\omega)$ 的分布,$\left[\dfrac{X(j\omega)}{2\pi}\right]\mathrm{d}\omega$ 表示各频率分量的复振幅,所以也称 $X(j\omega)$ 为频谱密度函数。

当非周期信号 $x(t)$ 满足 Dirichlet 条件时,信号 $x(t)$ 的 Fourier 变换 $X(j\omega)$ 存在。即

（1）$\displaystyle\int_{-\infty}^{\infty}|x(t)|\,\mathrm{d}t < \infty$,即要求非周期信号 $x(t)$ 在定义区间上绝对可积(充分但不是必要条件)。

（2）在其定义区间上,信号只有有限个最大值和最小值。

（3）在其定义区间上,信号仅有有限个不连续点,且这些点必须是有限值。

非周期信号 $x(t)$ 的频谱 $X(j\omega)$ 一般是复函数,可表示为

$$X(j\omega) = |X(j\omega)|\mathrm{e}^{j\varphi(\omega)} \tag{4-58}$$

$|X(j\omega)|$ 随频率(角频率)变化的特性称之为信号的幅度频谱,简称幅度谱。$\varphi(\omega)$ 随频率(角频率)变化的特性称之为信号的相位频谱,简称相位谱。下面通过一个例子加深对非周期信号频谱概念的理解。

【例 4-5】 试求图 4-16(a)所示非周期矩形信号 $x(t)$ 的频谱函数 $X(j\omega)$。

解：非周期矩形信号 $x(t)$ 的时域表示式为

$$x(t) = \begin{cases} A, & |t| < \dfrac{\tau}{2} \\[2mm] 0, & |t| > \dfrac{\tau}{2} \end{cases}$$

由连续时间信号的 Fourier 变换定义式,可得

$$X(j\omega) = \int_{-\infty}^{\infty} x(t)\mathrm{e}^{-j\omega t}\mathrm{d}t = \int_{-\frac{\tau}{2}}^{\frac{\tau}{2}} A\mathrm{e}^{-j\omega t}\mathrm{d}t$$

$$= \frac{A}{-j\omega}\mathrm{e}^{-j\omega t}\bigg|_{-\frac{\tau}{2}}^{\frac{\tau}{2}} = \frac{2A}{\omega}\sin\left(\frac{\omega\tau}{2}\right) = A\tau\mathrm{Sa}\left(\frac{\omega\tau}{2}\right) \tag{4-59}$$

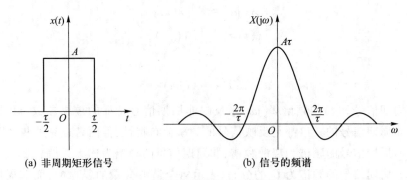

(a) 非周期矩形信号　　　　　　　(b) 信号的频谱

图 4-16　非周期矩形信号及其频谱函数

图 4-16(b)绘出了非周期矩形信号的频谱图。分析图 4-16 非周期矩形信号及其频谱可得出一些有意义的结论：

（1）非周期矩形信号的频谱是连续频谱,其形状与周期矩形信号离散频谱的包络线相似。

（2）信号在时域中持续时间有限,则在频域中其频谱将延续到无限。

（3）信号的频谱分量主要集中在零频率到第一个过零点之间,工程中往往将此宽度作为信号的有效带宽。非周期矩形信号的有效带宽为 $\dfrac{2\pi}{\tau}$（rad/s）或 $\dfrac{1}{\tau}$（Hz）,而非周期矩形信号在时域的宽度为 τ,这表明非周期矩形信号在时域的宽度与频域的有效带宽互为倒数,时域的持续时间越宽,则频域的有效带宽越窄,反之亦然。

4.2.2　常见连续时间信号的频谱

以上给出了连续非周期信号的 Fourier 变换的定义,下面通过常见信号的 Fourier 变换来分析这些信号的频谱,以加深对非周期信号的频谱概念的理解,并直观感受信号的时域与频域的一些对应关系。此外,许多复杂信号的频域分析也可以通过这些信号来实现,因此,常见信号的频域分析是复杂信号频域分析的基础。

1. 单位冲激信号 $x(t) = \delta(t)$

利用冲激信号的抽样特性,可由 Fourier 变换的定义直接求得其频谱

$$X(\mathrm{j}\omega) = \mathscr{F}\{\delta(t)\} = \int_{-\infty}^{\infty} x(t)\,\mathrm{e}^{-\mathrm{j}\omega t}\,\mathrm{d}t = \int_{-\infty}^{\infty} \delta(t)\,\mathrm{e}^{-\mathrm{j}\omega t}\,\mathrm{d}t = 1 \qquad (4-60)$$

图 4-17 画出了单位冲激信号 $\delta(t)$ 及其频谱,由图可知冲激信号的频谱为一常数。冲激信号 $\delta(t)$ 在时域的持续时间趋近于零,则其频谱函数在频域的有效带宽趋于无穷大。

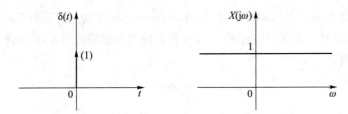

图 4-17 单位冲激信号及其频谱

2. 直流信号 $x(t) = 1(-\infty < t < \infty)$

利用式(4-60)求出的 $\delta(t)$ 的频谱及 Fourier 反变换公式可得

$$\delta(t) = \frac{1}{2\pi} \int_{-\infty}^{\infty} 1 \cdot e^{j\omega t} d\omega \qquad (4-61)$$

由于 $\delta(t)$ 是 t 的偶函数,所以式(4-61)可等价写为

$$\delta(t) = \frac{1}{2\pi} \int_{-\infty}^{\infty} e^{\pm j\omega t} d\omega \qquad (4-62)$$

由式(4-62)可得

$$X(j\omega) = \mathscr{F}\{1\} = \int_{-\infty}^{\infty} 1 \cdot e^{-j\omega t} dt = 2\pi\delta(\omega) \qquad (4-63)$$

图 4-18 画出了直流信号 $x(t) = 1(-\infty < t < \infty)$ 及其频谱。由图可知直流信号的频谱只在 $\omega = 0$ 处有一冲激。

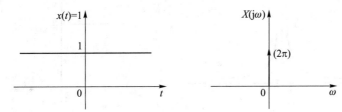

图 4-18 直流信号及其频谱

直流信号在时域的持续时间趋近于无穷大,其频谱函数在频域的有效带宽趋于零。

从冲激信号与直流信号的频谱可见,时域脉冲越窄,其频域有效频带越宽,而时域脉冲越宽,其频域有效频带越窄。

3. 符号函数 $x(t) = \text{sgn}(t)$

符号函数 $\text{sgn}(t)$ 的定义为

$$\text{sgn}(t) = \begin{cases} -1, & t < 0 \\ 0, & t = 0 \\ 1, & t > 0 \end{cases}$$

虽然符号函数不满足 Dirichlet 条件,但其 Fourier 变换存在。这说明 Dirichlet 条件是充分条件,但不是必要条件。借助双边指数衰减信号然后取极限的方法可以求解符号函数的频谱。

因为
$$\text{sgn}(t) = \lim_{\sigma \to 0} \text{sgn}(t) e^{-\sigma|t|}$$

而
$$\mathscr{F}\{\text{sgn}(t) e^{-\sigma|t|}\} = \int_{-\infty}^{0} (-1) e^{\sigma t} e^{-j\omega t} dt + \int_{0}^{\infty} e^{-\sigma t} e^{-j\omega t} dt$$

$$= -\frac{e^{(\sigma-j\omega)t}}{\sigma-j\omega}\bigg|_{-\infty}^{0} - \frac{e^{-(\sigma+j\omega)t}}{\sigma+j\omega}\bigg|_{0}^{\infty} = \frac{-1}{\sigma-j\omega} + \frac{1}{\sigma+j\omega}$$

所以
$$\mathscr{F}\{\text{sgn}(t)\} = \lim_{\sigma \to 0} \mathscr{F}\{\text{sgn}(t) e^{-\sigma|t|}\} = \frac{2}{j\omega} \tag{4-64}$$

幅度频谱
$$|X(j\omega)| = \frac{2}{|\omega|} = \frac{2\text{sgn}(\omega)}{\omega} \tag{4-65}$$

相位频谱
$$\varphi(\omega) = \begin{cases} \dfrac{\pi}{2}, & \omega < 0 \\ -\dfrac{\pi}{2}, & \omega > 0 \end{cases} = -\frac{\pi}{2}\text{sgn}(\omega) \tag{4-66}$$

符号函数的幅度频谱和相位频谱如图 4-19 所示。

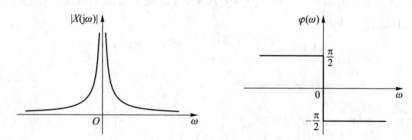

图 4-19　符号函数的幅度频谱和相位频谱

4. 单位阶跃信号 $x(t) = u(t)$

单位阶跃信号也不满足 Dirichlet 条件,但其 Fourier 变换同样存在。可以利用符号函数和直流信号的频谱来求单位阶跃信号的频谱。

因为
$$u(t) = \frac{1}{2} + \frac{1}{2}\text{sgn}(t)$$

所以单位阶跃信号 $u(t)$ 的频谱为
$$X(j\omega) = \mathscr{F}\{u(t)\} = \pi\delta(\omega) + \frac{1}{j\omega} \tag{4-67}$$

单位阶跃信号 $u(t)$ 的幅度谱和相位谱如图 4-20 所示。

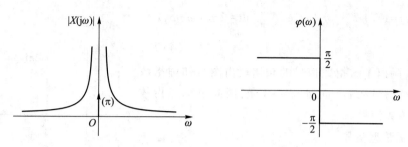

图 4-20　单位阶跃信号的幅度频谱和相位频谱

5. 单边指数信号 $x(t) = e^{-\alpha t}u(t)\,(\alpha>0)$

$$X(j\omega) = \int_{-\infty}^{\infty} x(t)e^{-j\omega t}dt = \int_{0}^{\infty} e^{-\alpha t}e^{-j\omega t}dt = \frac{1}{\alpha + j\omega} \tag{4-68}$$

幅度频谱为

$$|X(j\omega)| = \frac{1}{\sqrt{\alpha^2 + \omega^2}} \tag{4-69}$$

相位频谱为

$$\varphi(\omega) = -\arctan\left(\frac{\omega}{\alpha}\right) \tag{4-70}$$

图 4-21 画出了单边衰减的指数信号的幅度频谱和相位频谱。

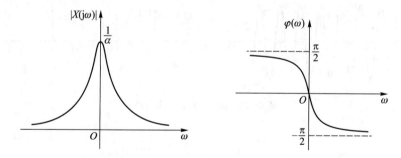

图 4-21　单边指数信号的幅度频谱和相位频谱

　　只有单边衰减的指数信号才存在 Fourier 变换,单边增长的指数信号不存在 Fourier 变换。

　　以上介绍了一些常见非周期信号的频谱函数,实际上周期信号既存在对应的 Fourier 系数,也存在对应的 Fourier 变换。在某些场合,将周期信号和非周期信号通过 Fourier 变换统一起来,可以有利于信号或系统的频域分析。下面介绍一些重要的周期信号的频谱函数。

6. 虚指数信号 $x(t) = e^{j\omega_0 t}\,(-\infty < t < \infty)$

　　由式(4-63)及 Fourier 变换的定义可得虚指数信号的频谱函数为

$$X(j\omega) = \mathscr{F}\left\{e^{j\omega_0 t}\right\} = \int_{-\infty}^{\infty} e^{-j(\omega-\omega_0)t}\,dt = 2\pi\delta(\omega-\omega_0) \tag{4-71}$$

图 4-22 画出了虚指数信号的频谱。由图可知虚指数
信号的频谱只在 $\omega = \omega_0$ 处有一冲激,因此也称虚指数
信号为单频信号。

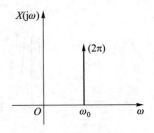

图 4-22　虚指数信号的频谱

7. 正弦型信号

利用 Euler 公式和式(4-71),可得正、余弦信号的
频谱函数为

$$\cos(\omega_0 t) = \frac{1}{2}\left(e^{j\omega_0 t} + e^{-j\omega_0 t}\right) \overset{\mathscr{F}}{\longleftrightarrow} \pi\left[\delta(\omega-\omega_0) + \delta(\omega+\omega_0)\right] \tag{4-72}$$

$$\sin(\omega_0 t) = \frac{1}{2j}\left(e^{j\omega_0 t} - e^{-j\omega_0 t}\right) \overset{\mathscr{F}}{\longleftrightarrow} -j\pi\left[\delta(\omega-\omega_0) - \delta(\omega+\omega_0)\right] \tag{4-73}$$

其频谱分别如图 4-23 和图 4-24 所示。由于正弦信号的频谱函数为纯虚数,故
图 4-24 只画出了其频谱的虚部。

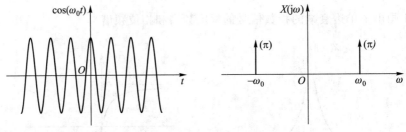

图 4-23　余弦信号及其频谱

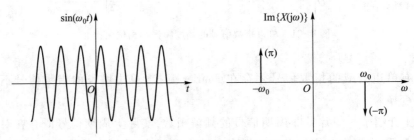

图 4-24　正弦信号及其频谱

8. 一般周期信号

周期信号在整个信号区间 $(-\infty, +\infty)$ 上不满足绝对可积,在求其 Fourier 变换
时,应先写出其 Fourier 级数表示式,即

$$\widetilde{x}(t) = \sum_{n=-\infty}^{\infty} C_n e^{jn\omega_0 t}, \quad \omega_0 = \frac{2\pi}{T_0} \tag{4-74}$$

对上式两边进行 Fourier 变换得

$$X(j\omega) = \mathscr{F}\{\widetilde{x}(t)\} = \mathscr{F}\left\{\sum_{n=-\infty}^{+\infty} C_n e^{jn\omega_0 t}\right\} = \sum_{n=-\infty}^{+\infty} C_n \mathscr{F}\{e^{jn\omega_0 t}\}$$

由式(4-71)可得周期信号 $\widetilde{x}(t)$ 的 Fourier 变换为

$$X(j\omega) = 2\pi \sum_{n=-\infty}^{+\infty} C_n \delta(\omega - n\omega_0) \tag{4-75}$$

式(4-75)表明,连续周期信号的频谱密度函数 $X(j\omega)$ 是冲激串函数,冲激串前的系数为 $2\pi C_n$。因此,连续周期信号的 Fourier 系数 C_n 与其频谱密度函数 $X(j\omega)$ 是一致的。

连续周期信号既存在 Fourier 系数 C_n,也存在 Fourier 变换 $X(j\omega)$,而且两者存在密切关系。从信号的数学分析和物理概念上来说,周期信号的 Fourier 系数 C_n 足以清晰地描述周期信号的频域特性。但有时会同时出现周期信号和非周期信号,如信号的抽样分析和调制分析等。引入周期信号的 Fourier 变换,可以实现将连续周期信号和非周期信号的频域分析统一起来,有利于连续信号的频域分析和处理。

9. 周期冲激串 $\delta_{T_0}(t)$

周期为 T_0 的周期冲激串信号定义为

$$\delta_{T_0}(t) = \sum_{n=-\infty}^{+\infty} \delta(t - nT_0), \quad n \text{ 为整数}$$

图 4-25(a)给出了其波形。周期信号 $\delta_{T_0}(t)$ 的 Fourier 系数 C_n 为

$$C_n = \frac{1}{T_0} \int_{-\frac{T_0}{2}}^{\frac{T_0}{2}} \delta_{T_0}(t) e^{-jn\omega_0 t} dt = \frac{1}{T_0} \int_{-\frac{T_0}{2}}^{\frac{T_0}{2}} \delta(t) e^{-jn\omega_0 t} dt = \frac{1}{T_0} \tag{4-76}$$

根据式(4-75)可得周期信号 $\delta_{T_0}(t)$ Fourier 变换为

$$X(j\omega) = \frac{2\pi}{T_0} \sum_{n=-\infty}^{+\infty} \delta(\omega - n\omega_0) = \omega_0 \sum_{n=-\infty}^{+\infty} \delta(\omega - n\omega_0), \quad \omega_0 = \frac{2\pi}{T_0} \tag{4-77}$$

图 4-25 画出了周期冲激串信号 $\delta_{T_0}(t)$ 及其频谱。由图可知 $\delta_{T_0}(t)$ 的频谱也是一个周期冲激串,并且它的周期 ω_0 和 $\delta_{T_0}(t)$ 的周期 T_0 成反比。周期冲激串信号在信号分析中具有重要作用。

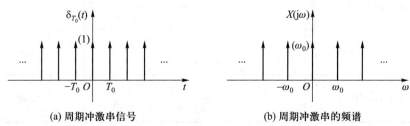

(a) 周期冲激信号   (b) 周期冲激串的频谱

图 4-25 周期冲激串及其频谱

常见信号的 Fourier 变换如表 4-1 所示。

表 4-1　常见信号的 Fourier 变换

$x(t)$	$X(j\omega)$	说明
$e^{-\alpha t}u(t)$	$\dfrac{1}{\alpha+j\omega}$	$\alpha>0$
$e^{-\alpha\lvert t\rvert}$	$\dfrac{2\alpha}{\alpha^2+\omega^2}$	$\alpha>0$
$t^n e^{-\alpha t}u(t)$	$\dfrac{n!}{(\alpha+j\omega)^{n+1}}$	$\alpha>0$
$\delta(t)$	1	
1	$2\pi\delta(\omega)$	
$e^{\pm j\omega_0 t}$	$2\pi\delta(\omega\mp\omega_0)$	
$u(t)$	$\pi\delta(\omega)+\dfrac{1}{j\omega}$	
$\mathrm{sgn}(t)$	$\dfrac{2}{j\omega}$	
$\mathrm{Sa}(\omega_0 t)$	$\dfrac{\pi}{\omega_0}p_{2\omega_0}(\omega)$	$\omega_0>0$
$p_\tau(t)$	$\tau\cdot\mathrm{Sa}\left(\dfrac{\omega\tau}{2}\right)$	$\tau>0$
$\displaystyle\sum_{n=-\infty}^{\infty}\delta(t-nT_0)$	$\displaystyle\omega_0\sum_{n=-\infty}^{\infty}\delta(\omega-n\omega_0)$	$\omega_0=\dfrac{2\pi}{T_0}$
$\cos(\omega_0 t)$	$\pi[\delta(\omega-\omega_0)+\delta(\omega+\omega_0)]$	
$\sin(\omega_0 t)$	$j\pi[-\delta(\omega-\omega_0)+\delta(\omega+\omega_0)]$	
$\cos(\omega_0 t)u(t)$	$\dfrac{\pi}{2}[\delta(\omega-\omega_0)+\delta(\omega+\omega_0)]+\dfrac{j\omega}{\omega_0^2-\omega^2}$	
$\sin(\omega_0 t)u(t)$	$\dfrac{\pi}{2j}[\delta(\omega-\omega_0)-\delta(\omega+\omega_0)]+\dfrac{\omega_0}{\omega_0^2-\omega^2}$	
$e^{-\alpha t}\cos(\omega_0 t)u(t)$	$\dfrac{\alpha+j\omega}{(\alpha+j\omega)^2+\omega_0^2}$	$\alpha>0$
$e^{-\alpha t}\sin(\omega_0 t)u(t)$	$\dfrac{\omega_0}{(\alpha+j\omega)^2+\omega_0^2}$	$\alpha>0$

4.2.3 连续时间 Fourier 变换的性质

连续时间信号的 Fourier 变换存在许多重要的性质,这些性质揭示了连续信号的时域与频域之间的内在联系,有助于深入理解连续时间 Fourier 变换的数学概念和物理概念,在理论分析和工程实际中都有着广泛的应用。

1. 线性特性

连续时间 Fourier 变换是一种线性运算。其线性特性表示为

若 $\qquad x_1(t) \overset{\mathscr{F}}{\longleftrightarrow} X_1(j\omega), \quad x_2(t) \overset{\mathscr{F}}{\longleftrightarrow} X_2(j\omega)$

则 $\qquad ax_1(t) + bx_2(t) \overset{\mathscr{F}}{\longleftrightarrow} aX_1(j\omega) + bX_2(j\omega)$ $\qquad$ (4-78)

其中 a 和 b 为任意常数。

【例 4-6】 已知信号 $x(t)$ 的波形如图 4-26 所示,试求信号 $x(t)$ 的频谱。

解: $x(t)$ 可以表示为直流信号与宽度为 1 的矩形信号相减,即

$$x(t) = 2 - p_1(t)$$

由连续时间 Fourier 变换的线性特性可得

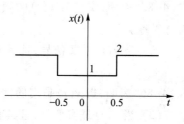

图 4-26 例 4-6 信号的波形

$$X(j\omega) = 4\pi\delta(\omega) - \mathrm{Sa}\left(\frac{\omega}{2}\right)$$

当信号 $x(t)$ 中存在直流分量时,信号 $x(t)$ 的频谱 $X(j\omega)$ 中一般含有冲激函数。

2. 对称特性

若 $\qquad\qquad x(t) \overset{\mathscr{F}}{\longleftrightarrow} X(j\omega)$

则 $\qquad\qquad x^*(t) \overset{\mathscr{F}}{\longleftrightarrow} X^*(-j\omega)$ $\qquad\qquad$ (4-79)

$\qquad\qquad x^*(-t) \overset{\mathscr{F}}{\longleftrightarrow} X^*(j\omega)$ $\qquad\qquad$ (4-80)

证明: $\mathscr{F}[x^*(t)] = \int_{-\infty}^{\infty} x^*(t) \mathrm{e}^{-j\omega t} \mathrm{d}t = \left[\int_{-\infty}^{\infty} x(t) \mathrm{e}^{j\omega t} \mathrm{d}t\right]^* = X^*(-j\omega)$

$\mathscr{F}[x^*(-t)] = \int_{-\infty}^{\infty} x^*(-t) \mathrm{e}^{-j\omega t} \mathrm{d}t = -\int_{\infty}^{-\infty} x^*(t) \mathrm{e}^{j\omega t} \mathrm{d}t$

$= \int_{-\infty}^{\infty} x^*(t) \mathrm{e}^{j\omega t} \mathrm{d}t = \left[\int_{-\infty}^{\infty} x(t) \mathrm{e}^{-j\omega t} \mathrm{d}t\right]^* = X^*(j\omega)$

连续时间信号 $x(t)$ 的频谱 $X(j\omega)$ 一般为 ω 的复函数,信号的频谱 $X(j\omega)$ 可以表示为幅度谱 $|X(j\omega)|$ 和相位谱 $\varphi(\omega)$ 的形式,即

$$X(j\omega) = |X(j\omega)| \mathrm{e}^{j\varphi(\omega)}$$ $\qquad\qquad$ (4-81)

也可以表示为实部 $X_\mathrm{r}(j\omega)$ 和虚部 $X_\mathrm{i}(j\omega)$ 的形式,即

$$X(j\omega) = X_\mathrm{r}(j\omega) + jX_\mathrm{i}(j\omega)$$ $\qquad\qquad$ (4-82)

利用连续时间 Fourier 变换的对称特性,可以进一步得到一些重要的结论。

（1）当 $x(t)$ 是实信号时，由式（4-79）可得

$$X(j\omega) = X^*(-j\omega) \tag{4-83}$$

若将 $X(j\omega)$ 表示为幅度谱和相位谱的形式，将式（4-81）代入式（4-83）则有

$$|X(j\omega)| e^{j\varphi(\omega)} = |X(-j\omega)| e^{-j\varphi(-\omega)}$$

即

$$|X(j\omega)| = |X(-j\omega)|, \quad \varphi(\omega) = -\varphi(-\omega) \tag{4-84}$$

式（4-84）表明，实信号 $x(t)$ 的幅度谱 $|X(j\omega)|$ 具有偶对称，相位谱 $\varphi(\omega)$ 具有奇对称。

若将 $X(j\omega)$ 表示为实部和虚部的形式，将式（4-82）代入式（4-83）则有

$$X_r(j\omega) + jX_i(j\omega) = X_r(-j\omega) - jX_i(-j\omega)$$

即

$$X_r(j\omega) = X_r(-j\omega), \quad X_i(j\omega) = -X_i(-j\omega) \tag{4-85}$$

式（4-85）表明，实信号 $x(t)$ 的频谱函数 $X(j\omega)$ 的实部 $X_r(j\omega)$ 为偶对称，虚部 $X_i(j\omega)$ 为奇对称。

（2）当 $x(t)$ 是实信号，且具有偶对称特性时，由式（4-80）有

$$X(j\omega) = X^*(j\omega) \tag{4-86}$$

式（4-86）表明，当 $x(t)$ 是实偶信号时，其频谱函数 $X(j\omega)$ 是 ω 的实偶函数。

（3）当 $x(t)$ 是实信号，且具有奇对称特性时，由式（4-80）有

$$X(j\omega) = -X^*(j\omega) \tag{4-87}$$

式（4-87）表明，当 $x(t)$ 是实奇信号时，其频谱函数 $X(j\omega)$ 是 ω 的纯虚函数，且 $X(j\omega)$ 的虚部满足奇对称。

（4）当实信号 $x(t)$ 表示为奇分量和偶分量之和时，即

$$x(t) = \frac{[x(t)+x(-t)]}{2} + \frac{[x(t)-x(-t)]}{2} = x_e(t) + x_o(t)$$

由 Fourier 变换的线性特性及式（4-80）可得偶分量 $x_e(t)$ 和奇分量 $x_o(t)$ 对应的频谱函数为

$$x_e(t) \overset{\mathscr{F}}{\longleftrightarrow} \frac{1}{2}[X(j\omega) + X^*(j\omega)] = X_r(j\omega) \tag{4-88}$$

$$x_o(t) \overset{\mathscr{F}}{\longleftrightarrow} \frac{1}{2}[X(j\omega) - X^*(j\omega)] = jX_i(j\omega) \tag{4-89}$$

【例 4-7】　求双边指数信号 $x(t) = e^{-\alpha|t|}$（$\alpha > 0, -\infty < t < \infty$）的频谱。

解：由式（4-68）可知

$$e^{-\alpha t}u(t) \overset{\mathscr{F}}{\longleftrightarrow} \frac{1}{\alpha + j\omega} = \frac{\alpha - j\omega}{\alpha^2 + \omega^2}$$

因为

$$x_e(t) = \frac{1}{2}[e^{-\alpha t}u(t) + e^{\alpha t}u(-t)] = \frac{1}{2}e^{-\alpha|t|}$$

利用式(4-88)结论可得

$$\frac{1}{2}e^{-\alpha|t|} \overset{\mathscr{F}}{\longleftrightarrow} \mathrm{Re}\left(\frac{1}{\alpha+j\omega}\right) = \frac{\alpha}{\alpha^2+\omega^2}$$

故

$$e^{-\alpha|t|} \overset{\mathscr{F}}{\longleftrightarrow} \frac{2\alpha}{\alpha^2+\omega^2}$$

可见当 $x(t)$ 为实偶对称信号时,其频谱函数 $X(j\omega)$ 也为实偶对称函数。

3. 互易对称特性

若

$$x(t) \overset{\mathscr{F}}{\longleftrightarrow} X(j\omega)$$

则

$$X(jt) \overset{\mathscr{F}}{\longleftrightarrow} 2\pi x(-\omega) \qquad\qquad (4\text{-}90)$$

证明: 由于

$$x(t) = \frac{1}{2\pi}\int_{-\infty}^{\infty} X(j\omega)e^{j\omega t}d\omega$$

进行变量替换 $\omega = u$,有

$$x(t) = \frac{1}{2\pi}\int_{-\infty}^{\infty} X(ju)e^{jut}du$$

令 $t = -\omega$,可得

$$x(-\omega) = \frac{1}{2\pi}\int_{-\infty}^{\infty} X(ju)e^{-ju\omega}du$$

再令 $u = t$,可得

$$2\pi x(-\omega) = \int_{-\infty}^{\infty} X(jt)e^{-j\omega t}dt = \mathscr{F}\{X(jt)\}$$

Fourier 变换的互易对称特性表明,信号的时域波形与其频谱函数具有对称互易关系。从 Fourier 正、反变换的定义也可以发现,它们的差别就是幅度相差 2π 且积分项内虚指数信号相差一个负号。

【例 4-8】 求抽样信号 $x(t) = \mathrm{Sa}(\omega_0 t)$ 的频谱。

解: 由式(4-59)可知宽度为 2τ 的单位矩形脉冲 $p_{2\tau}(t)$ 的频谱为

$$p_{2\tau}(t) \overset{\mathscr{F}}{\longleftrightarrow} 2\tau \mathrm{Sa}(\omega\tau)$$

由 Fourier 变换的互易对称特性可得

$$2\tau \mathrm{Sa}(\tau t) \overset{\mathscr{F}}{\longleftrightarrow} 2\pi p_{2\tau}(-\omega) = 2\pi p_{2\tau}(\omega)$$

令 $\tau = \omega_0$ 可得

$$2\omega_0 \mathrm{Sa}(\omega_0 t) \overset{\mathscr{F}}{\longleftrightarrow} 2\pi p_{2\omega_0}(\omega)$$

由 Fourier 变换的线性特性可得

$$\mathrm{Sa}(\omega_0 t) \overset{\mathscr{F}}{\longleftrightarrow} \frac{\pi}{\omega_0} p_{2\omega_0}(\omega) \qquad\qquad (4\text{-}91)$$

式 (4-91) 中 $p_{2\omega_0}(\omega)$ 表示幅度为 1、宽度为 $2\omega_0$ 且关于原点对称的矩形函数。抽样信号 $\mathrm{Sa}(\omega_0 t)$ 及其频谱如图 4-27 所示。

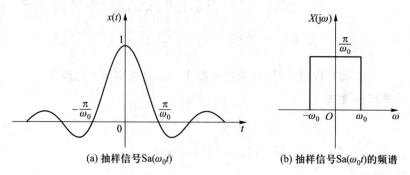

(a) 抽样信号 $\mathrm{Sa}(\omega_0 t)$　　　　(b) 抽样信号 $\mathrm{Sa}(\omega_0 t)$ 的频谱

图 4-27　抽样信号及其频谱函数

由此可以更清楚地理解连续信号 Fourier 变换的互易对称特性,时域的矩形信号对应的频谱为抽样函数,而时域的抽样信号对应的频谱为矩形函数。

4. 展缩特性

若
$$x(t) \overset{\mathscr{F}}{\longleftrightarrow} X(j\omega)$$

则
$$x(at) \overset{\mathscr{F}}{\longleftrightarrow} \frac{1}{|a|} X\left(j\frac{\omega}{a}\right) \tag{4-92}$$

式中 a 为不等于零的实数。

证明：
$$\mathscr{F}\{x(at)\} = \int_{-\infty}^{\infty} x(at)\,\mathrm{e}^{-j\omega t}\,\mathrm{d}t$$

令 $u = at$,则 $\mathrm{d}u = a\,\mathrm{d}t$,代入上式可得

$$\mathscr{F}\{x(at)\} = \frac{1}{|a|} \int_{-\infty}^{\infty} x(u)\,\mathrm{e}^{-j\omega\left(\frac{u}{a}\right)}\,\mathrm{d}u = \frac{1}{|a|} X\left(j\frac{\omega}{a}\right)$$

Fourier 变换的展缩特性表明,时域波形的压缩($|a| > 1$),则对应其频谱函数扩展;反之,时域波形的扩展($|a| < 1$),则对应其频谱函数压缩。由此再次表明,信号的持续时间与其有效带宽成反比。下面以矩形脉冲信号与其频谱函数之间的关系来说明展缩特性。图 4-28 表示不同宽度的矩形信号对应的频谱函数。

5. 时移特性

若
$$x(t) \overset{\mathscr{F}}{\longleftrightarrow} X(j\omega)$$
则
$$x(t-t_0) \overset{\mathscr{F}}{\longleftrightarrow} X(j\omega)\,\mathrm{e}^{-j\omega t_0} \tag{4-93}$$

式中 t_0 为任意实数。

证明：
$$\mathscr{F}\{x(t-t_0)\} = \int_{-\infty}^{\infty} x(t-t_0)\,\mathrm{e}^{-j\omega t}\,\mathrm{d}t$$

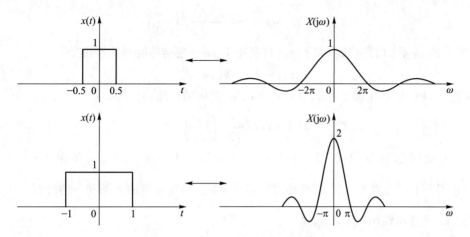

图 4-28　Fourier 变换的展缩特性

令 $u = t-t_0$，则 $\mathrm{d}u = \mathrm{d}t$，代入上式可得

$$\mathscr{F}\{x(t-t_0)\} = \int_{-\infty}^{\infty} x(u)\mathrm{e}^{-\mathrm{j}\omega(t_0+u)}\mathrm{d}u = X(\mathrm{j}\omega)\mathrm{e}^{-\mathrm{j}\omega t_0}$$

式（4-93）表明，信号在时域中的时移，对应频谱函数在频域中产生的附加相移，而幅度频谱保持不变。

【例 4-9】　求信号 $x(t) = \mathrm{u}(t+1)-\mathrm{u}(t-3)$ 的频谱。

解：因为

$$x(t) = \mathrm{u}(t+1)-\mathrm{u}(t-3) = p_4(t-1)$$

$p_4(t)$ 表示宽度为 4，幅度为 1 的矩形信号。

由于　　　　　　　　　　　　$\mathscr{F}\{p_4(t)\} = 4\mathrm{Sa}(2\omega)$

利用 Fourier 变换的时移特性可得

$$X(\mathrm{j}\omega) = \mathscr{F}\{p_4(t-1)\} = 4\mathrm{e}^{-\mathrm{j}\omega}\mathrm{Sa}(2\omega)$$

实际上，信号可能同时出现时移和展缩，这时可以综合利用 Fourier 变换的时移特性和展缩特性来分析信号的频谱。

【例 4-10】　已知 $\mathscr{F}\{x(t)\} = X(\mathrm{j}\omega)$，$g(t) = x(2t+4)$，求信号 $g(t)$ 的频谱。

解：信号 $x(2t+4)$ 是 $x(t)$ 经过压缩、平移两种基本运算而产生的信号，需要分别利用 Fourier 变换的展缩特性和时移特性求其频谱。可以将 $x(t)$ 先进行压缩再平移，也可以将 $x(t)$ 先进行平移再压缩，两种方法的计算过程稍有不同，但结果一致。

（1）先对 $x(t)$ 进行压缩 $t \rightarrow 2t$，利用 Fourier 变换的展缩特性得

$$x(2t) \overset{\mathscr{F}}{\longleftrightarrow} \frac{1}{2}X\left(\mathrm{j}\frac{\omega}{2}\right)$$

再对 $x(2t)$ 进行左移 $t \rightarrow t+2$，并利用 Fourier 变换的时移特性得

$$x[2(t+2)] = x(2t+4) \overset{\mathscr{F}}{\longleftrightarrow} \frac{1}{2} X\left(j\frac{\omega}{2}\right) e^{j2\omega}$$

（2）先对 $x(t)$ 进行左移 $t \to t+4$，利用 Fourier 变换的时移特性得

$$x(t+4) \overset{\mathscr{F}}{\longleftrightarrow} X(j\omega) e^{j4\omega}$$

再对 $x(t+4)$ 进行压缩 $t \to 2t$，并利用 Fourier 变换的展缩特性得

$$x(2t+4) \overset{\mathscr{F}}{\longleftrightarrow} \frac{1}{2} X\left(j\frac{\omega}{2}\right) e^{j2\omega}$$

从此例题分析可见，若信号 $g(t) = x(at+b)$ $(a \neq 0)$，则存在 $G(j\omega) = \frac{1}{|a|} X\left(\frac{j\omega}{a}\right) e^{j\frac{b}{a}\omega}$。因为信号 $g(t)$ 相对于信号 $x(t)$，存在 a 倍的展缩和 $\frac{b}{a}$ 的时移。

6. 频移特性（调制定理）

若
$$x(t) \overset{\mathscr{F}}{\longleftrightarrow} X(j\omega)$$

则
$$x(t) e^{j\omega_0 t} \overset{\mathscr{F}}{\longleftrightarrow} X[j(\omega - \omega_0)] \qquad (4\text{-}94)$$

式中 ω_0 为任意实数。

证明： 由 Fourier 变换的定义有

$$\mathscr{F}\{x(t) e^{j\omega_0 t}\} = \int_{-\infty}^{\infty} x(t) e^{j\omega_0 t} e^{-j\omega t} dt = \int_{-\infty}^{\infty} x(t) e^{-j(\omega - \omega_0)t} dt = X[j(\omega - \omega_0)]$$

式（4-94）表明，信号在时域的相移，对应频谱函数在频域的频移。

【例 4-11】 已知信号 $x(t)$ 的频谱函数 $X(j\omega)$ 如图 4-29（a）所示，试求信号 $x(t)$ 与余弦信号 $\cos(\omega_0 t)$ $(\omega_0 > \omega_m)$ 相乘后信号 $a(t)$ 的频谱函数。

解： 由于

$$A(j\omega) = \mathscr{F}\{a(t)\} = \mathscr{F}\{x(t)\cos(\omega_0 t)\} = \frac{1}{2}\mathscr{F}\{x(t) e^{j\omega_0 t}\} + \frac{1}{2}\mathscr{F}\{x(t) e^{-j\omega_0 t}\}$$

故根据 Fourier 变换的频移特性可得

$$x(t)\cos(\omega_0 t) \overset{\mathscr{F}}{\longleftrightarrow} \frac{1}{2}\{X[j(\omega - \omega_0)] + X[j(\omega + \omega_0)]\} \qquad (4\text{-}95)$$

式（4-95）表明，信号 $x(t)$ 与余弦信号 $\cos(\omega_0 t)$ 相乘后，信号 $x(t)\cos(\omega_0 t)$ 的频谱是原来信号 $x(t)$ 的频谱经左、右搬移 ω_0 后相加，然后幅度减半，如图 4-29（b）所示。该特性是连续时间信号幅度调制与解调的理论基础。

类似地可以得到信号 $x(t)$ 与正弦信号 $\sin(\omega_0 t)$ 相乘后信号的频谱函数为

$$x(t)\sin(\omega_0 t) \overset{\mathscr{F}}{\longleftrightarrow} -\frac{j}{2}\{X[j(\omega - \omega_0)] - X[j(\omega + \omega_0)]\} \qquad (4\text{-}96)$$

7. 卷积特性

若
$$x_1(t) \overset{\mathscr{F}}{\longleftrightarrow} X_1(j\omega), \quad x_2(t) \overset{\mathscr{F}}{\longleftrightarrow} X_2(j\omega)$$

则
$$x_1(t) * x_2(t) \overset{\mathscr{F}}{\longleftrightarrow} X_1(j\omega) X_2(j\omega) \qquad (4\text{-}97)$$

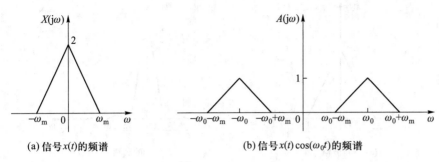

(a) 信号 $x(t)$ 的频谱   (b) 信号 $x(t)\cos(\omega_0 t)$ 的频谱

图 4-29   例 4-11 信号的频谱示意图

证明： $\mathscr{F}\{x_1(t) * x_2(t)\} = \int_{-\infty}^{\infty}\left[\int_{-\infty}^{\infty} x_1(\tau)x_2(t-\tau)\mathrm{d}\tau\right]\mathrm{e}^{-\mathrm{j}\omega t}\mathrm{d}t$

交换积分次序

$$\mathscr{F}\{x_1(t) * x_2(t)\} = \int_{-\infty}^{\infty} x_1(\tau)\left[\int_{-\infty}^{\infty} x_2(t-\tau)\mathrm{e}^{-\mathrm{j}\omega t}\mathrm{d}t\right]\mathrm{d}\tau$$

由 Fourier 变换的时移特性可得

$$\mathscr{F}\{x_1(t) * x_2(t)\} = \int_{-\infty}^{\infty} x_1(\tau)X_2(\mathrm{j}\omega)\mathrm{e}^{-\mathrm{j}\omega\tau}\mathrm{d}\tau = X_1(\mathrm{j}\omega)X_2(\mathrm{j}\omega)$$

式(4-97)表明,两信号在时域中的卷积对应其频谱函数在频域中的乘积。

【**例 4-12**】   求图 4-30(a)所示宽度为 τ、幅度为 A 的三角波信号 $x(t)$ 的频谱。

解: 设 $x_1(t)$ 是一宽度为 2、幅度为 1 的三角波信号。由于 $x_1(t)$ 可由两个幅度为 1、宽度为 1 的矩形信号 $p_1(t)$ 卷积构成,即

$$p_1(t) * p_1(t) = x_1(t)$$

因为

$$\mathscr{F}\{p_1(t)\} = \mathrm{Sa}\left(\frac{\omega}{2}\right)$$

所以,利用 Fourier 变换的卷积特性可得

$$\mathscr{F}\{x_1(t)\} = \mathrm{Sa}^2\left(\frac{\omega}{2}\right)$$

利用 Fourier 变换的线性特性和展缩特性,即可求出宽度为 τ、幅度为 A 的三角波 $x(t)$ 的频谱函数为

$$\mathscr{F}\{x(t)\} = \mathscr{F}\left\{Ax_1\left(\frac{t}{\dfrac{\tau}{2}}\right)\right\} = \frac{A\tau}{2}\mathrm{Sa}^2\left(\frac{\omega\tau}{4}\right)$$

三角波信号 $x(t)$ 的频谱函数如图 4-30(b)所示。

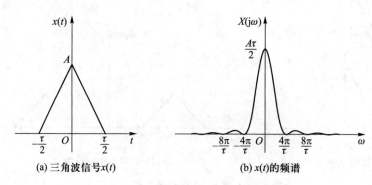

(a) 三角波信号$x(t)$　　　　　　　(b) $x(t)$的频谱

图 4-30　例 4-12 的信号及其频谱

由于任意等腰三角波信号都可以表示为两个等宽的矩形信号的卷积,而矩形信号的频谱为抽样函数,因此,任意等腰三角波信号的频谱必然为抽样函数的平方。

8. 乘积特性

若
$$x_1(t) \overset{\mathscr{F}}{\longleftrightarrow} X_1(j\omega), \quad x_2(t) \overset{\mathscr{F}}{\longleftrightarrow} X_2(j\omega)$$

则
$$x_1(t)x_2(t) \overset{\mathscr{F}}{\longleftrightarrow} \frac{1}{2\pi}[X_1(j\omega) * X_2(j\omega)] \tag{4-98}$$

证明:
$$\mathscr{F}\{x_1(t)x_2(t)\} = \int_{-\infty}^{\infty} [x_1(t)x_2(t)] e^{-j\omega t} dt$$

$$= \int_{-\infty}^{\infty} x_2(t) e^{-j\omega t} \left[\frac{1}{2\pi} \int_{-\infty}^{\infty} X_1(j\Omega) e^{j\Omega t} d\Omega \right] dt$$

$$= \frac{1}{2\pi} \int_{-\infty}^{\infty} X_1(j\Omega) d\Omega \cdot \left[\int_{-\infty}^{\infty} x_2(t) e^{-j(\omega - \Omega)t} dt \right]$$

$$= \frac{1}{2\pi} \int_{-\infty}^{\infty} X_1(j\Omega) X_2[j(\omega - \Omega)] d\Omega$$

$$= \frac{1}{2\pi}[X_1(j\omega) * X_2(j\omega)]$$

式(4-98)表明,两信号在时域中的乘积对应其频谱函数在频域中的卷积。

【例 4-13】　设 $x(t)$ 是一个因果实信号,其频谱函数为 $X(j\omega) = X_r(j\omega) + jX_i(j\omega)$。试证明

$$X_r(j\omega) = \frac{1}{\pi\omega} * X_i(j\omega), \quad X_i(j\omega) = -\frac{1}{\pi\omega} * X_r(j\omega) \tag{4-99}$$

证明:因为 $x(t)$ 是因果信号,故存在
$$x(t) = x(t)u(t)$$

对上式两边进行 Fourier 变换,并利用 Fourier 变换的乘积特性得

$$X(j\omega) = \frac{1}{2\pi} X(j\omega) * \left[\pi\delta(\omega) + \frac{1}{j\omega} \right] = \frac{X(j\omega)}{2} + \frac{1}{j2\pi\omega} * X(j\omega)$$

整理上式可得

$$X(\mathrm{j}\omega) = \frac{1}{\mathrm{j}\pi\omega} * X(\mathrm{j}\omega) \tag{4-100}$$

将 $X(\mathrm{j}\omega) = X_{\mathrm{r}}(\mathrm{j}\omega) + \mathrm{j}X_{\mathrm{i}}(\mathrm{j}\omega)$ 代入式(4-100)两边可得

$$X_{\mathrm{r}}(\mathrm{j}\omega) = \frac{1}{\pi\omega} * X_{\mathrm{i}}(\mathrm{j}\omega), \quad X_{\mathrm{i}}(\mathrm{j}\omega) = -\frac{1}{\pi\omega} * X_{\mathrm{r}}(\mathrm{j}\omega)$$

式(4-99)说明,因果实信号的频谱函数的实部和虚部存在约束关系。当因果信号的频谱的实部确定后,频谱的虚部也随之确定。式(4-99)定义的一对积分被称为 Hilbert 变换对。Hilbert 变换在信号的调制等方面有着广泛应用。

9. 时域微分特性

若

$$x(t) \overset{\mathscr{F}}{\longleftrightarrow} X(\mathrm{j}\omega)$$

则

$$x'(t) \overset{\mathscr{F}}{\longleftrightarrow} (\mathrm{j}\omega)X(\mathrm{j}\omega), \quad x^{(n)}(t) \overset{\mathscr{F}}{\longleftrightarrow} (\mathrm{j}\omega)^{n}X(\mathrm{j}\omega) \tag{4-101}$$

【例 4-14】　试求图 4-31(a)所示三角波信号 $x(t)$ 的频谱函数 $X(\mathrm{j}\omega)$。

解: 三角波信号 $x(t)$ 的导数 $x'(t)$ 如图 4-31(b)所示。

由于

$$x'(t) = p_1\left(t + \frac{1}{2}\right) - p_1\left(t - \frac{1}{2}\right)$$

利用矩形波信号 $p_1(t)$ 的频谱,以及 Fourier 变换的时移特性,可得

$$\mathscr{F}\{x'(t)\} = \mathrm{Sa}\left(\frac{\omega}{2}\right)\mathrm{e}^{\mathrm{j}\frac{\omega}{2}} - \mathrm{Sa}\left(\frac{\omega}{2}\right)\mathrm{e}^{-\mathrm{j}\frac{\omega}{2}} = 2\mathrm{j}\mathrm{Sa}\left(\frac{\omega}{2}\right)\sin\left(\frac{\omega}{2}\right)$$

利用 Fourier 变换的时域微分特性,可得

$$X(\mathrm{j}\omega) = \frac{\mathscr{F}\{x'(t)\}}{\mathrm{j}\omega} = \frac{2\mathrm{Sa}\left(\dfrac{\omega}{2}\right)\sin\left(\dfrac{\omega}{2}\right)}{\omega} = \mathrm{Sa}^2\left(\frac{\omega}{2}\right)$$

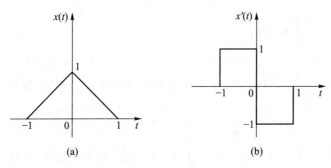

图 4-31　三角波信号及其导数

等腰三角波信号的 Fourier 变换可以通过两个等宽的矩形信号的卷积来求解,也可以通过 Fourier 变换的微分特性来求解,该方法特别适合不等腰三角波信号的

频谱分析。

10. 积分特性

若
$$x(t) \overset{\mathscr{F}}{\longleftrightarrow} X(j\omega)$$

则
$$\int_{-\infty}^{t} x(\tau)\,\mathrm{d}\tau \overset{\mathscr{F}}{\longleftrightarrow} \frac{1}{j\omega}X(j\omega) + \pi X(0)\delta(\omega) \tag{4-102}$$

证明：因为信号 $x(t)$ 的积分可以表示为信号 $x(t)$ 与 $u(t)$ 的卷积，即
$$\int_{-\infty}^{t} x(\tau)\,\mathrm{d}\tau = x(t) * u(t)$$

所以有
$$\mathscr{F}\left\{\int_{-\infty}^{t} x(\tau)\,\mathrm{d}\tau\right\} = X(j\omega) \cdot \left[\pi\delta(\omega) + \frac{1}{j\omega}\right] = \pi X(0)\delta(\omega) + \frac{1}{j\omega}X(j\omega)$$

根据 Fourier 变换的积分特性，可以进一步推导出如下结论。

若
$$x(t) \overset{\mathscr{F}}{\longleftrightarrow} X(j\omega),\ x_1(t) = x'(t) \overset{\mathscr{F}}{\longleftrightarrow} X_1(j\omega)$$

则
$$X(j\omega) = \pi[x(\infty) + x(-\infty)]\delta(\omega) + \frac{X_1(j\omega)}{j\omega} \tag{4-103}$$

式 (4-103) 表明，在分析信号 $x(t)$ 的频谱时，可以通过其导数 $x'(t)$ 的频谱来求解 $x(t)$ 的频谱。

证明：利用 Fourier 变换的积分特性有
$$\mathscr{F}\left\{\int_{-\infty}^{t} x_1(\tau)\,\mathrm{d}\tau\right\} = \pi X_1(0)\delta(\omega) + \frac{X_1(j\omega)}{j\omega} \tag{4-104}$$

因为
$$X_1(0) = \int_{-\infty}^{\infty} x_1(\tau)\,\mathrm{d}\tau = \int_{-\infty}^{\infty} x'(\tau)\,\mathrm{d}\tau = x(\infty) - x(-\infty) \tag{4-105}$$

又因为
$$\mathscr{F}\left\{\int_{-\infty}^{t} x_1(\tau)\,\mathrm{d}\tau\right\} = \mathscr{F}\left\{\int_{-\infty}^{t} x'(\tau)\,\mathrm{d}\tau\right\}$$
$$= \mathscr{F}\{x(t) - x(-\infty)\} = X(j\omega) - 2\pi x(-\infty)\delta(\omega) \tag{4-106}$$

故由式 (4-104) 和式 (4-106) 相等，并将式 (4-105) 代入整理后，即得
$$X(j\omega) = \pi[x(\infty) + x(-\infty)]\delta(\omega) + \frac{X_1(j\omega)}{j\omega}$$

【例 4-15】 已知信号 $x(t)$ 如图 4-32(a) 所示，求其频谱函数 $X(j\omega)$。

解：对信号 $x(t)$ 求导可得 $x'(t) = x_1(t)$，如图 4-32(b) 所示。利用矩形信号的频谱以及时移特性可得
$$x'(t) = p_1\left(t - \frac{1}{2}\right) \overset{\mathscr{F}}{\longleftrightarrow} \mathrm{Sa}\left(\frac{\omega}{2}\right)\mathrm{e}^{-j\frac{\omega}{2}} = X_1(j\omega)$$

根据式(4-103)连续信号 Fourier 变换的积分特性可得

$$X(\mathrm{j}\omega)=\pi\left[x(+\infty)+x(-\infty)\right]\delta(\omega)+\frac{X_1(\mathrm{j}\omega)}{\mathrm{j}\omega}=3\pi\delta(\omega)+\frac{1}{\mathrm{j}\omega}\mathrm{Sa}\left(\frac{\omega}{2}\right)\mathrm{e}^{-\mathrm{j}\frac{\omega}{2}}$$

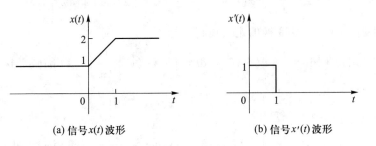

(a) 信号 $x(t)$ 波形　　　　　(b) 信号 $x'(t)$ 波形

图 4-32　例 4-15 信号及其导数

在利用信号微分方法求解含有直流分量的信号的 Fourier 变换时,一般应利用式(4-103)给出的 Fourier 变换的积分特性,而不能直接应用微分特性。因为在对信号进行求导运算时,信号中直流分量的信息丢失。

11. 频域微分特性

若

$$x(t)\overset{\mathscr{F}}{\longleftrightarrow}X(\mathrm{j}\omega)$$

则

$$tx(t)\overset{\mathscr{F}}{\longleftrightarrow}\mathrm{j}\frac{\mathrm{d}X(\mathrm{j}\omega)}{\mathrm{d}\omega} \tag{4-107}$$

证明:

$$X(\mathrm{j}\omega)=\int_{-\infty}^{\infty}x(t)\mathrm{e}^{-\mathrm{j}\omega t}\mathrm{d}t$$

对上式两边同时求导,可得

$$\frac{\mathrm{d}X(\mathrm{j}\omega)}{\mathrm{d}\omega}=\int_{-\infty}^{\infty}x(t)\frac{\mathrm{d}}{\mathrm{d}\omega}\mathrm{e}^{-\mathrm{j}\omega t}\mathrm{d}t=\int_{-\infty}^{\infty}\left[(-\mathrm{j}t)x(t)\right]\mathrm{e}^{-\mathrm{j}\omega t}\mathrm{d}t$$

将上式两边同乘以 j 得

$$\mathrm{j}\frac{\mathrm{d}X(\mathrm{j}\omega)}{\mathrm{d}\omega}=\int_{-\infty}^{\infty}\left[tx(t)\right]\mathrm{e}^{-\mathrm{j}\omega t}\mathrm{d}t$$

【例 4-16】　求信号 $x(t)=te^{-\alpha t}\mathrm{u}(t),\alpha>0$ 的频谱。

解:利用常见信号的频谱函数,以及 Fourier 变换的频域微分特性,可得其频谱。

由于 $e^{-\alpha t}\mathrm{u}(t)\overset{\mathscr{F}}{\longleftrightarrow}\frac{1}{\alpha+\mathrm{j}\omega}$,因此有 $te^{-\alpha t}\mathrm{u}(t)\overset{\mathscr{F}}{\longleftrightarrow}\mathrm{j}\frac{\mathrm{d}}{\mathrm{d}\omega}\left(\frac{1}{\alpha+\mathrm{j}\omega}\right)=\frac{1}{(\alpha+\mathrm{j}\omega)^2}$。

在信号的频谱分析中,一般将复杂信号 $x(t)$ 表示为常见信号,通过常见信号的频谱和 Fourier 的性质来分析复杂信号的频谱,从而加深对信号频谱的概念及其特性的理解。信号的时域分析与信号的频域分析密切相关,从某种意义上说,信号的时域分析是其频域分析的基础。

12. Parseval 定理

若
$$x(t) \overset{\mathscr{F}}{\longleftrightarrow} X(j\omega)$$

则
$$E = \int_{-\infty}^{\infty} |x(t)|^2 dt = \frac{1}{2\pi} \int_{-\infty}^{\infty} |X(j\omega)|^2 d\omega \qquad (4\text{-}108)$$

证明： 由 Fourier 反变换的定义可得

$$\int_{-\infty}^{\infty} |x(t)|^2 dt = \int_{-\infty}^{\infty} x(t) x^*(t) dt = \int_{-\infty}^{\infty} x^*(t) \left[\frac{1}{2\pi} \int_{-\infty}^{\infty} X(j\omega) e^{j\omega t} d\omega \right] dt$$

$$= \frac{1}{2\pi} \int_{-\infty}^{\infty} X(j\omega) \left[\int_{-\infty}^{\infty} x(t) e^{-j\omega t} dt \right]^* d\omega$$

$$= \frac{1}{2\pi} \int_{-\infty}^{\infty} X(j\omega) X^*(j\omega) d\omega = \frac{1}{2\pi} \int_{-\infty}^{\infty} |X(j\omega)|^2 d\omega$$

式(4-108)表明，非周期能量信号 $x(t)$ 经过 Fourier 变换后，信号在时域中的能量等于信号在频域中的能量，即非周期能量信号的能量在时域与频域中保持守恒，称为 Parseval 能量守恒定理。

根据式(4-108)，信号 $x(t)$ 在频带 $[\omega, \omega+\Delta\omega]$ $(\Delta\omega \to 0)$ 范围内的能量 ΔE 为

$$\Delta E = \frac{1}{2\pi} |X(j\omega)|^2 \Delta\omega$$

对所有频带的能量求和即得式(4-108)。因此，定义信号 $x(t)$ 的能量频谱密度函数(简称能量频谱或能量谱)为

$$G(j\omega) = \frac{1}{2\pi} |X(j\omega)|^2 \qquad (4\text{-}109)$$

信号 $x(t)$ 的能量谱 $G(j\omega)$ 是 ω 的偶函数，它只决定于信号 $x(t)$ 的频谱函数 $X(j\omega)$ 的幅度特性，而与其相位特性无关。由此可见，虽然信号 $x(t)$ 与其频谱$X(j\omega)$ 之间构成一一对应关系，但信号 $x(t)$ 与其能量谱 $G(j\omega)$ 之间并不构成一一对应关系。

【例 4-17】 已知能量信号 $x(t) = e^{-3t}u(t)$。若以

$$\frac{\int_{-\omega_B}^{\omega_B} G(j\omega) d\omega}{E} \geqslant 95\%$$

定义信号 $x(t)$ 的有效带宽，试确定该信号的有效带宽 $\omega_B (rad/s)$。

解：
$$E = \int_{-\infty}^{\infty} |x(t)|^2 dt = \int_0^{\infty} e^{-6t} dt = \frac{1}{6}$$

由于
$$X(j\omega) = \frac{1}{3+j\omega}$$

所以
$$\int_{-\omega_B}^{\omega_B} G(j\omega) d\omega = \frac{1}{2\pi} \int_{-\omega_B}^{\omega_B} |X(j\omega)|^2 d\omega$$

$$= \frac{1}{2\pi} \int_{-\omega_B}^{\omega_B} \frac{1}{3^2 + \omega^2} d\omega = \frac{\arctan\left(\dfrac{\omega_B}{3}\right)}{3\pi}$$

$$\frac{\displaystyle\int_{-\omega_B}^{\omega_B} G(j\omega) d\omega}{E} = \frac{2\arctan\left(\dfrac{\omega_B}{3}\right)}{\pi} = 0.95$$

解上式定义的方程即得

$$\omega_B = 3\tan\left(\frac{0.95\pi}{2}\right) = 38.1186 \text{ rad/s}$$

信号的有效带宽在信号分析和处理中具有重要的工程应用价值。对于能量信号,其有效带宽可以根据信号的能量谱来确定。由于连续非周期信号的 Fourier 变换满足 Parseval 能量守恒定理,因此信号的有效带宽具有清晰的物理意义。

以上简述了连续时间信号 Fourier 变换的重要特性,其在信号频域分析中有着广泛的应用。

Fourier 变换的基本性质如表 4-2 所示。

表 4-2　Fourier 变换的基本性质

名称	时间函数	Fourier 变换
线性特性	$ax_1(t) + bx_2(t)$	$aX_1(j\omega) + bX_2(j\omega)$
共轭特性	$x^*(t)$	$X^*(-j\omega)$
共轭对称特性	$x^*(-t)$	$X^*(j\omega)$
互易对称特性	$X(jt)$	$2\pi x(-\omega)$
展缩特性	$x(at)$	$\dfrac{1}{\|a\|} X\left(j\dfrac{\omega}{a}\right)$
时移特性	$x(t-t_0)$	$X(j\omega) e^{-j\omega t_0}$
频移特性(调制定理)	$x(t) e^{j\omega_0 t}$	$X[j(\omega - \omega_0)]$
卷积特性	$x_1(t) * x_2(t)$	$X_1(j\omega) X_2(j\omega)$
乘积特性	$x_1(t) x_2(t)$	$\dfrac{1}{2\pi} [X_1(j\omega) * X_2(j\omega)]$
时域微分特性	$\dfrac{d^n x(t)}{dt^n}$	$(j\omega)^n X(j\omega)$
积分特性	$\displaystyle\int_{-\infty}^{t} x(\tau) d\tau$	$\dfrac{1}{j\omega} X(j\omega) + \pi X(0) \delta(\omega)$

名称	时间函数	Fourier 变换
频域微分特性	$t^n x(t)$	$j^n \dfrac{dX^n(j\omega)}{d\omega^n}$
能量定理	$E = \displaystyle\int_{-\infty}^{\infty} |x(t)|^2 dt$	$E = \dfrac{1}{2\pi} \displaystyle\int_{-\infty}^{\infty} |X(j\omega)|^2 d\omega$

4.3 离散周期信号的频域分析

4.3.1 离散周期信号的离散 Fourier 级数及其频谱

以上介绍了连续时间周期信号和非周期信号的频域分析,从信号表示的角度,引入了周期信号的连续 Fourier 级数(CFS),以及非周期信号的连续时间 Fourier 变换(CTFT)。同理,对于离散时间周期信号和非周期信号,也可以表示为相应的虚指数序列,从而引入离散周期信号的离散 Fourier 级数(DFS),以及离散非周期信号的离散时间 Fourier 变换(DTFT)。根据离散 Fourier 级数理论,周期为 N 的离散时间周期信号 $\tilde{x}[k]$ 可以表示为 N 项虚指数序列 $\left\{ e^{jm\Omega_0 k}; m = 0, 1, \cdots, N-1 \right\}\left(\Omega_0 = \dfrac{2\pi}{N} \right)$ 的线性叠加,即

$$\tilde{x}[k] = \frac{1}{N}\sum_{m=0}^{N-1} \tilde{X}[m] e^{j\frac{2\pi}{N}mk} = \frac{1}{N}\sum_{m=0}^{N-1} \tilde{X}[m] e^{jm\Omega_0 k} \tag{4-110}$$

式(4-110)称为离散周期信号 $\tilde{x}[k]$ 的离散 Fourier 级数(DFS)表示,其中加权系数 $\tilde{X}[m]$ 称为离散周期信号 $\tilde{x}[k]$ 的 DFS 系数。由于此 N 项虚指数序列具有正交特性,故可以根据式(4-110)求出 DFS 系数 $\tilde{X}[m]$ 为

$$\tilde{X}[m] = \sum_{k=0}^{N-1} \tilde{x}[k] e^{-j\frac{2\pi}{N}mk} = \sum_{k=0}^{N-1} \tilde{x}[k] e^{-jm\Omega_0 k} \tag{4-111}$$

$\tilde{X}[m]$ 也是周期为 N 的离散序列,称为离散周期信号 $\tilde{x}[k]$ 的频谱。

由于周期序列在一个周期内的求和与起点无关,因此离散 Fourier 级数对定义为

$$\tilde{x}[k] = \text{IDFS}\{\tilde{X}[m]\} = \frac{1}{N}\sum_{m=\langle N \rangle} \tilde{X}[m] W_N^{-mk} \tag{4-112}$$

$$\tilde{X}[m] = \text{DFS}\{\tilde{x}[k]\} = \sum_{k=\langle N \rangle} \tilde{x}[k] W_N^{mk} \tag{4-113}$$

其中 $W_N = \mathrm{e}^{-j\frac{2\pi}{N}}$，$\displaystyle\sum_{k=<N>}$ 表示对周期序列的一个周期求和。

通过离散 Fourier 级数表示，每个周期序列 $\tilde{x}[k]$ 对应其唯一的频谱 $\tilde{X}[m]$，$\tilde{x}[k]$ 与 $\tilde{X}[m]$ 之间构成一一对应关系。因此，可以利用 $\tilde{x}[k]$ 或 $\tilde{X}[m]$ 从不同的域来分析离散周期信号，其中 $\tilde{x}[k]$ 反映周期序列的时域特性，$\tilde{X}[m]$ 反映周期序列的频域特性。

【**例 4-18**】 求图 4-33 所示周期为 N 的脉冲序列 $\tilde{\delta}[k]$ 的频谱 $\tilde{X}[m]$。

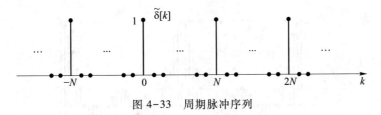

图 4-33　周期脉冲序列

解: 根据式 (4-111) 可得

$$\tilde{X}[m] = \sum_{k=0}^{N-1} \tilde{\delta}[k] \mathrm{e}^{-j\frac{2\pi}{N}km} = \sum_{k=0}^{N-1} \delta[k] \mathrm{e}^{-j\frac{2\pi}{N}km} = 1$$

周期脉冲序列的频谱如图 4-34 所示。

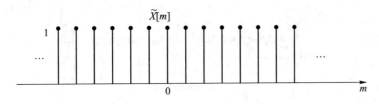

图 4-34　周期脉冲序列的频谱

【**例 4-19**】 求图 4-35 所示周期为 N 的矩形序列 $\tilde{x}[k]$ 的频谱 $\tilde{X}[m]$。

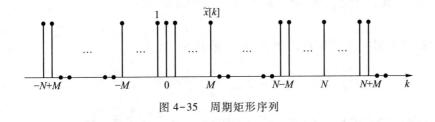

图 4-35　周期矩形序列

解: 由图 4-35 可知，该周期矩形序列在一个周期内非零值的点数为 $2M+1$。根据式 (4-111) 可得

$$\widetilde{X}[\,m\,] = \sum_{k=-M}^{M} \mathrm{e}^{-\mathrm{j}\frac{2\pi}{N}km}$$

利用等比级数的求和公式可得周期矩形序列的频谱为

$$\widetilde{X}[\,m\,] = \frac{\mathrm{e}^{\mathrm{j}\frac{2\pi}{N}mM} - \mathrm{e}^{-\mathrm{j}\frac{2\pi}{N}m(M+1)}}{1-\mathrm{e}^{-\mathrm{j}\frac{2\pi}{N}m}} = \frac{\sin\left(\dfrac{\pi m}{N}(2M+1)\right)}{\sin\left(\dfrac{\pi m}{N}\right)}$$

图 4-36 分别画出了 $N=30, M=2$、12 时,周期矩形序列的频谱。由图可知,在 N 固定时,M 越小,信号中的高频率分量就越多。

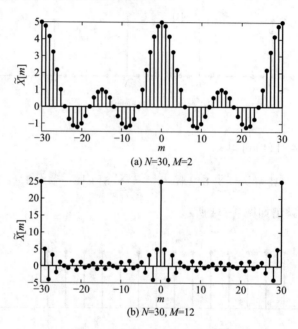

(a) $N=30, M=2$

(b) $N=30, M=12$

图 4-36　周期矩形序列的频谱

【例 4-20】　求周期序列 $\widetilde{x}[\,k\,] = \cos\left(\dfrac{\pi k}{6}\right)$ 的频谱 $\widetilde{X}[\,m\,]$。

解:该周期序列 $\widetilde{x}[\,k\,]$ 的周期 $N=12$。由 Euler 公式

$$\widetilde{x}[\,k\,] = \frac{1}{2}\mathrm{e}^{\mathrm{j}\frac{2\pi k}{12}} + \frac{1}{2}\mathrm{e}^{-\mathrm{j}\frac{2\pi k}{12}}$$

根据式(4-110),可得该周期序列 $\widetilde{x}[\,k\,]$ 在区间 $5 \leqslant m \leqslant 6$ 上的频谱为

$$\widetilde{X}[\,m\,] = \begin{cases} 6, & m = \pm 1 \\ 0, & -5 \leqslant m \leqslant 6, m \neq \pm 1 \end{cases}$$

由于 $\widetilde{X}[m]$ 的周期 $N=12$，$\widetilde{x}[k]$ 在区间 $0 \leqslant m \leqslant 11$ 上的频谱为

$$\widetilde{X}[m] = \begin{cases} 6, & m = 1,11 \\ 0, & 2 \leqslant m \leqslant 10, m = 0 \end{cases}$$

图 4-37 画出了该周期序列 $\widetilde{x}[k]$ 的频谱 $\widetilde{X}[m]$。

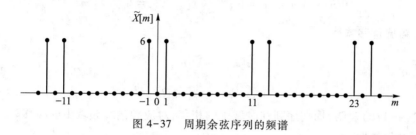

图 4-37　周期余弦序列的频谱

由此可见，在求解周期序列的频谱时，可以根据实际情况，灵活运用 DFS 和 IDFS。

4.3.2　离散 Fourier 级数的基本性质

离散周期信号的离散 Fourier 级数（DFS）存在一些重要的性质，其反映了周期序列时域与频域之间的对应关系。设序列 $\widetilde{x}[k]$、$\widetilde{x}_1[k]$、$\widetilde{x}_2[k]$ 都是周期为 N 的周期序列。

1. 线性特性

若周期序列 $\widetilde{x}_1[k]$ 和 $\widetilde{x}_2[k]$ 的频谱分别为

$$\widetilde{x}_1[k] \longleftrightarrow \widetilde{X}_1[m]$$

$$\widetilde{x}_2[k] \longleftrightarrow \widetilde{X}_2[m]$$

则　　　　　　　$a\,\widetilde{x}_1[k] + b\,\widetilde{x}_2[k] \longleftrightarrow a\,\widetilde{X}_1[m] + b\,\widetilde{X}_2[m]$　　　　　　(4-114)

2. 时域位移特性

若　　　　　　　　　　$\widetilde{x}[k] \longleftrightarrow \widetilde{X}[m]$

则　　　　　　　　　$\widetilde{x}[k+n] \longleftrightarrow W_N^{-mn}\widetilde{X}[m]$　　　　　　(4-115)

式（4-115）表明，周期序列在时域中的位移，对应频谱在频域中的附加相移。

证明：根据离散周期序列的 DFS 定义

$$\mathrm{DFS}\{\widetilde{x}[k+n]\} = \sum_{k=0}^{N-1} \widetilde{x}[k+n] W_N^{mk}$$

令 $r=k+n$,则有

$$\mathrm{DFS}\{\widetilde{x}[k+n]\} = \sum_{r=n}^{N-1+n} \widetilde{x}[r] W_N^{m(r-n)} = W_N^{-mn} \sum_{r=n}^{N-1+n} \widetilde{x}[r] W_N^{mr}$$

由于 $\widetilde{x}[r] W_N^{mr}$ 是一个周期为 N 的序列,因此有

$$\mathrm{DFS}\{\widetilde{x}[k+n]\} = W_N^{-mn} \sum_{r=0}^{N-1} \widetilde{x}[r] W_N^{mr} = W_N^{-mn} \widetilde{X}[m]$$

3. 频域位移特性

若　　　　　　　　　　　　$\widetilde{x}[k] \longleftrightarrow \widetilde{X}[m]$

则　　　　　　　　　　　$W_N^{lk}\widetilde{x}[k] \longleftrightarrow \widetilde{X}[m+l]$ 　　　　　(4-116)

式(4-116)表明,周期序列在时域中的相移,对应频谱在频域中的频移。

4. 对称特性

若　　　　　　　　　　　　$\widetilde{x}[k] \longleftrightarrow \widetilde{X}[m]$

则　　　　　　　　　　　$\widetilde{x}^*[k] \longleftrightarrow \widetilde{X}^*[-m]$ 　　　　　(4-117)

$$\widetilde{x}^*[-k] \longleftrightarrow X^*[m]$$ 　　　　　(4-118)

证明: 根据周期序列的 DFS 定义,有

$$\mathrm{DFS}\{\widetilde{x}^*[-k]\} = \sum_{k=0}^{N-1} \widetilde{x}^*[-k] W_N^{mk} = \sum_{k=-(N-1)}^{0} \widetilde{x}^*[k] W_N^{-mk}$$

$$= \sum_{k=0}^{N-1} \widetilde{x}^*[k] W_N^{-mk} = \left(\sum_{k=0}^{N-1} \widetilde{x}[k] W_N^{mk} \right)^* = X^*[m]$$

类似地可以证明式(4-118)。

利用周期序列 DFS 的对称特性,可以进一步得到一些有意义的结论。

周期序列的频谱 $\widetilde{X}[m]$ 一般为复函数,可以表示为幅度与相位的形式,即

$$\widetilde{X}[m] = |\widetilde{X}[m]| \mathrm{e}^{\mathrm{j}\varphi[m]}$$

也可以表示为实部与虚部的形式,即

$$\widetilde{X}[m] = \widetilde{X}_{\mathrm{r}}[m] + \mathrm{j}\widetilde{X}_{\mathrm{i}}[m]$$

(1) 当 $\widetilde{x}[k]$ 是实周期序列时,由式(4-117)有

$$\widetilde{X}[m] = \widetilde{X}^*[-m]$$ 　　　　　(4-119)

式(4-119)可等价地写成

$$|\widetilde{X}[m]| = |\widetilde{X}[-m]|, \ \varphi[m] = -\varphi[-m]$$ 　　　　　(4-120)

$$\widetilde{X}_{\mathrm{r}}[m] = \widetilde{X}_{\mathrm{r}}[-m], \ \widetilde{X}_{\mathrm{i}}[m] = -\widetilde{X}_{\mathrm{i}}[-m]$$ 　　　　　(4-121)

式(4-120)和式(4-121)表明,实周期序列的幅度频谱为偶对称,相位频谱为奇对称;实部为偶对称,虚部为奇对称。

(2) 当 $\tilde{x}[k]$ 是实偶对称序列时,由式(4-118)有

$$\tilde{X}[m] = \tilde{X}^*[m] \tag{4-122}$$

式(4-122)表明,实偶对称周期序列的频谱 $\tilde{X}[m]$ 也是实偶对称的。

(3) 当 $\tilde{x}[k]$ 是实奇对称序列时,由式(4-118)有

$$\tilde{X}[m] = -\tilde{X}^*[m] \tag{4-123}$$

式(4-123)表明,实奇对称周期序列的频谱 $\tilde{X}[m]$ 是纯虚函数,且虚部为奇对称。

5. 周期卷积特性

设 $\tilde{x}_1[k]$ 和 $\tilde{x}_2[k]$ 是两个周期为 N 的序列,则两个同周期的序列的周期卷积定义为

$$\tilde{x}_1[k] \overset{\sim}{*} \tilde{x}_2[k] = \sum_{n=0}^{N-1} \tilde{x}_1[n] \tilde{x}_2[k-n] \tag{4-124}$$

由周期卷积定义可知,两个周期为 N 的序列周期卷积的结果仍是一个周期为 N 的序列。为了强调区别,将前面定义的离散卷积称为线性卷积。比较线性卷积和周期卷积的定义,它们的主要区别在于周期卷积的求和只在一个周期内进行。

时域周期卷积特性:

$$\tilde{x}_1[k] \overset{\sim}{*} \tilde{x}_2[k] \longleftrightarrow \tilde{X}_1[m] \tilde{X}_2[m] \tag{4-125}$$

式(4-125)表明,两个周期序列在时域的周期卷积,对应其频谱在频域的乘积。

证明: $\mathrm{DFS}\{\tilde{x}_1[k] \overset{\sim}{*} \tilde{x}_2[k]\} = \mathrm{DFS}\left\{ \sum_{n=0}^{N-1} \tilde{x}_1[n] \tilde{x}_2[k-n] \right\}$

$\qquad\qquad = \sum_{n=0}^{N-1} \tilde{x}_1[n] \mathrm{DFS}\{\tilde{x}_2[k-n]\}$

$\qquad\qquad = \sum_{n=0}^{N-1} \tilde{x}_1[n] \tilde{X}_2[m] W_N^{nm} = \tilde{X}_1[m] \tilde{X}_2[m]$

频域周期卷积特性:

$$\tilde{x}_1[k] \tilde{x}_2[k] \longleftrightarrow \frac{1}{N} \tilde{X}_1[m] \overset{\sim}{*} \tilde{X}_2[m] \tag{4-126}$$

式(4-126)表明,两个周期序列在时域的乘积,对应其频谱在频域的周期卷积。

6. Parseval 定理

若 $\qquad\qquad\qquad \tilde{x}[k] \longleftrightarrow \tilde{X}[m]$

则
$$\sum_{\langle N \rangle} |\tilde{x}[k]|^2 = \frac{1}{N} \sum_{\langle N \rangle} |\tilde{X}[m]|^2 \qquad (4-127)$$

4.4　离散非周期信号的频域分析

4.4.1　离散信号的离散时间 Fourier 变换及其频谱

根据离散序列的离散时间 Fourier 变换(DTFT)的理论,满足一定约束条件的离散非周期序列 $x[k]$ 可以表示为虚指数序列 $e^{j\Omega k}$ 的线性组合,即

$$x[k] = \frac{1}{2\pi} \int_{-\pi}^{\pi} X(e^{j\Omega}) e^{j\Omega k} d\Omega \qquad (4-128)$$

利用虚指数序列 $e^{j\Omega k}$ 的正交性,可得式(4-128)中的加权系数为

$$X(e^{j\Omega}) = \sum_{k=-\infty}^{\infty} x[k] e^{-j\Omega k} \qquad (4-129)$$

$X(e^{j\Omega})$ 为非周期序列 $x[k]$ 的频谱。式(4-129)称为序列 $x[k]$ 的离散时间 Fourier 变换(简称 DTFT),而式(4-128)称为离散时间 Fourier 反变换(IDTFT)。

根据式(4-129)可知

$$X(e^{j(\Omega+2\pi)}) = \sum_{k=-\infty}^{\infty} x[k] e^{-j(\Omega+2\pi)k} = \sum_{k=-\infty}^{\infty} x[k] e^{-j\Omega k} e^{-j2\pi k} = X(e^{j\Omega})$$

所以非周期序列 $x[k]$ 的频谱 $X(e^{j\Omega})$ 是一个以 2π 为周期的连续函数。通常把区间 $[-\pi, \pi]$ 称为 Ω 的主值(principal value)区间。根据以上分析讨论,离散序列 DTFT 以及 IDTFT 可表示为

$$X(e^{j\Omega}) = \text{DTFT}\{x[k]\} = \sum_{k=-\infty}^{\infty} x[k] e^{-j\Omega k} \qquad (4-130)$$

$$x[k] = \text{IDTFT}\{X(e^{j\Omega})\} = \frac{1}{2\pi} \int_{\langle 2\pi \rangle} X(e^{j\Omega}) e^{j\Omega k} d\Omega \qquad (4-131)$$

一般情况下,$X(e^{j\Omega})$ 是实变量 Ω 的复函数,可用实部 $X_r(e^{j\Omega})$ 和虚部 $X_i(e^{j\Omega})$ 形式表示为

$$X(e^{j\Omega}) = X_r(e^{j\Omega}) + jX_i(e^{j\Omega}) \qquad (4-132)$$

也可用幅度和相位形式表示为

$$X(e^{j\Omega}) = |X(e^{j\Omega})| e^{j\varphi(\Omega)} \qquad (4-133)$$

称 $|X(e^{j\Omega})|$ 为序列 $x[k]$ 的幅度谱、$\varphi(\Omega)$ 为序列 $x[k]$ 的相位谱。

【例 4-21】　试求单位脉冲序列 $x[k] = \delta[k]$ 的频谱。

解:由离散序列 DTFT 的定义可得 $\delta[k]$ 的离散时间 Fourier 变换为

$$X(\mathrm{e}^{\mathrm{j}\varOmega}) = \sum_{k=-\infty}^{\infty} \delta[k]\mathrm{e}^{-\mathrm{j}k\varOmega} = 1 \qquad (4\text{-}134)$$

式(4-134)表明,单位脉冲序列的频谱 $X(\mathrm{e}^{\mathrm{j}\varOmega})$ 在整个定义域 $(-\infty < \varOmega < \infty)$ 上为常数。图 4-38 画出了单位脉冲序列及其频谱。

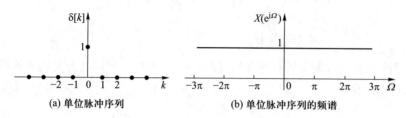

(a) 单位脉冲序列   (b) 单位脉冲序列的频谱

图 4-38　单位脉冲序列及其频谱

【例 4-22】 试求指数序列 $x[k] = \alpha^k\mathrm{u}[k]$ 的频谱。

解：
$$X(\mathrm{e}^{\mathrm{j}\varOmega}) = \sum_{k=0}^{\infty} \alpha^k \mathrm{e}^{-\mathrm{j}k\varOmega} = \sum_{k=0}^{\infty} (\alpha \mathrm{e}^{-\mathrm{j}\varOmega})^k$$

当 $|\alpha| > 1$ 时,求和不收敛,即序列 $x[k] = \alpha^k\mathrm{u}[k]$ 在 $\alpha > 1$ 时不存在 DTFT。

当 $|\alpha| < 1$ 时,由等比级数的求和公式,得

$$X(\mathrm{e}^{\mathrm{j}\varOmega}) = \frac{1}{1 - \alpha \mathrm{e}^{-\mathrm{j}\varOmega}}, \qquad |\alpha| < 1 \qquad (4\text{-}135)$$

当 α 是实数时,由式(4-135)可得序列 $x[k]$ 的幅度谱和相位谱分别为

$$|X(\mathrm{e}^{\mathrm{j}\varOmega})| = \frac{1}{\sqrt{(1-\alpha\cos\varOmega)^2 + (\alpha\sin\varOmega)^2}} = \frac{1}{\sqrt{1 + \alpha^2 - 2\alpha\cos\varOmega}}$$

$$\varphi(\varOmega) = -\arctan\left(\frac{\alpha\sin\varOmega}{1 - \alpha\cos\varOmega}\right)$$

图 4-39(a)(b)分别画出了实指数序列 $x[k] = (0.7)^k\mathrm{u}[k]$ 的幅度谱和相位谱。由图 4-39 可以看出,该序列的频谱是周期为 2π 的连续函数。实指数序列的幅度谱关于 $\varOmega$ 偶对称,相位谱关于 $\varOmega$ 奇对称。

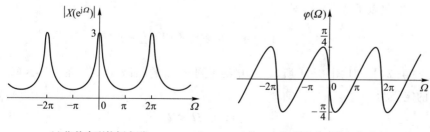

(a) 指数序列的幅度谱   (b) 指数序列的相位谱

图 4-39　序列 $(0.7)^k\mathrm{u}[k]$ 的频谱

【例 4-23】 试求如图 4-40(a)所示宽度为 $2M+1$ 的矩形序列 $x[k]$ 的频谱。

解： $X(\mathrm{e}^{\mathrm{j}\Omega}) = \sum\limits_{k=-\infty}^{\infty} x[k]\mathrm{e}^{-\mathrm{j}\Omega k} = \sum\limits_{k=-M}^{M} (\mathrm{e}^{-\mathrm{j}\Omega})^k = \dfrac{\mathrm{e}^{\mathrm{j}M\Omega}(1-\mathrm{e}^{-\mathrm{j}(2M+1)\Omega})}{1-\mathrm{e}^{-\mathrm{j}\Omega}}$

$$= \frac{\sin\left[\left(M+\dfrac{1}{2}\right)\Omega\right]}{\sin\left(\dfrac{\Omega}{2}\right)}$$

由于该矩形序列为实偶对称序列,故 $x[k]$ 的频谱 $X(\mathrm{e}^{\mathrm{j}\Omega})$ 也为实偶对称函数,如图 4-40(b)所示。

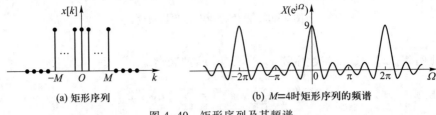

(a) 矩形序列　　　　　　　　(b) $M=4$ 时矩形序列的频谱

图 4-40 矩形序列及其频谱

在利用 DTFT 分析离散序列的频谱时,一些常见序列(如 $2^k \mathrm{u}[k]$ 等)不存在 DTFT。由于 $X(\mathrm{e}^{\mathrm{j}\Omega})$ 是对 $x[k]\mathrm{e}^{\mathrm{j}\Omega k}$ 进行无限项求和,这说明序列 $x[k]$ 需要满足一定条件时,才存在其对应的频谱 $X(\mathrm{e}^{\mathrm{j}\Omega})$。定义 $X(\mathrm{e}^{\mathrm{j}\Omega})$ 的部分和为

$$X_N(\mathrm{e}^{\mathrm{j}\Omega}) = \sum_{k=-N}^{N} x[k]\mathrm{e}^{-\mathrm{j}\Omega k}$$

若序列 $x[k]$ 绝对可和,即 $\sum\limits_{k} |x[k]| < \infty$,则 $X_N(\mathrm{e}^{\mathrm{j}\Omega})$ 一致收敛于 $X(\mathrm{e}^{\mathrm{j}\Omega})$,即

$$\lim_{N\to\infty} |X(\mathrm{e}^{\mathrm{j}\Omega}) - X_N(\mathrm{e}^{\mathrm{j}\Omega})| = 0$$

序列的绝对可和只是 DTFT 存在的充分条件,不是必要条件。有些序列虽不满足绝对可和,但其能量 $\sum\limits_{k} |x[k]|^2 < \infty$ 为有限值,其 DTFT 也存在,这时 $X_N(\mathrm{e}^{\mathrm{j}\Omega})$ 在均方意义下收敛于 $X(\mathrm{e}^{\mathrm{j}\Omega})$,即

$$\lim_{N\to\infty} \int_{-\pi}^{\pi} |X(\mathrm{e}^{\mathrm{j}\Omega}) - X_N(\mathrm{e}^{\mathrm{j}\Omega})|^2 \mathrm{d}\Omega = 0$$

【例 4-24】 如图 4-41 所示,已知某序列 $x[k]$ 的频谱 $X(\mathrm{e}^{\mathrm{j}\Omega})$ 在主值区间 $[-\pi, \pi]$ 上的定义为

$$X(\mathrm{e}^{\mathrm{j}\Omega}) = \begin{cases} 1, & |\Omega| < \Omega_\mathrm{c} \\ 0, & \Omega_\mathrm{c} < |\Omega| \leqslant \pi \end{cases}$$

试求其对应的序列 $x[k]$。

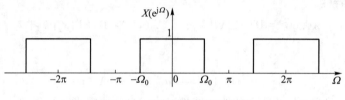

图 4-41 具有低通特性的频谱

解:根据 IDTFT 的定义有

$$x[k] = \frac{1}{2\pi} \int_{-\pi}^{\pi} X(e^{j\Omega}) e^{j\Omega k} d\Omega = \frac{1}{2\pi} \int_{-\Omega_c}^{\Omega_c} e^{j\Omega k} d\Omega = \frac{\Omega_c}{\pi} Sa(\Omega_c k) \qquad (4\text{-}136)$$

式(4-136)表明,具有低通特性的频谱 $X(e^{j\Omega})$,其对应的序列 $x[k]$ 为抽样函数。

可以证明序列 $Sa(\Omega_c k)$ 不满足绝对可和,但其能量有限。因此,$Sa(\Omega_c k)$ 的 DTFT 只是在均方意义下收敛,而不是一致收敛。$x[k] = Sa(\Omega_c k)$ 是无限长序列,当用有限项 $x[k]$ 来计算 $X(e^{j\Omega})$ 时,同样会存在 Gibbs 现象。图 4-42 分别画出了 $N = 10, 20, 40, 60$ 时的部分和 $X_N(e^{j\Omega})$。由图可见,随着 N 的增加,$X_N(e^{j\Omega})$ 在 $X(e^{j\Omega})$ 的不连续点附近的波动幅度保持不变,但波峰宽度在逐渐减小。当 N 趋近于无穷大时,$|X(e^{j\Omega}) - X_N(e^{j\Omega})|^2$ 下的面积趋近于零。因此,$X_N(e^{j\Omega})$ 是在均方意义下收敛于 $X(e^{j\Omega})$。

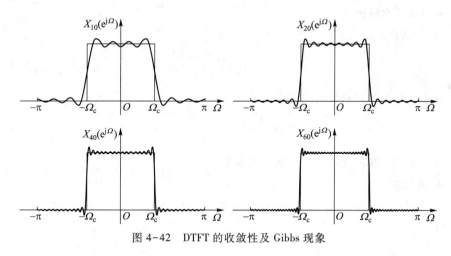

图 4-42 DTFT 的收敛性及 Gibbs 现象

4.4.2 离散时间 Fourier 变换的基本性质

由于序列的离散时间 Fourier 变换(DTFT)也是基于将序列表示为虚指数序列,因此,DTFT 也存在与 CTFT 相似的性质,这些性质反映了时域序列与其对应的频谱之间的内在联系。

1. 线性特性

若 $\qquad X_1(e^{j\Omega}) = \text{DTFT}\{x_1[k]\}$, $\quad X_2(e^{j\Omega}) = \text{DTFT}\{x_2[k]\}$

则

$$ax_1[k] + bx_2[k] \overset{\text{DTFT}}{\longleftrightarrow} aX_1(e^{j\Omega}) + bX_2(e^{j\Omega}) \qquad (4\text{-}137)$$

其中 a、b 为任意常数。DTFT 的线性特性可由 DTFT 的定义直接得出。

2. 时移特性

若 $\qquad\qquad\qquad X(e^{j\Omega}) = \text{DTFT}\{x[k]\}$

则

$$x[k+n] \overset{\text{DTFT}}{\longleftrightarrow} e^{jn\Omega} X(e^{j\Omega}) \qquad (4\text{-}138)$$

即信号在时域中的位移,其对应的频谱将会产生附加相移。

3. 频移特性

若 $\qquad\qquad\qquad X(e^{j\Omega}) = \text{DTFT}\{x[k]\}$

则

$$e^{j\Omega_0 k} x[k] \overset{\text{DTFT}}{\longleftrightarrow} X[e^{j(\Omega-\Omega_0)}] \qquad (4\text{-}139)$$

即信号在时域中的相移,其对应的频谱将会产生频移。

【例 4-25】 已知序列 $x[k]$ 的频谱如图 4-43(a)所示,试求序列 $y[k] = x[k]\cos(\pi k)$ 的频谱。

解:由 Euler 公式,有

$$y[k] = x[k]\frac{e^{j\pi k} + e^{-j\pi k}}{2} \qquad (4\text{-}140)$$

根据 DTFT 的频移特性,可得

$$Y(e^{j\Omega}) = \frac{X[e^{j(\Omega-\pi)}] + X[e^{j(\Omega+\pi)}]}{2} \qquad (4\text{-}141)$$

图 4-43(d) 为 $Y(e^{j\Omega})$ 在一个周期内的波形。

4. 对称特性

若 $\qquad\qquad\qquad X(e^{j\Omega}) = \text{DTFT}\{x[k]\}$

则

$$x^*[k] \overset{\text{DTFT}}{\longleftrightarrow} X^*(e^{-j\Omega}) \qquad (4\text{-}142)$$

$$x^*[-k] \overset{\text{DTFT}}{\longleftrightarrow} X^*(e^{j\Omega}) \qquad (4\text{-}143)$$

离散时间信号 $x[k]$ 的频谱 $X(e^{j\Omega})$ 一般为 Ω 的复函数,$X(e^{j\Omega})$ 可以表示为幅度谱 $|X(e^{j\Omega})|$ 和相位谱 $\varphi(\Omega)$ 的形式,即

$$X(e^{j\Omega}) = |X(e^{j\Omega})| e^{j\varphi(\Omega)} \qquad (4\text{-}144)$$

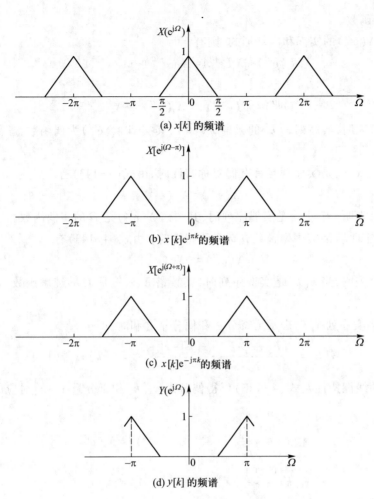

(a) $x[k]$ 的频谱

(b) $x[k]e^{j\pi k}$ 的频谱

(c) $x[k]e^{-j\pi k}$ 的频谱

(d) $y[k]$ 的频谱

图 4-43 $x[k]\cos(\pi k)$ 的频谱

也可以表示为实部 $X_r(e^{j\Omega})$ 和虚部 $X_i(e^{j\Omega})$ 的形式,即

$$X(e^{j\Omega}) = X_r(e^{j\Omega}) + jX_i(e^{j\Omega}) \tag{4-145}$$

利用离散时间 Fourier 变换的对称特性,可以进一步得到一些重要的结论。

(1) 当 $x[k]$ 为实序列时,由式(4-142)可得

$$X(e^{j\Omega}) = X^*(e^{-j\Omega}) \tag{4-146}$$

根据 $X(e^{j\Omega})$ 的幅度谱和相位谱形式,则有

$$|X(e^{j\Omega})|e^{j\varphi(\Omega)} = |X(e^{-j\Omega})|e^{-j\varphi(-\Omega)}$$

即

$$|X(e^{j\Omega})| = |X(e^{-j\Omega})|, \quad \varphi(\Omega) = -\varphi(-\Omega) \tag{4-147}$$

式(4-147)表明,实序列 $x[k]$ 的频谱 $X(e^{j\Omega})$,其幅度谱 $|X(e^{j\Omega})|$ 为偶函数,相位谱

$\varphi(\Omega)$ 为奇函数。

根据 $X(e^{j\Omega})$ 的实部和虚部形式,则有

$$X_r(e^{j\Omega})+jX_i(e^{j\Omega})=X_r(e^{-j\Omega})-jX_i(e^{-j\Omega})$$

即

$$X_r(e^{j\Omega})=X_r(e^{-j\Omega}),\quad X_i(e^{j\Omega})=-X_i(e^{-j\Omega}) \tag{4-148}$$

式(4-148)表明,实序列 $x[k]$ 的频谱 $X(e^{j\Omega})$,其实部 $X_r(e^{j\Omega})$ 为偶函数,虚部 $X_i(e^{j\Omega})$ 为奇函数。

(2)当 $x[k]$ 是实序列且具有偶对称特性时,由式(4-143)有

$$X(e^{j\Omega})=X^*(e^{j\Omega}) \tag{4-149}$$

式(4-149)表明,当 $x[k]$ 是实偶序列时,其频谱 $X(e^{j\Omega})$ 是 Ω 的实偶函数。

(3)当 $x[k]$ 是实序列且具有奇对称特性时,由式(4-143)有

$$X(e^{j\Omega})=-X^*(e^{j\Omega}) \tag{4-150}$$

式(4-150)表明,当 $x[k]$ 是实奇序列时,其频谱 $X(e^{j\Omega})$ 是 Ω 的纯虚函数,且虚部满足奇对称。

(4)当实序列 $x[k]$ 表示为奇分量和偶分量之和时,即

$$x[k]=\frac{x[k]+x[-k]}{2}+\frac{x[k]-x[-k]}{2}=x_e[k]+x_o[k]$$

由 DTFT 的线性特性及式(4-143)可得偶分量 $x_e[k]$ 和奇分量 $x_o[k]$ 对应的频谱分别为

$$x_e[k]\overset{DTFT}{\longleftrightarrow}\frac{1}{2}[X(e^{j\Omega})+X^*(e^{j\Omega})]=X_r(e^{j\Omega}) \tag{4-151}$$

$$x_o[k]\overset{DTFT}{\longleftrightarrow}\frac{1}{2}[X(e^{j\Omega})-X^*(e^{j\Omega})]=jX_i(e^{j\Omega}) \tag{4-152}$$

【例 4-26】 试求实偶对称序列 $y[k]=(0.5)^{|k|}$ 的频谱。

解:由于存在

$$x[k]=(0.5)^k u[k]\overset{DTFT}{\longleftrightarrow}X(e^{j\Omega})=\frac{1}{1-0.5e^{-j\Omega}}$$

将 $X(e^{j\Omega})$ 表示为实部和虚部的形式为

$$X_r(e^{j\Omega})+jX_i(e^{j\Omega})=\frac{1-0.5e^{j\Omega}}{(1-0.5e^{-j\Omega})(1-0.5e^{j\Omega})}=\frac{1-0.5\cos\Omega-0.5j\sin\Omega}{1-\cos\Omega+0.5^2}$$

可见实序列 $x[k]$ 的频谱 $X(e^{j\Omega})$ 的实部是 Ω 的偶函数,虚部是 Ω 的奇函数。

由于

$$x_e[k]=\frac{x[k]+x[-k]}{2}=\frac{\alpha^{|k|}+\delta[k]}{2}=\frac{y[k]+\delta[k]}{2}$$

根据 DTFT 对称特性,有

$$x_e[k] \overset{\text{DTFT}}{\longleftrightarrow} X_r(e^{j\Omega})$$

所以有

$$Y(e^{j\Omega}) = \text{DTFT}\{2x_e[k] - \delta[k]\} = 2X_r(e^{j\Omega}) - 1 = \frac{0.75}{1 - \cos\Omega + 0.25}$$

可见实偶对称序列 $y[k]$ 的频谱 $Y(e^{j\Omega})$ 也是 Ω 的实偶对称函数。

5. 卷积特性

若 $\qquad X_1(e^{j\Omega}) = \text{DTFT}\{x_1[k]\}, \qquad X_2(e^{j\Omega}) = \text{DTFT}\{x_2[k]\}$

则

$$x_1[k] * x_2[k] \overset{\text{DTFT}}{\longleftrightarrow} X_1(e^{j\Omega}) X_2(e^{j\Omega}) \tag{4-153}$$

$$x_1[k] x_2[k] \overset{\text{DTFT}}{\longleftrightarrow} \frac{1}{2\pi} \int_{<2\pi>} X_1(e^{j\theta}) X_2(e^{j(\Omega-\theta)}) \, d\theta \tag{4-154}$$

两信号在时域的卷积,其对应的频谱在频域将为乘积;两信号在时域的乘积,对应两信号的频谱在频域的周期卷积。

6. 频域微分

若 $\qquad\qquad\qquad X(e^{j\Omega}) = \text{DTFT}\{x[k]\}$

则

$$kx[k] \overset{\text{DTFT}}{\longleftrightarrow} j\frac{dX(e^{j\Omega})}{d\Omega} \tag{4-155}$$

7. Parseval 定理

若 $\qquad\qquad\qquad X(e^{j\Omega}) = \text{DTFT}\{x[k]\}$

则

$$\sum_k |x[k]|^2 = \frac{1}{2\pi} \int_{<2\pi>} |X(e^{j\Omega})|^2 d\Omega \tag{4-156}$$

式(4-156)表明,离散信号在时域的能量等于信号在频域的能量,满足能量守恒。

定义离散信号 $x[k]$ 的能量频谱为

$$G(e^{j\Omega}) = \frac{1}{2\pi} |X(e^{j\Omega})|^2 \tag{4-157}$$

信号的能量频谱 $G(e^{j\Omega})$ 反映信号 $x[k]$ 的能量在频域的分布情况。

4.5 信号的时域抽样和频域抽样

以上介绍了连续信号和离散信号的时域与频域分析的基本理论,本节将利用这些基本原理分析信号的时域抽样和频域抽样的过程,引入时域抽样定理和频域抽样定理。时域抽样是指从连续时间信号 $x(t)$ 中抽取其样点而得到离散序列 $x[k]$。频域抽样是指从连续频谱 $X(\mathrm{e}^{\mathrm{j}\Omega})$ 中抽取其样点而得到离散序列 $X[m]$。信号的时域抽样和频域抽样为信号的数字化分析和处理奠定了理论基础。

4.5.1　信号的时域抽样

为何进行
信号的抽样

由于数字信号在传输和处理等方面具有诸多的优越性,因而得到广泛的应用,如数字音乐和数字电视等。在实际应用中,经常遇见的是连续信号,为了能够利用数字化方法分析和处理连续信号,需要通过抽样将连续信号转换为离散信号。抽样得到的离散序列能否包含原来连续信号的全部信息就成为信号抽样的关键。由于时域信号与其对应的频谱是一一对应关系,本节将从频域分析信号抽样前后的频谱,从而给出连续信号频谱和离散信号频谱的关系,引入时域抽样定理。

信号时域抽样的模型如图 4-44 所示,信号的时域抽样是对连续时间信号 $x(t)$ 以间隔 T 进行等间隔抽样,得到相应的离散时间信号 $x[k]$。在工程中信号的抽样是通过 A/D(模数)转换器将模拟信号转换为数字信号。抽样所得离散时间信号 $x[k]$ 可表示为

$$x[k]=x(kT)=x(t)\big|_{t=kT},\quad k\in\mathbf{Z}$$
$$(4\text{-}158)$$

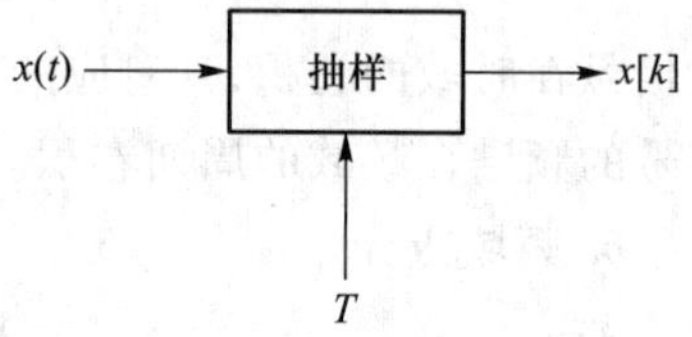

图 4-44　信号抽样模型

称 T 为抽样间隔。抽样频率 f_{sam} 和角频率 ω_{sam} 与抽样间隔 T 的关系为

$$f_{\mathrm{sam}}=\frac{1}{T},\omega_{\mathrm{sam}}=\frac{2\pi}{T}=2\pi f_{\mathrm{sam}}$$

根据式(4-158)给出的时域抽样定义,图 4-45 描述了连续时间信号的抽样过程。显然,抽样间隔 T 越小,离散序列 $x[k]$ 越接近于连续信号 $x(t)$,失真也可能越小。但抽样间隔 T 越小,抽样得到的序列 $x[k]$ 的样点数越多,这就极大地降低了该离散信号传输和处理的效率。因此,抽样间隔 T 既不能太大,也不能太小,抽样间隔 T 的选择必须保证抽样后的信号基本不丢失信息。下面通过从频域分析信号抽样前后的频谱关系,进而得到抽样间隔 T 的表示式。

设 $X(\mathrm{j}\omega)$ 和 $X(\mathrm{e}^{\mathrm{j}\Omega})$ 分别表示连续时间信号 $x(t)$ 和离散时间信号 $x[k]$ 的频谱,即

$$X(\mathrm{j}\omega)=\int_{-\infty}^{\infty}x(t)\mathrm{e}^{-\mathrm{j}\omega t}\mathrm{d}t,X(\mathrm{e}^{\mathrm{j}\Omega})=\sum_{k=-\infty}^{\infty}x[k]\mathrm{e}^{-\mathrm{j}\Omega k}$$

若离散序列 $x[k]$ 是连续信号 $x(t)$ 的等间隔抽样,即

$$x[k]=x(kT)=x(t)\big|_{t=kT},\quad k\in\mathbf{Z}$$

则离散信号 $x[k]$ 的频谱 $X(\mathrm{e}^{\mathrm{j}\Omega})$ 是连续信号 $x(t)$ 的频谱 $X(\mathrm{j}\omega)$ 的周期化,即

$$X(\mathrm{e}^{\mathrm{j}\Omega})=\frac{1}{T}\sum_{n=-\infty}^{\infty}X[\mathrm{j}(\omega-n\omega_{\mathrm{sam}})]\qquad(4\text{-}159)$$

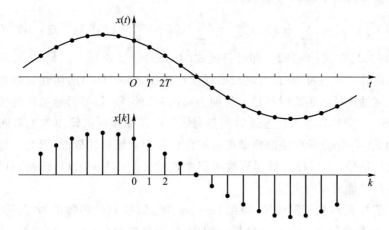

图 4-45   连续信号的抽样过程

其中,模拟角频率 ω 与数字角频率 Ω 之间的关系为 $\Omega = \omega T$。

式(4-159)表明,若离散序列 $x[k]$ 是连续信号 $x(t)$ 的等间隔抽样,则序列 $x[k]$ 的频谱 $X(e^{j\Omega})$ 是信号 $x(t)$ 的频谱 $X(j\omega)$ 的周期化。也就是说,信号在时域的离散化,导致其频谱的周期化。式(4-159)给出了信号时域抽样的重要结论,揭示了连续信号与离散信号之间的内在联系,是信号时域抽样的本质内容。

下面利用周期冲激信号 $\delta_T(t)$ 来证明该结论。

构建信号

$$x_{sam}(t) = x(t)\delta_T(t) \tag{4-160}$$

对上式求连续时间 Fourier 变换,并利用 Fourier 变换的乘积特性,可得

$$X_{sam}(j\omega) = \mathscr{F}\{x_{sam}(t)\} = \frac{1}{2\pi}X(j\omega) * \delta_{\omega_{sam}}(\omega)$$

$$= \frac{1}{2\pi}X(j\omega) * \omega_{sam}\sum_{n=-\infty}^{\infty}\delta(\omega - n\omega_{sam})$$

根据冲激信号的卷积特性,化简上式可得

$$X_{sam}(j\omega) = \frac{\omega_{sam}}{2\pi}X(j\omega) * \sum_{n=-\infty}^{\infty}\delta(\omega - n\omega_{sam}) = \frac{1}{T}\sum_{n=-\infty}^{\infty}X[j(\omega - n\omega_{sam})]$$

$$\tag{4-161}$$

又根据周期冲激信号 $\delta_T(t)$ 的定义及冲激信号的筛选特性,式(4-160)又可以表示为

$$x_{sam}(t) = x(t)\delta_T(t) = x(t)\sum_{k=-\infty}^{\infty}\delta(t-kT) = \sum_{k=-\infty}^{\infty}x(kT)\delta(t-kT)$$

对上式求连续时间 Fourier 变换,可得

$$X_{sam}(j\omega) = \sum_{k=-\infty}^{\infty} x(kT)e^{-j\omega kT} = \sum_{k=-\infty}^{\infty} x[k]e^{-j\Omega k} = X(e^{j\Omega}), \quad \Omega = \omega T \quad (4-162)$$

比较式(4-161)和式(4-162),即可得证式(4-159)。

在国内外许多教材中,信号时域抽样模型采用式(4-160)所构建的模型。由于信号的时域抽样是将连续时间信号转换为离散时间信号,信号时域抽样的模型应是图 4-44 所示模型,其输入是连续时间信号 $x(t)$,经抽样后的输出为离散时间信号 $x[k]$。而式(4-160)所构建的模型难以解释信号的时域抽样概念,因为该模型输入是连续时间信号 $x(t)$,经过抽样后输出仍是连续时间信号 $x_{sam}(t)$,该模型可作为信号时域抽样定理的证明模型。

设实信号 $x(t)$ 是带限信号,即在 $|\omega| > \omega_m$ 时,信号 $x(t)$ 的频谱为零,称 ω_m 为信号 $x(t)$ 的最高角频率。在信号抽样过程中,随着抽样角频率 ω_{sam} 的降低,周期化过程中相邻频谱之间的间隔将会减小,有可能发生非零值部分的重叠,使得抽样后信号的频谱产生了失真。这种由非零值重叠相加而引起的失真被称为混叠(aliasing)。图 4-46 分别给出了对带限信号抽样时,抽样角频率 $\omega_{sam} = 3\omega_m, 2\omega_m, 1.5\omega_m$ 不同情形下的抽样后信号 $x[k]$ 的频谱。在 $\omega_{sam} = 3\omega_m$ 时,信号 $x[k]$ 的频谱在 $[-\omega_m, \omega_m]$ 范围内和原信号的频谱只差一个常数,这意味着信号 $x[k]$ 中包含了原信号 $x(t)$ 的全部信息,因此可以从信号 $x[k]$ 无失真恢复原信号。由图 4-46(b)可以看出,连续时间信号的频谱在周期化过程中,相邻频谱之间存在空隙,故称这种情况为过抽样。在 $\omega_{sam} = 2\omega_m$ 时,抽样后信号 $x[k]$ 的频谱也没有混叠,但此时若再降低抽样角频率,则抽样后信号的频谱将发生混叠,故称这种情况为临界抽样。在 $\omega_{sam} = 1.5\omega_m$ 时,抽样信号的频谱发生了混叠,这意味着抽样后信号 $x[k]$ 丢失了原信号 $x(t)$ 中的部分信息,难以从抽样后的信号中恢复原连续信号。

对于带限信号,可得时域抽样定理的基本内容:若带限实信号 $x(t)$ 的最高角频率为 ω_m,则信号 $x(t)$ 可以用等间隔的抽样序列 $x[k] = x(t)|_{t=kT}$ 唯一表示,但抽样间隔 T 必须满足

$$T \leqslant \frac{\pi}{\omega_m} = \frac{1}{2f_m}, \quad \omega_m = 2\pi f_m \quad (4-163)$$

或者抽样频率 f_{sam} 满足 $f_{sam} \geqslant 2f_m$。其中,$f_{sam} = 2f_m$ 是使抽样信号频谱不混叠时的最小的抽样频率,称为 Nyquist(奈奎斯特)频率。$T = \frac{1}{2f_m}$ 是使抽样信号频谱不混叠时的最大的抽样间隔,称为 Nyquist 间隔。

值得注意的是,式(4-163)给出的结论只适用于带限实信号,且为充分条件;而式(4-159)给出的结论却具有更普遍的意义,可以适用于复信号和高频窄带信号等各种连续信号。换句话说,式(4-163)只是式(4-159)的一个具体实例。

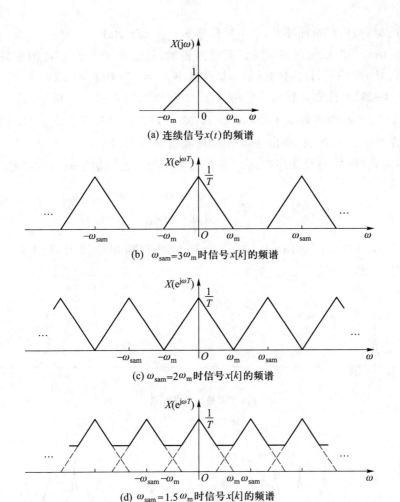

(a) 连续信号 $x(t)$ 的频谱

(b) $\omega_{sam}=3\omega_m$ 时信号 $x[k]$ 的频谱

(c) $\omega_{sam}=2\omega_m$ 时信号 $x[k]$ 的频谱

(d) $\omega_{sam}=1.5\omega_m$ 时信号 $x[k]$ 的频谱

图 4-46 抽样后信号 $x[k]$ 的频谱分析

抽样所得信号
$x[k]$ 的频谱

【例 4-27】 已知实信号 $x(t)$ 为带限信号,其频谱范围为 $0 \sim f_m(\text{Hz})$,试分别计算对下列信号抽样时,不发生混叠的最小抽样频率 f_{sam}。

(1) $x(2t)$； (2) $x(t)*x(2t)$；
(3) $x(t)x(2t)$； (4) $x(t)+x(2t)$。

解:信号在时域的压缩对应其频谱在频域的扩展,故信号 $x(2t)$ 的最高频率为 $2f_m(\text{Hz})$。

(1) 根据抽样定理,对信号 $x(2t)$ 抽样时,最小抽样频率 $f_{sam}=4f_m(\text{Hz})$。

(2) 信号在时域的卷积对应其频谱的乘积,故信号 $x(t)*x(2t)$ 的最高频率为 $f_m(\text{Hz})$,对信号 $x(t)*x(2t)$ 抽样时,最小抽样频率 $f_{sam}=2f_m(\text{Hz})$。

(3) 信号在时域的乘积对应其频谱的卷积,故信号 $x(t)x(2t)$ 的最高频率为

$3f_{\mathrm{m}}(\mathrm{Hz})$,对 $x(t)x(2t)$ 抽样时,最小抽样频率 $f_{\mathrm{sam}}=6f_{\mathrm{m}}(\mathrm{Hz})$

（4）信号在时域的相加对应其频谱的相加,故信号 $x(t)+x(2t)$ 的最高频率为 $2f_{\mathrm{m}}(\mathrm{Hz})$,对 $x(t)+x(2t)$ 抽样时,最小抽样频率 $f_{\mathrm{sam}}=4f_{\mathrm{m}}(\mathrm{Hz})$。

【例 4-28】 已知高频窄带信号 $x(t)$ 的频谱如图 4-47（a）所示,其带宽 $\omega_{\mathrm{B}}=8\times10^3\,\mathrm{rad/s}$,中心角频率 $\omega_0=52\times10^3\,\mathrm{rad/s}$,对 $x(t)$ 以抽样角频率 $\omega_{\mathrm{sam}}=16\times10^3\,\mathrm{rad/s}$ 进行抽样得序列 $x[k]$,试画出序列 $x[k]$ 的频谱 $X(\mathrm{e}^{\mathrm{j}\Omega})$。

解: 由式（4-159）可知序列 $x[k]$ 的频谱 $X(\mathrm{e}^{\mathrm{j}\Omega})$ 与连续信号 $x(t)$ 的频谱 $X(\mathrm{j}\omega)$ 的关系为

$$X(\mathrm{e}^{\mathrm{j}\Omega})=\frac{1}{T}\sum_{n=-\infty}^{\infty}X[\mathrm{j}(\omega-n\omega_{\mathrm{sam}})],\Omega=\omega T$$

由此将 $X(\mathrm{j}\omega)$ 以 $\omega_{\mathrm{sam}}=16\times10^3\,\mathrm{rad/s}$ 为周期进行周期化即可得到 $X(\mathrm{e}^{\mathrm{j}\omega T})$,如图 4-47（b）所示。

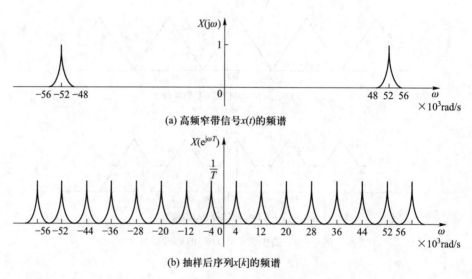

(a) 高频窄带信号x(t)的频谱

(b) 抽样后序列x[k]的频谱

图 4-47　高频窄带信号的抽样

信号 $x(t)$ 的最高角频率为 $\omega_{\mathrm{m}}=56\times10^3\,\mathrm{rad/s}$,而抽样角频率 $\omega_{\mathrm{sam}}=16\times10^3\,\mathrm{rad/s}$,不满足带限信号抽样定理的约束条件 $\omega_{\mathrm{sam}}\geqslant2\omega_{\mathrm{m}}$。但序列 $x[k]$ 的频谱 $X(\mathrm{e}^{\mathrm{j}\Omega})$ 仍完整地保留了原连续信号的频谱信息。抽样的本质是信号时域的离散化导致其频域的周期化,只要在周期化的过程中频谱的信息得到完整保留即可。

在工程实际中,许多信号的频谱不满足带限信号的条件,如图 4-48（a）所示。如果对这类信号直接进行抽样,将产生无法接受的频谱混叠现象,造成混叠误差。为了改善这种情况,对待抽样的连续信号先进行低通滤波,然后再对滤波后的信号[如图 4-48（c）所示]进行抽样,从而减少频谱的混叠。这类模拟低通滤波器称为抗

混叠误差与
截短误差对比

混叠滤波器,图 4-48(b)所示为抗混叠滤波器。虽然连续信号经过抗混叠滤波器低通滤波后,会损失一些高频信息,产生截短误差。但在多数场合下,截短误差远小于混叠误差。在目前常用的 A/D 转换器件中,一般都含有截频可编程的抗混叠滤波器。

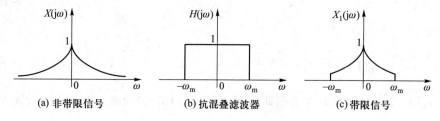

(a) 非带限信号   (b) 抗混叠滤波器   (c) 带限信号

图 4-48 连续信号抽样前的抗混叠滤波

4.5.2 信号的频域抽样

非周期序列 $x[k]$ 的频谱 $X(e^{j\Omega})$ 都是周期为 2π 的 Ω 连续函数,为了能够用数字方法分析频谱 $X(e^{j\Omega})$,需对连续的频域变量 Ω 进行抽样,即信号的频域抽样。

非周期序列 $x[k]$ 的频谱 $X(e^{j\Omega})$ 的定义式为

$$X(e^{j\Omega}) = \sum_{k=-\infty}^{\infty} x[k] e^{-j\Omega k} \tag{4-164}$$

式(4-164)表明,非周期序列 $x[k]$ 与其频谱 $X(e^{j\Omega})$ 建立了一一对应关系,可以相互唯一确定。

若在每个周期 2π 内对 $X(e^{j\Omega})$ 均匀抽样 N 个点 $\left\{ \Omega_m = \dfrac{2\pi}{N}m; m=0,1,\cdots,N-1 \right\}$,由于

$X(e^{j\Omega})$ 是周期为 2π 的函数,故对 $X(e^{j\Omega})$ 均匀抽样得到的序列 $\widetilde{X}_N[m]$ 是周期为 N 的序列,即

$$\widetilde{X}_N[m] = X(e^{j\Omega}) \Big|_{\Omega=\frac{2\pi}{N}m} = \sum_{k=-\infty}^{\infty} x[k] e^{-j\frac{2\pi}{N}mk} \tag{4-165}$$

可以证明,离散频谱 $\widetilde{X}_N[m]$ 与周期序列 $\widetilde{x}_N[k] = \displaystyle\sum_{n=-\infty}^{\infty} x[k+nN]$ 通过 DFS 建立了一一对应关系,可以相互唯一确定,即

$$\widetilde{X}_N[m] \xrightarrow{\text{IDFS}} \widetilde{x}_N[k] = \sum_{n=-\infty}^{\infty} x[k+nN] \tag{4-166}$$

式(4-166)表明,若 $\widetilde{X}_N[m]$ 是非周期序列 $x[k]$ 的频谱 $X(e^{j\Omega})$ 的等间隔抽样,则 $\widetilde{X}_N[m]$ 对应的时域序列 $\widetilde{x}_N[k]$ 是序列 $x[k]$ 的周期化。也就是说,序列的频谱在频

域的离散化,对应其时域序列的周期化,这是信号频域抽样定理的核心内容。下面利用信号的时域和频域分析的基本原理来证明式(4-166)的结论。

已知 $x[k]$ 为非周期序列,对其以 N 为周期进行周期延拓得到信号 $\tilde{x}_N[k]$ 为

$$\tilde{x}_N[k] = \sum_{n=-\infty}^{\infty} x[k+nN] \tag{4-167}$$

由于

$$\tilde{x}_N[k+N] = \sum_{n=-\infty}^{\infty} x[k+N+nN] = \sum_{n=-\infty}^{\infty} x[k+(n+1)N] = \tilde{x}_N[k]$$

所以 $\tilde{x}_N[k]$ 是一个周期为 N 的周期序列,即式(4-167)定义的运算可将一个非周期序列 $x[k]$ 周期化为周期为 N 的周期序列 $\tilde{x}_N[k]$。

令 $k=n+rN$, $n=0,1,\cdots,N-1$, $r \in \mathbf{Z}$,并将 $k=n+rN$ 代入式(4-165)得

$$\begin{aligned}\tilde{X}_N[m] &= \sum_{k=-\infty}^{\infty} x[k]\mathrm{e}^{-j\frac{2\pi}{N}mk} = \sum_{n=0}^{N-1}\sum_{r=-\infty}^{\infty} x[n+rN]\mathrm{e}^{-j\frac{2\pi}{N}m(n+rN)} \\ &= \sum_{n=0}^{N-1}\left(\sum_{r=-\infty}^{\infty} x[n+rN]\right)\mathrm{e}^{-j\frac{2\pi}{N}mn} = \sum_{n=0}^{N-1}\tilde{x}_N[n]\mathrm{e}^{-j\frac{2\pi}{N}mn}\end{aligned} \tag{4-168}$$

比较式(4-168)与周期序列的 DFS 定义式(4-111)可知,非周期序列 $x[k]$ 的频谱 $X(\mathrm{e}^{j\Omega})$ 经过等间隔 $\Omega_0 = \dfrac{2\pi}{N}$ 抽样后,得到的离散频谱 $\tilde{X}_N[m]$ 是周期序列 $\tilde{x}_N[k] = \sum_{n=-\infty}^{\infty} x[k+nN]$ 的离散 Fourier 级数(DFS),即

$$x[k] \xleftarrow{\quad\text{IDTFT}\quad} X(\mathrm{e}^{j\Omega}) \xrightarrow{\quad\text{频域抽样}\quad} \tilde{X}_N[m] \xrightarrow{\quad\text{IDFS}\quad} \tilde{x}_N[k] = \sum_{n=-\infty}^{\infty} x[k+nN]$$

$$\tag{4-169}$$

如果 $x[k]$ 是定义在区间 $[N_1,N_2]$ 上的有限长序列,即当 $k<N_1$ 或 $k>N_2$ 时, $x[k]=0$,则该序列的长度为 $L=N_2-N_1+1$。当对该长度为 L 的序列 $x[k]$ 的频谱 $X(\mathrm{e}^{j\Omega})$ 进行等间隔 $\Omega_0 = \dfrac{2\pi}{N}$ 抽样时,若一个周期内抽样点数 N 满足 $N \geqslant L$,则由样点序列 $\tilde{X}_N[m]$ 经 IDFS 得到的 $\tilde{x}_N[k]$ 与 $x[k]$ 之间存在

$$\tilde{x}_N[k] = x[k], \quad N_1 \leqslant k \leqslant N_2$$

即周期化后的序列 $\tilde{x}_N[k]$ 与原序列 $x[k]$ 在 $N_1 \leqslant k \leqslant N_2$ 范围内的值是相等的,因为周期化过程中没有出现非零样本点的重叠。若有限长序列 $x[k]$ 的长度 L 大于 $X(\mathrm{e}^{j\Omega})$ 在一个周期内的抽样点数 N,则在对序列 $x[k]$ 周期化的过程中,序列 $x[k]$ 的非零样本点将会出现重叠,此时样点序列 $\tilde{X}_N[m]$ 就没有包含 $X(\mathrm{e}^{j\Omega})$ 的全部信息,也

就不能由 $\widetilde{X}_N[m]$ 经过 IDFS 得到原序列 $x[k]$。

【例 4-29】 已知 4 点序列 $x[k]$ 如图 4-49(a) 所示。

(1) 试计算其频谱 $X(e^{j\Omega})$；

(2) 若对 $X(e^{j\Omega})$ 在一个周期内进行 4 点抽样得离散频谱 $\widetilde{X}_4[m]$，试求 $\widetilde{X}_4[m]$ 及其对应的时域序列 $\widetilde{x}_4[k]$；

(3) 若对 $X(e^{j\Omega})$ 在一个周期内进行 3 点抽样得离散频谱 $\widetilde{X}_3[m]$，试求 $\widetilde{X}_3[m]$ 及其对应的时域序列 $\widetilde{x}_3[k]$。

解:(1) 利用 DTFT 的定义可求出 $x[k]$ 的频谱 $X(e^{j\Omega})$ 为

$$X(e^{j\Omega}) = \sum_{k=0}^{3} x[k]e^{-j\Omega k} = 1 + 2e^{-j\Omega} + 3e^{-j2\Omega} + 4e^{-j3\Omega}$$

(2) $\widetilde{X}_4[m] = X(e^{j\Omega})\Big|_{\Omega = \frac{2\pi}{4}m} = \{\cdots, \overset{\downarrow}{10}, -2+2j, -2, -2-2j, \cdots\}$

由频域抽样定理,可得

$$\widetilde{x}_4[k] = \sum_{n=-\infty}^{\infty} x[k+4n] = \{\cdots, \overset{\downarrow}{1}, 2, 3, 4, \cdots\}$$

$\widetilde{x}_4[k]$ 如图 4-49(b) 所示。

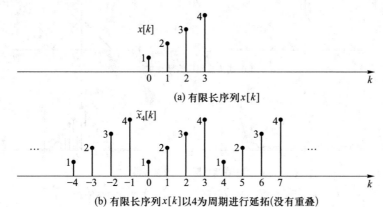

(a) 有限长序列 $x[k]$

(b) 有限长序列 $x[k]$ 以4为周期进行延拓(没有重叠)

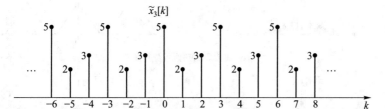

(c) 有限长序列 $x[k]$ 以3为周期进行延拓(出现重叠)

图 4-49 例 4-29 图

（3）　$\widetilde{X}_3[m] = X(e^{j\Omega})\big|_{\Omega=\frac{2\pi}{3}m} = \{\cdots, \overset{\downarrow}{10}, 2.5+0.866j, 2.5-0.866j, \cdots\}$

由频域抽样定理，可得

$$\widetilde{x}_3[k] = \sum_{n=-\infty}^{\infty} x[k+3n] = \{\cdots, \overset{\downarrow}{5}, 2, 3, \cdots\}$$

$\widetilde{x}_3[k]$ 如图 4-49(c) 所示。

　　由于信号 Fourier 变换建立了信号的时域与频域之间的一一对应关系，如果信号在时域存在某种联系，则在其频谱函数之间必然存在联系。若离散非周期信号 $x[k]$ 是连续非周期信号 $x(t)$ 的等间隔抽样序列，则信号 $x[k]$ 的频谱函数 $X(e^{j\Omega})$ 是信号 $x(t)$ 的频谱函数 $X(j\omega)$ 的周期化，即信号在时域的离散化导致其频谱函数的周期化；若离散周期信号 $\widetilde{x}[k]$ 是离散非周期信号 $x[k]$ 的周期化，则信号 $\widetilde{x}[k]$ 的频谱函数 $\widetilde{X}[m]$ 是信号 $x[k]$ 的频谱函数 $X(e^{j\Omega})$ 的离散化，即信号在时域的周期化导致其频谱函数的离散化。信号的时域抽样定理和频域抽样定理正是揭示了信号的时域与频域之间的这些内在联系，四种信号时域和频域之间对应关系的示意图如图 4-50 所示。

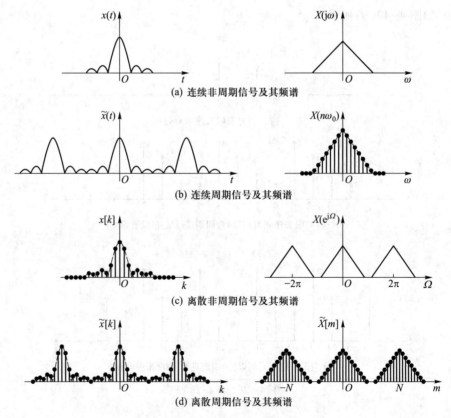

(a) 连续非周期信号及其频谱

(b) 连续周期信号及其频谱

(c) 离散非周期信号及其频谱

(d) 离散周期信号及其频谱

图 4-50　四种信号的时域与频域对应关系

信号的时域抽样定理和频域抽样定理是信号处理的重要内容,其从理论上阐述了信号的时域与频域之间的内在联系,奠定了利用数字化方法分析和处理信号的理论基础,为信号与系统理论的广泛应用发挥了重要作用。

4.6　利用 MATLAB 进行信号的频域分析

对于离散周期信号 $\tilde{x}[k]$,由于其频谱也为离散周期序列 $\tilde{X}[m]$,因而可以通过数字计算精确得到其在一个周期内的频谱。MATLAB 提供了函数

$$X=fft(x)$$

用来计算式(4-111)定义的 N 个 DFS 系数 $X[m]$($0 \leqslant m \leqslant N-1$)。其中向量 x 为周期信号 $x[k]$ 的一个周期上的 N 个值 $x[0],x[1],\cdots,x[N-1]$,返回的序列 X 即为所求的 N 个 DFS 系数 $X[0],X[1],\cdots,X[N-1]$。类似地,MATLAB 也提供了函数

$$x=ifft(X)$$

用来由 N 个 DFS 系数 $X=\{X[0],X[1],\cdots,X[N-1]\}$ 按式(4-110)计算其对应的周期信号 $x=\{x[0],x[1],\cdots,x[N-1]\}$。

对于离散非周期信号、连续周期信号和非周期信号的频谱分析,通过利用时域抽样定理和频域抽样定理建立 $X[m]$ 与 C_n、$X(j\omega)$、$X(e^{j\Omega})$ 之间的对应关系,可以近似得到这三类信号的频谱。这部分内容将在数字信号处理课程中详细介绍。为了方便进行连续非周期信号的频谱分析,本教材编写了近似计算连续非周期信号频谱的 ctft1 函数,函数如下:

```
function [X,f]=ctft1(x,Fs,N)
X=fftshift(fft(x,N))/Fs;
f=-Fs/2+(0:N-1)*Fs/N;
```

函数中的语句也将在数字信号处理课程中详细介绍。

信号的频谱一般为复函数,可分别利用 abs 和 angle 函数获得其幅度频谱和相位频谱。其调用格式分别为:

```
Mag=abs(X);        % 计算频谱 X 的幅度谱
Pha=angle(X);      % 计算频谱 X 的相位谱,返回(-π,π]的相位值。
```

也可利用 real 和 imag 函数获得频谱的实部和虚部,其调用格式分别为:

```
Re=real(X);        % 计算频谱 X 的实部
Im=imag(X);        % 计算频谱 X 的虚部
```

MATLAB 还提供了函数 freqs 用来显示连续时间信号的频谱,提供了函数 freqz 用来显示离散时间信号的频谱。

【例 4-30】　试用 MATLAB 计算图 4-35 所示周期矩形序列的频谱。

解：MATLAB 程序如下：

```
% Program 4_1 计算周期矩形序列的频谱
N=32;M=4;% 定义周期矩形序列的参数
x=[ones(1,M+1) zeros(1,N-2*M-1) ones(1,M)];    % 产生周期矩形序列
X=fft(x);% 计算 DFS 系数
m=0:N-1;
stem(m,abs(X));% 画出频谱 X 的实部
title('X[m]的实部');
xlabel('m');
figure;
stem(m,imag(X));% 画出频谱 X 的虚部
title('X[m]的虚部');
xlabel('m');
xr=ifft(X);% 由 X 计算 x 以重建序列 x[k]
figure;
stem(m,real(xr));% 画出重建序列 xr[k]
xlabel('k');
title('重建的 x[k]');
```

图 4-51 画出了 MATLAB 的计算结果。一般情况下，fft(x)返回的 DFS 系数 X 是复序列，故分别画出了 X 的实部和虚部。由于周期矩形序列 $x[k]$ 具有实偶对称性，故序列 $x[k]$ 的频谱 $X[m]$ 在理论上也应该是实偶对称的序列。由图 4-51(b)可知频谱的虚部不为零，这是由于计算机的有限字长产生的计算误差，可以忽略不计。图 4-51(c)画出了由 DFS 系数重建的原始信号 $x[k]$。

【例 4-31】　试分析图 4-1 所示 6 个声音信号的幅度频谱。

解：'Nec2_L01nan.wav'、'Nec2_L01nv.wav'、'江南 Style.wav'、'江南 Style_n.wav'、'phonenumber1'和'phonenumber2'是图 4-1 所示六个信号对应的声音文件，利用 MATLAB 提供的函数 wavread 可以读取声音文件，再利用函数 ctft1 即可求出信号的频谱。计算男生语音信号频谱的 MATLAB 程序如下：

```
% Program 4_2 计算声音信号的幅度频谱
[x,Fs]=audioread('Nec2_L01nan.wav');
N=length(x);
[X,f]=ctft1(x,Fs,N);
plot(f,abs(X)/max(abs(X)));
axis([0,5000,0,1]);grid
```

程序运行结果如图 4-52(a)所示。将程序中 wavread 函数中的文件名分别换成'Nec2_L01nv.wav'、'江南 Style.wav'、'江南 Style_n.wav'、'phonenumber1'和'phonenumber2'即可得到图 4-52(b)~(f)所示幅度频谱。

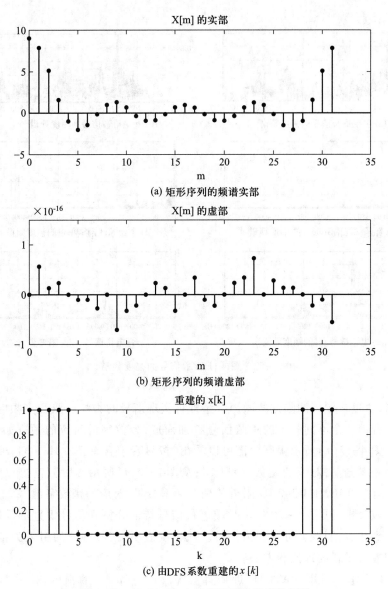

(a) 矩形序列的频谱实部

(b) 矩形序列的频谱虚部

(c) 由DFS系数重建的 $x[k]$

图 4-51　$N=32, M=4$ 的周期矩形序列的频谱

　　比较图 4-52(a)和(b)可以看出,男生的基音频率比女生的基音频率低。一般男声的基音频率为 50~250 Hz,女声的基音频率为 100~500 Hz,这就是为什么男声听起来比较低沉、女声听起来比较尖细的原因。由此可见,从频域可以定性解释和定量描述男声和女声的特点,其物理概念清晰。比较图 4-52(c)和(d)可以看出,在图 4-52(d)所示幅度谱中 4 000 Hz 附近存在一些较大的幅度谱值,这说明图 4-1(d)信号中含有高频噪声。时域中的信号和噪声难以区分,而频域中的信号与噪声

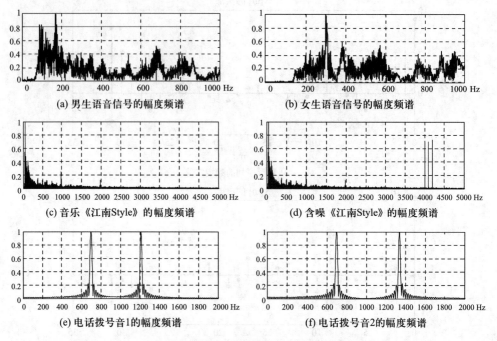

图 4-52 图 4-1 所示信号的幅度频谱

基本分离,通过在频域滤除这些噪声分量即可实现信号的去噪。双音多频电话数字
键的拨号音由两个不同频率的正弦信号叠加而成,各数字键对应的频率如图 4-53
所示。从图 4-52(e)所示幅度频谱可以看出,拨号音 1 含有 700 Hz 和 1 200 Hz 附近
的两个频率分量,对应的是数字键"1";从图 4-52(f)所示幅度频谱可以看出,拨
号音 2 含有 700 Hz 和 1 340 Hz 附近的两个频率分量,对应的是数字键"2"。由上述
信号的频域分析可见,一些很难在时域进行信号特征分析和信号识别的问题,若将
信号映射到频域,问题就可以迎刃而解。此再次表明,信号频域的引入为信号的分
析和处理提供了新的理论和方法。

【例 4-32】 利用 MATLAB 近似计算 $x(t) = \mathrm{e}^{-t}\mathrm{u}(t)$ 的幅度谱,并与理论值
比较。

解:对信号进行 Fourier 变换,可得频谱理论值为

$$\mathrm{e}^{-t}\mathrm{u}(t) \overset{\mathscr{F}}{\longleftrightarrow} X(\mathrm{j}\omega) = \frac{1}{\mathrm{j}\omega+1}$$

其幅度谱为

$$|X(\mathrm{j}\omega)| = \frac{1}{\sqrt{\omega^2+1}}$$

利用 MATLAB 近似计算 $x(t)$ 幅度谱,并与 $x(t)$ 幅度谱理论值比较,其程序如下:

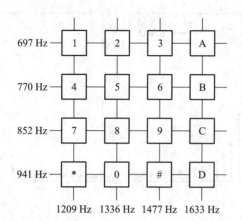

图 4-53 双音多频电话各数字键对应的频率

```
% 4_3compute the spectrum of x(t)= exp(-t)u(t)
Fs = 8; N = 32; T = 1/Fs;
t = (0:N-1) * T;
x = exp(-t);
[Xm,f] = ctft1(x,Fs,N); %  计算 x(t)的频谱
ft = linspace(-Fs/2,Fs/2,1001);
Xw = 1./sqrt(1+(2 * pi * ft).^2);
plot(ft,Xw); % 显示幅度频谱的理论值
hold on
stem(f,abs(Xm),'r.'); % 显示近似计算的频谱
legend('理论值', '近似值');
```

若抽样频率f_{sam} = 8 Hz, 截取 N = 32 点, 程序运行结果如图 4-54(a)所示; 若抽样频率f_{sam} = 16 Hz, 截取 N = 32 点, 程序运行结果如图 4-54(b)所示。

比较(a)和(b)可以看出, 抽样频率f_{sam}不同, MATLAB 计算的幅度谱和理论值近似程度不同。该结果可以利用信号的能量谱进行解释。信号$x(t)$的能量既可从时域计算也可利用 Parseval 能量守恒定理从频域计算, 有

$$E = \int_{-\infty}^{+\infty} |x(t)|^2 \mathrm{d}t = \int_{0}^{+\infty} \mathrm{e}^{-2t}\mathrm{d}t = \frac{1}{2}$$

或

$$E = \frac{1}{2\pi} \int_{-\infty}^{+\infty} |X(\mathrm{j}\omega)|^2 \mathrm{d}\omega = \frac{1}{2\pi} \int_{-\infty}^{+\infty} \frac{1}{\omega^2 + 1}\mathrm{d}\omega = \frac{1}{2}$$

信号在频率$-\omega_m \sim \omega_m$范围内所包含的能量为

$$\hat{E} = \frac{1}{2\pi} \int_{-\omega_m}^{+\omega_m} |X(\mathrm{j}\omega)|^2 \mathrm{d}\omega = \frac{1}{2\pi} \int_{-\omega_m}^{+\omega_m} \frac{1}{\omega^2 + 1}\mathrm{d}\omega = \frac{1}{2\pi}\arctan(\omega)\Big|_{-\omega_m}^{+\omega_m} = \frac{\arctan(\omega_m)}{\pi}$$

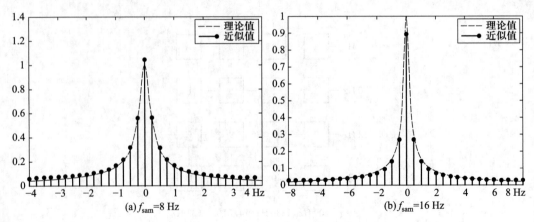

图 4-54 例 4-32 图

当抽样频率 $f_{sam} = 8$ Hz 时,$f_m = 4$ Hz,信号在 -4 Hz ~ 4 Hz 范围内所包含的能量为

$$\hat{E} = \frac{\arctan(\omega_m)}{\pi} = \frac{\arctan(2\pi f_m)}{\pi} = 0.4873$$

其与信号总能量之比为

$$\frac{\hat{E}}{E} = 97.46\%$$

当抽样频率 $f_{sam} = 16$ Hz 时,$f_m = 8$ Hz,信号在 -8 Hz ~ 8 Hz 范围内所包含的能量为

$$\hat{E} = \frac{\arctan(\omega_m)}{\pi} = \frac{\arctan(2\pi f_m)}{\pi} = 0.4937$$

其与信号的总能量之比为

$$\frac{\hat{E}}{E} = 98.74\%$$

因此,抽样频率 $f_{sam} = 16$ Hz 时 MATLAB 计算的幅度谱比抽样频率 $f_{sam} = 8$ Hz 时 MAT-LAB 计算的幅度谱近似度高。

信号在角频率 $-\omega_m \sim \omega_m$ 或频率 $-f_m \sim f_m$ 范围内所包含的能量可利用 MATLAB 计算。将信号在频率 $-f_m \sim f_m$ 范围内所包含能量的计算公式改写为

$$\hat{E} = \frac{1}{2\pi} \int_{-\omega_m}^{+\omega_m} |X(j\omega)|^2 d\omega = \frac{1}{2\pi} \int_{-\omega_m}^{+\omega_m} \frac{1}{\omega^2 + 1} d\omega = 2 \int_0^{f_m} \frac{1}{(2\pi f)^2 + 1} df$$

$$(4-170)$$

计算式 (4-170) 的 MATLAB 程序如下。

```
function XP=sf2(f)
XP=2./(1+(2*pi*f).^2);
```

```
% Program 4_4 计算信号在一定频率范围内的能量
fm=linspace(0,10,1024);
N=length(fm);  E=zeros(1,N);
for k=1:N
    E(k)=integral(@ sf2,0,fm(k));      % 计算 fm 取不同值时对应的能量 E
end
plot(fm,E);grid;
xlabel('Hz');
ylabel('E');
```

图 4-55 显示了单边指数信号在频域的能量 E 随 f_m 变化的曲线。

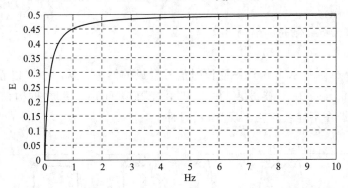

图 4-55 单边指数信号在频域的能量 E 随 f_m 变化的曲线

【例 4-33】 求图 4-56 所示周期矩形脉冲信号 $x(t)$ 的 Fourier 级数表示式,并用 MATLAB 求出由前 N 项 Fourier 级数系数得出的信号近似波形。

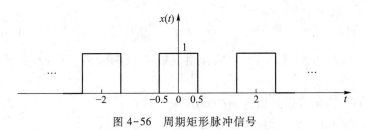

图 4-56 周期矩形脉冲信号

解:取 $A=1$, $T_0=2$, $\tau=1$, $\omega_0=\pi$,由例 4-1 得

$$C_n = 0.5\text{Sa}\left(\frac{n\pi}{2}\right)$$

由前 N 项 Fourier 系数得出的信号近似波形为

$$x_N(t) = \sum_{n=-N}^{N} 0.5\text{Sa}\left(\frac{n\pi}{2}\right) e^{jn\pi t} = 0.5 + \sum_{n=1}^{N} \text{Sa}\left(\frac{n\pi}{2}\right) \cos(n\pi t) \qquad (4-171)$$

根据式(4-171)可用下面的 MATLAB 程序画出前 N 项 Fourier 系数合成的信号近似波形。

```
% Program 4_5 利用有限项 Fourier 系数重构信号
t = -2:0.001:2; % 信号的抽样点
N = input('N = ');
c0 = 0.5;
fN = c0 * ones(1,length(t)); % 计算抽样上的直流分量
for n = 1:2:N              % 偶次谐波为零
    fN = fN+cos(pi * n * t) * sinc(n/2);
end
plot(t,fN);
title(['N='num2str(N)])
axis([-2 2 -0.2 1.2]);
```

图 4-57 分别显示了 N 取不同值时信号合成的结果。从图中可以看出,由于周期矩形脉冲信号存在不连续点,因此利用有限项 Fourier 系数重构信号时,存在 Gibbs 现象,即在不连续点会出现 9% 的过冲。

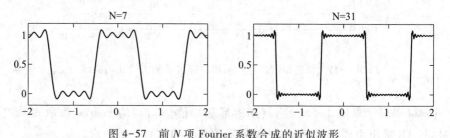

图 4-57　前 N 项 Fourier 系数合成的近似波形

【例 4-34】　乐音信号'yinjie_Cdiao.wav '是由 1(Do)、2(Re)、3(Mi)、4(Fa)、5(So)、6(La)、7(Si)、1(Do) 8 个乐音组成的 C 大调音阶,试分析各乐音对应的频率。

解:计算 C 大调音阶频谱的 MATLAB 程序如下。

```
% Program 4_6 分析 C 大调音阶的频谱
[x, Fs] = audioread('yinjie_Cdiao.wav');
N = length(x);
[X,f] = ctft1(x, Fs, N);
subplot(2, 1, 1)
plot((0:N-1)/Fs, x)
subplot(2, 1, 2)
plot(f, abs(X)/max(abs(X)));
```

```
axis([0,600,0,1]);grid
```

程序运行结果如图 4-58 所示。图 4-58(a)为 C 大调音阶的时域波形,图4-58(b)为 C 大调音阶的频谱。从频谱图可以看出 C 大调音阶各乐音对应的频率如表 4-3 所示。将程序中 wavread 函数中的文件名分别换成 D、E、F、G、A、B 大调音阶的乐音信号,则可分析出它们对应的频谱。根据谱分析的结果可知,这些频率满足"十二平均律",即每相邻半音的频率比值为 $2^{\frac{1}{12}} = 1.059463$。由此可计算出钢琴各琴键所对应的基波频率,如图 4-59 所示。如 a 键的频率是 220 Hz,则 b 键的频率是$220×2^{\frac{2}{12}}≈$ 247 Hz,c^1 键的频率是$220×2^{\frac{3}{12}}≈262$ Hz等。

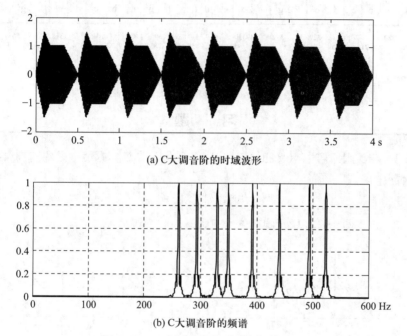

(a) C大调音阶的时域波形

(b) C大调音阶的频谱

图 4-58 C 大调音阶的时域和频域波形

音阶信号
的谱分析

表 4-3 C 大调音阶各乐音对应的频率

音名	Do	Re	Mi	Fa	So	La	Si	Do^2
频率/Hz	262	294	330	349	392	440	494	523

通过以上信号的频域分析,可以进一步理解为何对信号进行频域表示。信号变换的本质是信号表示,信号变换的目的是将信号映射到不同的变换域,以更有利于信号的分析和处理。不同的变换只是将信号表示为不同的基信号,信号的 Fourier 变换对应的基信号是正弦类信号。为何将时域信号表示为正弦类信号,作为基信号的正弦类信号有何特性,在系统的频域分析中将得到诠释。

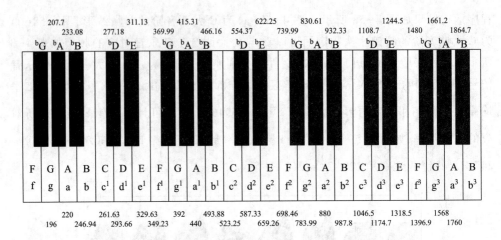

图 4-59　钢琴琴键及其对应的频率(单位为 Hz)

第 4 章自测题

习　题

4-1　若实周期信号 $\tilde{x}(t)$ 的频谱为 $C_n = |C_n| e^{j\varphi_n}$，试证其幅度谱是偶对称,相位谱是奇对称,即

$$|C_n| = |C_{-n}|, \qquad \varphi_n = -\varphi_{-n}$$

4-2　试求题 4-2 图所示周期信号的频谱 C_n。

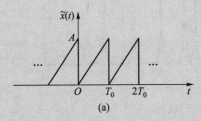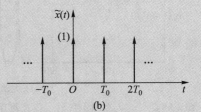

题 4-2 图

4-3　求下列周期信号的频谱,并画出其频谱图。

(1) $\tilde{x}(t) = \sin(2\omega_0 t)$;

(2) $\tilde{x}(t) = \sin^2(\omega_0 t)$;

(3) $\tilde{x}(t) = \cos\left(3t + \dfrac{\pi}{4}\right)$;

(4) $\tilde{x}(t) = \sin(2t) + \cos(4t) + \sin(6t)$。

4-4　已知连续周期信号的频谱如题 4-4 图所示,试写出其对应的周期信号 $\tilde{x}(t)$
($\omega_0 = 3$)。

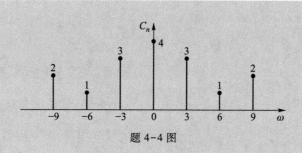

题 4-4 图

4-5 题 4-5 图所示为 4 种周期矩形信号,利用 Fourier 级数的性质计算其频谱, 有何结论?

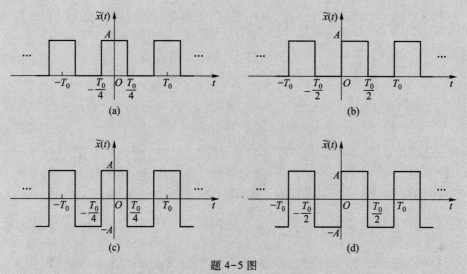

题 4-5 图

4-6 周期信号 $\tilde{x}(t)$ 如题 4-6 图所示,试定性判断该信号的频谱成分。

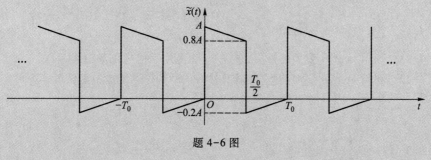

题 4-6 图

4-7 已知周期为 T_0 的周期信号 $\tilde{x}(t)$ 的频谱为 C_n,试求下列周期信号的频谱。

（1）$\tilde{y}(t) = \tilde{x}(t-1)$；　　　　　　　　（2）$\tilde{y}(t) = \dfrac{\mathrm{d}\tilde{x}(t)}{\mathrm{d}t}$；

（3）$\tilde{y}(t) = \tilde{x}(t)\,\mathrm{e}^{\mathrm{j}\omega_0 t}$；　　　　　　（4）$\tilde{y}(t) = \tilde{x}(t)\cos(\omega_0 t)$。

4-8　已知周期信号 $\tilde{x}(t) = 2\cos(2\pi t - 3) + \sin(6\pi t)$，试画出其频谱和功率谱，并计算其平均功率 P。

4-9　试计算下列信号的频谱函数 $X(\mathrm{j}\omega)$，ω_0 为常数。

（1）$x(t) = \cos[\omega_0(t-t_0)]$；

（2）$x(t) = \sin^2(\omega_0 t)\mathrm{u}(t)$；

（3）$x(t) = \mathrm{u}(t) - \mathrm{u}(t-2)$；

（4）$x(t) = \mathrm{e}^{-2t}[\mathrm{u}(t) - \mathrm{u}(t-2)]$；

（5）$x(t) = \mathrm{e}^{-3|t-2|}$；

（6）$x(t) = \dfrac{\mathrm{d}}{\mathrm{d}t}(t\mathrm{e}^{-2t}\sin t\,\mathrm{u}(t))$；

（7）$x(t) = \displaystyle\int_{-\infty}^{t} \dfrac{\sin(\pi x)}{\pi x}\mathrm{d}x$；

（8）$x(t) = \left[\dfrac{2\sin(\pi t)}{\pi t}\right]\left[\dfrac{2\sin(2\pi t)}{\pi t}\right]$；

（9）$x(t) = \dfrac{\mathrm{d}}{\mathrm{d}t}\left[\dfrac{\sin(\pi t)}{\pi t} * \dfrac{\sin(2\pi t)}{\pi t}\right]$；

（10）$x(t) = \displaystyle\int_{0}^{t} \mathrm{e}^{-3\tau}\mathrm{e}^{-2(t-\tau)}\mathrm{d}\tau$，$t > 0$。

4-10　已知 $\mathscr{F}\{x(t)\} = X(\mathrm{j}\omega)$，试计算下列信号的频谱函数，$a \neq 0, b \neq 0$。

（1）$x(t-5)$；　　　　　　　　　　（2）$x(5t)$；

（3）$\mathrm{e}^{\mathrm{j}at}x(bt)$；　　　　　　　　　（4）$x(t) * \delta\left(\dfrac{t}{a} - b\right)$；

（5）$x(t)\delta(t-a)$；　　　　　　　　（6）$\mathrm{e}^{-at}\mathrm{u}(-t)$；

（7）$x(5-5t)$；　　　　　　　　　　（8）$(t-2)x(t)$。

4-11　利用 Fourier 变换的性质，求题 4-11 图所示信号的频谱 $X(\mathrm{j}\omega)$。

4-12　利用 Fourier 变换的互易对称特性，求下列信号的频谱函数。

（1）$x(t) = \dfrac{1}{\pi t}$；　　　　　　　　　（2）$x(t) = \dfrac{1}{a^2 + t^2}$；

（3）$x(t) = \dfrac{1}{a + \mathrm{j}t}$；　　　　　　　　（4）$x(t) = \dfrac{1}{\pi t^2}$。

4-13　试求下列频谱函数所对应的信号 $x(t)$。

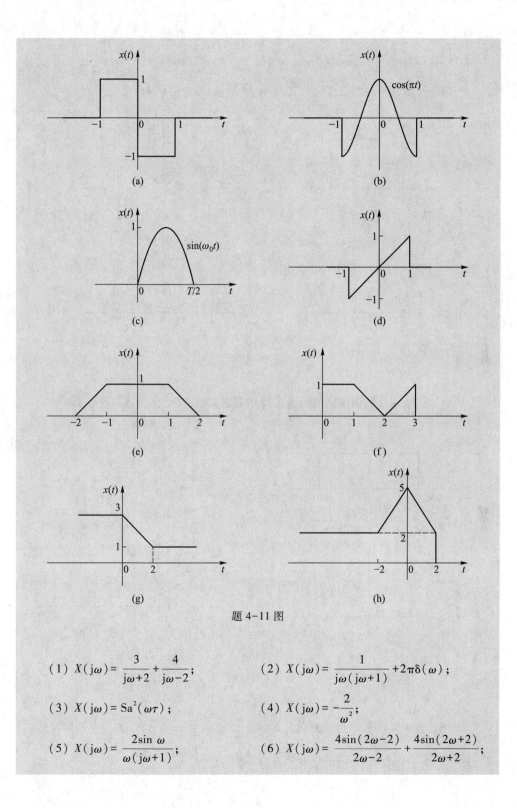

题 4-11 图

（1）$X(j\omega) = \dfrac{3}{j\omega+2} + \dfrac{4}{j\omega-2}$；

（2）$X(j\omega) = \dfrac{1}{j\omega(j\omega+1)} + 2\pi\delta(\omega)$；

（3）$X(j\omega) = \mathrm{Sa}^2(\omega\tau)$；

（4）$X(j\omega) = -\dfrac{2}{\omega^2}$；

（5）$X(j\omega) = \dfrac{2\sin\omega}{\omega(j\omega+1)}$；

（6）$X(j\omega) = \dfrac{4\sin(2\omega-2)}{2\omega-2} + \dfrac{4\sin(2\omega+2)}{2\omega+2}$；

（7）$X(j\omega) = \dfrac{d}{d\omega}\left[4\cos(3\omega)\dfrac{\sin(2\omega)}{\omega}\right]$；　（8）$X(j\omega) = \text{Im}\left[e^{-j3\omega}\dfrac{1}{j\omega+2}\right]$。

4-14 已知信号的频谱 $X(j\omega)$ 如题 4-14 所示，试求信号 $x(t)$。

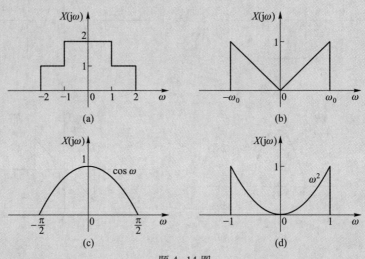

题 4-14 图

4-15 已知信号频谱函数的幅度谱和相位谱如题 4-15 图示，试求信号 $x(t)$。

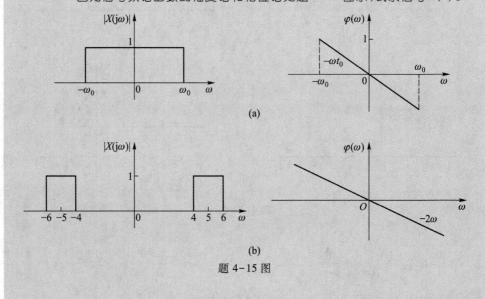

题 4-15 图

4-16 若连续信号 $x(t)$ 的频谱为 $X(j\omega)$，$\delta_{T_0}(t) = \displaystyle\sum_{n=-\infty}^{\infty}\delta(t-nT_0)$ 为周期冲激信号，试分析信号 $x_s(t) = x(t)\delta_{T_0}(t)$ 的频谱 $X_s(j\omega)$。

4-17 在题 4-17 图所示系统中,周期信号 $p(t)$ 是一个脉冲宽度为 $\tau(\tau < T_0)$ 的周期矩形信号,已知信号 $x(t)$ 的频谱为 $X(j\omega)$。

（1）计算周期信号 $p(t)$ 的频谱 C_n;

（2）计算 $p(t)$ 的频谱密度函数 $P(j\omega)$;

（3）求出信号 $x_p(t)$ 的频谱表达式 $X_p(j\omega)$;

（4）若信号 $x(t)$ 的最高角频率 ω_m,为了使 $X_p(j\omega)$ 频谱不混叠,T_0 最大可取多大?

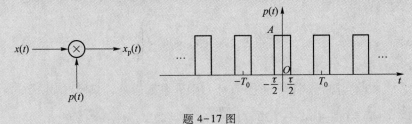

题 4-17 图

4-18 已知三角波信号 $x(t)$ 的波形如题 4-18 图所示。

（1）计算 $x(t)$ 的频谱 $X(j\omega)$,并画出频谱图;

（2）$x_s(t)$ 是 $x(t)$ 乘以周期冲激信号 $\delta_{T_1}(t)$ $\left(T_1 = \dfrac{T}{8}\right)$ 所得信号,即 $x_s(t) = x(t)\delta_{T_1}(t)$,计算其频谱 $X_s(j\omega)$,并画出频谱图;

（3）将 $x(t)$ 以周期 T 进行延拓构成周期信号

$$x_p(t) = \sum_{n=-\infty}^{\infty} x(t-nT),$$ 计算其频谱 $X_p(j\omega)$,并画出频谱图;

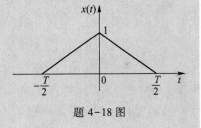

题 4-18 图

（4）$x_{ps}(t)$ 是 $x_p(t)$ 乘以周期冲激信号 $\delta_{T_1}(t)$ $\left(T_1 = \dfrac{T}{8}\right)$ 所得信号,即 $x_{ps}(t) = x_p(t)\delta_{T_1}(t)$,计算其频谱 $X_{ps}(j\omega)$,并画出频谱图。

4-19 试确定下列周期为 4 的序列 $\tilde{x}[k]$ 的频谱 $\tilde{X}[m]$。

（1）$\tilde{x}[k] = \{\cdots, \overset{\downarrow}{1}, 2, 0, 2, \cdots\}$;　　　（2）$x[k] = \{\cdots, \overset{\downarrow}{0}, 1, 0, -1, \cdots\}$。

4-20 试计算周期为 4 的序列 $\tilde{x}[k]$ 和 $\tilde{h}[k]$ 的周期卷积,已知 $\tilde{x}[k] = \{\cdots, \overset{\downarrow}{1}, 2, 3, 4, \cdots\}$,$\tilde{h}[k] = \{\cdots, \overset{\downarrow}{2}, 4, 1, 3, \cdots\}$。

4-21 试确定下列周期序列的周期 N,并计算其频谱 $\tilde{X}[m]$。

（1）$\tilde{x}[k]=\sin\left(\dfrac{\pi k}{4}\right)$；

（2）$\tilde{x}[k]=2\sin\left(\dfrac{\pi k}{4}\right)+\cos\left(\dfrac{\pi k}{3}\right)$。

4-22　已知周期序列 $\tilde{x}[k]$ 的频谱为 $\tilde{X}[m]$，试确定以下序列的频谱。

（1）$\tilde{x}[-k]$；　　　　　　　　　　　　（2）$(-1)^{k}\tilde{x}[k]$；

（3）$\tilde{y}[k]=\begin{cases}\tilde{x}[k], & k\ 为偶\\ 0, & k\ 为奇\end{cases}$；　　　　（4）$\tilde{y}[k]=\begin{cases}\tilde{x}[k], & k\ 为奇\\ 0, & k\ 为偶\end{cases}$。

4-23　已知周期 $N=8$ 的周期序列 $\tilde{x}[k]$ 的频谱为 $\tilde{X}[m]$，试确定周期序列 $\tilde{x}[k]$。

（1）$\tilde{X}[m]=1+\dfrac{1}{2}\cos\left(\dfrac{\pi m}{2}\right)+2\cos\left(\dfrac{\pi m}{4}\right)$；　　　（2）$\tilde{X}[m]=\mathrm{e}^{-\mathrm{j}\frac{\pi m}{4}}$；

（3）$\tilde{X}[m]=\{\cdots,\overset{\downarrow}{1},0,1,0,1,0,1,0,\cdots\}$。

4-24　试确定下列离散非周期序列的频谱 $X(\mathrm{e}^{\mathrm{j}\Omega})$。

（1）$x_{1}[k]=\begin{cases}1, & |k|\leqslant N\\ 0, & 其他\end{cases}$；　　（2）$x_{2}[k]=\begin{cases}\cos\left(\dfrac{k\pi}{2N}\right), & |k|\leqslant N\\ 0, & 其他\end{cases}$。

4-25　试求出下列离散非周期序列的频谱 $X(\mathrm{e}^{\mathrm{j}\Omega})$。

（1）$x_{1}[k]=\alpha^{k}\mathrm{u}[k]$，　$|\alpha|<1$；　　　（2）$x_{2}[k]=\alpha^{k}\mathrm{u}[-k]$，　$|\alpha|>1$；

（3）$x_{3}[k]=\begin{cases}\alpha^{|k|}, & |k|\leqslant M\\ 0, & 其他\end{cases}$；　　　（4）$x_{4}[k]=\alpha^{k}\mathrm{u}[k+3]$，　$|\alpha|<1$；

（5）$x_{5}[k]=\displaystyle\sum_{n=0}^{\infty}\left(\dfrac{1}{4}\right)^{n}\delta[k-3n]$；　　　（6）$x_{6}[k]=\left(\dfrac{\sin\left(\dfrac{\pi k}{3}\right)}{\pi k}\right)\left(\dfrac{\sin\left(\dfrac{\pi k}{4}\right)}{\pi k}\right)$。

4-26　已知有限长序列 $x[k]=\{2,1,-1,\overset{\downarrow}{0},3,2,0,-3,-4\}$，不计算 $x[k]$ 的 DTFT，试确定下列表达式的值。

（1）$X(\mathrm{e}^{\mathrm{j}0})$；　　（2）$X(\mathrm{e}^{\mathrm{j}\pi})$；　　（3）$\displaystyle\int_{-\pi}^{\pi}X(\mathrm{e}^{\mathrm{j}\Omega})\,\mathrm{d}\Omega$；

（4）$\displaystyle\int_{-\pi}^{\pi}\left|X(\mathrm{e}^{\mathrm{j}\Omega})\right|^{2}\mathrm{d}\Omega$；　　（5）$\displaystyle\int_{-\pi}^{\pi}\left|\dfrac{\mathrm{d}X(\mathrm{e}^{\mathrm{j}\Omega})}{\mathrm{d}\Omega}\right|^{2}\mathrm{d}\Omega$。

4-27　证明离散非周期序列 DTFT 的 Parseval 定理

$$\sum_{k}\left|x[k]\right|^{2}=\frac{1}{2\pi}\int_{-\pi}^{\pi}\left|X(\mathrm{e}^{\mathrm{j}\Omega})\right|^{2}\mathrm{d}\Omega$$

4-28 已知 $g_1[k]$ 的频谱为 $G_1(e^{j\Omega})$，试用 $G_1(e^{j\Omega})$ 表示题 4-28 图所示其他序列的频谱。

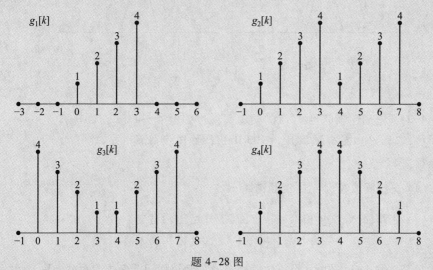

题 4-28 图

4-29 计算下列频谱函数对应的离散序列 $x[k]$。

$(1)\ X(e^{j\Omega}) = \sum_{n=-\infty}^{\infty} \delta(\Omega + 2\pi n)$；

$(2)\ X(e^{j\Omega}) = \dfrac{1 - e^{j\Omega(N+1)}}{1 - e^{-j\Omega}}$；

$(3)\ X(e^{j\Omega}) = 1 + 2\sum_{n=-1}^{N} \cos(\Omega n)$；

$(4)\ X(e^{j\Omega}) = \dfrac{j\alpha e^{j\Omega}}{(1 - \alpha e^{-j\Omega})^2}$，$|\alpha| < 1$。

4-30 已知信号 $x(t)$ 的频谱范围为 $0 \sim \omega_m (rad/s)$，若对下列信号进行时域抽样，试求其频谱不混叠的最大抽样间隔 T_{max}。

$(1)\ x\left(\dfrac{t}{4}\right)$；　$(2)\ x^2(t)$；　$(3)\ x(t) * x(t)$；　$(4)\ x(t) + x\left(\dfrac{t}{4}\right)$。

4-31 已知信号 $x(t) = \dfrac{\sin(4\pi t)}{\pi t}$，$-\infty < t < \infty$。当对该信号进行时域抽样时，试求能恢复原信号的最大抽样间隔 T_{max}。

4-32 某复信号 $x(t)$ 的频谱如题 4-32 图所示，试画出以抽样角频率 $\omega_s = \omega_m$ 抽样后信号的频谱。

4-33 已知高频窄带信号 $x(t)$ 的频谱如题 4-33 图所示，其带宽 $\omega_B = 8 \times 10^3 rad/s$，中心角频率 $\omega_0 = 20 \times 10^3 rad/s$，对 $x(t)$ 以抽样角频率 $\omega_{sam} = 8 \times 10^3 rad/s$ 进行抽样得序列 $x[k]$，试画出序列 $x[k]$ 的频谱 $X(e^{j\Omega})$，并对所得结果进行解释。

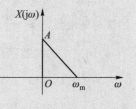

题 4-32 图

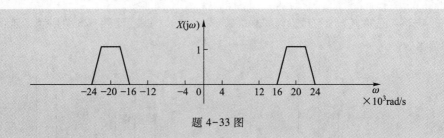

题 4-33 图

4-34 已知连续信号 $x(t)$ 的频谱 $X(j\omega)$ 如题 4-34 图所示,对 $x(t)$ 以抽样频率 $f_{sam} = 100$ Hz 进行抽样获得离散序列 $x[k] = x(t)\ |_{t=kT}$。

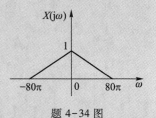

(1) 画出离散序列 $x[k]$ 的频谱 $X(e^{j\Omega})$;

(2) 计算 $\int_{-\infty}^{\infty} x(t)\mathrm{d}t$ 和 $\sum_{k=-\infty}^{\infty} x[k]$ 的值,并给出两者之间的关系。

题 4-34 图

4-35 题 4-35 图所示系统中信号 $x(t)$ 先经过理想低通滤波器进行限带,然后再抽样得离散序列 $y[k]$,试写出 $y[k]$ 的频谱表达式,并画出其频谱。

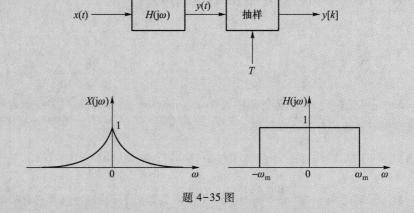

题 4-35 图

4-36 已知有限长序列 $x[k]$ 的频谱为 $X(e^{j\Omega})$,对 $X(e^{j\Omega})$ 在一个周期内进行 N 点抽样得离散频谱 $X[m]$,即 $X[m] = X(e^{j\Omega})\ |_{\Omega = \frac{2\pi}{N}m}$,若 $x[k]$ 取值如下,试确定离散频谱 $X[m]$ 所对应的时域序列 $y[k]$。取 $N = 5$。

(1) $x[k] = \{\overset{\downarrow}{1}, 2, 3, 4\}$;

(2) $x[k] = \{\overset{\downarrow}{1}, 2, 3, 4, 5, 6, 7\}$。

4-37 已知题 4-37 图所示三角波信号 $x(t)$。

（1）计算 $x(t)$ 的频谱 $X(\mathrm{j}\omega)$，并画出频谱图；

（2）对信号 $x(t)$ 以 $T = 0.1\mathrm{s}$ 为间隔进行等间隔抽样，得离散序列 $x[k]$，试求 $x[k]$ 的频谱 $X(\mathrm{e}^{\mathrm{j}\Omega})$，并画出频谱图；

（3）将信号 $x(t)$ 以 $T_0 = 3\mathrm{s}$ 为周期进行周期化，

得周期信号 $\widetilde{x}_{T_0}(t) = \displaystyle\sum_{n=-\infty}^{\infty} x(t + 3n)$，试求 $\widetilde{x}_{T_0}(t)$ 的频谱 C_n，并画出频谱图；

（4）对周期信号 $\widetilde{x}_{T_0}(t)$ 以 $T = 0.1\,\mathrm{s}$ 为间隔进行等间隔抽样，得离散周期序列 $\widetilde{x}[k]$，试求 $\widetilde{x}[k]$ 的频谱 $\widetilde{X}[m]$，并画出频谱图。

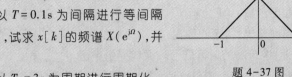

题 4-37 图

 # MATLAB习题

M4-1 试求题 M4-1 图所示周期矩形信号和周期三角波信号的频谱，并画出频谱图，取 $A = 1, T_0 = 2$。

（1）若以 $\dfrac{|C_0|^2 + 2\displaystyle\sum_{n=1}^{N}|C_n|^2}{P} \geqslant 0.90$ 定义信号的有效带宽，试确定题 M4-1 图所示信号的有效带宽 $N\omega_0$；

第 4 章部分
习题参考答案

（2）画出有效带宽内有限项谐波合成的近似波形，并对结果加以讨论和比较；

（3）增加谐波的项数，观察其合成的近似波形，并对结果加以讨论和比较。

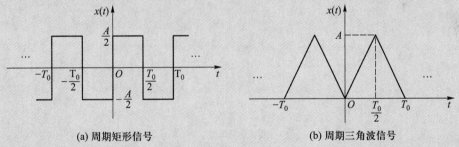

(a) 周期矩形信号　　　　　(b) 周期三角波信号

题 M4-1 图

M4-2 利用 Fourier 变换求解信号 $x(t) = \cos(100\pi t)$ 的理论频谱 $X(\mathrm{j}\omega)$。

（1）工程实际中只能获得有限长信号，利用 MATLAB 分析有限长余弦信号的频谱 $X_{\text{工程}}(\mathrm{j}\omega)$；

（2）比较 $X(\mathrm{j}\omega)$ 与 $X_{\text{工程}}(\mathrm{j}\omega)$，并从理论上予以解释。

M4-3 语音信号谱分析及男、女声音转换：

（1）请朗读"信号的频域分析"，并录音成 wav 格式，画出其时域波形；

（2）利用函数 ctft1 分析（1）中录制的语音信号的频谱，画出其幅度频谱；

（3）若你是男生，请将你在（1）中录制的语音信号转换成女生声音；若你是女生，请将你在（1）中录制的语音信号转换成男生声音。

M4-4 文件 yinjie_Adiao.wav 为 A 大调 1 个八度的音阶 1(Do)、2(Re)、3(Mi)、4(Fa)、5(So)、6(La)、7(Si)、$\dot{1}$(Do)，请画出其时域波形，并分析该信号的频谱，给出 1、2、3、4、5、6、7、$\dot{1}$ 八个乐音分别对应的频率。

（1）录制两种以上乐器（如钢琴、小提琴、萨克斯等）演奏的 A 大调音阶，并存为 wav 格式；

（2）画出所录制的 A 大调音阶信号的时域波形，比较不同乐器音阶信号的波形；

（3）分析所录制的 A 大调音阶信号的频谱，比较不同乐器音阶信号的频谱。

M4-5 对正弦信号 $x(t) = \sin(2\pi f_0 t)$ 以抽样频率 $f_{sam} = 8$ kHz 进行 1 s 抽样，得到有限长正弦序列 $x[k]$ 为

$$x[k] = x(t)\big|_{t=kT} = \sin\left(2\pi \frac{f_0}{f_{sam}} k\right)$$

（1）比较 $f_0 = 2$ kHz，2.2 kHz，2.4 kHz，2.6 kHz 和 $f_0 = 7.2$ kHz，7.4 kHz，7.6 kHz，7.8 kHz 两组信号抽样所得离散序列的声音，解释所出现的现象；

（2）对于窄带高频信号 $x(t)$，在不满足 $f_{sam} \geqslant 2f_m$ 条件下，也可从抽样得到的离散序列恢复原信号 $x(t)$。试举例验证。

第 5 章　系统的频域分析

　　系统频域分析的主要内容是基于信号的频域表示,分析信号通过线性非时变系统所产生的响应,从而在频域揭示信号作用于系统的机理,并相应地给出系统的频域描述。本章介绍 LTI 系统的频率响应的概念,周期信号和非周期信号通过 LTI 系统时零状态响应的频域分析方法,无失真传输系统和理想滤波器的频域特性和时域特性。根据信号与系统的时域和频域分析的理论阐述信号幅度调制与解调的基本原理,并简要介绍利用 MATLAB 进行系统频域分析的基本方法。

　　在系统的时域分析中,给出了输入信号、输出信号以及系统三者之间在时域的相互关系,即系统的零状态响应是输入信号与系统冲激(脉冲)响应的卷积。但信号与系统的时域卷积关系难以有效地分析信号的传输、信号的去噪等问题。因此,需要通过信号的频域表示进行系统的频域描述,为信号与系统的分析提供新的方法和途径。

为何引入系统
的频域分析

　　上一章介绍了信号的频域表示,本章将基于信号的频域表示分析连续 LTI 系统和离散 LTI 系统的频域描述。回顾系统的时域描述可知,信号在时域表示为冲激信号或脉冲信号的加权叠加,通过分析冲激信号通过连续 LTI 系统的响应,以及脉冲信号通过离散 LTI 系统的响应,从而得到 LTI 系统的时域描述。同理,在信号的频域表示中,连续时间信号都表示为虚指数信号 $e^{j\omega t}$ 的加权叠加,离散时间信号都表示为虚指数序列 $e^{j\Omega k}$ 的加权叠加,虚指数信号在通过 LTI 系统时究竟有何特性?下面通过分析虚指数信号 $e^{j\omega t}$ 通过连续 LTI 系统的特性、虚指数序列 $e^{j\Omega k}$ 通过离散 LTI 系统的特性来进一步理解信号 Fourier 表示的物理概念,引入连续 LTI 系统和离散 LTI 系统的频率响应,从而给出系统的频域描述。通过从频域分析信号通过 LTI 系统的零状态响应,给出输入信号、输出信号以及系统三者之间在频域的相互关系。

5.1　连续时间 LTI 系统的频域分析

　　通过分析虚指数信号 $e^{j\omega t}$ 通过稳定连续 LTI 系统的特性,引入连续 LTI 系统的频率响应,进而得到连续系统的频域描述。利用信号的频域表示,分析连续 LTI 系统的零状态响应,加深理解连续信号的频域表示和连续系统的频域描述的物理概念,并具体分析了无失真传输系统和理想模拟滤波器的时域特性和频域特性。

5.1.1　连续时间 LTI 系统的频率响应

对于稳定的连续 LTI 系统,当输入是角频率为 ω 的虚指数信号 $x(t)=\mathrm{e}^{\mathrm{j}\omega t}(-\infty < t<\infty)$ 时,系统的零状态响应 $y_{\mathrm{zs}}(t)$ 为

$$y_{\mathrm{zs}}(t) = \mathrm{e}^{\mathrm{j}\omega t} * h(t) = \int_{-\infty}^{\infty} \mathrm{e}^{\mathrm{j}\omega(t-\tau)}h(\tau)\,\mathrm{d}\tau = \mathrm{e}^{\mathrm{j}\omega t}\int_{-\infty}^{\infty}\mathrm{e}^{-\mathrm{j}\omega\tau}h(\tau)\,\mathrm{d}\tau \qquad (5\text{-}1)$$

定义
$$H(\mathrm{j}\omega) = \int_{-\infty}^{\infty}\mathrm{e}^{-\mathrm{j}\omega\tau}h(\tau)\,\mathrm{d}\tau \qquad (5\text{-}2)$$

称 $H(\mathrm{j}\omega)$ 为系统的频率响应。式(5-1)可写为

$$y_{\mathrm{zs}}(t) = \mathrm{e}^{\mathrm{j}\omega t}H(\mathrm{j}\omega) \qquad (5\text{-}3)$$

式(5-3)说明角频率为 ω 的虚指数信号 $\mathrm{e}^{\mathrm{j}\omega t}(-\infty < t<\infty)$ 作用于稳定的连续 LTI 系统时,系统的零状态响应仍为同频率的虚指数信号,虚指数信号幅度和相位的改变由系统的频率响应 $H(\mathrm{j}\omega)$ 确定,如图 5-1 所示。所以 $H(\mathrm{j}\omega)$ 反映了连续 LTI 系统对不同频率虚指数信号的传输特性。

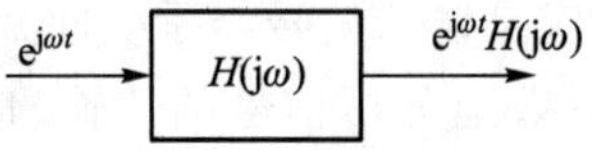

图 5-1　虚指数信号通过连续 LTI 系统的响应

由式(5-2)可知系统的频率响应 $H(\mathrm{j}\omega)$ 等于系统冲激响应 $h(t)$ 的 Fourier 变换。在一般情况下,系统的频率响应 $H(\mathrm{j}\omega)$ 是 ω 的复值函数,可用幅度和相位表示为

$$H(\mathrm{j}\omega) = |H(\mathrm{j}\omega)|\mathrm{e}^{\mathrm{j}\varphi(\omega)} \qquad (5\text{-}4)$$

称 $|H(\mathrm{j}\omega)|$ 为系统的幅度响应,$\varphi(\omega)$ 为系统的相位响应。当 $h(t)$ 是实信号时,由 Fourier 变换的性质知,$|H(\mathrm{j}\omega)|$ 是 ω 的偶函数,$\varphi(\omega)$ 是 ω 的奇函数。

由于输入信号为 $x(t)$、冲激响应为 $h(t)$ 的连续 LTI 系统,其零状态响应 $y_{\mathrm{zs}}(t)$ 为

$$y_{\mathrm{zs}}(t) = x(t) * h(t)$$

根据 Fourier 变换的时域卷积特性可得

$$Y_{\mathrm{zs}}(\mathrm{j}\omega) = X(\mathrm{j}\omega)H(\mathrm{j}\omega) \qquad (5\text{-}5)$$

因此,系统频率响应 $H(\mathrm{j}\omega)$ 也可以表示为零状态响应 $y_{\mathrm{zs}}(t)$ 的 Fourier 变换与输入激励 $x(t)$ 的 Fourier 变换之比,即

$$H(\mathrm{j}\omega) = \frac{Y_{\mathrm{zs}}(\mathrm{j}\omega)}{X(\mathrm{j}\omega)} \qquad (5\text{-}6)$$

【例 5-1】　已知某稳定的连续 LTI 系统的冲激响应 $h(t)$ 为

$$h(t) = (\mathrm{e}^{-t}-\mathrm{e}^{-2t})\mathrm{u}(t)$$

求该系统的频率响应 $H(j\omega)$。

解：

利用 $H(j\omega)$ 和 $h(t)$ 的关系，对 $h(t)$ 求 Fourier 变换可得

$$H(j\omega) = \mathscr{F}[h(t)] = \frac{1}{j\omega+1} - \frac{1}{j\omega+2} = \frac{1}{(j\omega)^2 + 3(j\omega) + 2}$$

对于连续 LTI 系统，不论系统是否稳定，都存在相应的单位冲激响应 $h(t)$。对于稳定的连续 LTI 系统，一定存在相应的频率响应 $H(j\omega)$，并可以由 $h(t)$ 经过 Fourier 变换计算出对应的 $H(j\omega)$。但对于不稳定的连续 LTI 系统，一般不存在频率响应 $H(j\omega)$。

【例 5-2】 已知某连续 LTI 系统的输入信号 $x(t) = e^{-t}u(t)$，零状态响应 $y_{zs}(t) = e^{-t}u(t) + e^{-2t}u(t)$，求该系统的频率响应 $H(j\omega)$ 和单位冲激响应 $h(t)$。

解：

由于 $x(t)$ 和 $y_{zs}(t)$ 存在 Fourier 变换，分别进行 Fourier 变换，得

$$X(j\omega) = \mathscr{F}[e^{-t}u(t)] = \frac{1}{1+j\omega}$$

$$Y_{zs}(j\omega) = \mathscr{F}[e^{-t}u(t) + e^{-2t}u(t)] = \frac{1}{1+j\omega} + \frac{1}{2+j\omega} = \frac{3+2j\omega}{(1+j\omega)(2+j\omega)}$$

根据式 (5-6) 得

$$H(j\omega) = \frac{Y_{zs}(j\omega)}{X(j\omega)} = \frac{3+2j\omega}{2+j\omega}$$

整理上式可得

$$H(j\omega) = \frac{2(2+j\omega) - 1}{2+j\omega} = 2 - \frac{1}{2+j\omega}$$

对 $H(j\omega)$ 进行 Fourier 反变换，即得系统的冲激响应 $h(t)$

$$h(t) = \mathscr{F}^{-1}[H(j\omega)] = 2\delta(t) - e^{-2t}u(t)$$

只有当连续系统为 LTI 系统时，才存在关系 $H(j\omega) = Y_{zs}(j\omega)/X(j\omega)$。只有当连续 LTI 系统的输入信号 $x(t)$ 和输出信号 $y_{zs}(t)$ 的 Fourier 变换 $X(j\omega)$ 和 $Y_{zs}(j\omega)$ 都存在时，才可以利用此关系求解出系统的频率响应 $H(j\omega)$。

【例 5-3】 已知描述某稳定的连续 LTI 系统的微分方程为

$$y''(t) + 3y'(t) + 2y(t) = x(t)$$

求该系统的频率响应 $H(j\omega)$。

解： 对该微分方程两边进行 Fourier 变换，得

$$[(j\omega)^2 + 3j\omega + 2]Y_{zs}(j\omega) = X(j\omega)$$

根据式 (5-6) 可得

$$H(j\omega) = \frac{Y_{zs}(j\omega)}{X(j\omega)} = \frac{1}{(j\omega)^2 + 3(j\omega) + 2}$$

同理,可根据描述稳定连续 LTI 系统的微分方程,求出其对应的频率响应。若描述稳定连续 LTI 系统的微分方程为

$$a_n y^{(n)}(t) + a_{n-1} y^{(n-1)}(t) + \cdots + a_1 y'(t) + a_0 y(t) =$$
$$b_m x^{(m)}(t) + b_{m-1} x^{(m-1)}(t) + \cdots + b_1 x'(t) + b_0 x(t)$$

则该系统的频率响应 $H(j\omega)$ 为

$$H(j\omega) = \frac{Y_{zs}(j\omega)}{X(j\omega)} = \frac{b_m(j\omega)^m + b_{m-1}(j\omega)^{m-1} + \cdots + b_1(j\omega) + b_0}{a_n(j\omega)^n + a_{n-1}(j\omega)^{n-1} + \cdots + a_1(j\omega) + a_0} \tag{5-7}$$

尽管 $H(j\omega)$ 可以通过系统的输入与输出的频谱函数来计算,但从式(5-7)可见,其与系统的输入与输出无关,而只与系统本身的特性有关。就如电阻可以通过其电流与电压来计算,但却又与电流及电压无关。

【例 5-4】　已知描述某稳定的连续 LTI 系统的微分方程为

$$y''(t) + By'(t) + \omega_0^2 y(t) = x''(t) + \omega_0^2 x(t)$$

求该系统的频率响应 $H(j\omega)$,其中 B 和 ω_0 为实数。

解: 对该微分方程两边进行 Fourier 变换,得

$$\left[(j\omega)^2 + Bj\omega + \omega_0^2\right] Y_{zs}(j\omega) = \left[(j\omega)^2 + \omega_0^2\right] X(j\omega)$$

由频率响应的定义得

$$H(j\omega) = \frac{(j\omega)^2 + \omega_0^2}{(j\omega)^2 + B(j\omega) + \omega_0^2}$$

系统幅度响应为

$$|H(j\omega)| = \sqrt{\frac{(\omega^2 - \omega_0^2)^2}{(\omega^2 - \omega_0^2)^2 + B^2 \omega^2}}$$

由上式可知

$$0 \leqslant |H(j\omega)| \leqslant 1$$

故在 $\omega = \pm\omega_0$ 时,幅度响应 $|H(j\omega)|$ 达到最小值 0,即

$$|H(\pm j\omega_0)| = 0$$

系统的幅度响应如图 5-2 所示,是一个具有带阻特性的系统。由图可见,幅度响应 $|H(j\omega)|$ 在 ω_1 和 ω_2 处的衰耗为 $-20\lg|H(j\omega)| \approx 3$ dB,因而称 ω_1 和 ω_2 为系统的3 dB 截止频率(简称截频), $B = \omega_2 - \omega_1$ 称为系统的阻带3 dB 带宽。该系统可抑制输入信号中 ω_0 附近的频率分量,称其为中心频率为 ω_0 的陷波器(notch filter)。

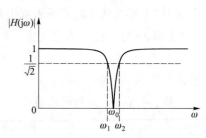

图 5-2　例 5-4 系统的幅度响应

5.1.2   连续非周期信号通过系统的响应

若连续非周期信号 $x(t)$ 的 Fourier 存在,则可由虚指数信号 $\mathrm{e}^{\mathrm{j}\omega t}$ ($-\infty < t < \infty$) 的线性组合表示,即

$$x(t) = \frac{1}{2\pi}\int_{-\infty}^{\infty} X(\mathrm{j}\omega)\mathrm{e}^{\mathrm{j}\omega t}\mathrm{d}\omega \qquad (5-8)$$

由式(5-8)和系统的线性时不变特性,可推出信号 $x(t)$ 作用于稳定连续 LTI 系统的零状态响应 $y_{zs}(t)$ 为

$$\begin{aligned}
y_{zs}(t) = T\{x(t)\} &= \frac{1}{2\pi}T\left\{\int_{-\infty}^{\infty} X(\mathrm{j}\omega)\mathrm{e}^{\mathrm{j}\omega t}\mathrm{d}\omega\right\} \\
&= \frac{1}{2\pi}\int_{-\infty}^{\infty} X(\mathrm{j}\omega)T\{\mathrm{e}^{\mathrm{j}\omega t}\}\mathrm{d}\omega \\
&= \frac{1}{2\pi}\int_{-\infty}^{\infty} X(\mathrm{j}\omega)H(\mathrm{j}\omega)\mathrm{e}^{\mathrm{j}\omega t}\mathrm{d}\omega
\end{aligned}$$

若 $Y(\mathrm{j}\omega)$ 表示系统零状态响应 $y_{zs}(t)$ 的频谱函数,根据 Fourier 反变换的定义,有

$$Y_{zs}(\mathrm{j}\omega) = X(\mathrm{j}\omega)H(\mathrm{j}\omega) \qquad (5-9)$$

式(5-9)的结论与 Fourier 变换的时域卷积定理一致,即信号 $x(t)$ 作用于稳定连续 LTI 系统的零状态响应的频谱 $Y_{zs}(\mathrm{j}\omega)$ 等于输入信号的频谱 $X(\mathrm{j}\omega)$ 乘以系统的频率响应 $H(\mathrm{j}\omega)$, $H(\mathrm{j}\omega)$ 反映了连续 LTI 系统对输入信号中不同频率分量的传输特性。

【例 5-5】 已知描述某稳定的连续 LTI 系统的微分方程为

$$y''(t) + 3y'(t) + 2y(t) = 2x'(t) + 3x(t)$$

系统的输入激励 $x(t) = \mathrm{e}^{-3t}\mathrm{u}(t)$,求系统的零状态响应 $y_{zs}(t)$。

解: 由于输入激励 $x(t)$ 的频谱函数为

$$X(\mathrm{j}\omega) = \frac{1}{\mathrm{j}\omega + 3}$$

根据微分方程可得该系统的频率响应为

$$H(\mathrm{j}\omega) = \frac{2(\mathrm{j}\omega) + 3}{(\mathrm{j}\omega)^2 + 3(\mathrm{j}\omega) + 2} = \frac{2(\mathrm{j}\omega) + 3}{(\mathrm{j}\omega + 1)(\mathrm{j}\omega + 2)}$$

故该系统的零状态响应 $y_{zs}(t)$ 的频谱函数 $Y_{zs}(\mathrm{j}\omega)$ 为

$$Y_{zs}(\mathrm{j}\omega) = X(\mathrm{j}\omega)H(\mathrm{j}\omega) = \frac{2(\mathrm{j}\omega) + 3}{(\mathrm{j}\omega + 1)(\mathrm{j}\omega + 2)(\mathrm{j}\omega + 3)}$$

将 $Y_{zs}(\mathrm{j}\omega)$ 表达式用部分分式展开,得

$$Y_{zs}(j\omega) = \dfrac{\dfrac{1}{2}}{j\omega+1} + \dfrac{1}{j\omega+2} + \dfrac{-\dfrac{3}{2}}{j\omega+3}$$

由 Fourier 反变换,可得系统的零状态响应 $y_{zs}(t)$ 为

$$y_{zs}(t) = \left(\dfrac{1}{2}e^{-t} + e^{-2t} - \dfrac{3}{2}e^{-3t}\right)u(t)$$

连续 LTI 系统零状态响应的频域求解在物理概念上较为清晰,而且更加简捷,因为其将时域的卷积关系转换为频域的乘积关系。系统响应的频域分析的前提是输入信号的频谱 $X(j\omega)$、输出信号的频谱 $Y_{zs}(j\omega)$ 以及系统频率响应 $H(j\omega)$ 必须同时存在。

需要强调的是,虽然可以在频域分析连续 LTI 系统的零状态响应,但系统频域分析的目的不是求解系统的响应,而是通过信号的频域表示和系统的频域描述,在频域得到如式(5-9)所给出的输入、输出、系统之间的相互关系,从而为信号分析和处理提供新的方法。下面通过在频域分析信号的传输和信号的去噪,展现信号与系统频域分析的优势。

【例 5-6】已知某信号 $x(t)$ 的频谱 $X(j\omega)$ 如图 5-3(a)所示,传输系统的频率响应 $H(j\omega)$ 如图 5-3(b)所示,求信号 $x(t)$ 通过该系统传输后的零状态响应 $y_{zs}(t)$。

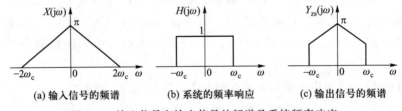

(a) 输入信号的频谱　　(b) 系统的频率响应　　(c) 输出信号的频谱

图 5-3　输入信号和输出信号的频谱及系统频率响应

解:信号 $x(t)$ 通过系统的零状态响应 $y_{zs}(t)$ 的频谱为

$$Y_{zs}(j\omega) = X(j\omega)H(j\omega)$$

输出信号的频谱 $Y_{zs}(j\omega)$ 如图 5-3(c)所示。由图可见,输入信号在通过具有低通特性的传输系统 $H(j\omega)$ 后,输入信号中的高频分量被滤除,输出信号中只含有原信号的低频分量。

对 $Y_{zs}(j\omega)$ 进行 Fourier 反变换即可求解其对应的时域信号 $y_{zs}(t)$。$Y_{zs}(j\omega)$ 可以看成是两个基本信号的叠加,即幅度为 $\dfrac{\pi}{2}$、宽度为 $2\omega_c$ 的矩形波,以及幅度为 $\dfrac{\pi}{2}$、宽度为 $2\omega_c$ 的三角波,即

$$Y_{zs}(j\omega) = \dfrac{\pi}{2}p_{2\omega_c}(\omega) + \dfrac{\pi}{2}\Delta_{2\omega_c}(\omega)$$

其中 $\Delta_{2\omega_c}(\omega)$ 表示宽度为 $2\omega_c$、幅度为 1 的三角波信号。

由于
$$\mathrm{Sa}(\omega_0 t) \longleftrightarrow \frac{\pi}{\omega_0} p_{2\omega_0}(\omega)$$

$$\mathrm{Sa}^2(\omega_0 t) \longleftrightarrow \frac{\pi}{\omega_0} \Delta_{4\omega_0}(\omega)$$

所以
$$y_{zs}(t) = \frac{\omega_c}{2}\mathrm{Sa}(\omega_c t) + \frac{\omega_c}{2}\mathrm{Sa}^2\left(\frac{\omega_c}{2}t\right)$$

虽然我们可以通过时域分析信号的输出,但通过卷积分析信号的传输过程比较复杂,而且物理概念不够清晰。而根据式(5-9)在频域分析信号的传输过程却十分直观。由于输入 $x(t)$ 与输出 $y_{zs}(t)$ 在频域的关系为 $Y_{zs}(\mathrm{j}\omega) = H(\mathrm{j}\omega)X(\mathrm{j}\omega)$。因此,频域分析可以清楚地反映输入信号通过系统 $H(\mathrm{j}\omega)$ 传输时将会发生怎样的改变,也易于理解为何在信号传输时,信号的频带宽度与传输系统的带宽需要匹配的机理。图 5-4 分别从时域和频域显示了信号通过系统的去噪过程。

由图 5-4 可见,根据频域分析信号的去噪,可以更加清晰地反映信号通过系统的去噪过程。通过设计不同频率响应的系统,即可以实现对信号中不同频率分量的滤除。

如果未知描述系统的微分方程而已知具体电路,则在分析电路系统的频率响应时,主要有两种方法。一是通过 Kirchhoff 定律先建立描述系统的微分方程,然后利用 Fourier 变换求出系统的频率响应。另一种更简单的方法是根据基本元件在频域中的伏安关系得到其广义的阻抗,建立基本元件的频域模型,然后直接利用电路的基本原理求出电路系统的频率响应。下面重点介绍第二种方法。根据电路中基本元件电阻、电感、电容在时域的伏安关系,通过 Fourier 变换可得其在频域中的伏安关系

$$v_R(t) = Ri_R(t), \quad V_R(\mathrm{j}\omega) = RI_R(\mathrm{j}\omega), \quad Z_R = \frac{V_R(\mathrm{j}\omega)}{I_R(\mathrm{j}\omega)} = R$$

$$v_L(t) = L\frac{\mathrm{d}i_L(t)}{\mathrm{d}t}, \quad V_L(\mathrm{j}\omega) = \mathrm{j}\omega L I_L(\mathrm{j}\omega), \quad Z_L = \frac{V_L(\mathrm{j}\omega)}{I_L(\mathrm{j}\omega)} = \mathrm{j}\omega L$$

$$i_C(t) = C\frac{\mathrm{d}v_C(t)}{\mathrm{d}t}, \quad I_C(\mathrm{j}\omega) = \mathrm{j}\omega C V_C(\mathrm{j}\omega), \quad Z_C = \frac{V_C(\mathrm{j}\omega)}{I_C(\mathrm{j}\omega)} = \frac{1}{\mathrm{j}\omega C}$$

其中 Z_R、Z_L 和 Z_C 分别表示电阻、电感、电容在频域的广义阻抗。

【例 5-7】 如图 5-5(a)中的 RC 电路系统,若激励电压源为 $x(t)$,输出电压 $y(t)$ 为电容两端的电压 $v_C(t)$,电路的初始状态为零。求系统的频率响应 $H(\mathrm{j}\omega)$ 和单位冲激响应 $h(t)$。

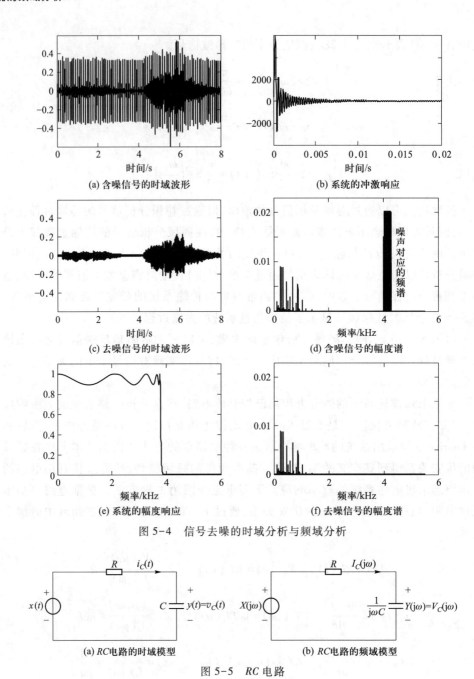

图 5-4　信号去噪的时域分析与频域分析

(a) 含噪信号的时域波形　　　(b) 系统的冲激响应

(c) 去噪信号的时域波形　　　(d) 含噪信号的幅度谱

(e) 系统的幅度响应　　　(f) 去噪信号的幅度谱

(a) RC 电路的时域模型　　　(b) RC 电路的频域模型

图 5-5　RC 电路

解:方法一:由 Kirchhoff 电压定律

$$Ri_C(t) + y(t) = x(t)$$

由于 $i_C(t) = C\dfrac{\mathrm{d}v_C(t)}{\mathrm{d}t} = C\dfrac{\mathrm{d}y(t)}{\mathrm{d}t}$,所以描述该电路的输入输出微分方程为

$$RC\frac{\mathrm{d}y(t)}{\mathrm{d}t}+y(t)=x(t)\,,\quad t>0$$

该微分方程为常系数线性微分方程,故该系统为连续 LTI 系统。对上式两边进行 Fourier 变换,可得系统的频率响应 $H(\mathrm{j}\omega)$ 为

$$H(\mathrm{j}\omega)=\frac{Y_{zs}(\mathrm{j}\omega)}{X(\mathrm{j}\omega)}=\frac{1}{RC(\mathrm{j}\omega)+1}=\frac{\dfrac{1}{RC}}{\mathrm{j}\omega+\dfrac{1}{RC}}$$

方法二:根据图 5-5(a)所示 RC 电路,可得其频域模型如图 5-5(b)所示。由电路基本原理有

$$H(\mathrm{j}\omega)=\frac{Y_{zs}(\mathrm{j}\omega)}{X(\mathrm{j}\omega)}=\frac{\dfrac{1}{\mathrm{j}\omega C}}{R+\dfrac{1}{\mathrm{j}\omega C}}=\frac{\dfrac{1}{RC}}{\mathrm{j}\omega+\dfrac{1}{RC}}$$

可见两种方法结论一致。从电路的频域模型来分析较复杂电路系统的频率响应时更加有效,其避免了微分方程的建立。

由系统的频率响应通过 Fourier 反变换,可得系统的单位冲激响应 $h(t)$ 为

$$h(t)=\frac{1}{RC}\mathrm{e}^{-\left(\frac{1}{RC}\right)t}\mathrm{u}(t)$$

图 5-6 为该 RC 电路系统的幅度响应 $|H(\mathrm{j}\omega)|$。由于 $|H(\mathrm{j}0)|=1$,所以直流信号可以无损地通过该系统。随着频率的增加,系统的幅度响应 $|H(\mathrm{j}\omega)|$ 不断减小,说明信号的频率越高,信号通过该系统时损耗也就越大,故此电路表示的系统被称为低通滤波器。由于 $\left|H\left(\mathrm{j}\dfrac{1}{RC}\right)\right|=1/\sqrt{2}\approx0.707$,所以把 $\omega_{c}=\dfrac{1}{RC}$ 称为该系统的 3 dB 截频。

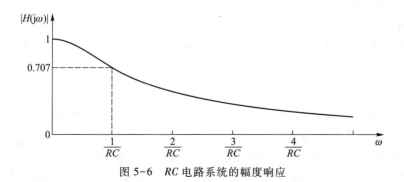

图 5-6 RC 电路系统的幅度响应

5.1.3　连续周期信号通过系统的响应

1. 正弦型信号通过连续 LTI 系统的响应

设连续 LTI 系统的输入激励信号为

$$x(t) = \cos(\omega_0 t + \theta)\,, \quad -\infty < t < \infty \tag{5-10}$$

由 Euler 公式可得

$$x(t) = \frac{1}{2}\left(e^{j(\omega_0 t + \theta)} + e^{-j(\omega_0 t + \theta)}\right) \tag{5-11}$$

根据式(5-6)及连续 LTI 系统的线性特性,可得响应 $y(t)$ 为

$$y(t) = \frac{1}{2}\left[H(j\omega_0)e^{j(\omega_0 t + \theta)} + H(-j\omega_0)e^{-j(\omega_0 t + \theta)}\right]$$

$$= \frac{1}{2}\left[\,|H(j\omega_0)|\,e^{j[\omega_0 t + \theta + \varphi(\omega_0)]} + |H(-j\omega_0)|\,e^{-j[\omega_0 t + \theta - \varphi(-\omega_0)]}\right] \tag{5-12}$$

当系统的冲激响应 $h(t)$ 是实信号时,由 Fourier 变换的对称性有

$$H(j\omega) = H^*(-j\omega)$$

即系统的幅度响应为偶对称 $|H(j\omega)| = |H(-j\omega)|$,相位响应为奇对称 $\varphi(\omega) = -\varphi(-\omega)$,故式(5-12)化简为

$$y(t) = \frac{1}{2}\left[\,|H(j\omega_0)|\,e^{j(\omega_0 t + \varphi(\omega_0) + \theta)} + |H(j\omega_0)|\,e^{-j(\omega_0 t + \varphi(\omega_0) + \theta)}\right]$$

$$= |H(j\omega_0)|\cos(\omega_0 t + \varphi(\omega_0) + \theta) \tag{5-13}$$

同理可推导出正弦信号

$$x(t) = \sin(\omega_0 t + \theta)\,, \quad -\infty < t < \infty$$

通过连续 LTI 系统的响应

$$y(t) = |H(j\omega_0)|\sin[\omega_0 t + \varphi(\omega_0) + \theta] \tag{5-14}$$

由式(5-13)和式(5-14)可见,当正弦或余弦信号通过频率响应为 $H(j\omega)$ 的连续 LTI 系统时,其输出响应仍为同频率的正弦或余弦信号,幅度响应 $|H(j\omega)|$ 影响正弦信号的幅度,相位响应 $\varphi(\omega)$ 影响正弦信号的相位。这也是称 $|H(j\omega)|$ 为系统的幅度响应、$\varphi(\omega)$ 为系统的相位响应的缘由。

【例 5-8】已知某连续 LTI 系统的频率响应如图 5-7 所示,若系统输入信号为 $x(t) = 4 + 4\cos(10t) + 2\cos(20t) + \cos(30t) + \cos(40t)\,(-\infty < t < \infty)$,试求系统的输出响应 $y(t)$。

解:由于输入信号是由直流信号和余弦信号组成。根据图 5-7 可知,系统在角频率 $\omega = 0$、10 rad/s、20 rad/s、

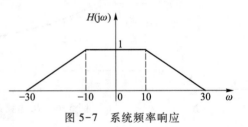

图 5-7　系统频率响应

30 rad/s、40 rad/s 处的频率响应分别为 $H(j0)=1, H(j10)=1, H(j20)=\dfrac{1}{2}, H(j30)=0,$ $H(j40)=0$。因此,由式(5-14)可得系统的输出响应 $y(t)$ 为

$$y(t)=4+4\cos(10t)+\cos(20t), \quad -\infty<t<\infty$$

2. 任意周期信号通过连续 LTI 系统的响应

设 $\tilde{x}(t)$ 是周期为 T_0 的周期信号,其 Fourier 级数表示为

$$\tilde{x}(t)=\sum_{n} C_n e^{jn\omega_0 t}, \quad \omega_0=\frac{2\pi}{T_0} \tag{5-15}$$

在分析周期信号 $\tilde{x}(t)$ 通过 LTI 系统的零状态响应 $y_{zs}(t)$ 时,可以分别求每个谐波分量 $C_n e^{jn\omega_0 t}$ 作用于连续 LTI 系统的响应,将这些响应叠加起来即得到 $\tilde{x}(t)$ 作用下的响应 $y_{zs}(t)$。由式(5-6)及系统的线性特性可得周期信号 $\tilde{x}(t)$ 通过频率响应为 $H(j\omega)$ 的系统的响应为

$$y_{zs}(t)=\sum_{n=-\infty}^{\infty} C_n H(jn\omega_0) e^{jn\omega_0 t}, \quad -\infty<t<\infty \tag{5-16}$$

由上式可知,周期为 T_0 的周期信号通过连续 LTI 系统后仍是周期为 T_0 的周期信号。

若 $\tilde{x}(t)$ 和 $h(t)$ 为实信号,则有

$$C_n=C_{-n}^*, \quad H(j\omega)=H^*(-j\omega)$$

式(5-16)可进一步表达为

$$
\begin{aligned}
y_{zs}(t) &= C_0 H(j0)+\sum_{n=-\infty}^{-1} C_n H(jn\omega_0) e^{jn\omega_0 t}+\sum_{n=1}^{\infty} C_n H(jn\omega_0) e^{jn\omega_0 t}\\
&= C_0 H(j0)+\sum_{n=1}^{\infty}\left[C_n H(jn\omega_0) e^{jn\omega_0 t}+C_{-n} H(-jn\omega_0) e^{-jn\omega_0 t}\right]\\
&= C_0 H(j0)+2\sum_{n=1}^{\infty} \mathrm{Re}\left\{C_n H(jn\omega_0) e^{jn\omega_0 t}\right\}, \quad -\infty<t<\infty
\end{aligned}
\tag{5-17}
$$

【例 5-9】 求图 5-8 所示周期矩形信号通过系统 $H(j\omega)=\dfrac{1}{\alpha+j\omega}$ 的零状态响应 $y_{zs}(t)$。

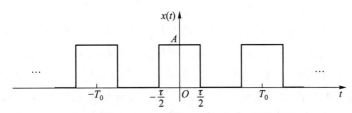

图 5-8 周期为 T_0、宽度为 τ 的周期矩形信号

解:周期矩形信号的 Fourier 系数为

$$C_n = \frac{A\tau}{T} \mathrm{Sa}\left(\frac{n\omega_0\tau}{2}\right)$$

利用式(5-17)可得系统的响应 $y_{zs}(t)$ 为

$$y_{zs}(t) = \frac{A\tau}{\alpha T} + 2\sum_{n=1}^{\infty} \frac{A\tau}{T} \mathrm{Sa}\left(\frac{n\omega_0\tau}{2}\right) \mathrm{Re}\left\{\frac{\mathrm{e}^{\mathrm{j}n\omega_0 t}}{\alpha + \mathrm{j}n\omega_0}\right\}$$

$$= \frac{A\tau}{\alpha T} + 2\sum_{n=1}^{\infty} \frac{A\tau}{T} \mathrm{Sa}\left(\frac{n\omega_0\tau}{2}\right) \frac{\alpha\cos(n\omega_0 t) + n\omega_0 \sin(n\omega_0 t)}{\alpha^2 + n^2\omega_0^2}, \quad -\infty < t < \infty$$

5.1.4　无失真传输系统

无失真传输系统在信号处理中具有重要的理论意义。所谓无失真传输系统,是指信号通过该系统时,信号没有出现失真。信号传输无失真是指输出信号与输入信号相比,输出信号在信号幅度上相差一个常数倍,信号在时间上产生延迟。若输入信号为 $x(t)$,则无失真传输系统的输出信号 $y(t)$ 应为

$$y(t) = Kx(t - t_d) \tag{5-18}$$

式中 K 是一个正常数,t_d 是输入信号通过系统后的延迟时间。显然,无失真传输系统的单位冲激响应 $h(t)$ 为

$$h(t) = K\delta(t - t_d) \tag{5-19}$$

无失真传输系统是线性非时变系统,对式(5-18)进行 Fourier 变换,并根据 Fourier 变换的时移特性,可得

$$Y(\mathrm{j}\omega) = KX(\mathrm{j}\omega)\mathrm{e}^{-\mathrm{j}\omega t_d}$$

故无失真传输系统的频率响应为

$$H(\mathrm{j}\omega) = \frac{Y(\mathrm{j}\omega)}{X(\mathrm{j}\omega)} = K\mathrm{e}^{-\mathrm{j}\omega t_d} \tag{5-20}$$

式(5-20)也可通过对式(5-19)进行 Fourier 变换而得到。无失真传输系统的幅度响应和相位响应分别为

$$|H(\mathrm{j}\omega)| = K, \varphi(\omega) = -\omega t_d \tag{5-21}$$

因此,无失真传输系统应满足两个条件:系统的幅度响应 $|H(\mathrm{j}\omega)|$ 在整个频率范围内为常数 K,即系统的带宽为无穷大;系统的相位响应 $\varphi(\omega)$ 在整个频率范围内与 ω 呈线性,即具有线性相位。如图 5-9 所示。

实际的物理系统的幅度响应 $|H(\mathrm{j}\omega)|$ 不可能是在整个频率范围内为常数,相位响应 $\varphi(\omega)$ 一般也不是 ω 的线性函数。如果系统的幅度响应 $|H(\mathrm{j}\omega)|$ 不为常数,信号通过系统时将会产生幅度失真;如果系统的相位响应 $\varphi(\omega)$ 不是 ω 的线性函数,信号通过系统时将会产生相位失真。一个无失真传输系统只是理论上的定义,物理可实现的系统无法达到此理想指标。实际的传输系统可以与之进行对比,指标

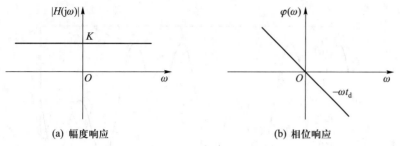

(a) 幅度响应   (b) 相位响应

图 5-9   无失真传输系统的幅度响应与相位响应

与之越近,则实际的传输系统就越接近理想。在实际应用中,通常把在足够大的频带范围内具有较平坦的幅度响应,且具有线性相位响应的系统,近似地看作是无失真传输系统。

【例 5-10】 已知某连续 LTI 系统的频率响应为

$$H(\mathrm{j}\omega) = \frac{1-\mathrm{j}\omega}{1+\mathrm{j}\omega}$$

（1）试求该系统的幅度响应 $|H(\mathrm{j}\omega)|$ 和相位响应 $\varphi(\omega)$,并判断该系统是否为无失真传输系统;

（2）当输入为 $x(t) = \sin(t) + \sin(3t)$, $-\infty < t < \infty$ 时,求系统的响应 $y(t)$。

解: （1）由于频率响应 $H(\mathrm{j}\omega)$ 的分子分母互为共轭,故有

$$H(\mathrm{j}\omega) = \frac{1-\mathrm{j}\omega}{1+\mathrm{j}\omega} = \mathrm{e}^{-\mathrm{j}2\arctan(\omega)}$$

所以系统的幅度响应和相位响应分别为

$$|H(\mathrm{j}\omega)| = 1, \quad \varphi(\omega) = -2\arctan(\omega)$$

由于系统的幅度响应 $|H(\mathrm{j}\omega)|$ 对所有的频率都为常数,这类系统被称为全通系统。但由于该系统的相位响应 $\varphi(\omega)$ 不是 ω 的线性函数,所以该系统不是无失真传输系统。

（2）由式（5-14）可知

$$y(t) = |H(\mathrm{j}1)|\sin(t+\varphi(1)) + |H(\mathrm{j}3)|\sin(3t+\varphi(3))$$

$$= \sin\left(t-\frac{\pi}{2}\right) + \sin(3t-0.795\ 2\pi)$$

图 5-10 的实线表示系统的输入信号 $x(t)$,虚线为系统的输出信号 $y(t)$。由图可知,输出信号相对于输入信号产生了失真,输出信号的失真是由于系统的非线性相位而引起。因此,信号通过系统产生失真,可能是由于系统的幅度响应不为常数而造成幅度失真,也可能是由于系统的相位响应不为线性而造成相位失真,或者兼而有之。

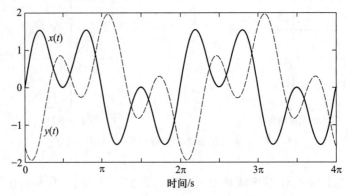

图 5-10　例 5-10 输入和输出信号

5.1.5　理想模拟滤波器

模拟滤波器是连续 LTI 系统,其能够有选择性地让输入信号中某些频率分量通过,而其他频率分量很少通过。在实际应用中,按照允许通过的频率成分划分,模拟滤波器可分为低通、高通、带通和带阻等几种常见的滤波器,它们在理想情况下系统的频率响应分别如图 5-11 所示,其中 ω_c 是低通、高通的截频,ω_1 和 ω_2 是带通和带阻的截频。本节重点讨论理想低通滤波器,其他三种滤波器的分析与之类似。

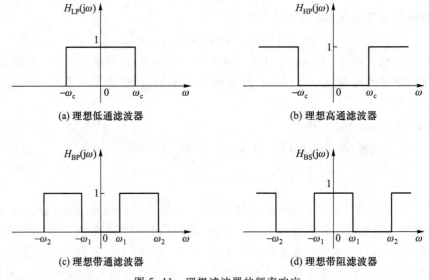

(a) 理想低通滤波器　　　　　(b) 理想高通滤波器

(c) 理想带通滤波器　　　　　(d) 理想带阻滤波器

图 5-11　理想滤波器的频率响应

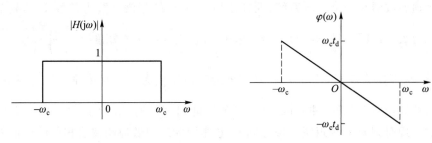

图 5-12　线性相位理想低通滤波器的频率响应

具有线性相位的理想低通滤波器,其幅度响应 $|H(\mathrm{j}\omega)|$ 在通带 $0 \sim \omega_c$(ω_c 称为截止角频率)恒为 1,在通带之外为 0;相位响应 $\varphi(\omega)$ 与 ω 呈线性关系。其频率响应可表示为

$$H(\mathrm{j}\omega) = \begin{cases} \mathrm{e}^{-\mathrm{j}\omega t_d}, & |\omega| < \omega_c \\ 0, & |\omega| > \omega_c \end{cases} = p_{2\omega_c}(\omega)\,\mathrm{e}^{-\mathrm{j}\omega t_d} \tag{5-22}$$

如图 5-12 所示。由于理想低通滤波器的通带不是无穷大而是有限值,故也称为带限系统。显然,信号通过这种带限系统时,有可能会产生失真。失真的大小一方面取决于带限系统的通带宽度,另一方面也取决于输入信号的频带宽度,这就是信号与系统的带宽匹配的概念。由此可见,理想低通滤波器的通带的宽窄是相对于输入信号的频带宽度而言,当理想低通滤波器的通带宽度大于所要传输信号的频带宽度时,就可以认为系统的频带足够宽,信号通过时就能实现无失真传输。在工程实际中,信号的频谱一般延续至无穷,当信号通过理想低通滤波器时,必然会产生失真。但如果信号的有效带宽小于理想低通滤波器的通带宽度,则信号通过滤波器时,信号将损失有效带宽以外的频率分量,失真在可接受的范围。这也是在信号的频域分析中,引入信号有效带宽的意义所在。

下面分析冲激信号和阶跃信号通过理想低通滤波器的响应,这些响应的特点具有普遍意义,可以得到一些有用的结论。

1. 理想低通滤波器的冲激响应

系统的冲激响应 $h(t)$ 就是当系统输入激励为冲激信号 $\delta(t)$ 时产生的输出响应,而且系统的冲激响应 $h(t)$ 与系统频率响应 $H(\mathrm{j}\omega)$ 是一对 Fourier 变换对。因此,具有线性相位的理想低通滤波器的冲激响应为

$$h(t) = \frac{1}{2\pi}\int_{-\infty}^{\infty} H(\mathrm{j}\omega)\,\mathrm{e}^{\mathrm{j}\omega t}\,\mathrm{d}\omega = \frac{1}{2\pi}\int_{-\omega_c}^{\omega_c}\mathrm{e}^{-\mathrm{j}\omega t_d}\mathrm{e}^{\mathrm{j}\omega t}\,\mathrm{d}\omega = \frac{\omega_c}{\pi}\mathrm{Sa}\big[\,\omega_c(t-t_d)\,\big]$$

$$\tag{5-23}$$

理想低通滤波器的冲激响应 $h(t)$ 的波形如图 5-13 所示。由图可见,冲激响应的波形不同于输入的冲激信号的波形,是一个抽样函数,产生了很大的失真。这是因为

理想低通滤波器是一个带限系统,而冲激信号 $\delta(t)$ 的频谱函数为常数 1,其频带宽度为无穷大。由图可见,截止频率 ω_c 越小,冲激响应的主瓣宽度 $\left(t_d+\dfrac{\pi}{\omega_c}\right)-\left(t_d-\dfrac{\pi}{\omega_c}\right)=\dfrac{2\pi}{\omega_c}$ 越大,失真越大。当 $\omega_c \rightarrow \infty$ 时,理想低通滤波器变为无失真传输系统,抽样函数也变为冲激函数。此外,冲激响应 $h(t)$ 的主峰出现的时刻 $t=t_d$ 比输入的冲激信号 $\delta(t)$ 的作用时刻 $t=0$ 延迟了一段时间 t_d,这是因为理想低通滤波器相位响应的斜率为 $-t_d$。从图中也可以发现,冲激响应在 $t<0$ 的区域也存在非零输出,这说明理想低通滤波器是非因果系统,因而是物理不可实现的连续系统。

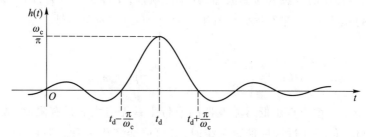

图 5-13　具有线性相位理想低通滤波器的冲激响应

2. 理想低通滤波器的阶跃响应

如果线性相位理想低通滤波器的输入是一个单位阶跃信号 $u(t)$,则系统的输出响应称为阶跃响应,以符号 $g(t)$ 表示。由于单位阶跃信号是单位冲激信号的积分,根据线性非时变系统的特性,系统阶跃响应应是系统冲激响应的积分,即

$$g(t)=h^{(-1)}(t)=\int_{-\infty}^{t}h(\tau)\mathrm{d}\tau=\frac{\omega_c}{\pi}\int_{-\infty}^{t}\mathrm{Sa}[\omega_c(\tau-t_d)]\mathrm{d}\tau$$

$$=\frac{1}{2}+\frac{1}{\pi}\int_{0}^{\omega_c(t-t_d)}\mathrm{Sa}(x)\mathrm{d}x \tag{5-24}$$

其波形如图 5-14 所示。

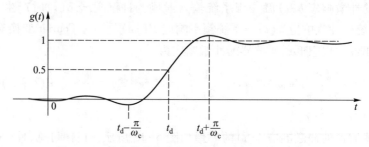

图 5-14　具有线性相位理想低通滤波器的阶跃响应

由图可见,阶跃响应 $g(t)$ 比输入阶跃信号 $u(t)$ 也延迟一段时间 t_d。此时阶跃响应的波形并不像阶跃信号波形那样垂直上升,这表明阶跃响应的建立需要一段时间;同时波形出现过冲与振荡,这是由于理想低通滤波器是一个带限系统。在 $t = t_d$ 时刻,阶跃响应波形的斜率最大。若将阶跃响应从最小值上升到最大值所需时间称为阶跃响应的上升时间 t_r,则上升时间与冲激响应的主瓣宽度一样,都是 $2\pi/\omega_c$。这表明阶跃响应的上升时间 t_r 与理想低通滤波器的通带宽度 ω_c 成反比。ω_c 越大,阶跃响应上升时间就越短,当 $\omega_c \to \infty$ 时,$t_r \to 0$。由理想低通滤波器的阶跃响应波形还可以发现,阶跃信号通过理想低通滤波器后,在其间断点的前后出现了振荡,其振荡的最大峰值约为阶跃突变值的 9%。而且如果增加滤波器的带宽,峰值的位置将趋于间断点,振荡起伏增多,衰减随之加快,但峰值却并不减小,这种现象称为 Gibbs 现象。

通过对理想低通滤波器的几种响应的分析,可以得到以下一些有用的概念:

(1)输出响应的延迟时间取决于理想低通滤波器相位响应的斜率;

(2)输入信号在通过理想低通滤波器后,输出响应在输入信号不连续点处产生逐渐上升或下降的波形,上升或下降的时间与理想低通滤波器的通带宽度成反比;

(3)理想低通滤波器的通带宽度小于输入信号的带宽时,输出信号会出现失真。

以上结论虽然是通过分析理想低通滤波器而得出,但由于实际系统具有与理想低通滤波器相似的特性,因此实际系统的各种响应也基本上与理想低通滤波器的响应特性一致。如 RC 积分电路,RLC 串联电路等组成的实际可实现的低通滤波器,它们的冲激响应、阶跃响应等都与理想低通滤波器对应的响应相似,只不过实际的系统都是因果系统,因而其响应不会超前于激励。

5.2　离散时间 LTI 系统的频域分析

通过分析虚指数信号 $e^{j\Omega k}$ 通过稳定离散 LTI 系统的特性,引入离散 LTI 系统的频率响应,进而得到离散系统的频域描述。利用信号的频域表示,分析离散 LTI 系统的零状态响应,加深理解离散信号的频域表示和离散系统的频域描述的物理概念,并具体分析线性相位系统和理想数字滤波器的特性。

5.2.1　离散时间 LTI 系统的频率响应

设稳定的离散 LTI 系统的单位脉冲响应为 $h[k]$,当系统的输入是角频率为 Ω 的虚指数信号 $x[k] = e^{j\Omega k}(-\infty < k < \infty)$ 时,系统的零状态响应 $y_{zs}[k]$ 为输入 $e^{j\Omega k}$ 与 $h[k]$ 的卷积和,即

$$y_{zs}[k] = e^{j\Omega k} * h[k] = \sum_{n=-\infty}^{\infty} e^{j\Omega(k-n)} h[n] = e^{j\Omega k} H(e^{j\Omega}) \qquad (5-25)$$

其中

$$H(e^{j\Omega}) = DTFT\{h[k]\} = \sum_{k=-\infty}^{\infty} e^{-j\Omega k} h[k] \tag{5-26}$$

称 $H(e^{j\Omega})$ 为离散 LTI 系统的频率响应。频率响应 $H(e^{j\Omega})$ 表征了系统的频域特性，是系统特性的频域描述，其与稳定离散 LTI 系统的时域描述 $h[k]$ 是一对 DTFT 变换对。由式(5-25)可知，虚指数信号通过稳定离散 LTI 系统后仍为同频率的虚指数信号，虚指数信号幅度和相位的改变由系统的频率响应 $H(e^{j\Omega})$ 确定。所以 $H(e^{j\Omega})$ 表示了离散 LTI 系统对不同频率虚指数信号的传输特性，在离散 LTI 系统分析和设计中起着极为重要的作用。

频率响应 $H(e^{j\Omega})$ 一般是 Ω 的复值函数，可用幅度和相位表示为

$$H(e^{j\Omega}) = |H(e^{j\Omega})| e^{j\varphi(\Omega)} \tag{5-27}$$

称 $|H(e^{j\Omega})|$ 为系统的幅度响应，$\varphi(\Omega)$ 为系统的相位响应。当 $h[k]$ 是实函数时，由 DTFT 的性质可知 $|H(e^{j\Omega})|$ 是 Ω 的偶函数，$\varphi(\Omega)$ 是 Ω 的奇函数。离散系统的群延迟(group delay)定义为

$$\tau_g(\Omega) = -\frac{d\varphi(\Omega)}{d\Omega} \tag{5-28}$$

由于输入信号为 $x[k]$、单位脉冲响应为 $h[k]$ 的离散 LTI 系统，其零状态响应 $y_{zs}[k]$ 为

$$y_{zs}[k] = x[k] * h[k]$$

根据 DTFT 的时域卷积特性可得

$$Y_{zs}(e^{j\Omega}) = X(e^{j\Omega}) H(e^{j\Omega}) \tag{5-29}$$

因此，系统频率响应 $H(e^{j\Omega})$ 也可以表示为零状态响应的 DTFT 与输入激励的 DTFT 之比，即

$$H(e^{j\Omega}) = \frac{Y_{zs}(e^{j\Omega})}{X(e^{j\Omega})} \tag{5-30}$$

【例 5-11】 已知描述某稳定的离散 LTI 系统的差分方程为

$$y[k] - 0.75y[k-1] + 0.125y[k-2] = 4x[k] + 3x[k-1]$$

试求该系统的频率响应 $H(e^{j\Omega})$ 和单位脉冲响应 $h[k]$。

解：由 DTFT 的时域位移特性，对差分方程两边进行 DTFT 可得

$$(1 - 0.75e^{-j\Omega} + 0.125e^{-j2\Omega}) Y_{zs}(e^{j\Omega}) = (4 + 3e^{-j\Omega}) X(e^{j\Omega})$$

所以有

$$H(e^{j\Omega}) = \frac{Y_{zs}(e^{j\Omega})}{X(e^{j\Omega})} = \frac{4 + 3e^{-j\Omega}}{1 - 0.75e^{-j\Omega} + 0.125e^{-j2\Omega}} = \frac{20}{1 - 0.5e^{-j\Omega}} + \frac{-16}{1 - 0.25e^{-j\Omega}}$$

对上式进行 IDTFT 即得

$$h[k] = 20(0.5)^k u[k] - 16(0.25)^k u[k]$$

若离散 LTI 系统不稳定，尽管其单位脉冲响应 $h[k]$ 存在，但其频率响应 $H(e^{j\Omega})$

一般不存在。因此,对于稳定的离散 LTI 系统,可以根据差分方程直接求解系统的频率响应 $H(e^{j\Omega})$。

若描述 n 阶稳定离散 LTI 系统的常系数线性差分方程为

$$y[k] + a_1 y[k-1] + \cdots + a_{n-1} y[k-n+1] + a_n y[k-n]$$

$$= b_0 x[k] + b_1 x[k-1] + \cdots + b_{m-1} x[k-m+1] + b_m x[k-m]$$

其中 $x[k]$ 为系统的输入激励,$y[k]$ 为系统的输出响应。在零状态条件下,$y[k] = y_{zs}[k]$。由 DTFT 的时域位移特性,可得

$$[1 + a_1 e^{-j\Omega} + \cdots + a_{n-1} e^{-j\Omega(n-1)} + a_n e^{-j\Omega n}] Y_{zs}(e^{j\Omega})$$

$$= [b_0 + b_1 e^{-j\Omega} + \cdots + b_{m-1} e^{-j\Omega(m-1)} + b_m e^{-j\Omega m}] X(e^{j\Omega})$$

根据式(5-30)可得系统频率响应 $H(e^{j\Omega})$ 为

$$H(e^{j\Omega}) = \frac{Y_{zs}(e^{j\Omega})}{X(e^{j\Omega})} = \frac{b_0 + b_1 e^{-j\Omega} + \cdots + b_{m-1} e^{-j\Omega(m-1)} + b_m e^{-j\Omega m}}{1 + a_1 e^{-j\Omega} + \cdots + a_{n-1} e^{-j\Omega(n-1)} + a_n e^{-j\Omega n}} \qquad (5\text{-}31)$$

式(5-31)表明,系统频率响应 $H(e^{j\Omega})$ 只与系统本身的特性有关,而与系统的输入和输出无关。

5.2.2 离散非周期序列通过系统的响应

若离散信号 $x[k]$ 存在 DTFT,则信号 $x[k]$ 可由虚指数信号 $e^{j\Omega k}(-\infty < k < \infty)$ 表示为

$$x[k] = \frac{1}{2\pi} \int_{-\pi}^{\pi} X(e^{j\Omega}) e^{j\Omega k} d\Omega$$

由式(5-25)及系统的线性非时变特性可得稳定离散 LTI 系统的零状态响应为

$$y_{zs}[k] = T\{x[k]\} = \frac{1}{2\pi} \int_{-\pi}^{\pi} X(e^{j\Omega}) T\{e^{j\Omega k}\} d\Omega = \frac{1}{2\pi} \int_{-\pi}^{\pi} X(e^{j\Omega}) H(e^{j\Omega}) e^{j\Omega k} d\Omega$$

$$(5\text{-}32)$$

根据 IDTFT 的定义可得

$$Y_{zs}(e^{j\Omega}) = H(e^{j\Omega}) X(e^{j\Omega}) \qquad (5\text{-}33)$$

可见任意信号 $x[k]$ 作用于稳定离散 LTI 系统的零状态响应 $y_{zs}[k]$ 的频谱 $Y_{zs}(e^{j\Omega})$ 等于输入信号的频谱 $X(e^{j\Omega})$ 乘以系统的频率响应 $H(e^{j\Omega})$,$H(e^{j\Omega})$ 反映了离散 LTI 系统对输入信号中不同频率分量的传输特性。

【例 5-12】 已知描述某稳定的离散 LTI 系统的差分方程为

$$y[k] - 0.75y[k-1] + 0.125y[k-2] = 4x[k] + 3x[k-1]$$

若系统的输入序列 $x[k] = (0.75)^k u[k]$,求系统的零状态响应 $y_{zs}[k]$。

解: 由 DTFT 的时域位移特性,对差分方程两边进行 DTFT 可得

$$(1 - 0.75e^{-j\Omega} + 0.125e^{-j2\Omega}) Y_{zs}(e^{j\Omega}) = (4 + 3e^{-j\Omega}) X(e^{j\Omega})$$

所以有

$$H(e^{j\Omega}) = \frac{Y(e^{j\Omega})}{X(e^{j\Omega})} = \frac{4 + 3e^{-j\Omega}}{1 - 0.75e^{-j\Omega} + 0.125e^{-j2\Omega}}$$

$$Y_{zs}(e^{j\Omega}) = H(e^{j\Omega})X(e^{j\Omega}) = \frac{4+3e^{-j\Omega}}{1-0.75e^{-j\Omega}+0.125e^{-j2\Omega}} \frac{1}{1-0.75e^{-j\Omega}}$$

$$= \frac{8}{1-0.25e^{-j\Omega}} + \frac{-40}{1-0.5e^{-j\Omega}} + \frac{36}{1-0.75e^{-j\Omega}}$$

对 $Y_{zs}(e^{j\Omega})$ 进行 IDTFT 可得

$$y_{zs}[k] = 8\,(0.25)^k u[k] - 40\,(0.5)^k u[k] + 36\,(0.75)^k u[k]$$

只有离散 LTI 系统的频率响应 $H(e^{j\Omega})$ 以及输入序列的频谱 $X(e^{j\Omega})$ 都存在,才可以通过频域求解离散 LTI 系统的零状态响应。

5.2.3   离散周期序列通过系统的响应

设离散 LTI 系统的输入序列 $\tilde{x}[k]$ 是一个周期为 N 的周期序列,则根据 IDFS 可以将周期序列 $\tilde{x}[k]$ 表示为

$$\tilde{x}[k] = \frac{1}{N} \sum_{m=0}^{N-1} \tilde{X}[m] e^{j\frac{2\pi}{N}mk}$$

其中 $\tilde{X}[m]$ 是序列 $\tilde{x}[k]$ 的频谱。由式(5-31)及离散 LTI 系统的线性特性,可得离散 LTI 系统的零状态响应 $\tilde{y}[k]$ 为

$$\tilde{y}[k] = \frac{1}{N} \sum_{m=0}^{N-1} \tilde{X}[m] T\{e^{j\frac{2\pi}{N}m}\} = \frac{1}{N} \sum_{m=0}^{N-1} \tilde{X}[m] H(e^{j\frac{2\pi}{N}m}) e^{j\frac{2\pi}{N}mk} \tag{5-34}$$

由上式可知,周期为 N 的周期序列通过离散 LTI 系统后仍是周期为 N 的周期序列。

5.2.4   正弦型序列通过系统的响应

若离散 LTI 系统的输入是余弦序列

$$x[k] = \cos(\Omega_0 k + \theta) , \quad k \in \mathbf{Z} \tag{5-35}$$

由 Euler 公式可得

$$x[k] = \frac{1}{2}(e^{j(\Omega_0 k + \theta)} + e^{-j(\Omega_0 k + \theta)}) \tag{5-36}$$

根据式(5-31)及离散 LTI 系统的线性特性,可得系统的响应 $y[k]$ 为

$$y[k] = \frac{1}{2}[H(e^{j\Omega_0}) e^{j(\Omega_0 k + \theta)} + H(e^{-j\Omega_0}) e^{-j(\Omega_0 k + \theta)}]$$

$$= \frac{1}{2}[|H(e^{j\Omega_0})| e^{j[\Omega_0 k + \theta + \varphi(\Omega_0)]} + |H(e^{-j\Omega_0})| e^{-j[\Omega_0 k + \theta - \varphi(-\Omega_0)]}] \tag{5-37}$$

当系统的脉冲响应 $h[k]$ 是实信号时,由 DTFT 的对称特性有

$$H(e^{j\Omega}) = H^*(e^{-j\Omega})$$

即系统的幅度响应为偶对称 $|H(e^{j\Omega})| = |H(e^{-j\Omega})|$,系统的相位响应为奇对称

$\varphi(\Omega) = -\varphi(-\Omega)$，故式(5-37)可进一步化简为

$$y_{zs}[k] = \frac{1}{2}\left[\left|H(e^{j\Omega_0})\right|e^{j(\Omega_0 k+\varphi(\Omega_0)+\theta)} + \left|H(e^{j\Omega_0})\right|e^{-j(\Omega_0 k+\varphi(\Omega_0)+\theta)}\right]$$

$$= \left|H(e^{j\Omega_0})\right|\cos(\Omega_0 k+\varphi(\Omega_0)+\theta) \tag{5-38}$$

同理可推导出正弦序列 $x[k] = \sin(\Omega_0 k+\theta)$ 通过离散 LTI 系统的响应

$$y[k] = \left|H(e^{j\Omega_0})\right|\sin(\Omega_0 k+\varphi(\Omega_0)+\theta) \tag{5-39}$$

由式(5-38)和式(5-39)可见，当正弦型信号通过频率响应为 $H(e^{j\Omega})$ 的离散 LTI 系统时，其输出响应仍为同频率的正弦型信号，其中 $\left|H(e^{j\Omega})\right|$ 影响正弦型信号的幅度，$\varphi(\Omega)$ 影响正弦型信号的相位。

【例 5-13】 已知某稳定的离散 LTI 系统的脉冲响应 $h[k] = (0.75)^k u[k]$，当输入序列为 $x[k] = \cos(0.5\pi k)$，$k \in \mathbf{Z}$，求该系统的响应。

解: 由该稳定的离散 LTI 系统的脉冲响应 $h[k]$ 可得系统的频率响应 $H(e^{j\Omega})$ 为

$$H(e^{j\Omega}) = \frac{1}{1-0.75e^{-j\Omega}}$$

由于

$$H(e^{j0.5\pi}) = \frac{1}{1-0.75e^{-j0.5\pi}} = \frac{1}{1+0.75j} = 0.64-0.48j = 0.8e^{-j0.6435}$$

根据式(5-39)可得系统的响应为

$$y[k] = \left|H(e^{j0.5\pi})\right|\cos[0.5\pi k+\varphi(0.5\pi)] = 0.8\cos(0.5\pi k-0.6435)$$

5.2.5 线性相位的离散时间 LTI 系统

当离散 LTI 系统的相位响应 $\varphi(\Omega)$ 是 Ω 的线性函数时，即

$$\varphi(\Omega) = -k_0\Omega \tag{5-40}$$

称系统是线性相位系统。由群延迟的定义知，线性相位系统的群延迟为

$$\tau_g(\Omega) = -\frac{d\varphi(\Omega)}{d\Omega} = k_0 \tag{5-41}$$

由此可见，线性相位系统的群延迟为常数，因此也称之为群延迟为常数的系统。

设具有线性相位的离散 LTI 系统的输入信号 $x[k]$ 为

$$x[k] = \frac{1}{2\pi}\int_{-\pi}^{\pi} X(e^{j\Omega})e^{j\Omega k}d\Omega$$

由式(5-31)及离散 LTI 系统的线性特性有

$$y_{zs}[k] = T\{x[k]\} = \frac{1}{2\pi}\int_{-\pi}^{\pi} X(e^{j\Omega})T\{e^{j\Omega k}\}d\Omega = \frac{1}{2\pi}\int_{-\pi}^{\pi} X(e^{j\Omega})H(e^{j\Omega})e^{j\Omega k}d\Omega$$

$$= \frac{1}{2\pi}\int_{-\pi}^{\pi} X(e^{j\Omega})\left|H(e^{j\Omega})\right|e^{j\Omega(k-k_0)}d\Omega \tag{5-42}$$

由式(5-42)可知，信号通过线性相位的离散 LTI 系统后，其幅度频谱的改变由系统

的幅度响应确定,由于系统的线性相位特性,不同频率分量通过系统的延迟是相同的。若某线性相位系统在所需的频率范围内幅度响应近似为 1,则可近似认其为一个无失真传输的离散系统。

5.2.6　理想数字滤波器

数字滤波器是离散 LTI 系统,其能够有选择性地让输入信号中某些频率分量通过,而其他频率分量很少通过。理想数字滤波器在通带的幅度响应为 1,在阻带的幅度响应为零。虽然理想滤波器在物理上无法实现,但其具有重要的理论意义。图 5-15 显示了理想低通、高通、带通和带阻数字滤波器的频率响应,其中 Ω_c 是低通、高通的截频,Ω_1 和 Ω_2 是带通和带阻的截频。

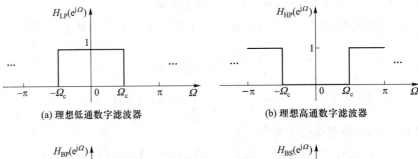

(a) 理想低通数字滤波器　　　　　　　(b) 理想高通数字滤波器

理想数字滤波器的单位脉冲响应 $h[k]$

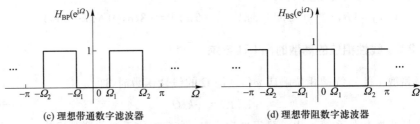

(c) 理想带通数字滤波器　　　　　　　(d) 理想带阻数字滤波器

图 5-15　理想数字滤波器的频率响应

【例 5-14】　试确定图 5-15(a)所示的理想低通数字滤波器的脉冲响应 $h_\text{LP}[k]$。

解:由 IDTFT 的定义得

$$h_\text{LP}[k] = \frac{1}{2\pi}\int_{-\pi}^{\pi} H_\text{LP}(\text{e}^{\text{j}\Omega})\text{e}^{\text{j}\Omega k}\,\text{d}\Omega = \frac{1}{2\pi}\int_{-\Omega_\text{c}}^{\Omega_\text{c}} \text{e}^{\text{j}\Omega k}\,\text{d}\Omega$$

$$= \frac{1}{2\pi}\left(\frac{\text{e}^{\text{j}\Omega_c k}}{\text{j}k} - \frac{\text{e}^{-\text{j}\Omega_c k}}{\text{j}k}\right) = \frac{\Omega_\text{c}}{\pi}\text{Sa}(\Omega_\text{c}k), k \in \mathbf{Z} \tag{5-43}$$

由式(5-43)可知,理想低通数字滤波器的脉冲响应是无限长的非因果序列,故理想低通滤波器是非因果系统,无法利用因果的离散 LTI 系统来实现。其他三种理想数字滤波器的脉冲响应可以由低通数字滤波器的脉冲响应表达,因而也是非因果的系统。物理可实现的滤波器一般都在通带和阻带之间存在过渡带,而且允许滤波器在通带和阻带的频率响应存在一定程度的波动。数字滤波器的设计问题将在后续的数字信号处理课程中详细讨论。

5.3 信号的幅度调制与解调

以上介绍了信号与系统的时域及频域分析的基本理论,下面利用这些理论来阐述信号的幅度调制与解调的基本原理,感受时域分析与频域分析的相得益彰。在通信系统中,待传输的信号一般需要经过调制以提高通信传输效率。信号的调制解调方式主要为幅度调制(amplitude modulation, AM)与角调制(angular modulation)。在信号调制过程中,待传输信号 $x(t)$ 称为调制信号,信号 $c(t)$ 称为载波信号,调制信号 $x(t)$ 与载波信号 $c(t)$ 相互作用而产生的信号称为已调信号。信号的幅度调制是通过调制信号 $x(t)$ 改变载波信号 $c(t)$ 的幅度而实现。信号的解调(demodulation)是信号调制的逆过程,其实现从已调信号中恢复原调制信号。

信号的调制在通信系统中有着广泛的应用。在无线通信系统中,低频信号无法直接传输。因为无线通信是通过天线采用空间辐射的方式传输信号,根据电磁波理论,辐射信号的天线尺寸约为信号波长的十分之一。低频信号的波长较长,若直接传输低频信号,则所需的天线尺寸可达数十千米。因此,需要将低频信号调制为高频信号,由合理的天线尺寸辐射出去,实现低频信号的无线传输。从传输效率上,无论是在有线通信系统中还是无线通信系统中,基带信号一般都需要经过调制后发送。若信号不经过调制被直接发送至信道,则当多个信号同时进入一个信道时,各路信号就会相互影响,接收端无法从接收的信号中分离出各路信号。若将待发送的多路信号经过调制,对其在时域或频域进行有效的资源分配,使之互不干扰,就可以实现同时在一个信道中传输多路信号,有效地利用信道的资源,提高传输效率。在一个信道中同时传输多路信号,称为信道的多路复用(multiplexing)。信号的调制为信道复用奠定了理论基础。

5.3.1 连续信号的幅度调制

连续时间信号的幅度调制是通信系统中常用的调制方式,其利用 Fourier 变换的频移特性实现信号的调制。信号的幅度调制方式主要有抑制载波幅度调制(amplitude modulation suppressed carrier, AMSC)和含有载波幅度调制(amplitude modulation with carrier, AMWC),相应的解调方式为同步解调与非同步解调。这里主要介绍 AMSC 及同步解调。

连续时间信号的抑制载波幅度调制是通过调制信号 $x(t)$ 与高频载波信号 $c(t)$ 的乘积,得到已调信号 $y(t)$,实现将调制信号搬移到较高的频率范围,如图 5-16 所示。下面分别从时域和频域分析连续信号抑制载波幅度调制的基本原理。

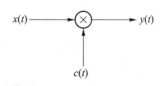

图 5-16 抑制载波幅度调制框图

在信号的幅度调制中,存在多种载波信号,其中比较广泛使用的一类载波信号是正弦型载波信号 $c(t)$,其数学描述为

$$c(t) = \cos(\omega_c t + \theta) \qquad (5-44)$$

其中,ω_c 称为载频,θ 称为初相角。为分析方便起见,在以下分析中设定载波信号中的初相角 $\theta = 0$。载波信号 $c(t)$ 的连续时间 Fourier 变换为

$$C(j\omega) = \mathscr{F}\{\cos(\omega_c t)\} = \pi[\delta(\omega+\omega_c) + \delta(\omega-\omega_c)] \qquad (5-45)$$

调制信号 $x(t)$ 一般为窄带的低频信号,其 Fourier 变换 $X(j\omega)$ 位于 $[-\omega_m, \omega_m]$ 的有限频带。已调信号 $y(t)$ 为载波信号 $c(t)$ 与调制信号 $x(t)$ 的乘积,其数学描述为

$$y(t) = x(t)\cos(\omega_c t) \qquad (5-46)$$

根据连续时间 Fourier 变换的性质,已调信号 $y(t)$ 的 Fourier 变换为

$$Y(j\omega) = \mathscr{F}\{y(t)\} = \frac{X[j(\omega+\omega_c)] + X[j(\omega-\omega_c)]}{2} \qquad (5-47)$$

调制信号、载波信号及已调信号的频谱如图 5-17 所示。

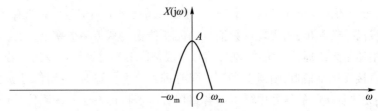

(a) 调制信号x(t)的频谱

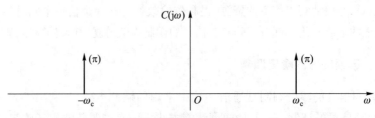

(b) 载波信号c(t)的频谱

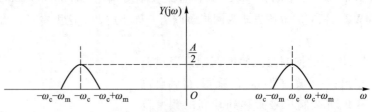

(c) 已调信号y(t)的频谱

图 5-17　幅度调制中各信号频谱

由图 5-17 可见,低频窄带的调制信号 $x(t)$ 经过高频载波信号 $c(t)$ 调制后,其频谱被搬移到载频 $\pm\omega_c$ 附近而成为高频窄带的已调信号 $y(t)$。在已调信号的频谱中,其频谱分为对称的两部分,其频谱的有效带宽为 $2\omega_m$,是调制信号频谱的有效带宽的两倍。

5.3.2 同步解调

调制信号 $x(t)$ 经抑制载波幅度调制产生的已调信号通过信道传输后,在接收端可以得到已调信号,通过解调实现从已调信号中恢复调制信号。从信号频域分析的角度,信号幅度调制的过程就是将调制信号的频谱搬移到高频范围,与之对应的信号解调则是将已调信号的频谱从高频范围移回原调制信号的频谱位置。图 5-18 所示为信号同步解调的原理框图。其中,信号 $y(t)$ 是接收到的已调信号,信号 $\cos(\omega_c t)$ 是接收端为解调而产生的本地载波信号,它必须与发送端调制过程中的载波信号同频同相,才能准确地解调接收的已调信号。因此,这种解调称为同步解调。$H(j\omega)$ 是低通滤波器,用来从信号 $x_0(t)$ 中提取原调制信号,其截止频率 ω_0 需满足 $\omega_m<\omega_0<(2\omega_c-\omega_m)$。信号同步解调过程的频谱分析如图 5-19 所示。

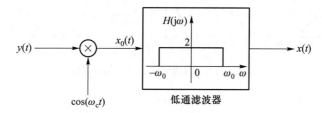

图 5-18 同步解调原理框图

以上从频域分析了信号幅度调制与解调的全部过程,信号在发送端经过调制成为已调信号,已调信号经信道传输后,在接收端通过解调,恢复为原信号。从频域分析信号的调制与解调概念清晰而直观,因而常通过频域分析信号的传输。

同步解调的原理并不复杂,但在实际应用中存在一定的困难。因为在同步解调过程中,需要在接收端产生一个与发送端同频同相的载波信号。一般情况下,调制与解调常处于不同的地点,这就造成了接收端同步解调过程的复杂化。为进一步理解同步解调中同频同相的含义,假设调制与解调的载波信号同频不同相,观察解调过程中会出现什么情况。

【例 5-15】 设调制端载波信号的相位为 θ_c,解调端载波信号的相位为 φ_c,试分析同步解调过程。

解:根据抑制载波幅度调制原理,接收端接收到的已调信号 $y(t)$ 应为

$$y(t)=x(t)\cos(\omega_c t+\theta_c)$$

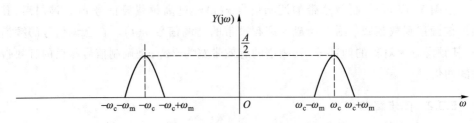

(a) 接收到的已调信号 $y(t)$ 的频谱

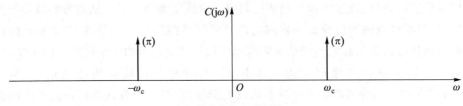

(b) 载波信号 $c(t)$ 的频谱

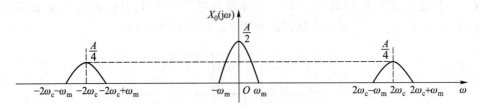

(c) 已调信号与载波信号乘积 $x_0(t)$ 对应的谱

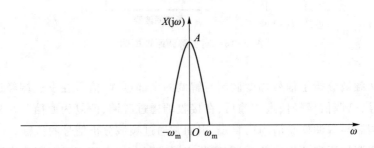

(d) 解调后信号的频谱

图 5-19　同步解调中各信号频谱示意图

经接收端载波信号乘积后所得信号 $x_0(t)$ 为

$$x_0(t)=y(t)\cos(\omega_c t+\varphi_c)=x(t)\cos(\omega_c t+\theta_c)\cos(\omega_c t+\varphi_c)$$

$$=\frac{1}{2}x(t)\cos(\theta_c-\varphi_c)+\frac{1}{2}x(t)\cos(2\omega_c t+\theta_c+\varphi_c) \tag{5-48}$$

由式(5-48)可见,信号 $x_0(t)$ 仍然由两项组成,且当信号 $x(t)$ 的最高频率 ω_m 与载波信号的载频 ω_c 之间满足 $\omega_c>\omega_m$ 时,信号 $x_0(t)$ 表达式中的两项对应的频谱也不会出现混叠。但将信号 $x_0(t)$ 通过一个低通滤波器时,提取的信号不再是 $x(t)$,而是信号 $x(t)\cos(\theta_c-\varphi_c)$。如果调制端的载波信号与解调端的载波信号同频同相位,即 $\theta_c=\varphi_c$,则 $\cos(\theta_c-\varphi_c)=1$,低通滤波器的输出就为 $x(t)$。如果 θ_c 与 φ_c 之间存在 $\dfrac{\pi}{2}$ 的相位差,则 $\cos(\theta_c-\varphi_c)=0$,低通滤波器的输出为零。显然,为获得最大的输出信号,调制端的载波信号与解调端的载波信号应同相。以上只是分析了发送端与接收端的载波信号不同相时对同步解调的影响,如果两端的载波信号的载频不同,则对同步解调的影响更大。

载频对解
调的影响

根据傅里叶变换的对称特性,若调制信号 $x(t)$ 为实信号,则其频谱对称地存在于正负频率上。信号经过幅度调制后,已调信号的有效带宽为调制信号有效频宽的 2 倍。因此,以上幅度调制方式称为双边带(double-side band, DSB)幅度调制。在传输具有双边带的已调信号时,将占用更多的信道资源。为提高信道频带资源的利用率,介绍另一种称为单边带(single-side band, SSB)幅度调制的方法。

5.3.3 单边带幅度调制

由于实际应用中的许多信号为实信号,而实信号 $x(t)$ 的频谱 $X(j\omega)$ 的幅度频谱 $|X(j\omega)|$ 具有偶对称,相位频谱 $\varphi(\omega)$ 具有奇对称,即 $|X(j\omega)|=|X(-j\omega)|$,$\varphi(\omega)=-\varphi(-\omega)$。因此,在双边带幅度调制中,已调信号频谱的双边带中存在信息冗余。由于单边带调制只保留和发送已调信号的双边带中的单边带,因而可以节省信道资源,提高传输效率。在单边带幅度调制中,可以保留上边带,也可以保留下边带。为比较双边带幅度调制与单边带幅度调制的区别,它们对应的已调信号的频谱如图 5-20 所示。由单边带幅度调制产生的已调信号,也可采用图 5-18 所示的同步解调方式进行解调。

实现单边带幅度调制主要有两种方式,一是先采用双边带调制方法产生具有双边带的已调信号,再应用滤波器滤除其中不需要的边带,二是利用 Hilbert(希尔伯特)变换器实现移相来滤除不需要的边带。图 5-21 为利用带通滤波器实现信号单边带幅度调制的原理框图,其中信号 $y_D(t)=x(t)\cos(\omega_c t)$,其频谱 $Y_D(j\omega)$ 为

$$Y_D(j\omega)=\frac{X[j(\omega+\omega_c)]+X[j(\omega-\omega_c)]}{2}$$

$H(j\omega)$ 是通带宽度为 B 的带通滤波器,其频率响应为

$$H(j\omega)=\begin{cases}1, & \omega_c<|\omega|<\omega_c+B\\ 0, & |\omega|<\omega_c,\ |\omega|>\omega_c+B\end{cases}$$

输出信号 $y_s(t)$ 的频谱函数为

$$Y_s(j\omega)=Y_D(j\omega)H(j\omega)$$

图 5-22 所示为信号上边带幅度调制过程中各点信号的频谱,其中 $B\geqslant\omega_m$。

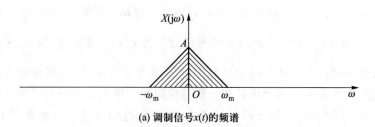

(a) 调制信号x(t)的频谱

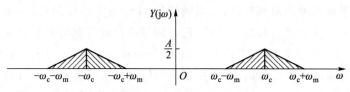

(b) 双边带调制后已调信号y(t)的频谱

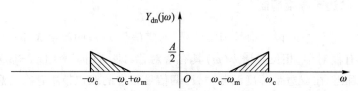

(c) 下边带调制后已调信号$y_{dn}(t)$的频谱

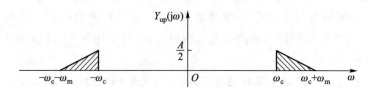

(d) 上边带调制后已调信号$y_{up}(t)$的频谱

图 5-20 双边带调制与单边带调制对应的已调信号频谱

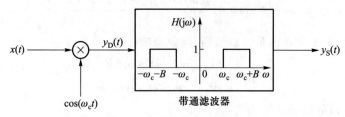

图 5-21 单边带幅度调制原理框图

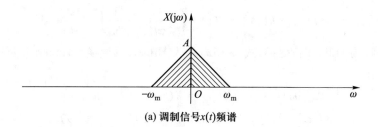

(a) 调制信号$x(t)$频谱

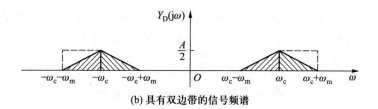

(b) 具有双边带的信号频谱

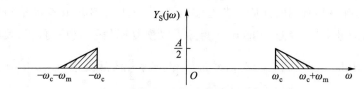

(c) 通过带通滤波器后得到的上边带信号频谱

图 5-22 利用带通滤波器实现上边带幅度调制

显然,若改变带通滤波器 $H(j\omega)$ 的通带截止频率为

$$H(j\omega)=\begin{cases}1, & \omega_c-B<|\omega|<\omega_c \\ 0, & |\omega|<\omega_c-B,|\omega|>\omega_c\end{cases}$$

就可以实现信号的下边带幅度调制。

利用滤波器实现信号单边带幅度调制从原理上比较简单,但由于需要接近理想滤波器的锐截止滤波器,因而在实际应用中存在困难。实际应用中常采用 Hilbert 变换器实现信号单边带幅度调制。Hilbert 变换器的频率响应为

$$H(j\omega)=-j\cdot\text{sgn}(\omega)=\begin{cases}-j, & \omega>0 \\ j, & \omega<0\end{cases} \tag{5-49}$$

Hilbert 变换器的单位冲激响应 $h(t)$ 为

$$h(t)=\frac{1}{\pi t} \tag{5-50}$$

Hilbert 变换器的输入 $x(t)$ 与输出 $x_h(t)$ 具有以下关系。

正变换: $\quad x_h(t)=x(t)*h(t)=x(t)*\dfrac{1}{\pi t}=\dfrac{1}{\pi}\displaystyle\int_{-\infty}^{+\infty}\dfrac{x(\tau)}{t-\tau}\text{d}\tau \tag{5-51}$

反变换：　$x(t) = x_h(t) * [-h(t)] = x_h(t) * \left(-\dfrac{1}{\pi t}\right) = -\dfrac{1}{\pi} \displaystyle\int_{-\infty}^{+\infty} \dfrac{x_h(\tau)}{t-\tau} \mathrm{d}\tau$　　　　（5-52）

式（5-51）称为 Hilbert 正变换，式（5-52）称为 Hilbert 反变换。Hilbert 正反变换对应的频域表示为

$$X_h(\mathrm{j}\omega) = X(\mathrm{j}\omega)H(\mathrm{j}\omega) = X(\mathrm{j}\omega)[-\mathrm{j} \cdot \mathrm{sgn}(\omega)] \qquad (5-53)$$

$$X(\mathrm{j}\omega) = X_h(\mathrm{j}\omega)[-H(\mathrm{j}\omega)] = X_h(\mathrm{j}\omega)[\mathrm{j} \cdot \mathrm{sgn}(\omega)] \qquad (5-54)$$

从 Hilbert 变换的定义可见，一个信号 $x(t)$ 经过 Hilbert 变换后，信号 $x(t)$ 的幅度频谱 $|X(\mathrm{j}\omega)|$ 不变，但相位频谱将发生变化，其正频率分量将出现-90°的相移，负频率分量将出现 90° 的相移。若将 Hilbert 变换器的频率响应表示为 $H(\mathrm{j}\omega) = |H(\mathrm{j}\omega)|\mathrm{e}^{\mathrm{j}\varphi(\omega)}$，则有

$$|H(\mathrm{j}\omega)| = 1, \quad \varphi(\omega) = -\dfrac{\pi}{2}\mathrm{sgn}(\omega) \qquad (5-55)$$

因此，Hilbert 变换器又称为 90°相移器，是一个全通系统。Hilbert 变换是一个重要的变换，具有一些有用的性质。若对实信号 $x(t)$ 进行 Hilbert 变换所得到的信号为 $x_h(t)$，则信号 $x_h(t)$ 经过 Hilbert 反变换可以恢复原信号 $x(t)$，且正、反变换只差一个负号。Hilbert 变换相当于对信号进行相位为 $\dfrac{\pi}{2}$ 滞后处理，而 Hilbert 反变换相当于对信号进行相位为 $\dfrac{\pi}{2}$ 超前处理。基于 Hilbert 变换的相移特性，若对信号 $x(t)$ 连续进行两次 Hilbert 变换，相当于对信号进行两级相位为 $\dfrac{\pi}{2}$ 滞后处理，将会得到一个反相信号 $-x(t)$。Hilbert 变换的特性使得其有着广泛的应用，信号单边带幅度调制就是其典型的应用。

利用 Hilbert 变换器实现信号单边带幅度调制的原理框图如图 5-23 所示，其中：$x(t)$ 为调制信号；$y_s(t)$ 为具有单边带的已调信号；$H(\mathrm{j}\omega)$ 是一个具有 90°相移特性的 Hilbert 变换器。

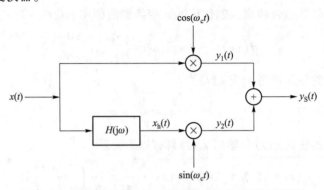

图 5-23　利用希尔伯特变换器实现单边带幅度调制框图

根据信号 Hilbert 变换的基本原理,以及信号和系统的频域分析的理论,即可得到图 5-23 所示信号单边带幅度调制过程中各信号的频谱,如图 5-24 所示。

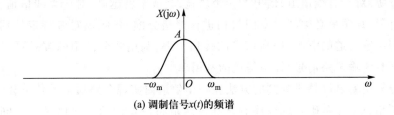

(a) 调制信号$x(t)$的频谱

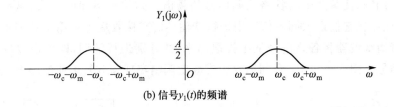

(b) 信号$y_1(t)$的频谱

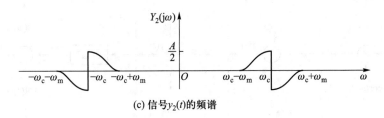

(c) 信号$y_2(t)$的频谱

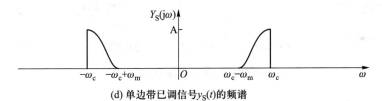

(d) 单边带已调信号$y_S(t)$的频谱

图 5-24 利用希尔伯特变换实现单边带调制

若希望实现信号的上边带调制,其原理框图无须改变,只需将其中的 Hilbert 相移系统 $H(j\omega)$ 定义为

$$H(j\omega) = j \cdot \text{sgn}(\omega) = \begin{cases} j, & \omega>0 \\ -j, & \omega<0 \end{cases} \qquad (5-56)$$

就可以实现信号的上边带幅度调制。

5.3.4 频分复用

在通信系统中,信号的有效带宽一般都比较窄,传输信道的频带宽度远比信号

的频带宽。若信号不加任何处理直接通过信道传输,则在同一时间只能传输一路信号,这将造成极低的信号传输效率,浪费通信系统的资源。因为信道的频带是极其宝贵的资源,对于有线信道,信道的频带越宽,其成本就越高;对于无线信道,信道资源十分有限,其频带必须经过专门机构进行严格分配,各频段对应特定的用途。为充分利用传输信道的资源,提高信号的传输效率,利用频分复用的方式可以实现在信道中同时传输多路信号,提高信道的利用率。

频分复用就是以频段分割的方法在一个信道内实现多路通信的传输体制,它以信号的调制技术为基础。这种体制是在发送端将待发送的各路信号以不同的载波信号进行调制,使其产生的各路已调信号的频谱分别位于不同的频段,这些频段互不重叠,然后将它们送入同一信道中进行传输。而在接收端可采用一系列不同中心频率的带通滤波器将各路信号从中提取出来,并分别进行解调,即可恢复原来的各路调制信号。图 5-25 为一个利用双边带幅度调制实现频分复用通信的原理框图。

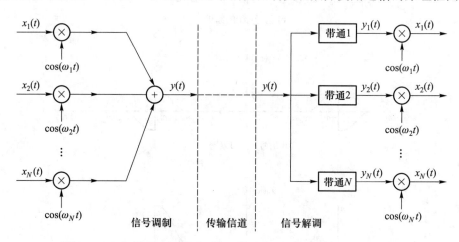

(a) 信号调制、信道传输和信号解调示意图

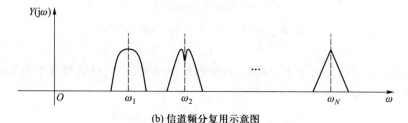

(b) 信道频分复用示意图

图 5-25　频分复用通信系统框图

从图 5-25 中可见,$x_1(t)$,$x_2(t)$,$\cdots$,$x_N(t)$ 为 N 路待发送的低频基带信号,通过幅度调制将各路低频信号的频谱分别搬移到以载波频率 ω_1,ω_2,$\cdots$,ω_N 为中心的各频段,形成一个复用信号 $y(t)$,并且这些载频满足 $\omega_1 < \omega_2 < \cdots < \omega_N$,确保调制后的各

路已调信号的频谱互不重叠。复用信号经过信道传输后,由接收端接收。接收到的复用信号 $y(t)$ 首先通过一组分别以 $\omega_1,\omega_2,\cdots,\omega_N$ 为中心频率的 N 路带通滤波器,各带通滤波器的中心频率对应于发送端的各路载波频率,从而可以将各路已调信号从复用信号中分离出来,再经过解调即可恢复原来的各路信号。显然,一个信道中可以同时传输多少路信号取决于两方面因素。其一是信道的频带宽度;其二是待传输的各路信号的有效带宽。在信号的频带一定的情况下,信道的频带越宽,则同时传输的信号就可以越多。由此可见,信号调制是现代通信中的重要技术手段,在提高通信系统的传输效率,有效利用信道资源等方面有着特别重要的意义。

5.3.5 离散信号的幅度调制

以上分析了连续时间信号的幅度调制,其概念和原理同样也适用于离散时间信号的幅度调制。由于数字信号处理的诸多方便,连续时间信号常经抽样转换为离散时间信号。这样信号的调制就可以在离散时间域内实现。图 5-26 所示为一个离散信号幅度调制系统,其中 $c[k]$ 是离散载波信号, $x[k]$ 是离散调制信号, $y[k]$ 是离散已调信号。

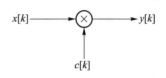

图 5-26 离散信号幅度调制

根据离散时间 Fourier 变换(DTFT)的调制特性,若两个离散信号在时域相乘,即

$$y[k]=x[k]c[k]$$

则在频域内为两个信号 Fourier 变换的周期卷积,即

$$Y(e^{j\Omega})=\frac{1}{2\pi}\int_{-\pi}^{\pi}X(e^{j\nu})C[e^{j(\Omega-\nu)}]d\nu \qquad (5-57)$$

其中 $X(e^{j\Omega})$、$Y(e^{j\Omega})$ 和 $C(e^{j\Omega})$ 分别代表离散信号 $x[k]$、$y[k]$ 和 $c[k]$ 的离散时间 Fourier 变换。

在实际应用中,一般利用正弦序列作为载波信号。在正弦载波的情况下,当调制信号 $x[k]$ 为实序列时,已调信号 $y[k]$ 也为实序列。若载波序列为 $c[k]=\cos(\Omega_c k)$,其频谱在一个周期内由两个强度为 π 的冲激所组成,如图 5-27(b)所示。若调制信号 $x[k]$ 的频谱为 $X(e^{j\Omega})$,如图 5-27(a),则已调信号 $y[k]$ 的频谱 $Y(e^{j\Omega})$ 就是将 $X(e^{j\Omega})$ 左右搬移 Ω_c 各一次后再叠加,如图 5-27(c)所示。

为了保证调制信号的频谱 $X(e^{j\Omega})$ 在搬移过程中,各频谱不发生重叠,必须同时满足以下条件

$$\begin{cases} \Omega_c-\Omega_m>-\Omega_c+\Omega_m \\ 2\pi-\Omega_c-\Omega_m>\Omega_c+\Omega_m \end{cases}$$

上式可进一步化简为

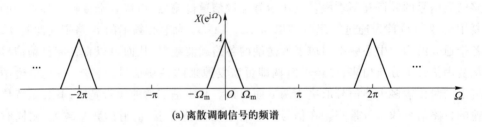

(a) 离散调制信号的频谱

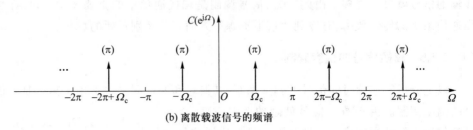

(b) 离散载波信号的频谱

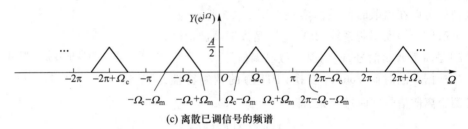

(c) 离散已调信号的频谱

图 5-27　离散信号幅度调制中各信号频谱

$$\begin{cases} \Omega_c > \Omega_m \\ \Omega_c < \pi - \Omega_m \end{cases} \tag{5-58}$$

其中第一个条件 $\Omega_c > \Omega_m$ 与连续时间正弦幅度调制的条件相同,是为避免在一个周期内 $(-\pi+n2\pi, \pi+n2\pi)$ 相邻频谱的重叠而需要满足的条件;第二个条件 $\Omega_c < \pi - \Omega_m$ 是由于离散时间信号的频谱具有周期特性,为避免相邻周期内 $(n2\pi, 2\pi+n2\pi)$ 频谱的重叠而需要满足的条件。综合式(5-58)中的两个条件,载波信号的载频 Ω_c 必须满足如下条件

$$\Omega_m < \Omega_c < \pi - \Omega_m \tag{5-59}$$

　　离散信号解调也可以采用与连续信号解调类似的方式来实现,如图 5-28 所示,将 $y[k]$ 乘以与调制器中同频同相的正弦载波,就可以得到含有调制信号的频谱,利用数字低通滤波器就可以提取调制信号的频谱,从而实现对已调信号的解调。

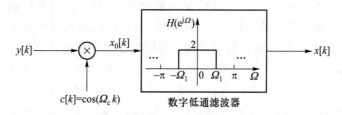

(a) 离散信号解调原理框图

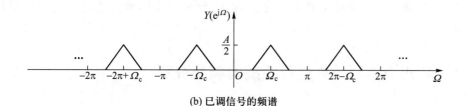

(b) 已调信号的频谱

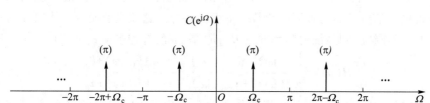

(c) 本地载波信号的频谱

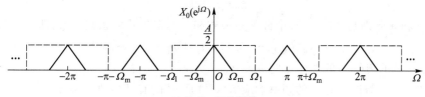

(d) 信号$x_0[k]$的频谱

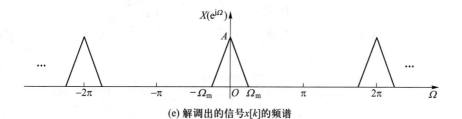

(e) 解调出的信号$x[k]$的频谱

图 5-28 离散信号同步解调中各信号的频谱

在信号幅度调制的过程中,调制信号的信息都体现在已调信号的幅度上。信号在传输过程中,幅度极易受到信道传输特性和外界干扰的影响。因此,信号幅度调制抗干扰能力较弱,在许多需要高精度的场合下,其传输质量难以达到要求。为了克服信号幅度调制的不足,出现另一种信号调制方式,这就是信号角调制方式。在信号角调制中,调制信号通过控制载波信号的频率或相位实现信号的频率调制(frequency modulation,FM)或相位调制(phase modulation,PM)。通过角调制产生的已调信号,调制信号的信息都体现在已调信号的频率或相位上,因而在信号抗干扰方面,信号角调制比幅度调制优越。但信号角调制比幅度调制的过程更加复杂,信号角调制产生的已调信号的频带较宽,故需要占用更多的信道资源。在通信系统中,传输效率和传输质量始终相互制约,需要根据实际情况适当选取信号调制方式。

5.4　利用 MATLAB 进行系统的频域分析

在 MATLAB 仿真工具中,提供了一些函数分析连续系统和离散系统的频率响应,也提供了信号调制与解调的函数。下面简要介绍这些主要函数的使用方式。

（1）当连续时间系统的频率响应 $H(j\omega)$ 是 $j\omega$ 的有理多项式时,即

$$H(j\omega) = \frac{b_M (j\omega)^M + b_{M-1}(j\omega)^{M-1} + \cdots + b_1(j\omega) + b_0}{a_N (j\omega)^N + a_{N-1}(j\omega)^{N-1} + \cdots + a_1(j\omega) + a_0} \qquad (5-60)$$

MATLAB 提供了函数 freqs 计算连续系统的频率响应 $H(j\omega)$。函数 freqs 基本调用形式为

```
H=freqs(b,a,w)
```

其中:b 和 a 分别是式(5-60)中分子多项式和分母多项式的系数向量,即

$$b = [b_M, b_{M-1}, \cdots, b_0], \quad a = [a_N, a_{N-1}, \cdots, a_0]$$

w 为需计算的 $H(j\omega)$ 的抽样点向量。

（2）当离散时间系统的频率响应 $H(e^{j\Omega})$ 是 $e^{j\Omega}$ 的有理多项式时,即

$$H(e^{j\Omega}) = \frac{B(e^{j\Omega})}{A(e^{j\Omega})} = \frac{b_0 + b_1 e^{-j\Omega} + \cdots + b_M e^{-j\Omega M}}{a_0 + a_1 e^{-j\Omega} + \cdots + a_N e^{-j\Omega N}} \qquad (5-61)$$

MATLAB 提供了函数 freqz 计算离散系统的频率响应 $H(e^{j\Omega})$。函数 freqz 基本调用形式为

```
H=freqz(b,a,W)
```

其中:b 和 a 分别为式(5-61)中分子多项式和分母多项式的系数向量,即

$$b = [b_0, b_1, \cdots, b_M], \quad a = [a_0, a_1, \cdots, a_N]$$

W 为需计算的 $H(e^{j\Omega})$ 的抽样点向量。

（3）MATLAB 提供了相应的函数用于信号的调制与解调,函数 modulate 基本调用格式为

```
y=modulate(x, Fc, Fs,'am')
```

其中：

x 为调制信号；

Fc 为载波信号的载频；

Fs 为信号的抽样频率；

'am' 表示调制方式为抑制载波双边带幅度调制。

函数 demod 主要用于信号解调,其基本调用格式为

$$x = demod(y, Fc, Fs, 'am')$$

函数中的各参数与 modulate 函数中的参数完全对应。

【例 5-16】 已知某模拟滤波器的频率响应为

$$H(j\omega) = \frac{b_4\,(j\omega)^4 + b_3\,(j\omega)^3 + b_2\,(j\omega)^2 + b_1(j\omega) + b_0}{(j\omega)^5 + a_4\,(j\omega)^4 + a_3\,(j\omega)^3 + a_2\,(j\omega)^2 + a_1(j\omega) + a_0}$$

其中

$$b_4 = 1.531\ 163\ 89 \times 10^3, \quad b_3 = -1.299\ 908\ 90 \times 10^{-9}, \quad b_2 = 7.321\ 762\ 17 \times 10^{12}$$

$$b_1 = -2.037\ 150\ 33, \quad b_0 = 7.713\ 819\ 99 \times 10^{21}$$

$$a_4 = 3.479\ 139\ 78 \times 10^4, \quad a_3 = 1.875\ 905\ 01 \times 10^9$$

$$a_2 = 4.033\ 134\ 74 \times 10^{13}, \quad a_1 = 7.976\ 716\ 68 \times 10^{17}, \quad a_0 = 7.713\ 819\ 99 \times 10^{21}$$

（1）试画出系统的幅度响应 $|H(j\omega)|$；

（2）计算含噪信号 ch5n1.wav 通过该系统的响应。

解: MATLAB 程序如下:

```
% Program5_1
b=[1.53116389e+03  -1.29990890e-09  7.32176217e+12
   -2.03715033e+00 7.71381999e+21];
a=[1 3.47913978e+04  1.87590501e+09  4.03313474e+13
   7.97671668e+17 7.71381999e+21];
w=linspace(0,14000*2*pi,1000);
H = freqs(b,a,w);   % 计算系统的频率响应
plot(w/(2*pi)/1000,abs(H));
title('幅度响应');
xlabel('频率/kHz');
[x,Fs] = audioread('ch5n1.wav'); % 读取含噪声的输入信号 x
sound(x,Fs);
L=length(x);T=1/Fs;
t=(0:L-1)*T;
sys=tf(b,a);
y=lsim(sys,x,t);   % 计算输入信号通过系统的响应 y
sound(y,Fs);
```

图 5-29(a) 为系统的幅度响应,由图可见系统是模拟低通滤波器。图 5-29(b) 为滤波前信号的频谱,图 5-29(c) 为滤波后信号的频谱,系统抑制了信号中的高频噪声。由此可见,从频域分析信号的去噪过程十分清晰。

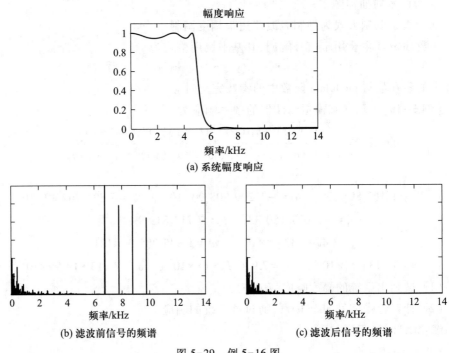

幅度响应

(a) 系统幅度响应

(b) 滤波前信号的频谱   (c) 滤波后信号的频谱

图 5-29   例 5-16 图

【**例 5-17**】   已知某 RC 电路如图 5-30 所示,系统的输入电压信号为 $x(t)$,输出信号为电阻两端的电压 $y(t)$。其中 $RC = 0.04$,$x(t) = \cos(5t) + \cos(100t)$,$-\infty < t < \infty$。试求该系统的响应 $y(t)$。

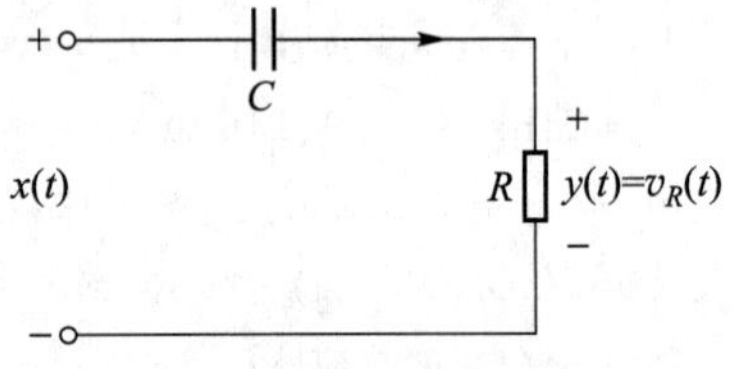

解:根据图 5-30 可求出该系统的频率响应为

$$H(j\omega) = \frac{R}{R + \dfrac{1}{j\omega C}} = \frac{j\omega}{\dfrac{1}{RC} + j\omega}$$

图 5-30 RC 电路

由于余弦信号 $\cos(\omega_0 t)$,$-\infty < t < \infty$ 通过连续 LTI 系统的响应为

$$y(t) = |H(j\omega_0)|\cos[\omega_0 t + \varphi(\omega_0)]$$

故可得计算系统响应的 MATLAB 程序如下。

```
% Program5_2
RC=0.04;
```

```
t=linspace(0,4,1024);
w1=5;w2=100;
H1=j*w1/(j*w1+1/RC);
H2=j*w2/(j*w2+1/RC);
x=cos(w1*t)+cos(w2*t);
y=abs(H1)*cos(w1*t+angle(H1))+abs(H2)*cos(w2*t+angle(H2));
subplot(2,1,1);
plot(t,x);
ylabel('x(t)');
xlabel('时间/s');
subplot(2,1,2);
plot(t,y);
ylabel('y(t)');
xlabel('时间/s');
```

图 5-31 显示了系统输入和输出信号的波形。可见信号通过系统后,信号的低频分量基本消失。可见图 5-30 系统是一个简单的高通滤波器。

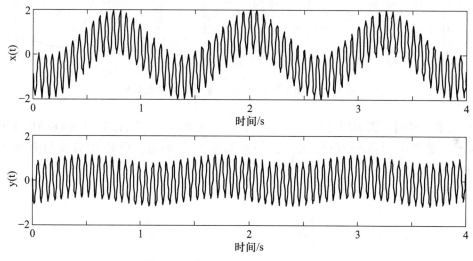

图 5-31　例 5-17 的输入和输出信号

【例 5-18】　已知某离散 LTI 系统的频率响应为

$$H(e^{j\Omega}) = \frac{1+e^{-j\Omega}}{1-e^{-j\Omega}+0.5e^{-j2\Omega}}$$

试画出该离散系统的幅度响应 $|H(e^{j\Omega})|$ 和相位响应 $\varphi(\Omega)$。

解:MATLAB 程序如下:

```
% Program5_3
```

```
b=[1,1];a=[1,-1,0.5];
w=linspace(-pi,pi,1001);
H=freqz(b,a,w);
subplot(1,2,1);plot(w/pi,abs(H));
xlabel('{\it\Omega/}\pi');
ylabel('幅度响应');
subplot(1,2,2);plot(w/pi,angle(H));
xlabel('{\it\Omega/}\pi');
ylabel('相位响应');
```

该离散系统的幅度响应和相位响应如图 5-32 所示。由于系统的频率响应 $H(\mathrm{e}^{\mathrm{j}\Omega})$ 在 $\Omega=\pi$ 处存在零点,故系统的幅度响应在 $\Omega=\pi$ 处的幅度为零。

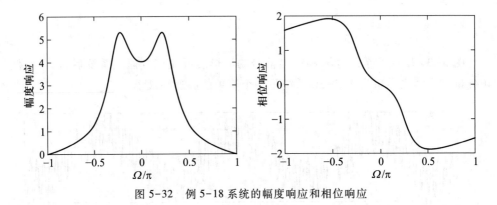

图 5-32　例 5-18 系统的幅度响应和相位响应

【例 5-19】　若调制信号为一正弦信号,其频率为 10 Hz,试利用 MATLAB 分析幅度调制产生的信号频谱,比较信号调制前后的频谱。设载波信号的频率为 100 Hz。

解:MATLAB 程序如下:

```
% Program5_4
Fm=10;  Fc=100; Fs=1000;
N=1000; k=0:N-1;
t=k/Fs;F=(0:N-1)*Fs/N;
x=sin(2.0*pi*Fm*t);
subplot(2,2,1);  plot(t(1:200),x(1:200));
axis([0,0.2,-1,1]);  xlabel('时间/s');
title('调制信号');
% Calculate the spectrum of modulate signal x
Xf=abs(fft(x,N));
subplot(2,2,2);
```

```
stem(F(1:120),abs(Xf(1:120)),'marker','none');
axis([0,120,0,600]);xlabel('频率/Hz');
title('调制信号');
% Get the amplitude-modulated signal y
y=modulate(x, Fc, Fs, 'am');
subplot(2,2,3);  plot(t(1:200),y(1:200));
xlabel('时间/s');  axis([0,0.2,-1,1]);
title('已调信号 (AM)');
% Calculate the spectrum of modulated signal y
Xf=abs(fft(y,N));
subplot(2,2,4);
stem(F(1:120),abs(Xf(1:120)),'marker','none');
axis([0,120,0,300]);
xlabel('频率/Hz');  title('已调信号 (AM)');
```

从图 5-33 计算结果可见,已调信号的频谱是调制信号频谱的搬移。

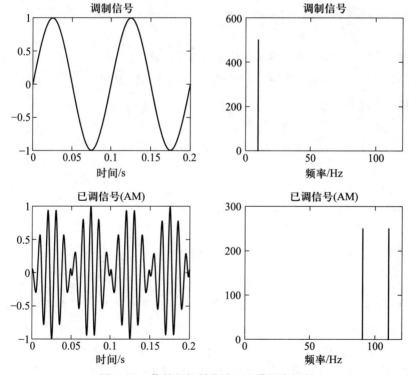

图 5-33　信号的抑制载波双边带幅度调制

第 5 章自测题

习　题

5-1　已知描述某稳定的连续 LTI 系统的微分方程为

$$y''(t)+4y'(t)+3y(t)=2x'(t)+x(t)$$

试求系统的频率响应 $H(j\omega)$ 和冲激响应 $h(t)$。

5-2　试求题 5-2 图所示系统的频率响应 $H(j\omega)$，其中输入为 $x(t)$，输出为 $y(t)$。

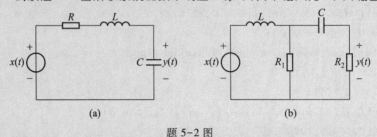

题 5-2 图

5-3　已知某稳定连续 LTI 系统，当输入 $x(t)=\mathrm{Sa}(t)\cos(2t)+\mathrm{Sa}(t)\cos(4t)$，$-\infty<t<\infty$ 时，其输出 $y_{zs}(t)=\mathrm{Sa}(t)\cos(3t)$，$-\infty<t<\infty$。求该系统的频率响应 $H(j\omega)$。

5-4　已知信号 $x(t)$ 通过某稳定的连续 LTI 系统 $H(j\omega)$ 后的输出响应为 $y_{zs}(t)$，今欲使 $x(t)$ 通过另一稳定的连续 LTI 系统 $H_a(j\omega)$ 后的输出响应为 $x(t)-y_{zs}(t)$，求此系统的频率响应 $H_a(j\omega)$。

5-5　已知某稳定的连续 LTI 系统的频率响应如题 5-5 图所示，输入信号 $x(t)=5+3\cos(2t)+\cos(4t)$，$-\infty<t<\infty$ 时，试求该系统的输出响应 $y(t)$。

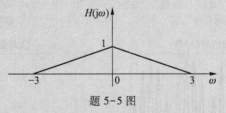

题 5-5 图

5-6　已知描述稳定的连续 LTI 系统的微分方程如下，试求系统的零状态响应 $y_{zs}(t)$。

（1）$y'(t)+3y(t)=2x(t)$，$x(t)=\mathrm{e}^{-4t}u(t)$；

（2）$y''(t)+5y'(t)+6y(t)=3x'(t)+5x(t)$，$x(t)=u(t)$。

5-7　根据给定的输入信号 $x(t)$ 与输出信号 $y_{zs}(t)$，判断下列连续 LTI 系统是否为无失真传输系统？

(1) $x(t) = u(t)$，$y_{zs}(t) = -2u(t+2)$；

(2) $x(t) = u(t-t_0) + \delta(t)$，$y_{zs}(t) = 3u(t-t_0-10) + 3\delta(t-10)$。

5-8 判断下述稳定的连续 LTI 系统是否为无失真传输系统，并求出系统的冲激响应。

(1) $H(j\omega) = 2$；　　　　　　　　　　(2) $H(j\omega) = 3e^{-j2\pi t_0 \omega}$；

(3) $H(j\omega) = \begin{cases} 2e^{-j2\pi t_0 \omega}, & |\omega| < \omega_c \\ 0, & |\omega| < \omega_c \end{cases}$；　　(4) $H(j\omega) = 3e^{-j(2\pi t_0 \omega + \pi)}$。

5-9 已知理想模拟低通滤波器的频率响应 $H(j\omega)$ 为

$$H(j\omega) = \begin{cases} e^{-j2\omega}, & |\omega| < 2\pi \\ 0, & |\omega| > 2\pi \end{cases}$$

(1) 求该低通滤波器的单位冲激响应 $h(t)$；

(2) 输入 $x(t) = Sa(\pi t)$，$-\infty < t < \infty$。求输出 $y(t)$；

(3) 输入 $x(t) = Sa(3\pi t)$，$-\infty < t < \infty$。求输出 $y(t)$；

(4) 若滤波器的输入为题 5-9 图所示周期矩形信号，求输出 $y(t)$。

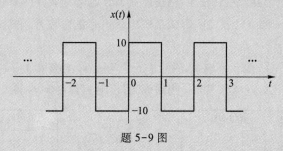

题 5-9 图

5-10 已知理想模拟低通滤波器的频率响应 $H(j\omega)$ 为

$$H(j\omega) = \begin{cases} e^{-j2\omega}, & |\omega| < \omega_c \\ 0, & |\omega| > \omega_c \end{cases}$$

若使输入信号 $x(t) = e^{-at}u(t)$（$a>0$）归一化能量的一半通过系统，试确定该滤波器的截频 ω_c。

5-11 已知某理想模拟高通滤波器的幅度响应和相位响应如题 5-11 图所示，其中 $\omega_c = 80\pi \, rad/s$，

(1) 计算该系统的单位冲激响应 $h(t)$；

(2) 若输入信号 $x(t) = 1 + 0.5\cos(60\pi t) + 0.2\cos(120\pi t)$，求该系统的输出响应 $y(t)$。

5-12 理想 90° 相移器的频率响应 $H(j\omega)$ 定义为

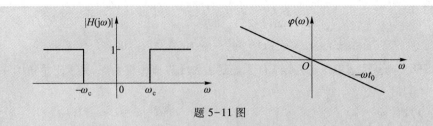

题 5-11 图

$$H(j\omega) = \begin{cases} e^{-j\frac{\pi}{2}}, & \omega > 0 \\ e^{j\frac{\pi}{2}}, & \omega < 0 \end{cases}$$

（1）试求系统的单位冲激响应 $h(t)$；

（2）若输入为 $x(t) = \sin(\omega_0 t)$，$-\infty < t < \infty$ 时，求系统的输出 $y_{zs}(t)$；

（3）试求系统对任意输入 $x(t)$ 的输出 $y_{zs}(t)$。

5-13　在抑制载波幅度调制系统中，若载波信号的相位 θ_c 不为零，试证明其同步解调系统仍可以正确解调。

5-14　在正弦幅度调制过程中，若调制端载波信号为 $c_s(t) = \cos(\omega_1 t)$，解调端载波信号为 $c_r(t) = \cos(\omega_2 t)$，试写出解调系统输出信号的时域表达式 $y(t)$ 及频域表达式 $Y(j\omega)$。

5-15　在题 5-15 图示系统中，已知输入信号 $x(t)$ 的频谱 $X(j\omega)$，试分析系统中 A、B、C、D 各点信号及 $y(t)$ 频谱并画出频谱图，求出 $y(t)$ 与 $x(t)$ 的关系。

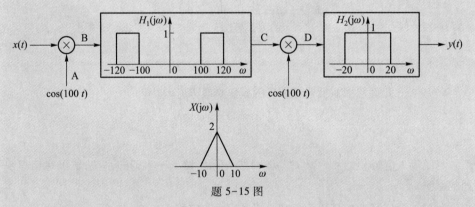

题 5-15 图

5-16　在题 5-16 图示系统中，已知输入信号 $x(t)$ 的频谱 $X(j\omega)$，试分析系统中 A、B、C、D 各点信号及 $y(t)$ 的频谱，并画出频谱图。

5-17　在某些情况下，需要对调制信号叠加一个直流分量 A 后再进行幅度调制。已知某调幅信号 $g(t) = x(t)\cos(\omega_c t)$，其中 $x(t) = A_c[1 + m(t)]$，$m(t) = 0.5\cos(\omega_0 t)$ 为调制信号，$\omega_0 = 2\pi \times 10$ rad/s，载波角频率 $\omega_c = 2\pi \times 10^3$ rad/s，且 $A_c = 1$。

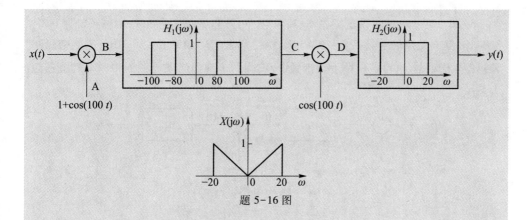

题 5-16 图

（1）画出调幅信号 $g(t)$ 的时域波形示意图；

（2）画出 $g(t)$ 的频谱 $G(j\omega)$；

（3）简要说明如何从 $g(t)$ 中恢复调制信号 $m(t)$。

5-18 在题 5-18 图所示单边带幅度调制系统中，已知输入信号 $x(t)$ 的频谱 $X(j\omega)$，

（1）试分析系统中 $x_m(t)$ 和 $y_s(t)$ 的频谱，并画出其频谱图；

（2）给出从 $y_s(t)$ 恢复信号 $x(t)$ 的方案，并从频域验证方案的正确性。

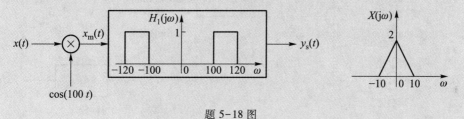

题 5-18 图

5-19 某调幅系统如题 5-19 图所示，已知调制信号 $x(t)$ 所占频带为 0.3～3.4 kHz，载波信号频率 f_0 为 200 kHz，欲使带通滤波器（BP）的输出信号仅保留已调信号的上边带频谱而抑制其下边带频谱，试问该带通滤波器的通带频率范围应为多少？

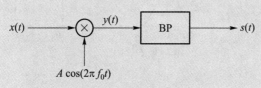

题 5-19 图

5-20 某二次调幅系统如题 5-20 图所示,已知调制信号 $x(t)$ 所占频带为 $0.3 \sim 3.4$ kHz,第一载波信号频率 $f_1 = 100$ kHz,第二载波信号频率 $f_2 = 10$ MHz,欲使带通滤波器的输出信号 $s_2(t)$ 仅保留上边带频谱,试问两个带通滤波器的通带频率范围各应为多少?

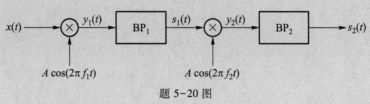

题 5-20 图

5-21 题 5-21 图示为正交幅度调制原理框图,其可以实现正交多路复用(quadrature multiplexing)。已知两路调制信号 $x_1(t)$ 和 $x_2(t)$ 的频谱如题 5-21 图所示。

(1) 试求 $y(t)$、$a(t)$ 和 $y_1(t)$ 的频谱,并画出频谱图;

(2) 试求 $b(t)$ 和 $y_2(t)$ 的频谱,并画出频谱图。

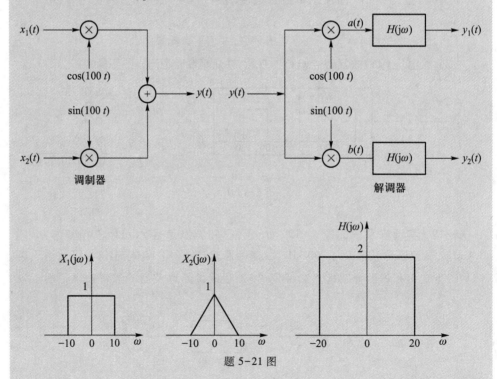

题 5-21 图

5-22 已知信号 $x(t)$ 的频谱 $X(j\omega)$ 如题 5-22 图所示,该信号经过系统 1 后输出信号 $x_0(t)$,其频谱为 $X_0(j\omega)$。

（1）求信号 $x(t)$ 的时域表达式；

（2）画出系统 1 的原理框图；

（3）画出系统 2 中 A 点信号及 $y(t)$ 的频谱。

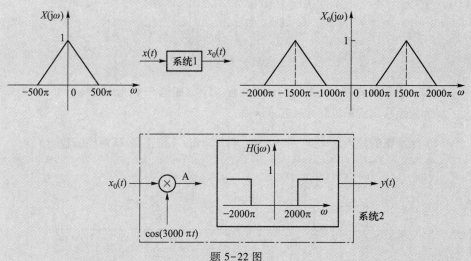

题 5-22 图

5-23 已知描述某稳定离散 LTI 系统的差分方程如下，试求系统的频率响应 $H(e^{j\Omega})$ 和单位脉冲响应 $h[k]$。

（1）$y[k]=x[k]+2x[k-1]+x[k-2]$；

（2）$6y[k]+5y[k-1]+y[k-2]=x[k]+x[k-1]$。

5-24 已知某离散 LTI 系统的单位脉冲响应为 $h[k]=(0.5)^k u[k]$，试计算该系统的频率响应 $H(e^{j\Omega})$。当系统的输入信号为 $x[k]=\cos\left(\dfrac{\pi k}{4}\right)$ 时，试求出系统的输出响应。

5-25 已知理想数字低通滤波器的频率响应 $H(e^{j\Omega})$ 为

$$H(e^{j\Omega})=\begin{cases} e^{-3j\Omega}, & |\Omega|<\dfrac{2\pi}{16}\left(\dfrac{3}{2}\right) \\[2mm] 0, & |\Omega|>\dfrac{2\pi}{16}\left(\dfrac{3}{2}\right) \end{cases}$$

当系统的输入为 $x[k]=\tilde{\delta}_{16}[k]=\displaystyle\sum_{n=-\infty}^{\infty}\delta[k-16n]$，求该系统的输出 $y[k]$。

5-26 已知某理想数字带通滤波器的频率响应 $H(e^{j\Omega})$ 如题 5-26 图所示，试求该滤波器的单位脉冲响应 $h[k]$。若滤波器的输入 $x[k]=\sin(0.2\pi k)+2\sin(0.5\pi k)+\sin(0.8\pi k)$，试求滤波器的输出 $y[k]$。

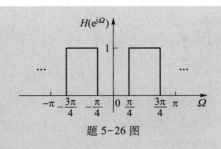

题 5-26 图

5-27　已知某离散 LTI 系统的频率响应 $H(e^{j\Omega})$ 如题 5-27 图所示。

（1）求该系统的单位脉冲响应 $h[k]$；

（2）当系统的输入为 $x[k]=1+\cos\left(\dfrac{\pi}{3}k\right)+2\cos\left(\dfrac{2\pi}{3}k\right)$ 时，求该系统的输出 $y[k]$。

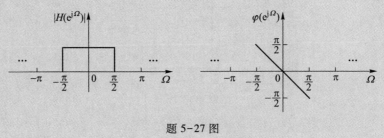

题 5-27 图

第 5 章部分
习题参考答案

MATLAB习题

M5-1　由 RCL 构成的模拟带通系统如题 M5-1 图所示。

（1）试求解该系统频率响应 $H(j\omega)$ 的表达式；

（2）利用 freqs 函数，画出 $\dfrac{1}{LC}=100$，$\dfrac{1}{RC}=1$ 和 $\dfrac{1}{8}$ 时该系统的幅度响应 $|H(j\omega)|$。

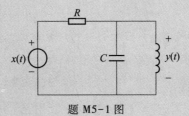

题 M5-1 图

M5-2　某 RC 电路如题 M5-2 图所示。

（1）对不同的 RC 值，用 freqs 函数画出该系统的幅度响应 $|H(j\omega)|$；

（2）信号 $x(t)=\cos(100t)+\cos(3\ 000t)$ 包含了一个低频分量和一个高频分量，试确定适当的 RC 值，滤除信号 $x(t)$ 中的高频分量，并画出信号 $x(t)$ 和滤波后的信号 $y(t)$ 在 $t=0\sim0.2$ s 范围内的波形；

（3）50 Hz 的交流信号经过全波整流后可表示为

$$x(t) = 10 \left| \sin(100\pi t) \right|$$

试取不同的 RC 值，计算并画出 $x(t)$ 通过题 M5-2 图所示系统的响应 $y(t)$。利用 sum 函数，计算 $x(t)$ 和 $y(t)$ 的直流分量。

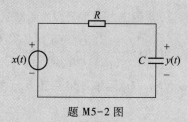

题 M5-2 图

M5-3 信号 $x_1(t)$ 和 $x_2(t)$ 如题 M5-3 图所示。

（1）取 $t = 0:005:2.5$，计算信号 $x(t) = x_1(t) + x_2(t)\cos(50t)$ 的值，并画出波形；

（2）某物理可实现的实际模拟系统的 $H(j\omega)$ 为

$$H(j\omega) = \frac{10^4}{(j\omega)^4 + 26.131 (j\omega)^3 + 3.414\,2 \times 10^2 (j\omega)^2 + 2.613\,1 \times 10^3 (j\omega) + 10^4}$$

利用 freqs 函数画出 $H(j\omega)$ 的幅度响应和相位响应；

（3）利用 lsim 函数求出信号 $x(t)$ 和 $x(t)\cos(50t)$ 通过系统 $H(j\omega)$ 的响应 $y_1(t)$ 和 $y_2(t)$。并解释所得的结果。

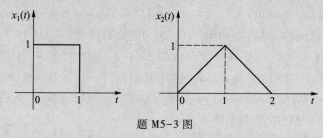

题 M5-3 图

M5-4 某四个稳定的连续时间 LTI 系统，其输入信号均为

$$x(t) = \cos(10t) + \cos(20t) + \cos(30t)$$

描述这四个系统的微分方程如下

（1）$y^{(4)}(t) + 26.1y^{(3)}(t) + 341.4y''(t) + 2\,613.1y'(t) + 10\,000y(t) = 10\,000x(t)$；

（2）$y^{(4)}(t) + 78.4y^{(3)}(t) + 3\,072.8y''(t) + 70\,554.4y'(t) + 810\,000y(t) = x^{(4)}(t)$；

（3）$y^{(4)}(t) + 5.7y^{(3)}(t) + 656y''(t) + 1\,810.2y'(t) + 102\,400y(t) = 16x''(t)$；

（4）$y^{(4)}(t) + 11.3y^{(3)}(t) + 832y''(t) + 4\,344.5y'(t) + 147\,456y(t)$

$$= x^{(4)}(t) + 768x''(t) + 147\,456x(t).$$

编写 MATLAB 程序,完成以下要求:

(1) 画出上述 4 个系统幅度响应,并比较它们的特征;

(2) 画出系统的零状态响应 $y_{zs1}(t)$,$y_{zs2}(t)$,$y_{zs3}(t)$,$y_{zs4}(t)$ 幅度频谱,解释所得结果。

M5-5　中心频率为 ω_0、3 dB 带宽为 B 的模拟带阻滤波器的频率响应 $H(j\omega)$ 为

$$H(j\omega) = \frac{(j\omega)^2 + \omega_0^2}{(j\omega)^2 + B(j\omega) + \omega_0^2}$$

(1) 试画出中心频率 $\omega_0 = 5$ rad/s、阻带 3 dB 带宽 B 分别为 0.2 和 3 rad/s 时,系统的幅度响应 $|H(j\omega)|$;

(2) 播放语音信号 ch5n2.wav,计算语音信号 ch5n2.wav 的频谱;

(3) 选择合适的带阻滤波器参数,用 lsim 函数对(2)中的信号进行滤波。讨论带阻滤波器参数对滤波效果的影响。

M5-6　在幅度调制中,若调制信号为正弦信号,其频率为 1 Hz,载波信号的频率为 20 Hz,试利用 modulate 函数获得已调信号,并利用 fft 函数分析和比较信号调制前后的频谱。

M5-7　某四个稳定的离散时间 LTI 系统,其输入信号均为

$$x[k] = \cos(0.2\pi k) + \cos(0.5\pi k) + \cos(0.8\pi k)$$

描述这四个系统的差分方程如下:

(1) $y[k] - 2.369\,5y[k-1] + 2.314\,0y[k-2] - 1.054\,7y[k-3] + 0.187\,4y[k-4]$
　　$= 0.004\,8x[k] + 0.019\,3x[k-1] + 0.028\,9x[k-2] + 0.019\,3x[k-3] + 0.004\,8x[k-4]$;

(2) $y[k] + 2.048\,4y[k-1] + 1.841\,8y[k-2] + 0.782\,4y[k-3] + 0.131\,7y[k-4]$
　　$= 0.008\,9x[k] - 0.035\,7x[k-1] + 0.053\,5x[k-2] - 0.035\,7x[k-3] + 0.008\,9x[k-4]$;

(3) $y[k] + 1.143\,0y[k-2] + 0.412\,8y[k-4] = 0.067\,5x[k] - 0.134\,9x[k-2] + 0.067\,5x[k-4]$;

(4) $y[k] + 1.561\,0y[k-2] + 0.641\,4y[k-4] = 0.800\,6x[k] + 1.601\,2x[k-2] + 0.800\,6x[k-4]$.

编写 MATLAB 程序,完成以下要求:

(1) 画出上述 4 个系统幅度响应,并比较它们的特征;

(2) 画出系统的零状态响应 $y_{zs1}[k]$,$y_{zs2}[k]$,$y_{zs3}[k]$,$y_{zs4}[k]$ 幅度频谱,解释所得结果。

第 6 章　连续信号与系统的复频域分析

连续时间信号与系统的频域分析,揭示了信号与系统内在的频域特性,是信号与系统分析的重要方法。但频域分析法也存在一些不足。例如,一些信号不存在 Fourier 变换,因而无法对其进行频域分析。当系统不稳定时,系统的频率响应一般不存在,所以频域分析法不适合分析不稳定系统。为此,本章引入另一种连续时间信号与系统分析方法,这种方法是以 Laplace(拉普拉斯)变换为工具,将时域表示的信号和系统映射到复频域,因而可将信号与系统的时域分析转换为复频域的分析。Fourier 变换是将信号表示为虚指数信号的加权叠加,而 Laplace 变换是将信号表示为复指数信号的加权叠加。由于虚指数信号是复指数信号的特例,所以复频域分析是频域分析的推广,更具有一般性。本章介绍连续信号的复频域表示,以及连续系统的复频域描述,从而拓展频域分析至复频域分析,以更加有效地描述系统和分析系统,解决系统时域描述与频域描述的某些局限性。

6.1　连续时间信号的复频域分析

6.1.1　从 Fourier 变换到 Laplace 变换

在信号的频域分析中,Dirichlet 条件是信号 Fourier 变换存在的充分条件,信号若满足 Dirichlet 条件,则其 Fourier 变换一定存在。有些信号如单位阶跃信号不满足 Dirichlet 条件,Fourier 变换虽然存在却很难从 Fourier 变换定义式直接求出。而另一些常用信号,如指数增长信号 $e^{\alpha t}u(t)$ $(\alpha>0)$,Fourier 变换不存在。究其原因在于 $t\to\infty$ 时信号的幅度不衰减为零,而是增长为无穷大。若将指数增长信号 $e^{\alpha t}u(t)$ 乘以衰减因子 $e^{-\sigma t}$,当 $\sigma>\alpha$ 时,$e^{\alpha t}u(t)\cdot e^{-\sigma t}$ 就成为指数衰减信号,Fourier 变换存在,即

$$\mathscr{F}\{x(t)e^{-\sigma t}\}=\int_{-\infty}^{\infty}x(t)e^{-\sigma t}e^{-j\omega t}dt=\int_{0}^{\infty}e^{\alpha t}e^{-(\sigma+j\omega)t}dt$$

令 $s=\sigma+j\omega$,则上式可写为

$$\mathscr{F}\{x(t)e^{-\sigma t}\}=\int_{0}^{\infty}e^{\alpha t}e^{-(\sigma+j\omega)t}dt=\frac{1}{s-\alpha},\sigma>\alpha$$

推广到一般情况,利用衰减因子 $e^{-\sigma t}$ 乘以信号 $x(t)$,根据信号的不同特征,选取合适的 σ 值,使乘积信号 $x(t)e^{-\sigma t}$ 的幅度随着时间的增加而衰减,从而使下面积分

$$\mathscr{F}\{x(t)e^{-\sigma t}\} = \int_{-\infty}^{\infty} x(t)e^{-\sigma t}e^{-j\omega t}dt = \int_{-\infty}^{\infty} x(t)e^{-(\sigma+j\omega)t}dt$$

收敛。定义复变量 $s=\sigma+j\omega$,上式可写成

$$\mathscr{F}\{x(t)e^{-\sigma t}\} = \int_{-\infty}^{\infty} x(t)e^{-st}dt = X(s) \qquad (6\text{-}1)$$

式(6-1)即为信号的 Laplace 正变换,表示为

$$\mathscr{L}\{x(t)\} = X(s) = \int_{-\infty}^{\infty} x(t)e^{-st}dt \qquad (6\text{-}2)$$

信号 $x(t)e^{-\sigma t}$ 的 Fourier 反变换为

$$x(t)e^{-\sigma t} = \frac{1}{2\pi}\int_{-\infty}^{\infty} X(s)e^{j\omega t}d\omega$$

上式两边同乘 $e^{\sigma t}$ 可得

$$x(t) = \frac{1}{2\pi}\int_{-\infty}^{\infty} X(s)e^{(\sigma+j\omega)t}d\omega \qquad (6\text{-}3)$$

由 $s=\sigma+j\omega$,可得 $d\omega = \dfrac{ds}{j}$,将其代入式(6-3)中,即得 Laplace 反变换为

$$\mathscr{L}^{-1}\{X(s)\} = x(t) = \frac{1}{2\pi j}\int_{\sigma-j\infty}^{\sigma+j\infty} X(s)e^{st}ds \qquad (6\text{-}4)$$

式(6-4)表明信号 $x(t)$ 可表示为复指数信号 e^{st} 的加权叠加,加权因子 $X(s)$ 是复变量 $s=\sigma+j\omega$ 的函数,也称 s 为复频率。Laplace 变换将时域信号映射至复频域(s 域),式(6-2)与式(6-4)构成了 Laplace 变换对,常用下列符号表示,即

$$\mathscr{L}\{x(t)\} = X(s)$$
$$\mathscr{L}^{-1}\{X(s)\} = x(t)$$

或

$$x(t) \xleftrightarrow{\quad\mathscr{L}\quad} X(s)$$

实际中常遇到的信号或者是因果信号,或者信号虽然不是起始于 $t=0$,而问题的讨论只需要考虑信号 $t \geqslant 0$ 部分。鉴于这两种情况,式(6-2)可以表示为

$$X(s) = \int_{0^-}^{\infty} x(t)e^{-st}dt \qquad (6\text{-}5)$$

式(6-5)中的积分下限从 0^- 开始,是为了在 s 域分析信号时,能够有效地处理出现在 0 时刻的冲激信号。习惯上除了特别指明外,一般把积分下限简写为 0,其含义与 0^- 相同。为了区别于在 $-\infty<t<\infty$ 范围内存在的信号 $x(t)$ 的 Laplace 变换,式(6-5)称为单边 Laplace 变换,式(6-2)则称为双边 Laplace 变换。单边和双变 Laplace 反变换都是式(6-4)。

6.1.2 单边 Laplace 变换的收敛域

从前面分析可以看出,Laplace 变换是信号 $x(t)$ 乘以指数信号 $e^{-\sigma t}$ 后再进行 Fourier 变换,即对信号 $x(t)e^{-\sigma t}$ 取 Fourier 变换,因此 Laplace 变换的收敛是有条件的。单边 Laplace 变换收敛的充分条件是 $x(t)e^{-\sigma t}$ 绝对可积,即

$$\int_0^\infty \left| x(t)e^{-\sigma t} \right| dt < \infty \qquad (6-6)$$

式(6-6)中 σ 的取值会影响到积分是否收敛,使上式成立的 σ 的取值范围称为 Laplace 变换的收敛域(region of convergence),简称为 ROC。

对于单边信号 $x(t)$,其 Laplace 变换的收敛域可表示为 $\sigma > \sigma_0$,或写为 $\mathrm{Re}\{s\} > \sigma_0$。$\sigma_0$ 的值与信号 $x(t)$ 的特性有关,它给出了 Laplace 变换存在的条件。通常将 Laplace 变换的收敛域在以 σ 为横坐标,$j\omega$ 为纵坐标的 s 平面绘出,如图 6-1 所示。图中的直线通过 σ_0 点并垂直于 σ 轴,称为收敛轴,σ_0 点称为收敛坐标。对于单边信号,收敛域为 s 平面收敛轴右侧 $\sigma > \sigma_0$ 区域,通常以阴影表示。

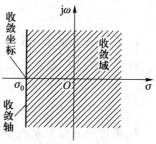

图 6-1 单边 Laplace
变换的收敛域

6.1.3 常用信号的 Laplace 变换

通过分析常用信号的 Laplace 变换,直观感受时域信号与其 Laplace 变换的对应关系,同时加深理解 Laplace 变换收敛域的概念和作用。由于信号 $x(t)$ 和 $x(t)u(t)$ 的单边 Laplace 变换是相同的,因此假设这些信号都是起始于零时刻的因果信号。

1. 单边指数信号 $e^{-\lambda t}u(t)$

$$\mathscr{L}\{e^{-\lambda t}u(t)\} = \int_{0^-}^\infty e^{-\lambda t}e^{-st}dt = \int_{0^-}^\infty e^{-(s+\lambda)t}dt = \frac{1}{s+\lambda}, \mathrm{Re}\{s\} > \mathrm{Re}\{-\lambda\}$$

即

$$e^{-\lambda t}u(t) \overset{\mathscr{L}}{\longleftrightarrow} \frac{1}{s+\lambda}, \mathrm{Re}\{s\} > \mathrm{Re}\{-\lambda\} \qquad (6-7)$$

由上式可得

$$e^{j\omega_0 t}u(t) \overset{\mathscr{L}}{\longleftrightarrow} \frac{1}{s-j\omega_0}, \mathrm{Re}\{s\} > 0 \qquad (6-8)$$

$$e^{(\sigma_0+j\omega_0)t}u(t) \overset{\mathscr{L}}{\longleftrightarrow} \frac{1}{s-(\sigma_0+j\omega_0)}, \mathrm{Re}\{s\} > \sigma_0 \qquad (6-9)$$

2. 正弦型信号 $\cos(\omega_0 t)\mathrm{u}(t)$, $\sin(\omega_0 t)\mathrm{u}(t)$

$$\mathscr{L}\{\cos(\omega_0 t)\mathrm{u}(t)\} = \mathscr{L}\left\{\frac{\mathrm{e}^{\mathrm{j}\omega_0 t} + \mathrm{e}^{-\mathrm{j}\omega_0 t}}{2}\mathrm{u}(t)\right\}$$

$$= \frac{1}{2}\left(\frac{1}{s - \mathrm{j}\omega_0} + \frac{1}{s + \mathrm{j}\omega_0}\right) = \frac{s}{s^2 + \omega_0^2}, \mathrm{Re}\{s\} > 0$$

即

$$\cos(\omega_0 t)\mathrm{u}(t) \overset{\mathscr{L}}{\longleftrightarrow} \frac{s}{s^2 + \omega_0^2}, \mathrm{Re}\{s\} > 0 \qquad (6\text{-}10)$$

同理可得

$$\sin(\omega_0 t)\mathrm{u}(t) \overset{\mathscr{L}}{\longleftrightarrow} \frac{\omega_0}{s^2 + \omega_0^2}, \mathrm{Re}\{s\} > 0 \qquad (6\text{-}11)$$

3. 单位阶跃信号 $\mathrm{u}(t)$

单位阶跃信号实际上就是单边指数信号 $\mathrm{e}^{-\lambda t}\mathrm{u}(t)$ 在 $\lambda = 0$ 时的特殊情况，因此有

$$\mathscr{L}\{\mathrm{u}(t)\} = \frac{1}{s}, \mathrm{Re}\{s\} > 0 \qquad (6\text{-}12)$$

4. 单位冲激信号及其导数 $\delta(t)$, $\delta^{(n)}(t)$

由 Laplace 变换的定义及冲激函数的性质可得

$$\mathscr{L}\{\delta(t)\} = \int_{0^-}^{\infty} \delta(t)\mathrm{e}^{-st}\mathrm{d}t = 1, \mathrm{Re}\{s\} > -\infty \qquad (6\text{-}13)$$

$$\mathscr{L}\{\delta'(t)\} = \int_{0^-}^{\infty} \delta'(t)\mathrm{e}^{-st}\mathrm{d}t = -\frac{\mathrm{d}}{\mathrm{d}t}(\mathrm{e}^{-st})\bigg|_{0^-}^{\infty} = s, \mathrm{Re}\{s\} > -\infty \qquad (6\text{-}14)$$

$$\mathscr{L}\{\delta^{(n)}(t)\} = \int_{0^-}^{\infty} \delta^{(n)}(t)\mathrm{e}^{-st}\mathrm{d}t = (-1)^n\frac{\mathrm{d}^n}{\mathrm{d}t^n}(\mathrm{e}^{-st})\bigg|_{0^-}^{\infty} = s^n, \mathrm{Re}\{s\} > -\infty \qquad (6\text{-}15)$$

5. t 的正幂次信号 $t^n\mathrm{u}(t)$（n 为正整数）

$$\mathscr{L}\{t^n\mathrm{u}(t)\} = \int_{0^-}^{\infty} (t^n)\mathrm{e}^{-st}\mathrm{d}t = -\frac{t^n}{s}(\mathrm{e}^{-st})\bigg|_{0^-}^{\infty} + \frac{n}{s}\int_{0^-}^{\infty} t^{n-1}\mathrm{e}^{-st}\mathrm{d}t$$

$$= \frac{n}{s}\int_{0^-}^{\infty} t^{n-1}\mathrm{e}^{-st}\mathrm{d}t = \frac{n}{s}\mathscr{L}\{t^{n-1}\mathrm{u}(t)\}$$

根据以上推理，可得

$$\mathscr{L}\{t^n\mathrm{u}(t)\} = \frac{n}{s}\mathscr{L}\{t^{n-1}\mathrm{u}(t)\} = \frac{n}{s} \cdot \frac{n-1}{s}\mathscr{L}\{t^{n-2}\mathrm{u}(t)\}$$

$$= \frac{n}{s} \cdot \frac{n-1}{s} \cdot \frac{n-2}{s} \cdot \cdots \cdot \frac{2}{s} \cdot \frac{1}{s}\mathscr{L}\{t^0\mathrm{u}(t)\}$$

即

$$t^n\mathrm{u}(t) \overset{\mathscr{L}}{\longleftrightarrow} \frac{n!}{s^{n+1}}, \mathrm{Re}\{s\} > 0 \qquad (6\text{-}16)$$

当 $n = 1$ 时，即为斜坡信号 $x(t) = t\mathrm{u}(t)$，其 Laplace 变换为

$$\mathscr{L}\{tu(t)\} = \frac{1}{s^2}, \mathrm{Re}\{s\} > 0 \tag{6-17}$$

由上述常见信号的单边 Laplace 变换可见，信号 Laplace 变换 $X(s)$ 的收敛域可由 $X(s)$ 极点的实部确定。如式(6-17)的分母多项式为 s^2，其极点为 $p=0$，所以其收敛域为 $\mathrm{Re}\{s\} > 0$。

实际常见的许多信号，大多可以用这些基本信号的线性组合表示。现将这些常用信号的单边 Laplace 变换列于表 6-1 中，以便查阅。

表 6-1　常用信号的单边 Laplace 变换

序号	单边信号 $x(t)$	Laplace 变换 $X(s)$	收敛域
1	$e^{-\lambda t}u(t)$	$\dfrac{1}{s+\lambda}$	$\mathrm{Re}\{s\} > \mathrm{Re}\{-\lambda\}$
2	$e^{j\omega_0 t}u(t)$	$\dfrac{1}{s-j\omega_0}$	$\mathrm{Re}\{s\} > 0$
3	$\cos(\omega_0 t)u(t)$	$\dfrac{s}{s^2+\omega_0^2}$	$\mathrm{Re}\{s\} > 0$
4	$\sin(\omega_0 t)u(t)$	$\dfrac{\omega_0}{s^2+\omega_0^2}$	$\mathrm{Re}\{s\} > 0$
5	$e^{-\sigma_0 t}\cos(\omega_0 t)u(t)$	$\dfrac{s+\sigma_0}{(s+\sigma_0)^2+\omega_0^2}$	$\mathrm{Re}\{s\} > -\sigma_0$
6	$e^{-\sigma_0 t}\sin(\omega_0 t)u(t)$	$\dfrac{\omega_0}{(s+\sigma_0)^2+\omega_0^2}$	$\mathrm{Re}\{s\} > -\sigma_0$
7	$\delta(t)$	1	$\mathrm{Re}\{s\} > -\infty$
8	$\delta^{(n)}(t)$	$s^n (n=1,2,\cdots)$	$\mathrm{Re}\{s\} > -\infty$
9	$u(t)$	$\dfrac{1}{s}$	$\mathrm{Re}\{s\} > 0$
10	$tu(t)$	$\dfrac{1}{s^2}$	$\mathrm{Re}\{s\} > 0$
11	$t^n u(t)$	$\dfrac{n!}{s^{n+1}}$	$\mathrm{Re}\{s\} > 0$
12	$te^{-\lambda t}u(t)$	$\dfrac{1}{(s+\lambda)^2}$	$\mathrm{Re}\{s\} > \mathrm{Re}\{-\lambda\}$
13	$t^n e^{-\lambda t}u(t)$	$\dfrac{n!}{(s+\lambda)^{n+1}}$	$\mathrm{Re}\{s\} > \mathrm{Re}\{-\lambda\}$

6.1.4　单边 Laplace 变换的性质

　　Laplace 变换建立了信号时域描述和复频域描述之间的对应关系,当信号在一个域有所变化时,在另一个域必然也有相应的体现,Laplace 变换的性质反映了这些变化的规律。由于 Laplace 变换是 Fourier 变换的推广,所以两种变换的性质存在许多相似性。下面介绍单边 Laplace 变换的一些基本性质。

1. 线性特性

　　若
$$x_1(t) \overset{\mathscr{L}}{\longleftrightarrow} X_1(s), \mathrm{Re}\{s\} > \sigma_1$$

$$x_2(t) \overset{\mathscr{L}}{\longleftrightarrow} X_2(s), \mathrm{Re}\{s\} > \sigma_2$$

则有
$$a_1 x_1(t) + a_2 x_2(t) \overset{\mathscr{L}}{\longleftrightarrow} a_1 X_1(s) + a_2 X_2(s), \mathrm{Re}\{s\} > \max(\sigma_1, \sigma_2) \qquad (6-18)$$

式中 a_1 和 a_2 为任意常数,收敛域一般是 $X_1(s)$ 和 $X_2(s)$ 收敛域的重叠部分,或者说收敛坐标为 σ_1 和 σ_2 中较大者。值得注意的是,若两个信号经过线性运算得到的信号是时限信号,则其收敛域将为整个 s 平面。

2. 展缩特性

　　若
$$x(t) \overset{\mathscr{L}}{\longleftrightarrow} X(s), \mathrm{Re}\{s\} > \sigma_0$$

则有
$$x(at) \overset{\mathscr{L}}{\longleftrightarrow} \frac{1}{a} X\left(\frac{s}{a}\right), a > 0, \mathrm{Re}\{s\} > a\sigma_0 \qquad (6-19)$$

式中 $a > 0$ 是为了保证 $x(at)$ 仍为因果信号。

3. 时移特性

　　若
$$x(t) \overset{\mathscr{L}}{\longleftrightarrow} X(s), \mathrm{Re}\{s\} > \sigma_0$$

则有
$$x(t-t_0) \mathrm{u}(t-t_0) \overset{\mathscr{L}}{\longleftrightarrow} \mathrm{e}^{-st_0} X(s), t_0 \geqslant 0, \mathrm{Re}\{s\} > \sigma_0 \qquad (6-20)$$

上式说明,信号在时域右移 t_0,则其 Laplace 变换为原信号的 Laplace 变换乘以指数 e^{-st_0}。

　　证明: 由单边 Laplace 变换的定义,有
$$\mathscr{L}\{x(t-t_0) \mathrm{u}(t-t_0)\} = \int_{0^-}^{\infty} x(t-t_0) \mathrm{u}(t-t_0) \mathrm{e}^{-st} \mathrm{d}t$$

由于 $t_0 \geqslant 0$,上式可写成
$$\mathscr{L}\{x(t-t_0) \mathrm{u}(t-t_0)\} = \int_{t_0}^{\infty} x(t-t_0) \mathrm{e}^{-st} \mathrm{d}t$$

令 $t-t_0 = w$,则有 $t = w + t_0$,$\mathrm{d}t = \mathrm{d}w$,因此
$$\mathscr{L}\{x(t-t_0) \mathrm{u}(t-t_0)\} = \int_{0^-}^{\infty} x(w) \mathrm{e}^{-s(w+t_0)} \mathrm{d}w$$

$$= e^{-st_0} \int_{0^-}^{\infty} x(w) e^{-sw} dw = e^{-st_0} X(s)$$

从上面的证明过程可以看出,式(6-20)中 $t_0 \geqslant 0$ 的规定对于单边 Laplace 变换是必要的。因为若 $t_0 < 0$,信号的波形有可能左移超过坐标原点,导致原点以左部分不能包含在从 0^- 到 ∞ 的积分中,如图 6-2 所示。下面举例说明时移特性的应用。

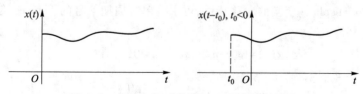

图 6-2 信号左移对单边 Laplace 变换的影响

【例 6-1】 求图 6-3 所示信号 $x(t)$ 的 Laplace 变换。

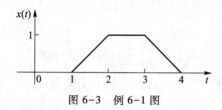

图 6-3 例 6-1 图

解:利用斜坡信号 $r(t)$,$x(t)$ 可表示为
$$x(t) = r(t-1) - r(t-2) - r(t-3) + r(t-4)$$

因为
$$\mathcal{L}\{r(t)\} = \frac{1}{s^2}, \operatorname{Re}\{s\} > 0$$

利用时移特性和线性特性,可得
$$\mathcal{L}\{x(t)\} = \frac{e^{-s} - e^{-2s} - e^{-3s} + e^{-4s}}{s^2}, \ \operatorname{Re}\{s\} > -\infty$$

由于 $x(t)$ 是时限信号,所以其收敛域为全 s 平面。上述的计算过程是将信号表示为基本信号的线性组合,然后利用基本信号的 Laplace 变换及 Laplace 变换的性质,简捷地求出了信号的 Laplace 变换。

【例 6-2】 已知信号 $x(t) = e^{-t}$,求信号 $x_1(t) = x(t-t_0) u(t)$ 和 $x_2(t) = x(t-t_0) u(t-t_0)$ 的单边 Laplace 变换($t_0 \geqslant 0$)。

解:由于
$$x_1(t) = x(t-t_0) u(t) = e^{t_0} e^{-t} u(t)$$

所以
$$X_1(s) = \mathcal{L}\{x_1(t)\} = \frac{e^{t_0}}{s+1}, \operatorname{Re}\{s\} > -1$$

根据 Laplace 变换的时移特性，$x_2(t)$ 的 Laplace 变换为

$$X_2(s) = \mathscr{L}\{x_2(t)\} = \frac{\mathrm{e}^{-st_0}}{s+1}, \mathrm{Re}\{s\} > -1$$

由例 6-2 可知，如果 $x(t)$ 是双边信号，则右移信号 $x(t-t_0)\mathrm{u}(t-t_0)$ 和 $x(t-t_0)\mathrm{u}(t)$ 的波形不同，因而其单边 Laplace 变换也不同。

根据单边 Laplace 变换的时移特性，可求得单边周期信号的 Laplace 变换。单边周期信号定义为

$$x(t) = x(t+nT), t \geqslant 0, n = 0,1,2,\cdots$$

其波形如图 6-4 所示。

设　　$x_1(t) = \begin{cases} x(t), & 0 \leqslant t \leqslant T \\ 0, & \text{其他} \end{cases}$

$x_1(t)$ 为时限信号，其 Laplace 变换 $X_1(s)$ 的收敛域为全 s 平面。单边周期信号 $x(t)$ 可用 $x_1(t)$ 表示为

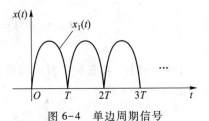

图 6-4　单边周期信号

$$x(t) = \sum_{k=0}^{\infty} x_1(t-kT)\mathrm{u}(t-kT)$$

利用 Laplace 变换的时移特性，$x(t)$ 的 Laplace 变换为

$$\mathscr{L}\{x(t)\} = \sum_{k=0}^{\infty} \mathrm{e}^{-skT} X_1(s) = \frac{X_1(s)}{1-\mathrm{e}^{-sT}}, \mathrm{Re}\{s\} > 0 \tag{6-21}$$

【例 6-3】　求如图 6-5 所示单边周期矩形波的 Laplace 变换。

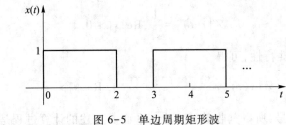

图 6-5　单边周期矩形波

解：图 6-5 中单边周期矩形信号可看成是矩形脉冲 $x_1(t) = \mathrm{u}(t) - \mathrm{u}(t-2)$ 以 $T = 3$ 为周期进行单边周期延拓的结果，即

$$x(t) = \sum_{k=0}^{\infty} x_1(t-kT)$$

由于　　　　　$\mathscr{L}\{\mathrm{u}(t) - \mathrm{u}(t-2)\} = \frac{1-\mathrm{e}^{-2s}}{s}, \mathrm{Re}\{s\} > -\infty$

利用式 (6-21)，可得

$$X(s) = \frac{1-\mathrm{e}^{-2s}}{s(1-\mathrm{e}^{-3s})}, \mathrm{Re}\{s\} > 0$$

4. 卷积特性

若

$$x_1(t) \overset{\mathscr{L}}{\longleftrightarrow} X_1(s), \mathrm{Re}\{s\} > \sigma_1$$

$$x_2(t) \overset{\mathscr{L}}{\longleftrightarrow} X_2(s), \mathrm{Re}\{s\} > \sigma_2$$

则有 $\qquad x_1(t) * x_2(t) \overset{\mathscr{L}}{\longleftrightarrow} X_1(s)X_2(s), \mathrm{Re}\{s\} > \max(\sigma_1, \sigma_2)$ （6-22）

式（6-22）说明，两个信号卷积的 Laplace 变换等于两个信号各自 Laplace 变换的乘积，其收敛域为 $X_1(s)$ 和 $X_2(s)$ 收敛域的重叠部分。

利用 Laplace 变换的卷积特性，可将时域卷积运算转换为 s 域乘积运算，故可以简便地由 s 域求解系统的零状态响应。

【例 6-4】 已知某连续 LTI 系统的冲激响应为 $h(t) = \mathrm{u}(t) - \mathrm{u}(t-1)$，系统的输入 $x(t) = \mathrm{u}(t-1) - \mathrm{u}(t-3)$，试计算系统的零状态响应 $y_{zs}(t) = h(t) * x(t)$。

解： $h(t)$ 和 $x(t)$ 的 Laplace 变换分别为

$$H(s) = \mathscr{L}\{h(t)\} = \mathscr{L}\{\mathrm{u}(t) - \mathrm{u}(t-1)\} = \frac{1-\mathrm{e}^{-s}}{s}, \mathrm{Re}\{s\} > -\infty$$

$$X(s) = \mathscr{L}\{x(t)\} = \mathscr{L}\{\mathrm{u}(t-1) - \mathrm{u}(t-3)\} = \frac{\mathrm{e}^{-s} - \mathrm{e}^{-3s}}{s}, \mathrm{Re}\{s\} > -\infty$$

利用时域卷积特性得

$$Y_{zs}(s) = H(s)X(s) = \frac{(1-\mathrm{e}^{-s})(\mathrm{e}^{-s} - \mathrm{e}^{-3s})}{s^2} = \frac{\mathrm{e}^{-s} - \mathrm{e}^{-2s} - \mathrm{e}^{-3s} + \mathrm{e}^{-4s}}{s^2}, \mathrm{Re}\{s\} > -\infty$$

由于

$$r(t) = t\mathrm{u}(t) \overset{\mathscr{L}}{\longleftrightarrow} \frac{1}{s^2}, \mathrm{Re}\{s\} > 0$$

利用 Laplace 变换的时移特性，可得系统的零状态响应为

$$y_{zs}(t) = r(t-1) - r(t-2) - r(t-3) + r(t-4)$$

5. 乘积特性

若

$$x_1(t) \overset{\mathscr{L}}{\longleftrightarrow} X_1(s), \mathrm{Re}\{s\} > \sigma_1$$

$$x_2(t) \overset{\mathscr{L}}{\longleftrightarrow} X_2(s), \mathrm{Re}\{s\} > \sigma_2$$

则有

$$x_1(t)x_2(t) \overset{\mathscr{L}}{\longleftrightarrow} \frac{1}{2\pi\mathrm{j}}X_1(s) * X_2(s), \mathrm{Re}\{s\} > \sigma_1 + \sigma_2 \qquad （6-23）$$

式（6-23）表明，信号在时域的乘积，对应复频域的卷积。

6. 指数加权特性

若
$$x(t) \overset{\mathscr{L}}{\longleftrightarrow} X(s), \operatorname{Re}\{s\} > \sigma_0$$

则有
$$e^{-\lambda t}x(t) \overset{\mathscr{L}}{\longleftrightarrow} X(s+\lambda), \operatorname{Re}\{s\} > \sigma_0 - \lambda \tag{6-24}$$

其中 λ 为实数。式(6-24)表明,信号在时域乘以指数信号 $e^{-\lambda t}$,对应于其 Laplace 变换在 s 域内的平移,因此又称为 s 域平移特性。

【例 6-5】 计算 $e^{-\lambda t}\sin(\omega_0 t)u(t)$ 的 Laplace 变换,λ 为实数。

解: 由于
$$\mathscr{L}\{\sin(\omega_0 t)u(t)\} = \frac{\omega_0}{s^2 + \omega_0^2}, \operatorname{Re}\{s\} > 0$$

利用指数加权特性可求得
$$\mathscr{L}\{e^{-\lambda t}\sin(\omega_0 t)u(t)\} = \frac{\omega_0}{(s+\lambda)^2 + \omega_0^2}, \operatorname{Re}\{s\} > -\lambda \tag{6-25}$$

7. 线性加权特性

若
$$x(t) \overset{\mathscr{L}}{\longleftrightarrow} X(s), \operatorname{Re}\{s\} > \sigma_0$$

则有
$$-tx(t) \overset{\mathscr{L}}{\longleftrightarrow} \frac{\mathrm{d}X(s)}{\mathrm{d}s}, \operatorname{Re}\{s\} > \sigma_0 \tag{6-26}$$

式(6-26)表明,时域信号的线性加权对应复频域的微分,故又称为复频域微分特性。

【例 6-6】 已知 $\mathscr{L}\{u(t)\} = \dfrac{1}{s}, \operatorname{Re}\{s\} > 0$,求 $\mathscr{L}\{tu(t)\}$,$\mathscr{L}\{t^2 u(t)\}$,$\cdots$,$\mathscr{L}\{t^n u(t)\}$,$\mathscr{L}\{t^n e^{-\lambda t}u(t)\}$,$\lambda$ 为实数。

解: 利用线性加权特性可得

$$\mathscr{L}\{tu(t)\} = -\frac{\mathrm{d}}{\mathrm{d}s}\left(\frac{1}{s}\right) = \frac{1}{s^2}, \operatorname{Re}\{s\} > 0$$

$$\mathscr{L}\{t^2 u(t)\} = -\frac{\mathrm{d}}{\mathrm{d}s}\left(\frac{1!}{s^2}\right) = \frac{2!}{s^3}, \operatorname{Re}\{s\} > 0$$

$$\mathscr{L}\{t^3 u(t)\} = -\frac{\mathrm{d}}{\mathrm{d}s}\left(\frac{2!}{s^3}\right) = \frac{3!}{s^4}, \operatorname{Re}\{s\} > 0$$

依此类推,可得

$$\mathscr{L}\{t^n u(t)\} = \frac{n!}{s^{n+1}}, \operatorname{Re}\{s\} > 0$$

由指数加权特性得

$$\mathscr{L}\{t^n e^{-\lambda t}u(t)\} = \frac{n!}{(s+\lambda)^{n+1}}, \operatorname{Re}\{s\} > -\lambda \tag{6-27}$$

8. 微分特性

若
$$x(t) \overset{\mathscr{L}}{\longleftrightarrow} X(s), \mathrm{Re}\{s\} > \sigma_0$$

则有
$$\frac{\mathrm{d}x(t)}{\mathrm{d}t} \overset{\mathscr{L}}{\longleftrightarrow} sX(s) - x(0^-), \mathrm{Re}\{s\} > \sigma_0 \tag{6-28}$$

证明：由单边 Laplace 变换的定义，有
$$\mathscr{L}\left\{\frac{\mathrm{d}x(t)}{\mathrm{d}t}\right\} = \int_{0^-}^{\infty} \frac{\mathrm{d}x(t)}{\mathrm{d}t} e^{-st} \mathrm{d}t$$

应用分部积分法，有
$$\mathscr{L}\left\{\frac{\mathrm{d}x(t)}{\mathrm{d}t}\right\} = x(t)e^{-st}\Big|_{0^-}^{\infty} - \int_{0^-}^{\infty} x(t)(-se^{-st})\mathrm{d}t = -x(0^-) + sX(s)$$

利用式(6-28)，可得高阶导数的单边 Laplace 变换
$$\mathscr{L}\left\{\frac{\mathrm{d}^2 x(t)}{\mathrm{d}t^2}\right\} = \mathscr{L}\{(x'(t))'\} = s\{sX(s) - x(0^-)\} - x'(0^-)$$
$$= s^2 X(s) - sx(0^-) - x'(0^-) \tag{6-29}$$
$$\mathscr{L}\left\{\frac{\mathrm{d}^n x(t)}{\mathrm{d}t^n}\right\} = s^n X(s) - s^{n-1}x(0^-) - s^{n-2}x'(0^-) - \cdots - x^{(n-1)}(0^-) \tag{6-30}$$

【例 6-7】 利用时域微分特性重新计算图 6-3 信号的 Laplace 变换。

解：对 $x(t)$ 求一阶导数与二阶导数，其波形如图 6-6 所示。

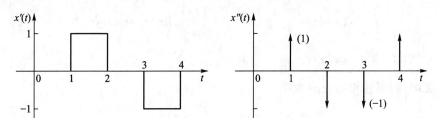

图 6-6 图 6-3 信号的一阶导数与二阶导数

因为
$$\delta(t) \overset{\mathscr{L}}{\longleftrightarrow} 1, \mathrm{Re}\{s\} > -\infty$$

由图 6-3 和图 6-6 可知，$x(0^-) = 0$，$x'(0^-) = 0$，所以
$$\frac{\mathrm{d}^2 x(t)}{\mathrm{d}t^2} \overset{\mathscr{L}}{\longleftrightarrow} s^2 X(s) = e^{-s} - e^{-2s} - e^{-3s} + e^{-4s}$$

故
$$X(s) = \frac{e^{-s} - e^{-2s} - e^{-3s} + e^{-4s}}{s^2}, \mathrm{Re}\{s\} > -\infty$$

由此可见，若某个信号的有限阶导数是冲激信号的组合，则利用 Laplace 变换的时域微分特性，可简化其 Laplace 变换的计算。

【例 6-8】 利用时域微分特性及斜坡信号 $r(t)$ 的 Laplace 变换，试求信号 $u(t)$、

287

$\delta(t)$、$\delta'(t)$ 及 $\delta^{(n)}(t)$ Laplace 变换。

解：斜坡信号 $r(t)$ 的 Laplace 变换为

$$\mathscr{L}\{r(t)\} = \frac{1}{s^2}, \operatorname{Re}\{s\} > 0$$

由时域微分特性得

$$\mathscr{L}\{u(t)\} = \mathscr{L}\{r'(t)\} = s \cdot \frac{1}{s^2} = \frac{1}{s}, \operatorname{Re}\{s\} > 0$$

$$\mathscr{L}\{\delta(t)\} = \mathscr{L}\{u'(t)\} = s \cdot \frac{1}{s} = 1, \operatorname{Re}\{s\} > -\infty$$

$$\mathscr{L}\{\delta'(t)\} = \mathscr{L}\{[\delta(t)]'\} = s \cdot 1 = s, \operatorname{Re}\{s\} > -\infty$$

$$\mathscr{L}\{\delta^{(n)}(t)\} = \mathscr{L}\{[\delta^{(n-1)}(t)]'\} = s \cdot s^{n-1} = s^n, \operatorname{Re}\{s\} > -\infty$$

时域微分特性可以将描述连续时间系统的微分方程转化为复频域的代数方程，可以方便地从复频域求解系统的零输入响应和零状态响应，因而在连续系统响应分析中得到应用。

9. 积分特性

若

$$x(t) \overset{\mathscr{L}}{\longleftrightarrow} X(s), \operatorname{Re}\{s\} > \sigma_0$$

则有

$$\int_{0^-}^{t} x(\tau)\,\mathrm{d}\tau \overset{\mathscr{L}}{\longleftrightarrow} \frac{X(s)}{s}, \operatorname{Re}\{s\} > \max(\sigma_0, 0) \tag{6-31}$$

$$\int_{-\infty}^{t} x(\tau)\,\mathrm{d}\tau \overset{\mathscr{L}}{\longleftrightarrow} \frac{x^{(-1)}(0^-)}{s} + \frac{X(s)}{s}, \operatorname{Re}\{s\} > \max(\sigma_0, 0) \tag{6-32}$$

式中 $x^{(-1)}(0^-) = \displaystyle\int_{-\infty}^{0^-} x(\tau)\,\mathrm{d}\tau$。

证明：利用卷积积分的性质

$$x(t) * u(t) = \int_{0}^{t} x(\tau)\,\mathrm{d}\tau$$

以及时域卷积特性，可得

$$\mathscr{L}\left\{\int_{0^-}^{t} x(\tau)\,\mathrm{d}\tau\right\} = \mathscr{L}\{x(t) * u(t)\} = \mathscr{L}\{x(t)\} \cdot \mathscr{L}\{u(t)\} = \frac{X(s)}{s}$$

若积分下限由 $-\infty$ 开始，则有

$$\mathscr{L}\left\{\int_{-\infty}^{t} x(\tau)\,\mathrm{d}\tau\right\} = \mathscr{L}\left\{\int_{-\infty}^{0^-} x(\tau)\,\mathrm{d}\tau + \int_{0^-}^{t} x(\tau)\,\mathrm{d}\tau\right\} = \mathscr{L}\left\{x^{(-1)}(0^-) + \int_{0^-}^{t} x(\tau)\,\mathrm{d}\tau\right\}$$

$$= \frac{x^{(-1)}(0^-)}{s} + \frac{X(s)}{s}$$

【例 6-9】 已知 $\mathscr{L}\{\delta(t)\} = 1, \operatorname{Re}\{s\} > -\infty$，利用时域积分特性求 $\mathscr{L}\{u(t)\}$、$\mathscr{L}\{tu(t)\}$、$\cdots$、$\mathscr{L}\{t^n u(t)\}$。

解：逐次利用时域积分特性，可得

$$\mathscr{L}\{\mathrm{u}(t)\} = \mathscr{L}\left\{\int_0^t \delta(t)\,\mathrm{d}t\right\} = \frac{\mathscr{L}\{\delta(t)\}}{s} = 1 \times \frac{1}{s} = \frac{1}{s}, \mathrm{Re}\{s\} > 0$$

$$\mathscr{L}\{t\mathrm{u}(t)\} = \mathscr{L}\left\{\int_0^t \mathrm{u}(t)\,\mathrm{d}t\right\} = \frac{\mathscr{L}\{\mathrm{u}(t)\}}{s} = \frac{1}{s} \times \frac{1}{s} = \frac{1}{s^2}, \mathrm{Re}\{s\} > 0$$

$$\mathscr{L}\{t^2\mathrm{u}(t)\} = \mathscr{L}\left\{\int_0^t 2t\mathrm{u}(t)\,\mathrm{d}t\right\} = \frac{2\mathscr{L}\{t\mathrm{u}(t)\}}{s} = \frac{2}{s} \times \frac{1}{s^2} = \frac{2!}{s^3}, \mathrm{Re}\{s\} > 0$$

$$\vdots$$

$$\mathscr{L}\{t^n\mathrm{u}(t)\} = \mathscr{L}\left\{\int_0^t nt^{n-1}\mathrm{u}(t)\,\mathrm{d}t\right\} = \frac{n\mathscr{L}\{t^{n-1}\mathrm{u}(t)\}}{s} = \frac{n}{s} \times \frac{(n-1)!}{s^n} = \frac{n!}{s^{n+1}}, \mathrm{Re}\{s\} > 0$$

10. 初值定理和终值定理

设

$$x(t) \overset{\mathscr{L}}{\longleftrightarrow} X(s), \mathrm{Re}\{s\} > \sigma_0$$

若 $x(t)$ 在 $t=0$ 不包含冲激信号及冲激信号的导数，则有

$$\lim_{t \to 0^+} x(t) = x(0^+) = \lim_{s \to \infty} sX(s) \tag{6-33}$$

若 $sX(s)$ 的收敛域包含 $\mathrm{j}\omega$ 轴，则有

$$\lim_{t \to \infty} x(t) = x(\infty) = \lim_{s \to 0} sX(s) \tag{6-34}$$

以上两式表明，信号时域的初值 $x(0^+)$ 和终值 $x(\infty)$，可以通过复频域中的 $sX(s)$ 取极限得到。

证明： 由时域微分特性，有

$$sX(s) - x(0^-) = \int_{0^-}^{\infty} x'(t)\mathrm{e}^{-st}\mathrm{d}t = \int_{0^-}^{0^+} x'(t)\mathrm{e}^{-st}\mathrm{d}t + \int_{0^+}^{\infty} x'(t)\mathrm{e}^{-st}\mathrm{d}t$$

由于 $x(t)$ 在 $t=0$ 不包含冲激信号及冲激信号的导数，故

$$sX(s) - x(0^-) = x(0^+) - x(0^-) + \int_{0^+}^{\infty} x'(t)\mathrm{e}^{-st}\mathrm{d}t$$

化简后得

$$sX(s) = x(0^+) + \int_{0^+}^{\infty} x'(t)\mathrm{e}^{-st}\mathrm{d}t \tag{6-35}$$

对上式两边取极限，若令 $s \to \infty$，则右边积分项将消失，故有

$$\lim_{s \to \infty} sX(s) = x(0^+)$$

若 $sX(s)$ 的收敛域包含 $\mathrm{j}\omega$ 轴，则可令 $s \to 0$，可得

$$\lim_{s \to 0} sX(s) = x(0^+) + \int_{0^+}^{\infty} x'(t)\mathrm{d}t = x(0^+) + x(\infty) - x(0^+) = x(\infty)$$

【例 6-10】 已知 $X(s) = \dfrac{s}{s^2+3s+2}$，$\mathrm{Re}\{s\} > -1$，求 $x(t)$ 的初值 $x(0^+)$ 和终值 $x(\infty)$。

解： 由于 $X(s)$ 为真分式，$x(t)$ 在 $t=0$ 不含冲激函数及冲激函数的导数。根据初

值定理,有

$$x(0^+) = \lim_{s \to \infty} sX(s) = \lim_{s \to \infty} \frac{s^2}{s^2+3s+2} = 1$$

由于 $sX(s)$ 的收敛域为 $\text{Re}\{s\} > -1$,包含虚轴。根据终值定理,有

$$x(\infty) = \lim_{s \to 0} sX(s) = \lim_{s \to 0} \frac{s^2}{s^2+3s+2} = 0$$

【例6-11】 已知 $X(s) = \dfrac{s^2}{s+1}$,$\text{Re}\{s\} > -1$,求 $x(t)$ 的初值 $x(0^+)$。

解:由于 $X(s)$ 不是真分式,不能直接应用初值定理。利用多项式的除法,可将 $X(s)$ 写成多项式与真分式的和,即

$$X(s) = s - 1 + \frac{1}{s+1} = s - 1 + X_1(s)$$

由于 $s-1$ 对应的时域函数为 $\delta'(t) - \delta(t)$,其在 0^+ 时的函数值为零。对真分式 $X_1(s)$ 应用初值定理,可得

$$x(0^+) = \lim_{s \to \infty} sX_1(s) = \lim_{s \to \infty} \frac{s}{s+1} = 1$$

在应用终值定理时也要注意,只有 $sX(s)$ 的收敛域包含 $j\omega$ 轴时才能使用。例如 $X(s) = \mathscr{L}\{\sin(t)u(t)\} = \dfrac{1}{s^2+1}$,$sX(s)$ 的收敛域不包含 s 平面虚轴,所以其终值不存在。

表 6-2 列出了单边 Laplace 变换的性质。表中 $x_1(t) \overset{\mathscr{L}}{\longleftrightarrow} X_1(s)$,$\text{Re}\{s\} > \sigma_1$,$x_2(t) \overset{\mathscr{L}}{\longleftrightarrow} X_2(s)$,$\text{Re}\{s\} > \sigma_2$,$x(t) \overset{\mathscr{L}}{\longleftrightarrow} X(s)$,$\text{Re}\{s\} > \sigma_0$,$x^{(-1)}(0^-) = \displaystyle\int_{-\infty}^{0^-} x(\tau)\mathrm{d}\tau$。

表 6-2 单边 Laplace 变换的性质

性质名称	时域	复频域(s 域)	收敛域
线性特性	$a_1 x_1(t) + a_2 x_2(t)$	$a_1 X_1(s) + a_2 X_2(s)$	$\text{Re}\{s\} > \max(\sigma_1, \sigma_2)$
展缩特性	$x(at)$,$a > 0$	$\dfrac{1}{a} X\left(\dfrac{s}{a}\right)$	$\text{Re}\{s\} > a\sigma_0$
时移特性	$x(t-t_0)u(t-t_0)$,$t_0 \geq 0$	$e^{-st_0} X(s)$	$\text{Re}\{s\} > \sigma_0$
卷积特性	$x_1(t) * x_2(t)$	$X_1(s) X_2(s)$	$\text{Re}\{s\} > \max(\sigma_1, \sigma_2)$
乘积特性	$x_1(t) x_2(t)$	$\dfrac{1}{2\pi j} X_1(s) * X_2(s)$	$\text{Re}\{s\} > \sigma_1 + \sigma_2$
指数加权特性	$e^{-\lambda t} x(t)$	$X(s+\lambda)$	$\text{Re}\{s\} > \sigma_0 - \lambda$
线性加权特性	$-tx(t)$	$\dfrac{\mathrm{d}X(s)}{\mathrm{d}s}$	$\text{Re}\{s\} > \sigma_0$

性质名称	时域	复频域(s域)	收敛域
微分特性	$\dfrac{\mathrm{d}x(t)}{\mathrm{d}t}$	$sX(s)-x(0^-)$	$\mathrm{Re}\{s\}>\sigma_0$
	$\dfrac{\mathrm{d}^2x(t)}{\mathrm{d}t^2}$	$s^2X(s)-sx(0^-)-x'(0^-)$	$\mathrm{Re}\{s\}>\sigma_0$
积分特性	$\displaystyle\int_{0^-}^{t}x(\tau)\mathrm{d}\tau$	$\dfrac{X(s)}{s}$	$\mathrm{Re}\{s\}>\max(\sigma_0,0)$
	$\displaystyle\int_{-\infty}^{t}x(\tau)\mathrm{d}\tau$	$\dfrac{x^{(-1)}(0^-)}{s}+\dfrac{X(s)}{s}$	$\mathrm{Re}\{s\}>\max(\sigma_0,0)$
初值定理	$x(0^+)$	$\displaystyle\lim_{s\to\infty}sX(s)$	
终值定理	$x(\infty)$	$\displaystyle\lim_{s\to0}sX(s)$	

6.1.5　单边 Laplace 反变换

连续时间信号 $x(t)$ 与其 Laplace 变换 $X(s)$ 及其收敛域是一一对应关系,前面介绍了如何从时域信号 $x(t)$ 求其对应的 Laplace 变换 $X(s)$ 及其收敛域。本节介绍其逆过程,由信号的 Laplace 变换 $X(s)$ 和收敛域求解时域信号 $x(t)$,即 Laplace 反变换。

常用的计算 Laplace 反变换方法有两种:留数法(围线积分法)和部分分式展开法。前者直接由 Laplace 反变换的定义入手,利用复变函数中的留数定理得到时域信号。后者是将 s 域表示式分解成许多简单的表示式之和,然后分别查表得到原时域信号。下面分别进行讨论。

1. 部分分式展开法

许多工程实际应用信号 $x(t)$ 的 Laplace 变换 $X(s)$ 都为有理分式形式,可表示为

$$X(s)=\frac{N(s)}{D(s)}=\frac{b_m s^m+b_{m-1}s^{m-1}+\cdots+b_1 s+b_0}{s^n+a_{n-1}s^{n-1}+\cdots+a_1 s+a_0} \tag{6-36}$$

利用 Heaviside(海维赛)展开定理,可以将有理分式 $X(s)$ 展开成多个部分分式之和,通过各部分分式对应的时域表示式求得 $x(t)$。这种方法称为部分分式展开法。根据 $X(s)$ 是否为真分式以及其极点情况,部分分式的展开可以分为以下几种形式:

(1) 若 $X(s)$ 为有理真分式($m<n$),且所有极点都为一阶极点,则 $X(s)$ 可分解为

$$X(s)=\frac{N(s)}{D(s)}=\frac{N(s)}{(s-p_1)(s-p_2)\cdots(s-p_n)}$$

$$=\frac{k_1}{s-p_1}+\frac{k_2}{s-p_2}+\cdots+\frac{k_i}{s-p_i}+\cdots+\frac{k_n}{s-p_n} \tag{6-37}$$

将式(6-37)的两端同时乘 $s-p_i$ 可得

$$X(s)(s-p_i)=k_1\frac{s-p_i}{s-p_1}+k_2\frac{s-p_i}{s-p_2}+\cdots+k_i+\cdots+k_n\frac{s-p_i}{s-p_n}$$

在上式中若令 $s=p_i$，则等式右边只有 k_i 项不为零，所以

$$k_i=(s-p_i)X(s)\Big|_{s=p_i},i=1,2,\cdots,n \tag{6-38}$$

利用

$$e^{\lambda t}u(t)\overset{\mathscr{L}}{\longleftrightarrow}\frac{1}{s-\lambda},\text{Re}\{s\}>\text{Re}\{\lambda\}$$

可得式(6-37)中各部分分式的反变换为

$$x(t)=(k_1e^{p_1t}+k_2e^{p_2t}+\cdots+k_ne^{p_nt})u(t)$$

（2）若 $X(s)$ 为有理真分式（$m<n$），设 p_1 是 r 阶重极点，其他极点是单极点，则 $X(s)$ 可分解为

$$X(s)=\frac{N(s)}{D(s)}=\frac{N(s)}{(s-p_1)^r(s-p_{r+1})\cdots(s-p_n)}$$

$$=\frac{k_1}{(s-p_1)^r}+\frac{k_2}{(s-p_1)^{r-1}}+\cdots+\frac{k_r}{s-p_1}+\frac{k_{r+1}}{s-p_{r+1}}+\cdots+\frac{k_n}{s-p_n} \tag{6-39}$$

式中单阶极点对应的系数 $k_{r+1},\cdots,k_n$ 可利用式(6-38)计算。式中重阶极点对应的系数 $k_1,k_2,\cdots,k_r$ 的计算可采用下述方法。将式(6-39)的两端同时乘以 $(s-p_1)^r$，有

$$X(s)(s-p_1)^r=k_1+k_2(s-p_1)+\cdots+k_r(s-p_1)^{r-1}+\cdots+\frac{k_n(s-p_1)^r}{s-p_n} \tag{6-40}$$

令式(6-40)中 $s=p_1$，可得

$$k_1=(s-p_1)^rX(s)\Big|_{s=p_1}$$

对式(6-40)求一阶导数，再令 $s=p_1$，可得

$$k_2=\frac{d}{ds}[(s-p_1)^rX(s)]\Big|_{s=p_1}$$

对式(6-40)求二阶导数，再令 $s=p_1$，可得

$$k_3=\frac{1}{2!}\frac{d^2}{ds^2}[(s-p_1)^rX(s)]\Big|_{s=p_1}$$

一般地

$$k_i=\frac{1}{(i-1)!}\frac{d^{i-1}}{ds^{i-1}}[(s-p_1)^rX(s)]\Big|_{s=p_1},i=1,2,\cdots,r$$

利用

$$\frac{1}{(n-1)!}t^{n-1}e^{\lambda t}u(t)\overset{\mathscr{L}}{\longleftrightarrow}\frac{1}{(s-\lambda)^n},\text{Re}\{s\}>\text{Re}\{\lambda\}$$

可得式(6-39)的反变换为

$$x(t) = \left[\sum_{i=1}^{r} \frac{k_i}{(r-i)!} t^{r-i} \mathrm{e}^{p_1 t} \right] \mathrm{u}(t) + \left(\sum_{i=r+1}^{n} k_i \mathrm{e}^{p_i t} \right) \mathrm{u}(t)$$

（3）$X(s)$为有理假分式（$m \geqslant n$），先将$X(s)$分解为s的多项式与有理真分式两部分，即

$$X(s) = \frac{N(s)}{D(s)} = B_0 + B_1 s + \cdots + B_{m-n} s^{m-n} + \frac{N_1(s)}{D(s)} \tag{6-41}$$

式中$\dfrac{N_1(s)}{D(s)}$为真分式，可根据极点情况按（1）或（2）展开。s的多项式部分对应冲激信号和冲激信号的导数或高阶导数，即

$$B_0 \overset{\mathscr{L}}{\longleftrightarrow} B_0 \delta(t)$$

$$B_1 s \overset{\mathscr{L}}{\longleftrightarrow} B_1 \delta'(t)$$

$$B_{m-n} s^{m-n} \overset{\mathscr{L}}{\longleftrightarrow} B_{m-n} \delta^{(m-n)}(t)$$

下面举例说明利用部分分式展开法求 Laplace 反变换。

【例 6-12】 利用部分分式展开法求

$$X(s) = \frac{s+2}{s^2 + 4s + 3}, \mathrm{Re}\{s\} > -1$$

的 Laplace 反变换。

解: $X(s)$为有理真分式，极点均为一阶，因此有

$$X(s) = \frac{s+2}{s^2 + 4s + 3} = \frac{s+2}{(s+1)(s+3)} = \frac{k_1}{s+1} + \frac{k_2}{s+3}$$

$$k_1 = (s+1) X(s) \Big|_{s=-1} = \frac{s+2}{s+3} \Big|_{s=-1} = \frac{1}{2}$$

$$k_2 = (s+3) X(s) \Big|_{s=-3} = \frac{s+2}{s+1} \Big|_{s=-3} = \frac{1}{2}$$

故 Laplace 反变换为
$$x(t) = \frac{1}{2} \mathrm{e}^{-t} \mathrm{u}(t) + \frac{1}{2} \mathrm{e}^{-3t} \mathrm{u}(t)$$

【例 6-13】 利用部分分式展开法求

$$X(s) = \frac{s+2}{s(s+1)^2}, \mathrm{Re}\{s\} > 0$$

的 Laplace 反变换。

解: $X(s)$为有理真分式，$s = -1$处的极点为 2 阶极点，因此有

$$X(s) = \frac{k_1}{(s+1)^2} + \frac{k_2}{s+1} + \frac{k_3}{s}$$

$$k_1 = (s+1)^2 X(s) \Big|_{s=-1} = \frac{s+2}{s} \Big|_{s=-1} = -1$$

$$k_2 = \frac{\mathrm{d}}{\mathrm{d}s}(s+1)^2 X(s) \Big|_{s=-1} = \frac{\mathrm{d}}{\mathrm{d}s} \frac{s+2}{s} \Big|_{s=-1} = -2$$

$$k_3 = sX(s) \Big|_{s=0} = \frac{s+2}{(s+1)^2} \Big|_{s=0} = 2$$

故 Laplace 反变换为

$$x(t) = (-t\mathrm{e}^{-t} - 2\mathrm{e}^{-t} + 2)\mathrm{u}(t)$$

【例 6-14】 利用部分分式展开法求

$$X(s) = \frac{s^3 + 3s^2 + 2}{s^2 + 4s + 3}, \mathrm{Re}\{s\} > -1$$

的 Laplace 反变换。

解:$X(s)$ 为有理假分式,由多项式除法可得

$$X(s) = s - 1 + \frac{s+5}{s^2 + 4s + 3}$$

设

$$X_1(s) = \frac{s+5}{s^2 + 4s + 3} = \frac{s+5}{(s+1)(s+3)} = \frac{k_1}{s+1} + \frac{k_2}{s+3}$$

则有

$$k_1 = (s+1)X(s) \Big|_{s=-1} = \frac{s+5}{s+3} \Big|_{s=-1} = 2, k_2 = (s+3)X(s) \Big|_{s=-3} = \frac{s+5}{s+1} \Big|_{s=-3} = -1$$

所以

$$X(s) = s - 1 + \frac{2}{s+1} - \frac{1}{s+3}$$

故 Laplace 反变换为

$$x(t) = \delta'(t) - \delta(t) + 2\mathrm{e}^{-t}\mathrm{u}(t) - \mathrm{e}^{-3t}\mathrm{u}(t)$$

【例 6-15】 试求

$$X(s) = \frac{s}{(s+3)(s^2 + 4s + 5)}, \mathrm{Re}\{s\} > -2$$

的 Laplace 反变换。

解:$X(s)$ 有一个单实数极点和一对共轭复数极点,若直接利用部分分式展开法进行计算,则需进行复数的运算,计算较为复杂。综合利用部分分式展开法和待定系数法,并利用正弦信号和余弦信号的单边 Laplace 变换的结果,可将 $X(s)$ 表示为

$$X(s) = -\frac{1.5}{s+3} + \frac{1.5s + 2.5}{(s+2)^2 + 1^2} = -\frac{1.5}{s+3} + \frac{1.5(s+2) - 0.5}{(s+2)^2 + 1^2}$$

所以
$$x(t) = -1.5e^{-3t}u(t) + e^{-2t}[1.5\cos(t) - 0.5\sin(t)]u(t)$$

2. 留数法

Laplace 反变换的计算可以直接从其定义计算，即

$$\mathscr{L}^{-1}\{X(s)\} = x(t) = \frac{1}{2\pi j}\int_{\sigma-j\infty}^{\sigma+j\infty} X(s)e^{st}ds \qquad (6-42)$$

上式为一复变积分，积分路径是 s 平面上收敛域内平行于虚轴的直线 $\sigma = C > \sigma_0$，如图 6-7 所示，其中 σ_0 是 $X(s)$ 的收敛域横坐标。为了应用留数定理，必须补上一个半径充分大的圆弧，使圆弧与直线构成闭合围线，用围线积分来代替线积分。当 $t>0$ 时，圆弧应补在直线左面，如图 6-7 中的 C_{R1}；当 $t<0$ 时，圆弧应补在直线右面，如图 6-7 中的 C_{R2}。根据 Jordan（约当）引理，若满足条件

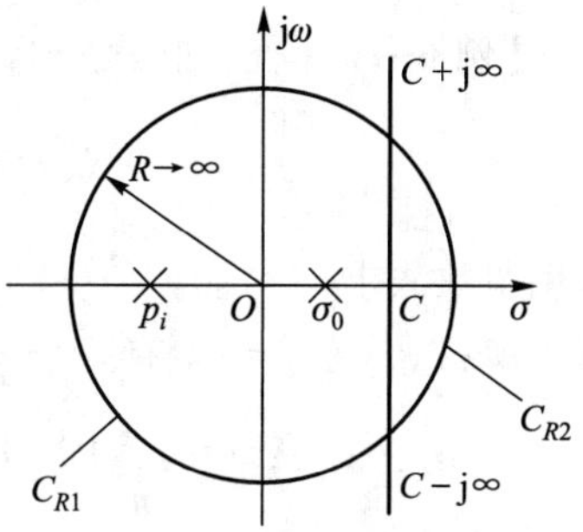

$$\lim_{|s|=R\to\infty} |X(s)| = 0$$

则

图 6-7　围线积分路径

$$\lim_{R\to\infty}\int_{C_{R1}} X(s)e^{st}ds = 0, t>0$$

$$\lim_{R\to\infty}\int_{C_{R2}} X(s)e^{st}ds = 0, t<0$$

因此 Laplace 反变换积分等于围线积分乘以 $\frac{1}{2\pi j}$，即

$$
\begin{aligned}
x(t) &= \frac{1}{2\pi j}\int_{\sigma-j\infty}^{\sigma+j\infty} X(s)e^{st}ds \\
&= \begin{cases} \dfrac{1}{2\pi j}\Big[\displaystyle\int_{C-j\infty}^{C+j\infty} X(s)e^{st}ds + \int_{C_{R1}} X(s)e^{st}ds\Big], t>0 \\[3mm] \dfrac{1}{2\pi j}\Big[\displaystyle\int_{C-j\infty}^{C+j\infty} X(s)e^{st}ds + \int_{C_{R2}} X(s)e^{st}ds\Big], t<0 \end{cases}
\end{aligned}
\qquad (6-43)
$$

由留数定理，复平面上任意闭合围线积分等于围线内被积函数所有极点的留数之和。由于图 6-7 中围线 C_{R1} 半径充分大，并在直线 $\sigma = C > \sigma_0$ 的左边，因而 C_{R1} 与直线所构成的闭合围线包围了 $X(s)e^{st}$ 的所有极点 $p_i, i = 1, 2, \cdots, n$，故有

$$x(t) = \frac{1}{2\pi j}\int_{\sigma-j\infty}^{\sigma+j\infty} X(s)e^{st}ds = \sum_{i=1}^{n} \operatorname*{Res}_{s=p_i}[X(s)e^{st}], t>0 \qquad (6-44)$$

而围线 C_{R2} 在直线 $\sigma = C > \sigma_0$ 的右面，C_{R2} 与直线所构成的闭合围线不包含 $X(s)e^{st}$ 的极点，故有

$$x(t) = 0, t < 0$$

在计算式(6-44)的留数时,若极点 p_i 为 $X(s)\mathrm{e}^{st}$ 的单极点,其留数为

$$\operatorname*{Res}_{s=p_i}\left[X(s)\mathrm{e}^{st}\right] = \left[(s-p_i)X(s)\mathrm{e}^{st}\right]_{s=p_i} \tag{6-45}$$

若极点 p_i 为 $X(s)\mathrm{e}^{st}$ 的 m 阶重极点,其留数为

$$\operatorname*{Res}_{s=p_i}\left[X(s)\mathrm{e}^{st}\right] = \frac{1}{(m-1)!}\left[\frac{\mathrm{d}^{m-1}}{\mathrm{d}s^{m-1}}(s-p_i)^m X(s)\mathrm{e}^{st}\right]_{s=p_i} \tag{6-46}$$

应当特别注意的是,根据 $\lim\limits_{|s|=R\to\infty}|X(s)|=0$ 的条件,要求 $X(s)$ 是真分式。

【例 6-16】 已知信号 $x(t)$ 的 Laplace 变换为

$$X(s) = \frac{1}{(s+\lambda)^{n+1}}, \operatorname{Re}\{s\} > -\operatorname{Re}\{\lambda\}$$

试用留数法求 $x(t)$。

解: $X(s)$ 在 $p=-\lambda$ 有一个 $n+1$ 阶极点。由式(6-46)该极点的留数为

$$\operatorname*{Res}_{s=-\lambda}\left[X(s)\mathrm{e}^{st}\right] = \frac{1}{n!}\left[\frac{\mathrm{d}^n}{\mathrm{d}s^n}(s+\lambda)^{n+1}X(s)\mathrm{e}^{st}\right]_{s=-\lambda} = \frac{1}{n!}\left[\frac{\mathrm{d}^n}{\mathrm{d}s^n}\mathrm{e}^{st}\right]_{s=-\lambda} = \frac{1}{n!}t^n\mathrm{e}^{-\lambda t}$$

所以

$$x(t) = \mathscr{L}^{-1}\left\{\frac{1}{(s+\lambda)^{n+1}}\right\} = \frac{1}{n!}t^n\mathrm{e}^{-\lambda t}\mathrm{u}(t)$$

【例 6-17】 已知信号 $x(t)$ 的 Laplace 变换为

$$X(s) = \frac{s+2}{s(s+3)(s+1)^2}, \operatorname{Re}\{s\} > 0$$

试用留数法求 $x(t)$。

解: $X(s)$ 具有两个单极点 $p_1=0, p_2=-3$ 和一个二阶极点 $p_3=-1$。由式(6-45)和式(6-46)分别求出相应极点的留数为

$$\operatorname*{Res}_{s=0}\left[X(s)\mathrm{e}^{st}\right] = s\frac{s+2}{s(s+3)(s+1)^2}\mathrm{e}^{st}\bigg|_{s=0} = \frac{2}{3}$$

$$\operatorname*{Res}_{s=-3}\left[X(s)\mathrm{e}^{st}\right] = (s+3)\frac{s+2}{s(s+3)(s+1)^2}\mathrm{e}^{st}\bigg|_{s=-3} = \frac{1}{12}\mathrm{e}^{-3t}$$

$$\operatorname*{Res}_{s=-1}\left[X(s)\mathrm{e}^{st}\right] = \frac{1}{(2-1)!}\frac{\mathrm{d}}{\mathrm{d}s}\left[(s+1)^2 X(s)\mathrm{e}^{st}\right]\bigg|_{s=-1}$$

$$= \frac{\mathrm{d}}{\mathrm{d}s}\frac{s+2}{s(s+3)}\mathrm{e}^{st}\bigg|_{s=-1} = -\frac{1}{2}t\mathrm{e}^{-t} - \frac{3}{4}\mathrm{e}^{-t}$$

所以

$$x(t) = \mathscr{L}^{-1}\left\{\frac{s+2}{s(s+3)(s+1)^2}\right\} = \left(\frac{2}{3} + \frac{1}{12}\mathrm{e}^{-3t} - \frac{1}{2}t\mathrm{e}^{-t} - \frac{3}{4}\mathrm{e}^{-t}\right)\mathrm{u}(t)$$

在计算 Laplace 反变换时,部分分式展开法求解较为简便,但只适用于有理分式的情况。虽然留数法的计算比较复杂,但其适用的范围较广。

6.1.6 双边 Laplace 变换的定义及收敛域

信号与系统的复频域分析主要是为了更有效地描述连续系统,而单边 Laplace 变换只能描述因果系统。为了可以从复频域描述非因果系统,需要引入双边 Laplace 变换。双边 Laplace 变换对的定义为

$$\mathscr{L}\{x(t)\} = X(s) = \int_{-\infty}^{\infty} x(t)\,\mathrm{e}^{-st}\mathrm{d}t \tag{6-47}$$

$$\mathscr{L}^{-1}\{X(s)\} = x(t) = \frac{1}{2\pi\mathrm{j}} \int_{\sigma-\mathrm{j}\infty}^{\sigma+\mathrm{j}\infty} X(s)\,\mathrm{e}^{st}\mathrm{d}s \tag{6-48}$$

由双边 Laplace 变换和单边 Laplace 变换的定义可知,两者的区别仅是积分下限不同。对于因果信号,其双边 Laplace 变换和单边 Laplace 变换是相同的。

与单边 Laplace 变换一样,双边 Laplace 变换存在的充分条件是 $x(t)\,\mathrm{e}^{-\sigma t}$ 绝对可积,即

$$\int_{-\infty}^{\infty} |x(t)\,\mathrm{e}^{-\sigma t}|\mathrm{d}t < \infty\,,\sigma \in \mathbf{R} \tag{6-49}$$

在 $\sigma_1 < \mathrm{Re}\{s\} < \sigma_2$($\sigma_1,\sigma_2$ 为实常数,且 $\sigma_1 < \sigma_2$)的带状区域内,信号 $x(t)$ 的双边 Laplace 变换存在。$\sigma_1 < \mathrm{Re}\{s\} < \sigma_2$ 的带状区域称为双边 Laplace 变换的收敛域。

【例 6-18】 试求有限长信号

$$x(t) = \mathrm{u}(t+2) - \mathrm{u}(t-2)$$

的双边 Laplace 变换及其收敛域。

解:由双边 Laplace 变换的定义

$$X(s) = \int_{-\infty}^{\infty} [\,\mathrm{u}(t+2) - \mathrm{u}(t-2)\,]\,\mathrm{e}^{-st}\mathrm{d}t$$

$$= \int_{-2}^{2} \mathrm{e}^{-st}\mathrm{d}t = -\frac{1}{s}\mathrm{e}^{-st}\,\bigg|_{t=-2}^{2} = \frac{1}{s}(\mathrm{e}^{2s} - \mathrm{e}^{-2s})\,,\mathrm{Re}\{s\} > -\infty$$

由此可见,有限长连续信号双边 Laplace 变换的收敛域位于整个 s 平面。

【例 6-19】 试求右边信号

$$x(t) = \mathrm{e}^{\alpha t}\mathrm{u}(t)$$

的双边 Laplace 变换及其收敛域,α 为实数。

解:由双边 Laplace 变换的定义

$$X(s) = \int_{-\infty}^{\infty} \mathrm{e}^{\alpha t}\mathrm{u}(t)\,\mathrm{e}^{-st}\mathrm{d}t = \int_{0}^{\infty} \mathrm{e}^{-(s-\alpha)t}\mathrm{d}t$$

$$= -\frac{1}{s-\alpha}\mathrm{e}^{-(s-\alpha)t}\,\bigg|_{t=0}^{\infty} = \frac{1}{s-\alpha}\,,\mathrm{Re}\{s\} > \alpha$$

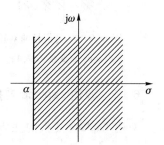

图 6-8 右边信号的双边
Laplace 变换收敛域

其收敛域如图 6-8 所示,由此可见,右边信号的收敛域位于 s 平面收敛轴的右侧,即 $\mathrm{Re}\{s\} > \alpha$。

对于因果信号,双边 Laplace 变换与单边 Laplace 变换相同。

【例 6-20】 试求左边信号

$$x(t) = \mathrm{e}^{\beta t}\mathrm{u}(-t)$$

的双边 Laplace 变换及其收敛域,β 为实数。

解:由双边 Laplace 变换的定义

$$X(s) = \int_{-\infty}^{\infty} \mathrm{e}^{\beta t}\mathrm{u}(-t)\,\mathrm{e}^{-st}\mathrm{d}t = \int_{-\infty}^{0} \mathrm{e}^{-(s-\beta)t}\mathrm{d}t$$

$$= -\frac{1}{s-\beta}\mathrm{e}^{-(s-\beta)t}\bigg|_{t=-\infty}^{0} = -\frac{1}{s-\beta},\ \mathrm{Re}\{s\} < \beta$$

其收敛域如图 6-9 所示,由此可见,左边信号的收敛域位于 s 平面收敛轴的左侧,即 $\mathrm{Re}\{s\} < \beta$。

【例 6-21】 求双边信号

$$x(t) = \mathrm{e}^{\alpha t}\mathrm{u}(t) + \mathrm{e}^{\beta t}\mathrm{u}(-t)$$

的双边 Laplace 变换及收敛域,α 和 β 为实数。

解:由双边 Laplace 变换的定义

$$X(s) = \int_{-\infty}^{0} \mathrm{e}^{-(s-\beta)t}\mathrm{d}t + \int_{0}^{\infty} \mathrm{e}^{-(s-\alpha)t}\mathrm{d}t$$

$$= -\frac{1}{s-\beta} + \frac{1}{s-\alpha},\ \alpha < \mathrm{Re}\{s\} < \beta$$

其收敛域如图 6-10 所示,由此可见,双边信号的收敛域位于 s 平面的一个带状区域,即 $\alpha < \mathrm{Re}\{s\} < \beta$。需特别指出的是,只有在满足 $\alpha < \beta$ 的条件下,该信号的双边 Laplace 变换才存在。

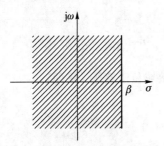

图 6-9 左边信号的双边
Laplace 变换收敛域

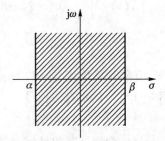

图 6-10 双边信号的双边
Laplace 变换收敛域

6.1.7 双边 Laplace 变换的性质

双边 Laplace 变换的性质与单边 Laplace 变换的性质相似,所不同的只是收敛域不同,表 6-3 列出了双边 Laplace 变换的主要性质。表中:$x(t) \overset{\mathscr{L}}{\longleftrightarrow} X(s)$,$\sigma_1 < \mathrm{Re}\{s\} < \sigma_2$,$\boldsymbol{R}_x = \{s; \sigma_1 < \mathrm{Re}\{s\} < \sigma_2\}$。

表 6-3　双边 Laplace 变换的性质

性质名称	时域	复频域(s 域)	收敛域
线性	$a_1 x_1(t) + a_2 x_2(t)$	$a_1 X_1(s) + a_2 X_2(s)$	包含 $R_{x_1} \cap R_{x_2}$
展缩	$x(at), a \neq 0$	$\dfrac{1}{\|a\|} X\left(\dfrac{s}{a}\right)$	$\dfrac{R_x}{a}$
时移	$x(t-t_0)$	$\mathrm{e}^{-st_0} X(s)$	R_x
卷积	$x_1(t) * x_2(t)$	$X_1(s) X_2(s)$	包含 $R_{x_1} \cap R_{x_2}$
指数加权	$\mathrm{e}^{-\lambda t} x(t)$	$X(s+\lambda)$	$R_x - \lambda$
线性加权	$-t x(t)$	$\dfrac{\mathrm{d}X(s)}{\mathrm{d}s}$	R_x
微分	$\dfrac{\mathrm{d}^n x(t)}{\mathrm{d}t^n}$	$s^n X(s)$	R_x
积分	$\displaystyle\int_{-\infty}^{t} x(\tau)\,\mathrm{d}\tau$	$\dfrac{X(s)}{s}$	包含 $R_x \cap \{\mathrm{Re}\{s\} > 0\}$

6.1.8　双边 Laplace 反变换

双边 Laplace 反变换的求解与单边 Laplace 反变换的求解基本相同,可以利用复变函数的留数定理直接计算,也可以将 $X(s)$ 展开成部分分式之和,由各部分分式对应的时域信号求解其反变换。

在对 $X(s)$ 进行部分分式展开时,要求其必须为有理真分式。若 $X(s)$ 不是真分式,可以将其分解为有理多项式与有理真分式之和。对于有理真分式部分可以采用与单边 Laplace 反变换相同的方法,将其展开成部分分式之和。不过,在利用部分分式展开法进行双边 Laplace 反变换时,必须根据各部分分式的收敛域确定其对应的时域信号。

【例 6-22】　已知

$$X(s) = \frac{1}{(s+1)(s+2)}$$

试用部分分式展开法求不同收敛域所对应的 Laplace 反变换。

解: 由于 $X(s)$ 有两个极点,故 $X(s)$ 可以有三个不同的收敛域,分别为

$$\mathrm{Re}\{s\} < -2,\ -2 < \mathrm{Re}\{s\} < -1 \ \text{和} \ \mathrm{Re}\{s\} > -1$$

将 $X(s)$ 展开成部分分式得

$$X(s) = \frac{-1}{s+2} + \frac{1}{s+1}$$

当 $\mathrm{Re}\{s\} < -2$ 时,部分分式中的两项均为左边信号的 Laplace 变换,因此

$$x(t) = e^{-2t} u(-t) - e^{-t} u(-t)$$

当 $-2 < \mathrm{Re}\{s\} < -1$ 时,部分分式中第 1 项对应的是右边信号的 Laplace 变换,第 2 项对应的是左边信号的 Laplace 变换,因此

$$x(t) = -e^{-2t} u(t) - e^{-t} u(-t)$$

当 $\mathrm{Re}\{s\} > -1$ 时,$X(s)$ 的部分分式中的两项均为右边信号的 Laplace 变换,因此

$$x(t) = -e^{-2t} u(t) + e^{-t} u(t)$$

由此可见,时域信号 $x(t)$ 与其 Laplace 变换 $X(s)$ 表示式之间并非一一对应关系,只有当 $X(s)$ 表示式与收敛域都给定时,才唯一对应某时域信号 $x(t)$。因此,在信号与系统的复频域分析时,不能忽视收敛域的存在和作用。

6.2　连续时间 LTI 系统的复频域分析

以上介绍了信号的复频域表示,本节将基于信号的复频域表示引入连续 LTI 系统的复频域描述,即连续系统的系统函数。复频域分析的主要目的是对连续 LTI 系统进行有效的描述,系统函数在连续 LTI 的分析与设计中有着广泛的应用。

6.2.1　连续时间 LTI 系统的系统函数

连续时间 LTI 系统在时域可以用 n 阶常系数线性微分方程来描述,即

$$a_n y^{(n)}(t) + a_{n-1} y^{(n-1)}(t) + \cdots + a_1 y'(t) + a_0 y(t)$$
$$= b_m x^{(m)}(t) + b_{m-1} x^{(m-1)}(t) + \cdots + b_1 x'(t) + b_0 x(t) \tag{6-50}$$

其中 $x(t)$ 为系统的输入激励,$y(t)$ 为系统的输出响应。

对式(6-50)进行双边 Laplace 变换,并利用双边 Laplace 变换的时域微分特性,可得

$$(a_n s^n + a_{n-1} s^{n-1} + \cdots + a_1 s + a_0) Y(s) = (b_m s^m + b_{m-1} s^{m-1} + \cdots + b_1 s + b_0) X(s) \tag{6-51}$$

式(6-51)描述了连续 LTI 系统在 s 域的输入输出关系。由式(6-51)可得

$$H(s) = \frac{Y(s)}{X(s)} = \frac{b_m s^m + b_{m-1} s^{m-1} + \cdots + b_1 s + b_0}{a_n s^n + a_{n-1} s^{n-1} + \cdots + a_1 s + a_0} \tag{6-52}$$

$H(s)$ 称为连续 LTI 系统的系统函数,是连续 LTI 系统的复频域描述。该系统函数 $H(s)$ 既可描述因果系统,也可描述非因果系统。由式(6-52)可知,系统函数 $H(s)$ 与系统的输入及输出无关,而只与系统本身的特性有关。

连续 LTI 系统的单位冲激响应 $h(t)$ 是系统的时域描述,根据式(6-52)可得 $H(s)$ 与 $h(t)$ 之间的关系为

$$H(s) = \frac{Y(s)}{X(s)} = \frac{\mathscr{L}\{h(t)\}}{\mathscr{L}\{\delta(t)\}} = \mathscr{L}\{h(t)\} \tag{6-53}$$

式(6-53)表明,连续 LTI 系统的系统函数 $H(s)$ 是该系统单位冲激响应 $h(t)$ 的

Laplace 变换。由于因果信号的单边 Laplace 变换与双边 Laplace 变换的结果相同，因此，对于因果的连续 LTI 系统，系统函数 $H(s)$ 也可表示为系统零状态响应的单边 Laplace 变换 $Y_{zs}(s)$ 与输入信号的单边 Laplace 变换 $X(s)$ 之比。

【例 6-23】 已知描述某因果连续时间 LTI 系统的微分方程为

$$y''(t)+y'(t)-2y(t)=4x(t)+5x'(t)$$

试求该系统的系统函数 $H(s)$ 和单位冲激响应 $h(t)$。

解： 对于因果连续 LTI 系统，系统函数 $H(s)$ 可通过系统零状态响应的单边 Laplace 变换 $Y_{zs}(s)$ 与输入信号的单边 Laplace 变换 $X(s)$ 求解。

在零状态条件下，对微分方程两边进行单边 Laplace 变换得

$$(s^2+s-2)Y_{zs}(s)=(5s+4)X(s)$$

根据系统函数 $H(s)$ 的定义有

$$H(s)=\frac{Y_{zs}(s)}{X(s)}=\frac{5s+4}{s^2+s-2}=\frac{3}{s-1}+\frac{2}{s+2},\mathrm{Re}\{s\}>1$$

对上式进行 Laplace 反变换得

$$h(t)=(3\mathrm{e}^t+2\mathrm{e}^{-2t})\mathrm{u}(t)$$

由此可见，若已知连续 LTI 系统为因果系统，一般通过单边 Laplace 变换分析系统函数；若未知系统的因果性，则只能通过双边 Laplace 变换分析系统函数。

【例 6-24】 已知描述某连续 LTI 系统的微分方程为

$$y'(t)-2y(t)=3x(t)$$

试求该系统的系统函数 $H(s)$ 和单位冲激响应 $h(t)$。

解： 对微分方程进行双边 Laplace 变换得

$$(s-2)Y(s)=3X(s)$$

根据式 (6-52) 可得该系统函数 $H(s)$ 为

$$H(s)=\frac{Y(s)}{X(s)}=\frac{3}{s-2}$$

若系统为因果系统，则系统函数 $H(s)$ 的收敛域应为 $\mathrm{Re}\{s\}>2$。根据式 (6-53) 经 Laplace 反变换可得系统的冲激响应 $h(t)$ 为

$$h(t)=3\mathrm{e}^{-2t}\mathrm{u}(t)$$

若系统为非因果系统，则系统函数 $H(s)$ 的收敛域应为 $\mathrm{Re}\{s\}<2$。可得 $h(t)$ 为

$$h(t)=-3\mathrm{e}^{-2t}\mathrm{u}(-t)$$

6.2.2 连续因果 LTI 系统响应的复频域求解

1. 微分方程的复频域求解

单边 Laplace 变换不仅可以将描述连续因果 LTI 系统的时域微分方程变换成 s 域代数方程，而且在此代数方程中同时体现了系统的初始状态。解此代数方程，即

可分别求得系统零输入响应 $y_{zi}(t)$、零状态响应 $y_{zs}(t)$ 以及完全响应 $y(t)$。

先从二阶系统入手分析,对于二阶连续因果 LTI 系统,描述系统的微分方程为

$$y''(t)+a_1y'(t)+a_0y(t)=b_1x'(t)+b_0x(t) \tag{6-54}$$

$y(0^-)$、$y'(0^-)$ 为系统的初始状态。记 $\mathscr{L}\{y(t)\}=Y(s)$,$\mathscr{L}\{x(t)\}=X(s)$。根据单边 Laplace 变换的时域微分特性,有

$$\mathscr{L}\{y'(t)\}=sY(s)-y(0^-)\quad 和\quad \mathscr{L}\{y''(t)\}=s^2Y(s)-sy(0^-)-y'(0^-)$$

由于输入信号 $x(t)$ 是从 $t=0$ 时刻开始输入系统,所以在 $t=0^-$ 时刻,$x(t)$ 及其各阶导数均为零,因此 $x'(t)$ 的单边 Laplace 变换为

$$\mathscr{L}\{x'(t)\}=sX(s)$$

由此可得式(6-54)微分方程的 s 域表示式为

$$s^2Y(s)-sy(0^-)-y'(0^-)+a_1[sY(s)-y(0^-)]+a_0Y(s)=b_1sX(s)+b_0X(s)$$

整理后得

$$Y(s)=\frac{sy(0^-)+y'(0^-)+a_1y(0^-)}{s^2+a_1s+a_0}+\frac{b_1s+b_0}{s^2+a_1s+a_0}X(s) \tag{6-55}$$

式(6-55)中第一项仅与系统的初始状态有关,而与激励信号无关,因此对应系统的零输入响应,即

$$Y_{zi}(s)=\frac{sy(0^-)+y'(0^-)+a_1y(0^-)}{s^2+a_1s+a_0} \tag{6-56}$$

式(6-55)中第二项仅与系统的激励信号有关,而与初始状态无关,因此对应系统的零状态响应,即

$$Y_{zs}(s)=\frac{b_1s+b_0}{s^2+a_1s+a_0}X(s)=H(s)X(s) \tag{6-57}$$

$H(s)$ 是连续因果 LTI 系统的系统函数,可表示为

$$H(s)=\frac{Y_{zs}(s)}{X(s)}=\frac{b_1s+b_0}{s^2+a_1s+a_0} \tag{6-58}$$

分别对 $Y_{zi}(s)$、$Y_{zs}(s)$、$H(s)$ 进行 Laplace 反变换,即可得到系统的零输入响应 $y_{zi}(t)$、零状态响应 $y_{zs}(t)$、单位冲激响应 $h(t)$,即

$$y_{zi}(t)=\mathscr{L}^{-1}\{Y_{zi}(s)\},y_{zs}(t)=\mathscr{L}^{-1}\{Y_{zs}(s)\},h(t)=\mathscr{L}^{-1}\{H(s)\}$$

【例 6-25】　描述某连续因果 LTI 系统的微分方程为

$$y''(t)+3y'(t)+2y(t)=4x'(t)+3x(t)$$

已知初始状态 $y(0^-)=-2$,$y'(0^-)=3$,输入信号 $x(t)=u(t)$。试求系统的零输入响应 $y_{zi}(t)$,零状态响应 $y_{zs}(t)$ 和完全响应 $y(t)$。

解:对微分方程两边进行单边 Laplace 变换得

$$s^2Y(s)-sy(0^-)-y'(0^-)+3[sY(s)-y(0^-)]+2Y(s)=(4s+3)X(s)$$

整理后得

$$Y(s) = \frac{sy(0^-) + y'(0^-) + 3y(0^-)}{s^2 + 3s + 2} + \frac{4s+3}{s^2+3s+2}X(s)$$

零输入响应的 s 域表示式为

$$Y_{zi}(s) = \frac{sy(0^-) + y'(0^-) + 3y(0^-)}{s^2 + 3s + 2} = \frac{-2s-3}{(s+1)(s+2)} = \frac{-1}{s+1} + \frac{-1}{s+2}$$

对上式作 Laplace 反变换得

$$y_{zi}(t) = -e^{-t} - e^{-2t}, t \geqslant 0^-$$

因为

$$x(t) = u(t) \xrightarrow{\mathscr{L}} X(s) = \frac{1}{s}$$

所以零状态响应的 s 域表示式为

$$Y_{zs}(s) = \frac{4s+3}{(s+1)(s+2)}X(s) = \frac{4s+3}{s(s+1)(s+2)} = \frac{1.5}{s} + \frac{1}{s+1} - \frac{2.5}{s+2}$$

对上式作 Laplace 反变换得

$$y_{zs}(t) = (1.5 + e^{-t} - 2.5e^{-2t})u(t)$$

完全响应为

$$y(t) = y_{zi}(t) + y_{zs}(t) = 1.5 - 3.5e^{-2t}, t > 0$$

利用信号的单边 Laplace 变换可将描述系统输入输出关系的微分方程转换为 s 域的代数方程,由代数方程可方便地求解出系统的零输入响应和零状态响应。相比于时域和频域求解系统响应的方法,复频域求解系统响应的方法更加简便。需要说明的是,虽然复频域分析可以求解系统的响应,但引入连续信号与系统的复频域分析,目的是为了更有效地描述连续系统。

2. 电路系统的复频域分析

研究电路问题的基本依据是基尔霍夫电压定律(KVL)和基尔霍夫电流定律(KCL),以及电路元件的伏安关系(VCR)。利用单边 Laplace 变换的性质,可将上述的时域描述转换为等价的复频域描述。

基尔霍夫电压定律和基尔霍夫电流定律的时域描述为

$$\sum_n v_n(t) = 0$$

$$\sum_n i_n(t) = 0$$

对以上两式进行单边 Laplace 变换,即得 KVL 和 KCL 的复频域(s 域)描述为

$$\sum_n V_n(s) = 0$$

$$\sum_n I_n(s) = 0$$

R、L、C 元件的时域伏安关系为

$$v_R(t) = Ri_R(t) \qquad (6\text{-}59)$$

$$v_L(t) = L\frac{\mathrm{d}i_L(t)}{\mathrm{d}t} \qquad (6\text{-}60)$$

$$v_C(t) = \frac{1}{C}\int_{-\infty}^{t} i_C(\tau)\,\mathrm{d}\tau \qquad (6\text{-}61)$$

对式(6-59)至式(6-61)进行单边 Laplace 变换,可得 R、L、C 元件的 s 域伏安关系为

$$V_R(s) = RI_R(s) \qquad (6\text{-}62)$$

$$V_L(s) = sLI_L(s) - Li_L(0^-) \qquad (6\text{-}63)$$

$$V_C(s) = \frac{1}{sC}I_C(s) + \frac{1}{s}v_C(0^-) \qquad (6\text{-}64)$$

根据式(6-62)至式(6-64)可画出 R、L、C 元件的 s 域模型,式中由电感电流和电容电压的初始状态引起的附加项以串联的电压源表示,如图 6-11 所示。

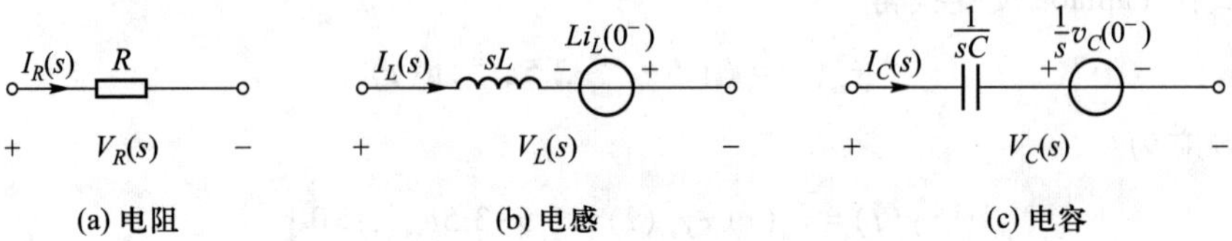

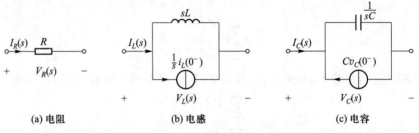

(a) 电阻   (b) 电感   (c) 电容

图 6-11 R、L、C 串联形式的 s 域模型

图 6-11 的模型并非唯一,将式(6-62)至式(6-64)对电流求解,得到

$$I_R(s) = \frac{1}{R}V_R(s) \qquad (6\text{-}65)$$

$$I_L(s) = \frac{1}{sL}V_L(s) + \frac{1}{s}i_L(0^-) \qquad (6\text{-}66)$$

$$I_C(s) = sCV_C(s) - Cv_C(0^-) \qquad (6\text{-}67)$$

与此对应的 s 域模型如图 6-12 所示。

(a) 电阻   (b) 电感   (c) 电容

图 6-12 R、L、C 并联形式的 s 域模型

在实际应用中,根据具体情况选择串联形式的电压源模型,或是并联形式的电流源模型。

【例 6-26】　在图 6-13 (a)所示电路中,电容的初始储能为 $v_C(0^-) = v_0$,画出该电路的 s 域模型,并计算 $v_C(t)$。

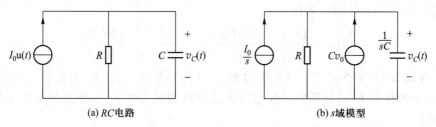

(a) RC 电路　　　　　　　　　　(b) s 域模型

图 6-13　RC 电路及其 s 域模型

解:利用图 6-12 所示 R、C 元件的 s 域模型可得图 6-13 (a)电路的 s 域模型,如图 6-13 (b)所示。根据图 6-13 (b)可得

$$V_C(s) = \frac{R\dfrac{1}{sC}}{R + \dfrac{1}{sC}}\left(\frac{I_0}{s} + Cv_0\right) = \frac{I_0}{C}\frac{1}{\left(s + \dfrac{1}{RC}\right)s} + \frac{v_0}{s + \dfrac{1}{RC}}$$

由部分分式展开法可得

$$V_C(s) = I_0 R\left(\frac{1}{s} - \frac{1}{s + \dfrac{1}{RC}}\right) + \frac{v_0}{s + \dfrac{1}{RC}}$$

对 $V_C(s)$ 求 Laplace 反变换得

$$v_C(t) = I_0 R\left(1 - e^{-\frac{t}{RC}}\right) + v_0 e^{-\frac{t}{RC}}, t > 0$$

利用电路的 s 域模型可以方便地求解出电路在 s 域的响应,对 s 域的响应进行 Laplace 反变换,则可得到电路在时域的响应。

6.3　连续时间 LTI 系统的系统函数与系统特性

系统函数 $H(s)$ 是描述连续时间 LTI 系统特性的重要物理量,是连续时间系统的复频域描述。通过分析 $H(s)$ 在 s 平面的零极点分布,可以了解系统的时域特性、频域特性,以及系统的稳定性等。

6.3.1　系统函数的零极点分布

对于一个连续 LTI 系统,其输入输出关系可用 n 阶常系数线性微分方程表示为

$$y^{(n)}(t)+a_{n-1}y^{(n-1)}(t)+\cdots+a_1y'(t)+a_0y(t)$$
$$=b_mx^{(m)}(t)+b_{m-1}x^{(m-1)}(t)+\cdots+b_1x'(t)+b_0x(t) \tag{6-68}$$

对微分方程进行双边 Laplace 变换得

$$(s^n+a_{n-1}s^{n-1}+\cdots+a_1s+a_0)Y(s)=(b_ms^m+b_{m-1}s^{m-1}+\cdots+b_1s+b_0)X(s) \tag{6-69}$$

根据系统函数 $H(s)$ 的定义有

$$H(s)=\frac{Y(s)}{X(s)}=\frac{b_ms^m+b_{m-1}s^{m-1}+\cdots+b_1s+b_0}{s^n+a_{n-1}s^{n-1}+\cdots+a_1s+a_0}=\frac{N(s)}{D(s)} \tag{6-70}$$

系统函数分母多项式 $D(s)=0$ 的根是 $H(s)$ 的极点，系统函数分子多项式 $N(s)=0$ 的根是 $H(s)$ 的零点。极点使系统函数的值无穷大，而零点使系统函数的值为零。

$D(s)$ 和 $N(s)$ 都可以分解成线性因子的乘积，即

$$H(s)=\frac{N(s)}{D(s)}=K\frac{(s-z_1)(s-z_2)\cdots(s-z_m)}{(s-p_1)(s-p_2)\cdots(s-p_n)}=K\frac{\prod_{l=1}^{m}(s-z_l)}{\prod_{i=1}^{n}(s-p_i)} \tag{6-71}$$

式中 $z_1,z_2,\cdots,z_m$ 是系统函数的零点，$p_1,p_2,\cdots,p_n$ 是系统函数的极点。$(s-z_l)$ 是零点因子，$(s-p_i)$ 是极点因子，K 是系统的增益常数，因此式（6-71）称为系统函数 $H(s)$ 的零极增益形式。

通常将系统函数的零极点绘在 s 平面上，零点用 o 表示，极点用×表示，这样得到的图形称为系统函数的零极点分布图。系统函数的零点或极点可能出现重阶，在画零极点分布图时，若遇到 n 阶重零点或极点，则在相应的零极点旁注以 (n)。

例如某连续 LTI 系统的系统函数为

$$H(s)=\frac{(s^2+1)(s-2)}{(s+1)^2(s+2-j)(s+2+j)}$$

表明该系统在虚轴上有一对共轭零点 ±j，在 $s=2$ 处有一个零点，而在 $s=-1$ 处有二阶重极点，还有一对共轭极点 $s=-2\pm j$，该系统函数的零极点分布图如图 6-14 所示。

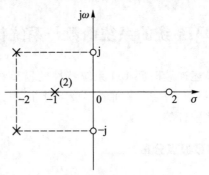

图 6-14　系统函数的零极点分布图

根据系统函数的零极点分布,可以了解系统的时域特性和频域特性,并可判断系统的稳定性。

6.3.2 系统函数与系统的时域特性

连续 LTI 系统的单位冲激响应 $h(t)$ 反映系统的时域特性,系统函数 $H(s)$ 与系统冲激响应 $h(t)$ 是一对 Laplace 变换对。将 $H(s)$ 进行因式分解,即可得到系统函数的零极增益形式

$$H(s) = \frac{N(s)}{D(s)} = K\frac{(s-z_1)(s-z_2)\cdots(s-z_m)}{(s-p_1)(s-p_2)\cdots(s-p_n)} \qquad (6\text{-}72)$$

根据系统函数 $H(s)$ 的极点情况,将 $H(s)$ 展开成部分分式,通过 Laplace 反变换即可求解系统冲激响应 $h(t)$。下面讨论因果系统 $H(s)$ 的典型极点分布与 $h(t)$ 基本特性的关系,其中 $\sigma_0>0$ 为正实数。

零极点与系统
的时域特性

(1)$H(s)$ 具有位于左半 s 平面 σ 轴上的单极点 $p=-\sigma_0$,则

$$H(s) = \frac{K}{s+\sigma_0} \overset{\mathscr{L}}{\longleftrightarrow} h(t) = Ke^{-\sigma_0 t}u(t) \qquad (6\text{-}73)$$

显然,冲激响应 $h(t)$ 为衰减指数信号。

(2)$H(s)$ 具有位于左半 s 平面的共轭单极点 $p_1=-\sigma_0+j\omega_0$,$p_2=p^*_1=-\sigma_0-j\omega_0$,则

$$H(s) = \frac{K}{(s+\sigma_0-j\omega_0)(s+\sigma_0+j\omega_0)} \overset{\mathscr{L}}{\longleftrightarrow} h(t) = \frac{K}{\omega_0}e^{-\sigma_0 t}\sin(\omega_0 t)u(t)$$

可见,冲激响应 $h(t)$ 是幅度按衰减指数信号变化的正弦信号。

(3)$H(s)$ 具有位于左半 s 平面 σ 轴上的 r 阶重极点 $p=-\sigma_0$,则

$$H(s) = \frac{K}{(s+\sigma_0)^r} \overset{\mathscr{L}}{\longleftrightarrow} h(t) = \frac{K}{(r-1)!}t^{r-1}e^{-\sigma_0 t}u(t) \qquad (6\text{-}74)$$

由于指数信号 $e^{-\sigma_0 t}$ 的衰减比信号 t^{r-1} 的增长快,因此冲激响应 $h(t)$ 仍为衰减信号。

(4)$H(s)$ 具有位于 s 平面的 $j\omega$ 轴上的共轭极点,则

$$H(s) = \frac{K}{(s-j\omega_0)(s+j\omega_0)} \overset{\mathscr{L}}{\longleftrightarrow} h(t) = \frac{K}{\omega_0}\sin(\omega_0 t)u(t) \qquad (6\text{-}75)$$

可见,冲激响应 $h(t)$ 是正弦信号。

若极点位于原点,则

$$H(s) = \frac{K}{s} \overset{\mathscr{L}}{\longleftrightarrow} h(t) = Ku(t) \qquad (6\text{-}76)$$

可见,原点上的单极点对应的冲激响应是阶跃信号。

(5)若 $H(s)$ 具有位于右半 s 平面的极点 p,则冲激响应 $h(t)$ 为增幅信号。以右半 s 平面 σ 轴的单极点 $p=\sigma_0$ 为例,有

$$H(s) = \frac{K}{s-\sigma_0} \overset{\mathscr{L}}{\longleftrightarrow} h(t) = Ke^{\sigma_0 t}u(t) \qquad (6\text{-}77)$$

即 $h(t)$ 为增幅指数信号。

由此可见,系统函数 $H(s)$ 的极点决定了冲激响应 $h(t)$ 的形式,而零点仅影响 $h(t)$ 的幅值。

6.3.3　系统函数与系统的稳定性

对于连续 LTI 系统,若从时域判断其是否为 BIBO 稳定系统,需要判断该系统的冲激响应 $h(t)$ 是否绝对可积,即

$$\int_{-\infty}^{\infty} | h(t) | \mathrm{d}t < \infty \tag{6-78}$$

利用式(6-78)判断系统的稳定性需要进行积分运算,判断过程较为复杂。

与式(6-6)比较可知,式(6-78)成立的 s 域等效条件是 $H(s)$ 的收敛域包含 $\mathrm{j}\omega$ 轴(即 $\sigma = 0$)。对于因果的连续时间 LTI 系统,由于 $H(s)$ 的收敛域在实部最大的极点右侧,若系统稳定,即收敛域包含 $\mathrm{j}\omega$ 轴,则 $H(s)$ 的所有极点必位于 s 平面的左半平面。因此,对于因果的连续时间 LTI 系统,其 BIBO 稳定的充要条件是系统函数 $H(s)$ 的全部极点位于 s 平面的左半平面。也就是说,对于任意的连续 LTI 系统,可以根据该系统函数 $H(s)$ 的收敛域是否包含 s 平面 $\mathrm{j}\omega$ 轴来判断系统的稳定性;若该连续时间 LTI 系统还是因果系统,则还可以根据该系统函数 $H(s)$ 的极点是否全部位于 s 平面左半平面来判断系统的稳定性。

【例 6-27】　判断下述因果的连续时间 LTI 系统是否稳定。

（1）$H_1(s) = \dfrac{2s+3}{(s+1)(s+2)}$；（2）$H_2(s) = \dfrac{s}{(s+4)(s-3)}$。

解:因为系统为因果的连续时间 LTI 系统,故可以根据系统函数极点的位置来判断其稳定性。

（1）$H_1(s)$ 的极点为 $s = -1$ 和 $s = -2$,极点都在 s 左半平面,所以系统稳定。

（2）$H_2(s)$ 的极点为 $s = -4$ 和 $s = 3$,极点不全在 s 左半平面,所以系统不稳定。

【例 6-28】　已知连续时间 LTI 系统的系统函数为

$$H(s) = \frac{s+2}{(s+1)(s-1)}$$

试求出系统函数所有可能的收敛域,并判断系统稳定性和因果性。

解:因只知该连续系统为 LTI 系统,而未知其因果性,故只能通过系统函数的收敛域判断系统的稳定性。由于系统函数的极点为 $s = -1$ 和 $s = 1$,系统函数可能的收敛域分别为:

（1）收敛域为 $\mathrm{Re}\{s\} < -1$

由于收敛域未包含 $\mathrm{j}\omega$ 轴,故系统不稳定。因收敛域在 s 平面的左侧,故 $h(t)$ 是左边函数,因而系统为非因果系统。

（2）收敛域为 $-1 < \mathrm{Re}\{s\} < 1$

由于收敛域包含 $j\omega$ 轴，故系统稳定。因收敛域是 s 平面上带状区域，故 $h(t)$ 为双边函数，因而系统为非因果系统。

（3）收敛域为 $\mathrm{Re}\{s\} > 1$

由于收敛域未包含 $j\omega$ 轴，故系统不稳定。因收敛域在 s 平面收敛轴的右侧，故 $h(t)$ 是右边函数，因而系统为因果系统。

利用上述方法判断系统的稳定性，必须计算系统的极点。当系统阶次较高时，求解 $H(s)$ 的极点比较困难，这时可利用一些其他判别方法，如罗斯判别法、根轨迹法等来判断系统的稳定性，这些内容在自动控制原理等相关课程中有所介绍。

6.3.4 系统函数与系统的频域特性

系统的频率响应 $H(j\omega)$ 反映系统的频域特性，$|H(j\omega)|$ 为系统的幅度响应，$\varphi(\omega)$ 为系统的相位响应。如前所述，连续 LTI 系统在频率为 ω_0 的正弦信号激励下的响应仍为同频率的正弦信号，但幅度乘以 $|H(j\omega_0)|$，相位附加 $\varphi(\omega_0)$。当正弦信号的频率 ω 改变时，系统响应的幅度和相位将分别随 $|H(j\omega)|$ 和 $\varphi(\omega)$ 变化。$H(j\omega)$ 反映了系统在正弦信号激励之下的响应随信号频率的变化情况，故称为系统的频率响应。

当连续时间 LTI 系统稳定时，系统函数 $H(s)$ 的收敛域包含 s 平面的 $j\omega$ 轴，因此系统的频率响应 $H(j\omega)$ 可由 $H(s)$ 求出，即

$$H(j\omega) = H(s)\Big|_{s=j\omega} = |H(j\omega)| e^{j\varphi(\omega)} \tag{6-79}$$

即系统函数 $H(s)$ 在 s 平面中令 s 沿 $j\omega$ 轴变化可得系统的频率响应 $H(j\omega)$。对于零极增益表示的系统函数

$$H(s) = K \frac{\displaystyle\prod_{l=1}^{m} (s - z_l)}{\displaystyle\prod_{i=1}^{n} (s - p_i)}$$

令 $s = j\omega$，则得

$$H(j\omega) = K \frac{\displaystyle\prod_{l=1}^{m} (j\omega - z_l)}{\displaystyle\prod_{i=1}^{n} (j\omega - p_i)} \tag{6-80}$$

由式（6-80）可以看出，系统的频率响应 $H(j\omega)$ 取决于系统函数的零点和极点。根据系统函数 $H(s)$ 的零极点分布情况，可分别绘出系统的幅度响应 $|H(j\omega)|$ 和相位响应 $\varphi(\omega)$ 曲线。由于 MATLAB 等计算工具的引入，这里简要介绍向量法绘制系统的频率响应曲线。

复数在复平面内可以用原点到复数坐标点的向量表示,例如复数 a 和 b 可以分别用图 6-15(a)所示的两条向量表示。而复数之差 $a-b$ 则可通过向量运算得到,是由复数 b 指向复数 a 的向量,这个向量可用幅度和相角表示为 $a-b=|a-b|\mathrm{e}^{\mathrm{j}\varphi}$,如图 6-15 (b)所示。因此式(6-80)中因子 $\mathrm{j}\omega-p_i$ 可以用 p_i 点指向 $\mathrm{j}\omega$ 点的极点向量表示,$\mathrm{j}\omega-z_l$ 可以用 z_l 点指向 $\mathrm{j}\omega$ 点的零点向量表示,如图 6-16 所示。这两个向量分别用幅度和相角表示为

$$\mathrm{j}\omega-z_l=N_l\mathrm{e}^{\mathrm{j}\psi_l},\quad \mathrm{j}\omega-p_i=D_i\mathrm{e}^{\mathrm{j}\theta_i}$$

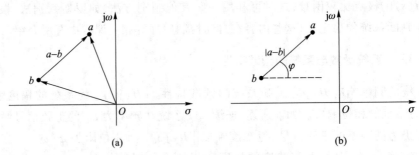

图 6-15　复数的向量表示

所以 $H(\mathrm{j}\omega)$ 可改写成

$$H(\mathrm{j}\omega)=K\frac{N_1N_2\cdots N_m}{D_1D_2\cdots D_n}\mathrm{e}^{\mathrm{j}[(\psi_1+\psi_2+\cdots+\psi_m)-(\theta_1+\theta_2+\cdots+\theta_n)]}$$

$$=|H(\mathrm{j}\omega)|\,\mathrm{e}^{\mathrm{j}\varphi(\omega)} \qquad (6-81)$$

式中

$$|H(\mathrm{j}\omega)|=K\frac{N_1N_2\cdots N_m}{D_1D_2\cdots D_n} \qquad (6-82)$$

$$\varphi(\omega)=(\psi_1+\psi_2+\cdots+\psi_m)-(\theta_1+\theta_2+\cdots+\theta_n) \qquad (6-83)$$

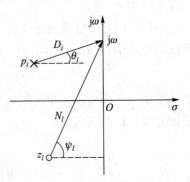

图 6-16　系统函数的向量表示

当 ω 沿 $\mathrm{j}\omega$ 轴由 $-\infty$ 变化到 $+\infty$ 的过程中,各零点向量和极点向量的模和相角都随之改变,于是分别得出系统的幅度响应和相位响应。对于系统函数为实系数的系统,其幅度响应为偶对称,相位响应是奇对称,故绘制频率响应曲线时仅绘出 ω 从 $0\sim\infty$ 即可。

【例 6-29】 已知某连续时间 LTI 系统的系统函数

$$H(s)=\frac{s}{s+1},\ \mathrm{Re}\{s\}>-1$$

试绘出该系统的频率响应 $H(\mathrm{j}\omega)$。

解:系统函数 $H(s)$ 在 $s=-1$ 处有一个极点,$s=0$ 处有一个零点。由于 $H(s)$ 的收

敛域包含 $j\omega$ 轴,故可令 $s=j\omega$,得到该系统的频率响应为

$$H(j\omega) = H(s)\Big|_{s=j\omega} = \frac{j\omega}{j\omega+1}$$

在 s 平面,从极点 -1 处向 $j\omega$ 轴做向量,从零点 0 处向 $j\omega$ 轴做向量,ω 由 $0\sim\infty$ 变化,即可求得 $|H(j\omega)|$ 和 $\varphi(\omega)$。取 $\omega=0,1,\infty$ 几个典型频率点,由图 6-17(a)可看出其幅度和相位值如下

$$|H(0)| = \frac{N(0)}{D(0)} = \frac{0}{1} = 0, \varphi(0) = \frac{\pi}{2}-0 = \frac{\pi}{2}$$

$$|H(j1)| = \frac{N(1)}{D(1)} = \frac{1}{\sqrt{2}}, \varphi(1) = \frac{\pi}{2} - \frac{\pi}{4} = \frac{\pi}{4}$$

$$|H(j\infty)| = \frac{N(\infty)}{D(\infty)} = 1, \varphi(1) = \frac{\pi}{2} - \frac{\pi}{2} = 0$$

类似地,可得出其他频率点上系统幅度响应 $|H(j\omega)|$ 和相位响应 $\varphi(\omega)$ 的值,如图 6-17(b)(c)所示。由图 6-17(b)所示的幅度响应可知,该系统具有高通特性。

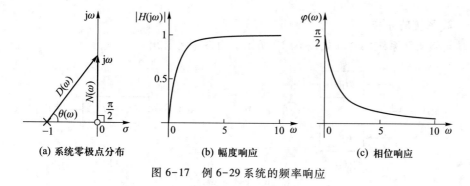

(a) 系统零极点分布　　　　(b) 幅度响应　　　　(c) 相位响应

图 6-17 例 6-29 系统的频率响应

以上介绍了利用系统函数的零极点分布绘制系统的频率响应,对于零极点较多的高阶系统其系统频率响应的绘制会愈加复杂。MATLAB 提供了相应的函数,可方便地绘出系统的幅度响应和相位响应。

6.4 连续时间系统的模拟

6.4.1 连续系统的连接

一个复杂的系统可以由多个子系统通过一定方式连接而成,通过分析每个子系统的性能及子系统间的连接方式,就可以得出复杂系统的性能。系统连接的基本方式主要有级联、并联、反馈环路三种,下面分别讨论。

1. 系统的级联

连续 LTI 系统的级联如图 6-18 所示。若两个子系统的系统函数分别为

$$H_1(s) = \frac{W(s)}{X(s)}, \qquad H_2(s) = \frac{Y(s)}{W(s)}$$

则信号通过级联系统的响应为

$$Y(s) = H_2(s)W(s) = H_2(s)H_1(s)X(s)$$

根据系统函数的定义,级联系统的系统函数为

$$H(s) = \frac{Y(s)}{X(s)} = H_1(s)H_2(s) \tag{6-84}$$

显然,级联系统的系统函数是各个子系统的系统函数之乘积。

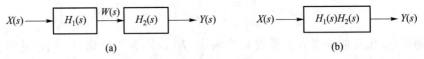

图 6-18　两个子系统级联

2. 系统的并联

连续 LTI 系统的并联如图 6-19 所示。由图中可看出

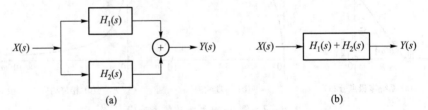

图 6-19　两个子系统并联

$$Y(s) = H_1(s)X(s) + H_2(s)X(s) = [H_1(s) + H_2(s)]X(s)$$

则并联系统的系统函数为

$$H(s) = \frac{Y(s)}{X(s)} = H_1(s) + H_2(s) \tag{6-85}$$

可见,并联系统的系统函数是各个子系统的系统函数之和。

3. 反馈环路

反馈环路由两个子系统组成,如图 6-20 所示,其特点是输出量的一部分,返回到输入端与输入量进行叠加,形成反馈。

图 6-20 中 $H_1(s)$ 称为前向通路的系统函数,$H_2(s)$ 称为反馈通路的系统函数。从

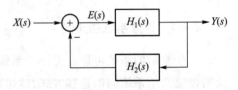

图 6-20　反馈环路

图中可看出

$$Y(s) = E(s)H_1(s)$$
$$E(s) = X(s) - H_2(s)Y(s)$$
$$Y(s) = \frac{H_1(s)}{1 + H_1(s)H_2(s)}X(s)$$

反馈环路的系统函数为

$$H(s) = \frac{Y(s)}{X(s)} = \frac{H_1(s)}{1 + H_1(s)H_2(s)} \tag{6-86}$$

对于图 6-20 所示的反馈环路,其系统函数的分子为前向通路的系统函数,分母为 1 加上反馈回路的系统函数。当系统中出现多个反馈回路时,此结论依然成立。

6.4.2 连续系统的模拟

系统模拟不是仿制原系统,而是数学意义上的模拟,即用一定的基本部件,如积分器、乘法器、加法器等来模仿实际系统,使模拟系统的数学模型与实际系统一样,即模拟系统和实际系统在相同的输入时具有相同的输出。这种系统模拟的实际意义在于,对于一个复杂的物理系统的输入输出特性,除了可以进行数学上的描述和分析外,还可以借助简单和易于实现的模拟装置,通过实验手段进行分析,并观察系统参数变化所引起的系统特性的变化情况,以便在一定工作条件下确定最佳系统参数。

系统模拟一般通过系统函数进行模拟,而同一个系统函数,可以存在多种形式的实现方案,常用的有直接型、级联型和并联型等。

1. 直接型

描述连续时间 LTI 系统的微分方程的一般形式为

$$y^{(n)}(t) + a_{n-1}y^{(n-1)}(t) + \cdots + a_1 y'(t) + a_0 y(t)$$
$$= b_m x^{(m)}(t) + b_{m-1}x^{(m-1)}(t) + \cdots + b_1 x'(t) + b_0 x(t)$$

相对应的系统函数为

$$H(s) = \frac{b_m s^m + b_{m-1}s^{m-1} + \cdots + b_1 s + b_0}{s^n + a_{n-1}s^{n-1} + \cdots + a_1 s + a_0}$$

不失一般性,令 $m = n$,则 $H(s)$ 可表示成

$$H(s) = \frac{b_n s^n + b_{n-1}s^{n-1} + \cdots + b_1 s + b_0}{s^n + a_{n-1}s^{n-1} + \cdots + a_1 s + a_0} \tag{6-87}$$

下面先从简单的二阶系统入手,讨论如何用框图表示系统。设二阶系统的系统函数为

$$H(s) = \frac{b_2 s^2 + b_1 s + b_0}{s^2 + a_1 s + a_0} \tag{6-88}$$

为了使框图表示方便,将系统函数改写为

$$H(s)=\frac{1}{s^2+a_1s+a_0}(b_2s^2+b_1s+b_0)=H_1(s)H_2(s)$$

其中 $H_1(s)=\dfrac{1}{s^2+a_1s+a_0}$, $H_2(s)=b_2s^2+b_1s+b_0$。即系统 $H(s)$ 可以看成两个子系统 $H_1(s)$ 和 $H_2(s)$ 的级联,如图 6-21 所示。从图中可得出

$$W(s)=X(s)H_1(s)=\frac{1}{s^2+a_1s+a_0}X(s) \tag{6-89}$$

$$Y(s)=W(s)H_2(s)=(b_2s^2+b_1s+b_0)W(s) \tag{6-90}$$

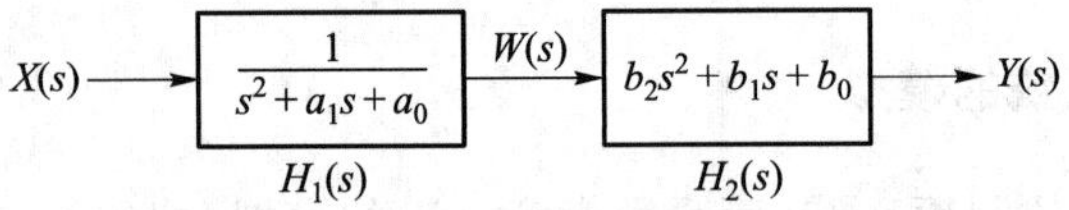

$$X(s) \longrightarrow \boxed{\dfrac{1}{s^2+a_1s+a_0}} \xrightarrow{W(s)} \boxed{b_2s^2+b_1s+b_0} \longrightarrow Y(s)$$
$$\qquad\qquad\quad H_1(s) \qquad\qquad\qquad\quad H_2(s)$$

图 6-21　系统 $H(s)$ 由 $H_1(s)$ 和 $H_2(s)$ 级联

对上两式作 Laplace 反变换,可写出描述 $H_1(s)$ 和 $H_2(s)$ 两个子系统的微分方程

$$w''(t)+a_1w'(t)+a_0w(t)=x(t) \tag{6-91}$$

$$y(t)=b_2w''(t)+b_1w'(t)+b_0w(t) \tag{6-92}$$

上述方程涉及相加,标量乘法和微分三种运算,在实际实现时,一般不使用微分器,因为微分器不仅实现上困难,并且对误差和噪声较为敏感。而积分器不仅可以抑制高频噪声,还可以利用运算放大器实现,因此在实际实现时被普遍采用。下面介绍如何用积分器实现式(6-91)和式(6-92)。

假设已知 $w''(t)$,通过两个积分器可分别得到 $w'(t)$ 和 $w(t)$,如图 6-22(a)所示。将式(6-91)改写为

$$w''(t)=x(t)-a_1w'(t)-a_0w(t) \tag{6-93}$$

也就是说,$w''(t)$ 可以由输入信号 $x(t)$ 以及 $w'(t)$、$w(t)$ 负反馈连接到输入端的信号之和得到,如图 6-22(b)所示。根据式(6-92),将 $w''(t)$、$w'(t)$ 和 $w(t)$ 分别乘以相应的系数,再送入加法器,加法器的输出就是系统的输出 $y(t)$,如图6-22(c)所示。图 6-22(c)即是式(6-88)二阶系统的时域框图表示,由于积分器的系统函数为 $\dfrac{1}{s}$,由此可得系统的 s 域框图表示,如图 6-22(d)所示。图中 $X(s)$、$s^2W(s)$、$sW(s)$ 和 $W(s)$ 分别是 $x(t)$、$w''(t)$、$w'(t)$ 和 $w(t)$ 的 s 域表示式。

根据上面的分析可以推出式(6-87)所描述的 n 阶连续时间系统的模拟框图,如图 6-23 所示。由于模拟框图通常是由积分器实现,所以可以将式(6-87)的系统函数改写为

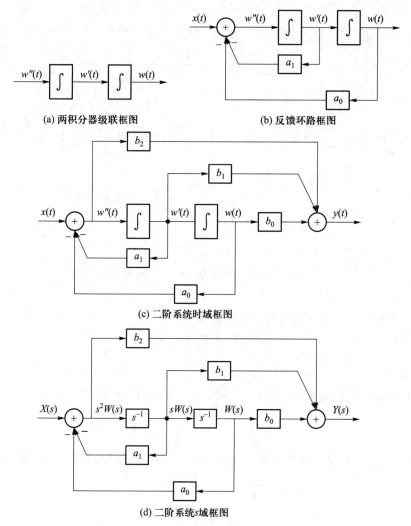

(a) 两积分器级联框图　　　　　　　(b) 反馈环路框图

(c) 二阶系统时域框图

(d) 二阶系统s域框图

图 6-22　二阶系统连续系统直接型模拟框图

$$H(s) = \frac{b_n + b_{n-1}s^{-1} + b_{n-2}s^{-2} + \cdots + b_1 s^{-(n-1)} + b_0 s^{-n}}{1 + a_{n-1}s^{-1} + a_{n-2}s^{-2} + \cdots + a_1 s^{-(n-1)} + a_0 s^{-n}} \tag{6-94}$$

比较式(6-94)和图 6-23,可以看出绘制 n 阶连续系统的模拟框图的一般规律。首先画出 n 个级联的积分器,再将各积分器的输出反馈连接到输入端的加法器形成反馈回路,这些反馈回路的系统函数分别为 $-a_{n-1}s^{-1}, -a_{n-2}s^{-2}, \cdots, -a_1 s^{-(n-1)}, -a_0 s^{-n}$,负号可以表示在输入加法器的输入端,最后将输入端加法器的输出和各积分器的输出正向连接到输出端的加法器构成前向通路,各条前向通路的系统函数分别为 b_n, $b_{n-1}s^{-1}, b_{n-2}s^{-2}, \cdots, b_1 s^{-(n-1)}, b_0 s^{-n}$。显然,$H(s)$ 的分母对应模拟框图中的反馈回路,$H(s)$ 的分子对应模拟框图中的前向通路。

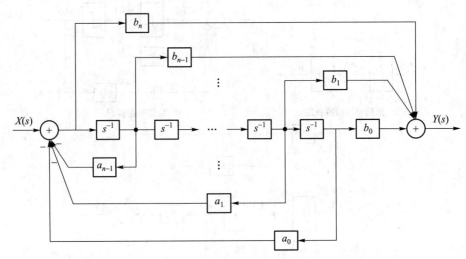

图 6-23 连续时间系统 s 域直接型模拟框图

【例 6-30】 试画出连续时间 LTI 系统

$$H(s) = \frac{3s^2 + 5s + 4}{s^2 + 2s + 5}$$

的模拟框图。

解：该系统为二阶系统，需要二个积分器。将 $H(s)$ 改写为

$$H(s) = \frac{3 + 5s^{-1} + 4s^{-2}}{1 + 2s^{-1} + 5s^{-2}}$$

由分母、分子可知，模拟框图有两个反馈回路，三条前向通路，如图 6-24 所示。

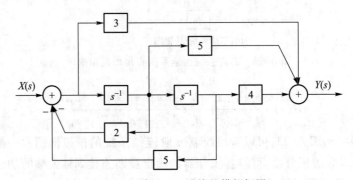

图 6-24 例 6-30 系统的模拟框图

2. 级联型与并联型

若将 $H(s)$ 的 $N(s)$ 和 $D(s)$ 都分解成一阶和二阶实系数因子形式，然后将它们组成一阶和二阶子系统，即

$$H(s) = H_1(s)H_2(s)\cdots H_n(s) \tag{6-95}$$

对每一个子系统按照图 6-23 所示规律,画出直接型结构框图,最后将这些子系统级联起来,便可得到连续时间系统级联型模拟框图。

若将系统函数 $H(s)$ 展开成部分分式,形成一、二阶实系数子系统并联形式,即

$$H(s) = H_1(s) + H_2(s) + \cdots + H_k(s) \tag{6-96}$$

按照直接型结构,画出各子系统的模拟框图,然后将它们并联起来,即可得到连续时间系统并联型结构的模拟框图。

【例 6-31】 已知某连续时间 LTI 系统的系统函数

$$H(s) = \frac{(2s+1)(s+11)}{(s+1)(s^2+4s+13)}$$

试画出该系统级联型、并联型模拟框图。

解:该系统共有三个极点,一个实极点为 -1,一对共轭复数极点为 $-2\pm3j$。为了避免子系统的系统函数出现复系数,可将一对共轭复数极点构成一个二阶子系统。因此系统采用级联型模拟时,可以将系统函数表示成

$$H(s) = \frac{2s+1}{s+1} \cdot \frac{s+11}{s^2+4s+13}$$

级联型模拟框图如图 6-25(a)所示。系统采用并联型模拟时,则将系统函数展开成

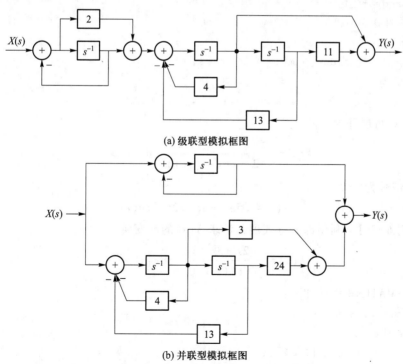

(a) 级联型模拟框图

(b) 并联型模拟框图

图 6-25 例 6-31 系统的模拟框图

$$H(s) = \frac{-1}{s+1} + \frac{3s+24}{s^2+4s+13}$$

并联型模拟框图如图 6-25 (b) 所示。

6.5　连续信号与系统复频域分析的 MATLAB 实现

6.5.1　部分分式展开的 MATLAB 实现

利用 MATLAB 函数 residue 可以得到复杂 s 域表示式 $X(s)$ 的部分分式展开式，其调用形式为

$$[\mathrm{r,p,k}] = \mathrm{residue(num,den)}$$

式中 num、den 分别为 $X(s)$ 分子多项式和分母多项式的系数向量，r 为部分分式的系数向量，p 为极点向量，k 为多项式的系数向量，若 $X(s)$ 为真分式，则 k 为空。

【例 6-32】　利用部分分式展开法求 $X(s)$ 的反变换。

$$X(s) = \frac{s^2+1}{s^3+4s^2+5s+2}, \ \mathrm{Re}\{s\} > -1$$

解：MATLAB 程序如下：

```
% program6_1
num=[1  0  1];
den=[1  4  5  2];
[r,p,k]=residue(num,den)
```

运行结果为

```
r=5    -4    2,    p=-2    -1    -1,    k=[]
```

因此 $X(s)$ 可展开为

$$X(s) = \frac{5}{s+2} + \frac{-4}{s+1} + \frac{2}{(s+1)^2}, \mathrm{Re}\{s\} > -1$$

故时域信号为

$$x(t) = (5e^{-2t} - 4e^{-t} + 2te^{-t})\mathrm{u}(t)$$

【例 6-33】　利用部分分式展开法求 $X(s)$ 的反变换

$$X(s) = \frac{2s^3+3s^2+5}{(s+1)(s^2+s+2)}, \mathrm{Re}\{s\} > -\frac{1}{2}$$

解：MATLAB 程序如下：

```
% program6_2
num=[2 3 0 5];
den=conv([1 1],[1 1 2]);
[r,p,k]=residue(num,den)
```

```
[angle,mag]=cart2pol(real(r),imag(r))
```

程序中的 MATLAB 函数 cart2pol 将笛卡尔坐标转换成极坐标。

运行结果为

```
r=-2.0000+1.1339i  -2.0000-1.1339i   3.0000
p=-0.5000+1.3229i  -0.5000-1.3229i  -1.0000
k=2
angle=    2.6258    -2.6258         0
mag=      2.2991     2.2991    3.0000
```

由此可得

$$X(s) = 2 + \frac{-2+j1.133\ 9}{s+0.5-j1.322\ 9} + \frac{-2-j1.133\ 9}{s+0.5+j1.322\ 9} + \frac{3}{s+1}$$

$$= 2 + \frac{2.299\ 1e^{j2.625\ 8}}{s+0.5-j1.322\ 9} + \frac{2.299\ 1e^{-j2.625\ 8}}{s+0.5+j1.322\ 9} + \frac{3}{s+1}, \text{Re}\{s\} > -\frac{1}{2}$$

所以

$$x(t) = 2\delta(t) + 4.598\ 1e^{-0.5t}\cos(1.322\ 9t+2.625\ 8)u(t) + 3e^{-t}u(t)$$

6.5.2 系统函数零极点与系统特性的 MATLAB 计算

系统函数 $H(s)$ 通常是一个有理分式,其分子和分母均为多项式。计算 $H(s)$ 的零极点可以应用 MATLAB 中的 roots 函数,求出分子和分母多项式的根即可。例如多项式 $N(s) = s^4+2s^2+4s+5$ 的根,可由下面语句求出

```
N=[1 0 2 4 5];
r=roots(N)
```

运行结果为

```
r=  0.8701+1.7048i  0.8701  -1.7048i  -0.8701+0.7796i  -0.8701
-0.7796i
```

注意:由于 $N(s)$ 中 3 次幂的系数为零,在 $N(s)$ 的表达式可不写 3 次幂的项。但在 MATLAB 计算时一定要将系数为零项表示出来。如果写成 N=[1 2 4 5],那么 MATLAB 将认为所表示的多项式为 s^3+2s^2+4s+5。

绘制系统的零极点分布图可利用 roots 函数分别求出系统的零点和极点,然后用 plot 函数画图。绘制系统的零极点还有一种更简便的方法,即直接调用 pzmap 函数画图。若 $H(s)$ 分子多项式和分母多项式的系数向量分别为 b 和 a,则下面的语句可绘出系统的零极点分布图。

```
sys=tf(b,a);
pzmap(sys);
```

若已知系统函数 $H(s)$,求系统的冲激响应 $h(t)$ 和系统的频率响应 $H(j\omega)$,可以应用前面介绍过的 impulse 函数和 freqs 函数。

【例 6-34】　已知某连续时间 LTI 系统的系统函数为

$$H(s) = \frac{1}{s^3 + 2s^2 + 2s + 1}, \ \mathrm{Re}\{s\} > -\frac{1}{2}$$

试画出其零极点分布图,求系统的冲激响应 $h(t)$ 和频率响应 $H(j\omega)$,并判断系统是否稳定。

解:MATLAB 程序如下:

```
% program6_3
num=[1];
den=[1 2 2 1];
sys=tf(num,den);
figure(1);pzmap(sys);
t=0:0.02:10;
w=0:0.02:5;
h=impulse(num,den,t);
figure(2);plot(t,h);
xlabel('时间/s');
title('冲激响应')
H=freqs(num,den,w);
figure(3);plot(w,abs(H))
xlabel('频率/rad/s');
title('幅度响应');
```

系统函数的零极点分布图、系统的冲激响应、系统的频率响应如图 6-26 所示。从系统函数的零极点分布图可以看出,系统的所有极点位于 s 左半平面,故该 LTI 系统为稳定系统。

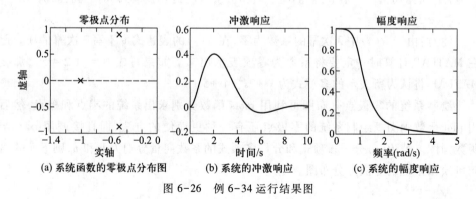

(a) 系统函数的零极点分布图　　(b) 系统的冲激响应　　(c) 系统的幅度响应

图 6-26　例 6-34 运行结果图

习　题

第 6 章自测题

6-1 试求下列信号的单边 Laplace 变换及其收敛域。

（1）$e^{-\lambda t}\cos(\omega_0 t)u(t)$；　　　　　　（2）$t^4 e^{-2t}u(t)$；

（3）$\dfrac{1}{\omega_0^2}[1-\cos(\omega_0 t)]u(t)$；　　（4）$A[u(t)-u(t-2)]$；

（5）$t[u(t)-u(t-T)]$；　　　　　　（6）$\cos(t)[u(t)-u(t-\pi)]$。

6-2 试求下列信号的单边 Laplace 变换及其收敛域。

（1）$e^{-3t}u(t)$；　　　　　　　　　（2）$e^{-3(t-1)}u(t-1)$；

（3）$e^{-3t}u(t-1)$；　　　　　　　　（4）$e^{-3(t-1)}u(t)$。

6-3 试求题 6-3 图所示单边周期信号的单边 Laplace 变换及其收敛域。

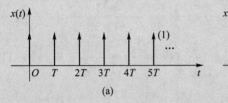
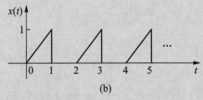

题 6-3 图

6-4 利用展缩特性，试求下列信号的单边 Laplace 变换及其收敛域。

（1）$\delta(4t)$；　　　　　　　　　　（2）$r(4t)$。

6-5 试求题 6-5 图所示信号的单边 Laplace 变换及其收敛域。

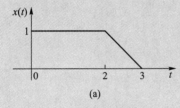
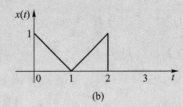

题 6-5 图

6-6 试利用单边 Laplace 变换的性质求下列函数的 Laplace 变换及其收敛域。

（1）$\dfrac{d}{dt}[e^{-2t}u(t)]$；　　　　　　（2）$\delta(3t-2)$；

（3）$te^{\lambda t}\cos(\omega_0 t)u(t)$；　　　　　（4）$\displaystyle\int_0^t e^{-\lambda(t-\tau)}\cos(\omega_0 \tau)d\tau,t\geqslant 0$。

6-7 已知 $\mathscr{L}\{x(t)\}=X(s)=\dfrac{1}{s+1}$，$\text{Re}\{s\}>-1$，利用 Laplace 变换的性质求下列信号的单边 Laplace 变换及其收敛域。

(1) $x_1(t) = x(t-1)$;　　　　　　　　(2) $x_2(t) = x(2t)$;

(3) $x_3(t) = x(2t-2)$;　　　　　　　(4) $x_4(t) = e^{-t}x(t)$;

(5) $x_5(t) = x'(t)$;　　　　　　　　(6) $x_6(t) = tx(t)$;

(7) $x_7(t) = x(t) * x(2t)$;　　　　　(8) $x_8(t) = x(2t) * x(2t)$ 。

6-8　试求下列 $X(s)$ 对应的 $x(t)$ 的初值 $x(0^+)$ 和终值 $x(\infty)$ 。

(1) $X(s) = \dfrac{2s+1}{s(s+2)}$, $\mathrm{Re}\{s\} > 0$;　　(2) $X(s) = \dfrac{3s+2}{(s+1)(s+2)(s+3)}$, $\mathrm{Re}\{s\} > -1$;

(3) $X(s) = \dfrac{s^2+2s+3}{s(s+2)(s^2+4)}$, $\mathrm{Re}\{s\} > 0$;　　(4) $X(s) = \dfrac{2s^2+1}{s(s+2)}$, $\mathrm{Re}\{s\} > 0$ 。

6-9　试用部分分式展开法,求下列 $X(s)$ 的单边 Laplace 反变换。

(1) $X(s) = \dfrac{3s+2}{s^2+4s+3}$, $\mathrm{Re}\{s\} > -1$;　　(2) $X(s) = \dfrac{2s+1}{s(s+1)(s+3)}$, $\mathrm{Re}\{s\} > 0$;

(3) $X(s) = \dfrac{5s+13}{s(s^2+4s+13)}$, $\mathrm{Re}\{s\} > 0$;　　(4) $X(s) = \dfrac{1}{(s+1)(s+2)^2}$, $\mathrm{Re}\{s\} > -1$;

(5) $X(s) = \dfrac{3s}{(s^2+1)(s^2+4)}$, $\mathrm{Re}\{s\} > 0$;　　(6) $X(s) = \dfrac{s}{s^3+2s^2+9s+18}$, $\mathrm{Re}\{s\} > 0$ 。

6-10　已知 $X(s) = \mathscr{L}\{x(t)\}$, $x(t) = e^{-2t}u(t)$,不计算 $X(s)$,利用单边 Laplace 变换的性质直接求下列各信号的时域表达式。

(1) $X_1(s) = X\left(\dfrac{s}{2}\right)$;　　　　　　　(2) $X_2(s) = X(s)e^{-s}$;

(3) $X_3(s) = X\left(\dfrac{s}{2}\right)e^{-s}$;　　　　　(4) $X_4(s) = X'(s)$;

(5) $X_5(s) = sX'(s)$;　　　　　　　(6) $X_6(s) = \dfrac{X(s)}{s}$;

(7) $X_7(s) = \dfrac{X'\left(\dfrac{s}{2}\right)}{s}$;　　　　　　(8) $X_8(s) = sX\left(\dfrac{s}{2}\right)e^{-s}$ 。

6-11　利用单边 Laplace 变换的性质,求下列 $X(s)$ 的单边 Laplace 反变换。

(1) $X(s) = \dfrac{s}{(s^2+1)^2}$, $\mathrm{Re}\{s\} > 0$;　　(2) $X(s) = \dfrac{s}{(s^2-1)^2}$, $\mathrm{Re}\{s\} > 1$;

(3) $X(s) = \dfrac{s^2}{(s^2+1)^2}$, $\mathrm{Re}\{s\} > 0$;　　(4) $X(s) = \dfrac{e^{-2s}}{(s+1)^2}$, $\mathrm{Re}\{s\} > -1$ 。

6-12　试用部分分式展开法,计算下列 $X(s)$ 的单边 Laplace 反变换。

(1) $X(s) = \dfrac{s^2+7s}{s^2+6s+8}$, $\mathrm{Re}\{s\} > -2$;　　(2) $X(s) = \dfrac{s^2+6s+6}{s+6}$, $\mathrm{Re}\{s\} > -6$;

（3）$X(s) = \dfrac{1+2e^{-4s}}{(s+1)(s+2)}$，$\mathrm{Re}\{s\} > -1$；　（4）$X(s) = \dfrac{se^{-2s}}{(s+1)(s+2)^2}$，$\mathrm{Re}\{s\} > -1$。

6-13 试用部分分式展开法，求下列 $X(s)$ 的双边 Laplace 反变换。

（1）$X(s) = \dfrac{4s+1}{s(s+2)(s+4)}$，$\mathrm{Re}\{s\} < -4$；

（2）$X(s) = \dfrac{4s+1}{s(s+2)(s+4)}$，$-4 < \mathrm{Re}\{s\} < -2$；

（3）$X(s) = \dfrac{4s+1}{s(s+2)(s+4)}$，$-2 < \mathrm{Re}\{s\} < 0$；

（4）$X(s) = \dfrac{4s+1}{s(s+2)(s+4)}$，$\mathrm{Re}\{s\} > 0$。

6-14 试由 s 域求下列连续因果 LTI 系统的系统函数，零状态响应，零输入响应及其完全响应。

（1）$y''(t) + 5y'(t) + 4y(t) = 2x'(t) + 5x(t)$；
$x(t) = e^{-2t}u(t)$，$y(0^-) = 2$，$y'(0^-) = 5$；

（2）$y''(t) + 3y'(t) + 2y(t) = 4x'(t) + 3x(t)$；
$x(t) = e^{-2t}u(t)$，$y(0^-) = 3$，$y'(0^-) = 2$；

（3）$y''(t) + 4y'(t) + 4y(t) = 3x'(t) + 2x(t)$；
$x(t) = 4u(t)$，$y(0^-) = -2$，$y'(0^-) = 3$；

（4）$y''(t) + 4y'(t) + 8y(t) = 3x'(t) + x(t)$；
$x(t) = e^{-t}u(t)$，$y(0^-) = 5$，$y'(0^-) = 3$；

（5）$y''(t) + 7y'(t) + 6y(t) = 3x(t)$；
$x(t) = u(t-2)$，$y(0^-) = 7$，$y'(0^-) = 3$；

（6）$y'''(t) + 3y''(t) + 2y'(t) = 4x'(t) + x(t)$；
$x(t) = u(t)$，$y(0^-) = 1$，$y'(0^-) = 0$，$y''(0^-) = 1$。

6-15 由 s 域求题 6-15 图所示电路的回路电流 $i(t)$。已知电容的初始储能 $v_C(0^-) = v_0$，电感的初始储能 $i_L(0^-) = i_0$，激励信号 $x(t) = u(t)$，$L = 1$ H，$R = 2$ Ω，$C = 1$ F。

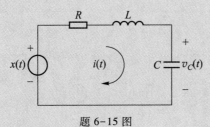

题 6-15 图

6-16　题 6-16 图所示电路在 $t=0$ 前开关一直处于闭合状态,画出电路的 s 域模型,并求开关打开后流经电感的电流 $y(t)$。已知 $x(t)=10$ V, $L=1$ H, $R_1=2$ Ω, $R_2=5$ Ω, $C=\dfrac{1}{5}$F。

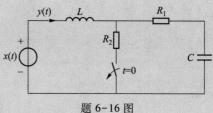

题 6-16 图

6-17　题 6-17 图所示电路在 $t=0$ 前开关一直处于闭合状态,画出电路的 s 域模型,并求开关打开后电路中的电流 $y_1(t)$ 和 $y_2(t)$。已知 $x_1(t)=20$ V, $x_2(t)=4$ V, $L=\dfrac{1}{2}$H, $R_1=1$ Ω, $R_2=\dfrac{1}{5}$Ω, $C=1$F。

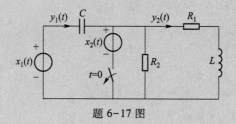

题 6-17 图

6-18　题 6-18 图所示各系统分别为简单的低通、高通、带通和带阻系统,试分别求出各系统的系统函数,并绘出系统的幅度响应 $|H(j\omega)|$。已知 $R=1$ Ω, $C=1$F, $L=1$ H。

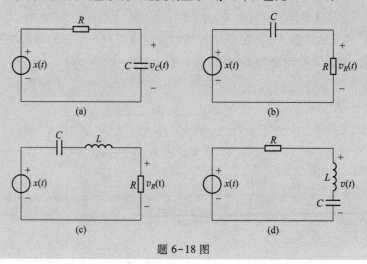

题 6-18 图

6-19 已知下列因果连续时间 LTI 系统的系统函数 $H(s)$，试判断系统是否稳定。

（1）$H(s) = \dfrac{100}{s+100}$;

（2）$H(s) = \dfrac{8}{s-5}$;

（3）$H(s) = \dfrac{3}{s(s+2)}$;

（4）$H(s) = \dfrac{1}{s^2+16}$;

（5）$H(s) = \dfrac{s-10}{s^2+4s+29}$;

（6）$H(s) = \dfrac{s^2+1}{s^2-4s+29}$。

6-20 根据题 6-20 图的零点和极点，试定性画出各图对应的因果系统幅度响应，假设所有系统的增益常数 $K=1$。

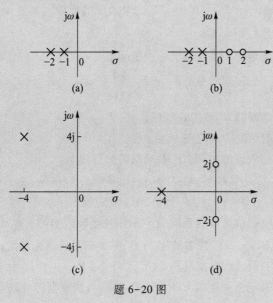

题 6-20 图

6-21 已知某连续因果 LTI 系统在 $\delta'(t)$ 作用下产生的零状态响应为 $y_{zs}(t) = 3e^{-2t}u(t)$，试由 s 域求：

（1）系统的冲激响应 $h(t)$；

（2）系统对输入激励 $x(t) = 2[u(t)-u(t-2)]$ 产生的零状态响应。

6-22 已知某连续因果 LTI 系统在单位阶跃信号 $u(t)$ 激励下产生的阶跃响应为 $g(t) = (1-e^{-2t})u(t)$，现观测到系统在输入信号 $x(t)$ 激励下的零状态响应为 $y(t) = (e^{-2t}+e^{-3t})u(t)$，试确定输入信号 $x(t)$。

6-23 求题 6-23 图所示 LTI 系统的系统函数 $H(s)$ 及单位冲激响应 $h(t)$，图中

$H_1(s) = \dfrac{1}{s+1}$, $\mathrm{Re}\{s\} > -1$;　　$H_2(s) = \dfrac{1}{s+2}$, $\mathrm{Re}\{s\} > -2$;　　$H_3(s) = e^{-s}$, $\mathrm{Re}\{s\} > -\infty$。

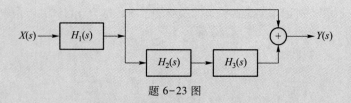

题 6-23 图

6-24　已知某因果连续时间 LTI 系统的系统函数为

$$H(s) = \frac{s^2+4s+5}{s^2+3s+2}$$

若 $x(t) = e^{-3t}u(t)$，$y(0^-) = 1$，$y'(0^-) = 1$。试求系统的零输入响应 $y_{zi}(t)$、零状态响应 $y_{zs}(t)$ 和完全响应 $y(t)$。

6-25　已知某连续稳定 LTI 系统的系统函数为

$$H(s) = \frac{s+4}{s^2+2s-3}$$

（1）试求系统函数的 $H(s)$ 的收敛域；

（2）试求系统的单位冲激响应 $h(t)$。

6-26　描述某因果连续时间 LTI 系统的微分方程为

$$y''(t) + 7y'(t) + 10y(t) = 2x'(t) + 3x(t)$$

已知 $x(t) = e^{-2t}u(t)$，$y(0^-) = 1$，$y'(0^-) = 1$，由 s 域求解：

（1）零输入响应 $y_{zi}(t)$，零状态响应 $y_{zs}(t)$，完全响应 $y(t)$；

（2）系统函数 $H(s)$，单位冲激响应 $h(t)$，并判断系统是否稳定；

（3）画出系统的直接型模拟框图。

6-27　试分别画出下列连续 LTI 系统的直接型、级联型和并联型模拟框图。

（1）$H(s) = \dfrac{5(s+1)}{(s+2)(s+5)}$；　　　　　　（2）$H(s) = \dfrac{s^2+2s-3}{(s+2)(s+5)}$；

（3）$H(s) = \dfrac{s-3}{s(s+1)(s+2)}$；　　　　　　（4）$H(s) = \dfrac{2s-4}{(s^2-s+1)(s^2+2s+1)}$。

6-28　试求题 6-28 图所示模拟框图所表示系统的系统函数 $H(s)$。

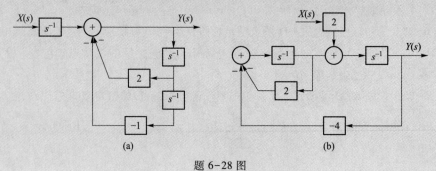

(a)　　　　　　　　　　　　　(b)

题 6-28 图

6-29 求出题 6-29 图所示因果连续时间 LTI 系统的系统函数,并确定使系统稳定的常数 β。

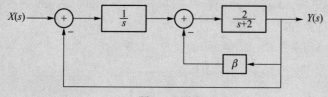

题 6-29 图

6-30 已知描述因果连续时间 LTI 系统的微分方程,试求系统的系统函数、单位冲激响应、系统的直接型模拟框图,并判断系统是否稳定。

(1) $y'(t)+2y(t)=x'(t)$;

(2) $y'(t)+2y(t)=x'(t)+x(t)$;

(3) $y''(t)-5y'(t)+4y(t)=2x(t)$;

(4) $y''(t)-5y'(t)+4y(t)=x'(t)+2x(t)$。

MATLAB习题

M6-1 已知连续时间信号的 s 域表示式如下,试用 residue 求出 $X(s)$ 的部分分式展开式,并写出 $x(t)$ 的实数形式表达式。

(1) $X(s)=\dfrac{41.6667}{s^3+3.7444s^2+25.7604s+41.6667}$;

(2) $X(s)=\dfrac{16s^2}{s^4+5.6569s^3+816s^2+2262.7s+160000}$;

(3) $X(s)=\dfrac{s^3}{(s+5)(s^2+5s+25)}$;

(4) $X(s)=\dfrac{833.3025}{(s^2+4.1123s+28.867)(s^2+9.9279s+28.867)}$。

M6-2 已知描述某因果连续时间 LTI 系统的微分方程为

$$y''(t)+4y'(t)+3y(t)=2x'(t)+x(t)$$

$x(t)=\mathrm{u}(t),y(0^-)=1,y'(0^-)=2$,试求系统的零输入响应、零状态响应和完全响应,并画出相应的波形。

M6-3 已知四阶归一化的因果 Butterworth 滤波器的系统函数为

$$H(s)=\dfrac{1}{\left(s^2+2\sin\dfrac{\pi}{8}s+1\right)}\dfrac{1}{\left(s^2+2\sin\dfrac{3\pi}{8}s+1\right)}$$

第 6 章部分习题参考答案

（1）利用 residue 函数求出 $H(s)$ 的部分分式展开式，并写出 $h(t)$ 的表达式（$h(t)$ 要写成实数）；

（2）试利用 impulse(sys,t) 函数求出四阶归一化的 Butterworth 滤波器的 $h(t)$，并与（1）中求得的单位冲激响应做比较。

M6-4　已知某因果系统的系统函数为

$$H(s)=\frac{1}{s^2+2\alpha s+1}$$

试分别画出 $\alpha=0,\dfrac{1}{4},1,2$ 时系统的零极点分布图。如果系统是稳定系统，画出系统的幅度响应曲线，系统函数的极点位置对系统幅度响应有何影响？

M6-5　已知某因果连续 LTI 系统的 $H(s)$ 为

$$H(s)=\frac{s+2}{s^3+2s^2+2s+1}$$

画出该系统函数的零极点分布图，求出该系统的单位冲激响应、单位阶跃响应、幅度响应和相位响应。

M6-6　已知二阶归一化的因果 Butterworth 低通滤波器的系统函数为

$$H_{\text{L0}}(\overline{s})=\frac{1}{\overline{s}^2+\sqrt{2}\,\overline{s}+1}$$

画出该系统的幅度响应，并验证经过下述 s 域变换可分别得到高通（HP）、带通（BP）和带阻（BS）滤波器。

（1）$H_{\text{HP}}(s)=H_{\text{L0}}(\overline{s})\Big|_{\overline{s}=\frac{1}{s}}$；

（2）$H_{\text{BP}}(s)=H_{\text{L0}}(\overline{s})\Big|_{\overline{s}=\frac{s^2+\omega_0^2}{Bs}}$，其中 $B=20\ \text{rad/s}$ 为通带宽度，$\omega_0=100\ \text{rad/s}$ 为通带中心频率；

（3）$H_{\text{BS}}(s)=H_{\text{L0}}(\overline{s})\Big|_{\overline{s}=\frac{Bs}{s^2+\omega_0^2}}$，其中 $B=20\ \text{rad/s}$ 为阻带宽度，$\omega_0=100\ \text{rad/s}$ 为阻带中心频率。

M6-7　某二阶谐振电路的系统函数 $H(s)$ 为

$$H(s)=\frac{\omega_0 s}{Qs^2+\omega_0 s+Q\omega_0^2}$$

其中 ω_0 为系统的谐振角频率，Q 为系统的品质因数。

（1）画出 $\omega_0=2\ \text{rad/s}$，$Q=1,50,100,200$ 时系统的零极点分布图，以及系统的幅度响应，观察系统零极点分布对系统幅度响应的影响；

（2）画出 $Q=50$，$\omega_0=2\ \text{rad/s},4\ \text{rad/s},6\ \text{rad/s},8\ \text{rad/s}$ 时系统的零极点分布图，以及系统的幅度响应，观察系统零极点分布对系统幅度响应的影响。

第 7 章　离散信号与系统的复频域分析

在连续时间信号与系统的分析中,Laplace 变换起着重要的作用。与此相对应,z 变换在离散时间信号与系统分析中起着同样重要的作用。本章介绍离散时间序列的 z 变换及其性质,以及利用 z 变换在复频域分析和描述离散时间系统的方法。通过 z 变换将时域离散信号映射为 z 域函数,从而实现离散信号的复频域表示,以及离散系统的复频域描述。复频域分析的主要目的是可以更加有效地分析和描述系统,解决系统时域描述和频域描述的某些局限性。

7.1　离散时间信号的复频域分析

离散时间 Fourier 变换(DTFT)为离散时间信号和离散 LTI 系统的频域分析提供了途径。由于一些常用序列不满足序列 Fourier 变换存在的条件,其 DTFT 不存在,因此无法进行序列的频域表示,例如 $2^k u[k]$。为此,可以参照连续时间信号 Laplace 变换的定义,将离散序列 $2^k u[k]$ 乘以一个指数序列 r^{-k},当 $r>2$ 时,序列 $2^k u[k] r^{-k}$ 成为衰减序列,满足绝对可和的条件,该序列的 DTFT 存在,即

$$DTFT\{2^k u[k] r^{-k}\} = \sum_{k=0}^{\infty} (2^k r^{-k}) e^{-j\Omega k} = \sum_{k=0}^{\infty} (2r^{-1} e^{-j\Omega})^k$$

$$= \frac{1}{1-2r^{-1} e^{-j\Omega}}, r>2$$

令复变量 $z = re^{j\Omega}$,则上式可以写成 z 的函数形式

$$DTFT\{2^k u[k] r^{-k}\} = \sum_{k=0}^{\infty} 2^k z^{-k} = \frac{1}{1-2z^{-1}}, |z|>2$$

推广到一般情况,利用指数序列 r^{-k} 乘以任意序列 $x[k]$,根据序列的不同特征,选取合适的 r 值,使乘积序列 $x[k] r^{-k}$ 幅度衰减,从而使下式收敛,即

$$DTFT\{x[k] r^{-k}\} = \sum_{k=-\infty}^{\infty} x[k] r^{-k} e^{-j\Omega k} \xrightarrow{z=re^{j\Omega}} \sum_{k=-\infty}^{\infty} x[k] z^{-k} = X(z)$$

这种由序列 $x[k]$ 到函数 $X(z)$ 的映射称为 z 变换。显然,离散序列的 z 变换是其 Fourier 变换的推广,从而将离散序列和离散系统的频域分析推广至复频域分析,以更加有效地描述系统和分析系统。

7.1.1　单边 z 变换的定义及收敛域

序列 $x[k]$ 的单边 z 变换定义为

$$X(z) = \sum_{k=0}^{\infty} x[k] z^{-k} \qquad (7-1)$$

一般将 $x[k]$ 的单边 z 变换用符号表示为 $\mathscr{Z}\{x[k]\}$。$x[k]$ 与 $X(z)$ 之间的关系简记为

$$x[k] \overset{\mathscr{Z}}{\longleftrightarrow} X(z)$$

式 (7-1) 表明 $X(z)$ 是复变量 z^{-1} 的幂级数，若使 $X(z)$ 存在，级数必须收敛。通常把使级数收敛的所有 z 值范围称作 $X(z)$ 的收敛域（ROC）。由于 $z = r e^{j\Omega}$ 为复变量，同时 z 变换是 Fourier 变换的推广，因此称 z 域为复频域。

下面通过一些简单的例子来说明不同类型序列的收敛域。

【例 7-1】　求有限长序列 $x[k] = \begin{cases} 1, & 0 \leqslant k \leqslant N-1 \\ 0, & \text{其他} \end{cases}$ 的 z 变换及其收敛域。

解：由 z 变换的定义及等比级数求和公式可得

$$X(z) = \sum_{k=0}^{N-1} z^{-k} = \frac{1 - z^{-N}}{1 - z^{-1}}$$

此级数为有限项等比级数，当满足 $|z| > 0$ 时，级数收敛。一般地，若 $x[k]$ 为有限长序列，则其 z 变换 $X(z)$ 可写为

$$X(z) = \sum_{k=N_1}^{N_2} x[k] z^{-k}$$

由于上式为一有限项序列的求和，故有限长序列 z 变换的收敛域为 $|z| > 0$。

【例 7-2】　求指数序列 $x[k] = a^k u[k]$ 的 z 变换及其收敛域。

解：由 z 变换的定义

$$X(z) = \sum_{k=0}^{\infty} a^k z^{-k} = \sum_{k=0}^{\infty} \left(\frac{a}{z} \right)^k$$

当 $|z| > |a|$ 时，该等比级数公比 $\dfrac{a}{z}$ 的模小于 1，因此有

$$X(z) = \sum_{k=0}^{\infty} a^k z^{-k} = \frac{1}{1 - az^{-1}} = \frac{z}{z-a}, \quad |z| > |a|$$

z 变换的收敛域可以在以 z 的实部为横坐标，z 的虚部为纵坐标的 z 平面绘出，如图 7-1 所示。图 7-1 (a) 为序列 $a^k u[k]$ 的 z 变换在 $|a| < 1$ 时的收敛域，图 7-1 (b) 为 $|a| > 1$ 时的收敛域。图中 $|z| = 1$ 的圆称为单位圆。一般地，可以证明，右边序列 z 变换的收敛域为一圆外区域，即

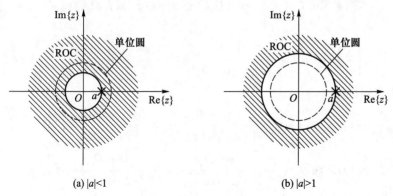

(a) |a|<1   (b) |a|>1

图 7-1 右边序列的收敛域

$$|z| > R_x$$

7.1.2 常用序列的 z 变换

通过分析常用序列的 z 变换,直观感受时域序列与其 z 变换的对应关系,同时加深理解 z 变换收敛域的概念和作用。

1. 单位脉冲序列 $\delta[k]$

$$\mathscr{Z}\{\delta[k]\} = \sum_{k=0}^{\infty} \delta[k]z^{-k} = 1, \ |z| \geqslant 0 \tag{7-2}$$

只有单位脉冲序列 z 变换的收敛域为 $|z| \geqslant 0$,而其他有限长序列 z 变换的收敛域为 $|z| > 0$。

2. 指数序列 $a^k\mathrm{u}[k]$

由例 7-2 可知 $\mathscr{Z}\{a^k\mathrm{u}[k]\} = \dfrac{1}{1-a\,z^{-1}} = \dfrac{z}{z-a}, \quad |z| > |a| \tag{7-3}$

3. 单位阶跃序列 $\mathrm{u}[k]$

令式(7-3)中 $a = 1$,即得

$$\mathscr{Z}\{\mathrm{u}[k]\} = \dfrac{1}{1-z^{-1}} = \dfrac{z}{z-1}, \ |z| > 1 \tag{7-4}$$

4. 虚指数序列 $\mathrm{e}^{\mathrm{j}\Omega_0 k}\mathrm{u}[k]$

令式(7-3)中 $a = \mathrm{e}^{\mathrm{j}\Omega_0}$,即得

$$\mathscr{Z}\{\mathrm{e}^{\mathrm{j}\Omega_0 k}\mathrm{u}[k]\} = \dfrac{1}{1-\mathrm{e}^{\mathrm{j}\Omega_0}z^{-1}} = \dfrac{z}{z-\mathrm{e}^{\mathrm{j}\Omega_0}}, \ |z| > 1 \tag{7-5}$$

5. 正弦型序列 $\cos(\Omega_0 k)\mathrm{u}[k]$ 和 $\sin(\Omega_0 k)\mathrm{u}[k]$

由 Euler 公式有

$$\mathscr{Z}\{e^{j\Omega_0 k}u[k]\}=\mathscr{Z}\{\cos(\Omega_0 k)u[k]\}+j\mathscr{Z}\{\sin(\Omega_0 k)u[k]\}$$

由于

$$\frac{1}{1-e^{j\Omega_0}z^{-1}}=\frac{1}{1-(\cos\Omega_0+j\sin\Omega_0)z^{-1}}=\frac{1-\cos\Omega_0 z^{-1}+j\sin\Omega_0 z^{-1}}{1-2z^{-1}\cos\Omega_0+z^{-2}}$$

比较上两式即得

$$\cos(\Omega_0 k)u[k]\xleftrightarrow{\mathscr{Z}}\frac{1-\cos\Omega_0 z^{-1}}{1-2z^{-1}\cos\Omega_0+z^{-2}}=\frac{z^2-z\cos\Omega_0}{z^2-2z\cos\Omega_0+1},\ |z|>1 \qquad (7-6)$$

$$\sin(\Omega_0 k)u[k]\xleftrightarrow{\mathscr{Z}}\frac{\sin\Omega_0 z^{-1}}{1-2z^{-1}\cos\Omega_0+z^{-2}}=\frac{z\sin\Omega_0}{z^2-2z\cos\Omega_0+1},\ |z|>1 \qquad (7-7)$$

由上述常见信号的单边 z 变换可见,信号 z 变换 $X(z)$ 的收敛域可由 $X(z)$ 极点确定。如式(7-4)的分母多项式为 $1-z^{-1}$,其极点为 $p=1$,所以其收敛域为 $|z|>1$。表 7-1 列出了一些常用因果序列的单边 z 变换。

表 7-1　常用序列的 z 变换

序号	$x[k]u[k]$	$X(z)$	收敛域
1	$\delta[k]$	1	$|z|\geqslant 0$
2	$u[k]$	$\dfrac{z}{z-1}$	$|z|>1$
3	$a^k u[k]$	$\dfrac{z}{z-a}$	$|z|>|a|$
4	$(k+1)a^k u[k]$	$\dfrac{z^2}{(z-a)^2}$	$|z|>|a|$
5	$ka^{k-1}u[k]$	$\dfrac{z}{(z-a)^2}$	$|z|>|a|$
6	$\cos(\Omega_0 k)u[k]$	$\dfrac{z^2-z\cos\Omega_0}{z^2-2z\cos\Omega_0+1}$	$|z|>1$
7	$\sin(\Omega_0 k)u[k]$	$\dfrac{z\sin\Omega_0}{z^2-2z\cos\Omega_0+1}$	$|z|>1$

7.1.3　单边 z 变换的主要性质

序列在时域中进行诸如两序列相加、平移、相乘、卷积等运算时,其 z 变换将具有相应的改变,z 变换的性质反映了时域与 z 域的对应关系。

1. 线性特性

若

$$x_1[k]u[k]\xleftrightarrow{\mathscr{Z}}X_1(z),\ |z|>R_{x_1}$$

$$x_2[k]u[k] \overset{\mathscr{Z}}{\longleftrightarrow} X_2(z) , |z|>R_{x_2}$$

则
$$ax_1[k]u[k]+bx_2[k]u[k] \overset{\mathscr{Z}}{\longleftrightarrow} aX_1(z)+bX_2(z) , |z|>\max(R_{x_1},R_{x_2}) \qquad (7-8)$$

此性质说明,时域两序列线性加权组成的新序列,其 z 变换等于两个时域序列各自的 z 变换的线性加权,其收敛域是两个时域序列各自 z 变换收敛域的重叠部分。在某些情况下,其收敛域可能会扩大。

2. 位移特性

若

$$x[k]u[k] \overset{\mathscr{Z}}{\longleftrightarrow} X(z) , \qquad |z|>R_x$$

则
$$x[k-n]u[k-n] \overset{\mathscr{Z}}{\longleftrightarrow} z^{-n}X(z) , \qquad |z|>R_x \qquad (7-9)$$

$$\mathscr{Z}\{x[k-n]u[k]\} = z^{-n}\left[X(z) + \sum_{k=-n}^{-1} x[k]z^{-k} \right] , \qquad |z|>R_x \qquad (7-10)$$

$$\mathscr{Z}\{x[k+n]u[k]\} = z^{n}\left[X(z) - \sum_{k=0}^{n-1} x[k]z^{-k} \right] , \qquad R_x<|z|<\infty \qquad (7-11)$$

上述表达式中 $n>0$。

证明:$\mathscr{Z}\{x[k-n]u[k-n]\} = \displaystyle\sum_{k=n}^{\infty} x[k-n]z^{-k}$

$$\xlongequal{k-n=i} \sum_{i=0}^{\infty} x[i]z^{-(i+n)} = z^{-n}\sum_{i=0}^{\infty} x[i]z^{-i} = z^{-n}X(z)$$

式(7-9)表明,因果序列 $x[k]u[k]$ 延时 n 个样本 $x[k-n]u[k-n]$,其相应的 z 变换是原来的 z 变换 $X(z)$ 乘以 z^{-n}。

图 7-2 (b)画出了非因果序列 $x[k]$ 向右平移 1 的图形,从图中可以看出序列 $x[k-1]u[k]$ 可表示为

$$x[k-1]u[k] = x[k-1]u[k-1]+x[-1]\delta[k]$$

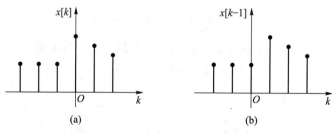

图 7-2 单边 z 变换中序列的位移

由式(7-9)和 z 变换的线性特性可得

$$\mathscr{Z}\{x[k-1]u[k]\} = z^{-1}X(z)+x[-1] \qquad (7-12)$$

类似的

$$\mathscr{Z}\{x[k-2]\mathrm{u}[k]\} = \mathscr{Z}\{x[k-2]\mathrm{u}[k-2]+x[-1]\delta[k-1]+x[-2]\delta[k]\}$$
$$= z^{-2}X(z)+z^{-1}x[-1]+x[-2] \tag{7-13}$$

依此类推

$$\mathscr{Z}\{x[k-n]\mathrm{u}[k]\} = z^{-n}\left[X(z) + \sum_{k=-n}^{-1} x[k]z^{-k}\right]$$

式(7-10)表明非因果序列 $x[k]$ 延时 n 个样本,其相应的 z 变换是原来的 z 变换 $X(z)$ 与由左边移到右边部分的有限项 z 变换之和乘以 z^{-n}。因为非因果序列左端的值可以表示 n 阶离散系统响应的初始状态,所以式(7-10)常用于离散系统响应的求解。

同理可证式(7-11)成立。式(7-11)表明,序列超前 n 个样本,其相应的 z 变换是原来的 z 变换与超前部分的有限项 z 变换之差乘以 z^n。

【例 7-3】 求 $x[k]=\mathrm{u}[k]-\mathrm{u}[k-8]$ 的 z 变换。

解: 已知单位阶跃序列 $\mathrm{u}[k]$ 的 z 变换为

$$\mathrm{u}[k] \overset{\mathscr{Z}}{\longleftrightarrow} \frac{1}{1-z^{-1}}, |z|>1$$

根据序列 z 变换的位移特性和线性特性,可得

$$X(z) = \frac{1}{1-z^{-1}} - \frac{z^{-8}}{1-z^{-1}} = \frac{1-z^{-8}}{1-z^{-1}} = 1+z^{-1}+\cdots+z^{-7}, |z|>0$$

由于序列 $x[k]$ 是长度为 8 的有限长序列,所以其收敛域为 $|z|>0$。由此可见,线性加权后序列 z 变换的收敛域有可能扩大。

位移特性可以用来计算因果周期序列 $x_N[k]\mathrm{u}[k]$ 的 z 变换。图 7-3 所示为某周期为 N 的因果周期序列 $x_N[k]\mathrm{u}[k]$,图中 $x_1[k]$ 为周期序列第一个周期的波形,因果周期序列可以看成是 $x_1[k]$ 及其位移构成的信号,即

$$x_N[k]\mathrm{u}[k]=x_1[k]+x_1[k-N]+x_1[k-2N]+\cdots$$

$$= \sum_{n=0}^{\infty} x_1[k-nN]\mathrm{u}[k-nN]$$

设有限长序列 $x_1[k]$ 的 z 变换为 $X_1(z)$,则其收敛域应为 $|z|>0$,即

$$\mathscr{Z}\{x_1[k]\}=X_1(z), \quad |z|>0$$

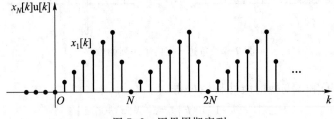

图 7-3 因果周期序列

根据单边 z 变换的位移特性可得

$$\mathscr{Z}\{x_N[k]\mathrm{u}[k]\} = \sum_{n=0}^{\infty} X_1(z)z^{-Nn} = X_1(z)\sum_{n=0}^{\infty} z^{-Nn}$$

该级数是公比为 z^{-N} 的无穷等比级数。当 $|z|>1$ 时,级数收敛,所以

$$\mathscr{Z}\{x_N[k]\mathrm{u}[k]\} = \frac{X_1(z)}{1-z^{-N}}, \ |z|>1 \tag{7-14}$$

【例 7-4】 试求图 7-4 所示周期为 4 的因果周期序列 $x_4[k]\mathrm{u}[k]$ 的 z 变换。

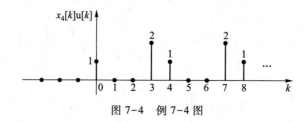

图 7-4 例 7-4 图

解: 由图 7-4 可知,序列第一个周期的波形 $x_1[k]$ 可表示为

$$x_1[k] = \delta[k] + 2\delta[k-3]$$

相应的 z 变换为

$$x_1[k]\mathrm{u}[k] \overset{\mathscr{Z}}{\longleftrightarrow} 1+2z^{-3}, \ |z|>0$$

由式(7-14)可得

$$x_4[k]\mathrm{u}[k] \overset{\mathscr{Z}}{\longleftrightarrow} \frac{1+2z^{-3}}{1-z^{-4}}, |z|>1$$

3. 卷积特性

若

$$x_1[k]\mathrm{u}[k] \overset{\mathscr{Z}}{\longleftrightarrow} X_1(z), |z|>R_{x_1}$$

$$x_2[k]\mathrm{u}[k] \overset{\mathscr{Z}}{\longleftrightarrow} X_2(z), |z|>R_{x_2}$$

则 $\qquad x_1[k]\mathrm{u}[k] * x_2[k]\mathrm{u}[k] \overset{\mathscr{Z}}{\longleftrightarrow} X_1(z)X_2(z), |z|>\max(R_{x_1}, R_{x_2}) \tag{7-15}$

证明:$\mathscr{Z}\{x_1[k]\mathrm{u}[k] * x_2[k]\mathrm{u}[k]\} = \sum_{k=0}^{\infty}\left\{\sum_{n=0}^{\infty} x_1[n]x_2[k-n]\mathrm{u}[k-n]\right\}z^{-k}$

$$= \sum_{n=0}^{\infty} x_1[n]\left\{\sum_{k=0}^{\infty} x_2[k-n]\mathrm{u}[k-n]z^{-k}\right\}$$

$$= X_2(z)\sum_{n=0}^{\infty} x_1[n]z^{-n} = X_1(z)X_2(z)$$

式(7-15)表明,时域两序列卷积和的 z 变换等于原两个时域序列各自 z 变换的乘积,其收敛域是原两个时域序列各自 z 变换收敛域的交集。

【例 7-5】　利用 z 变换的卷积特性,计算 $x[k] = \mathrm{u}[k] * (-1)^k \mathrm{u}[k]$。

解:根据 z 变换的卷积特性,有

$$\mathscr{Z}\{x[k]\} = \mathscr{Z}\{\mathrm{u}[k] * (-1)^k \mathrm{u}[k]\} = \mathscr{Z}\{\mathrm{u}[k]\}\mathscr{Z}\{(-1)^k \mathrm{u}[k]\}$$

因为

$$\mathscr{Z}\{\mathrm{u}[k]\} = \frac{1}{1 - z^{-1}}, \; |z| > 1$$

$$\mathscr{Z}\{(-1)^k \mathrm{u}[k]\} = \frac{1}{1 + z^{-1}}, \; |z| > 1$$

所以

$$X(z) = \mathscr{Z}\{x[k]\} = \frac{1}{(1 - z^{-1})(1 + z^{-1})} = \frac{1}{1 - z^{-2}}, \; |z| > 1$$

由于

$$X(z) = \frac{1}{1 - z^{-2}} = 1 + z^{-2} + z^{-4} + z^{-6} + \cdots$$

所以

$$x[k] = \sum_{n=0}^{\infty} \delta[k - 2n] = \frac{1}{2}[1 + (-1)^k]\mathrm{u}[k]$$

4. 指数加权特性

若

$$x[k]\mathrm{u}[k] \stackrel{\mathscr{Z}}{\longleftrightarrow} X(z), \; |z| > R_x$$

则

$$a^k x[k]\mathrm{u}[k] \stackrel{\mathscr{Z}}{\longleftrightarrow} X\left(\frac{z}{a}\right), \; |z| > |a|R_x \qquad (7\text{-}16)$$

式(7-16)表明,若序列在时域被指数序列 a^k 加权,则加权序列的 z 变换是原来序列 z 变换的 a 倍展缩,因此也称为 z 域尺度变换特性。

【例 7-6】　试求指数加权余弦序列 $a^k \cos(\Omega_0 k)\mathrm{u}[k]$ 的 z 变换。

解:因果余弦序列的单边 z 变换为

$$\cos(\Omega_0 k)\mathrm{u}[k] \stackrel{\mathscr{Z}}{\longleftrightarrow} \frac{1 - \cos(\Omega_0)z^{-1}}{1 - 2z^{-1}\cos(\Omega_0) + z^{-2}}, \; |z| > 1$$

根据指数加权特性可得

$$a^k \cos(\Omega_0 k)\mathrm{u}[k] \stackrel{\mathscr{Z}}{\longleftrightarrow} \frac{1 - \cos(\Omega_0)\left(\dfrac{z}{a}\right)^{-1}}{1 - 2\left(\dfrac{z}{a}\right)^{-1}\cos(\Omega_0) + \left(\dfrac{z}{a}\right)^{-2}}$$

$$= \frac{1 - a\cos(\Omega_0)z^{-1}}{1 - 2a\,z^{-1}\cos(\Omega_0) + a^2 z^{-2}}, \; |z| > |a| \qquad (7\text{-}17)$$

5. z 域微分(时域线性加权)特性

若
$$x[k]u[k] \overset{\mathscr{Z}}{\longleftrightarrow} X(z), |z|>R_x$$

则
$$kx[k]u[k] \overset{\mathscr{Z}}{\longleftrightarrow} -z\frac{\mathrm{d}X(z)}{\mathrm{d}z}, |z|>R_x \tag{7-18}$$

式(7-18)表明,若序列 $x[k]$ 在时域被序列 k 线性加权,则线性加权后序列的 z 变换为原序列 z 变换的一阶导数乘上 $-z$。

【例 7-7】 试求 $\mathscr{Z}\{ka^k u[k]\}$。

解: 因为
$$a^k u[k] \overset{\mathscr{Z}}{\longleftrightarrow} \frac{1}{1-az^{-1}}, |z|>|a|$$

根据 z 域微分特性可得
$$ka^k u[k] \overset{\mathscr{Z}}{\longleftrightarrow} -z\frac{\mathrm{d}}{\mathrm{d}z}\left(\frac{1}{1-az^{-1}}\right) = \frac{az^{-1}}{(1-az^{-1})^2} = \frac{az}{(z-a)^2}, |z|>|a|$$

6. 序列求和特性

若
$$x[k]u[k] \overset{\mathscr{Z}}{\longleftrightarrow} X(z), |z|>R_x$$

则
$$\sum_{i=0}^{k} x[i] \overset{\mathscr{Z}}{\longleftrightarrow} \frac{1}{1-z^{-1}}X(z), |z|>\max(R_x,1) \tag{7-19}$$

证明: 因为任意序列与单位阶跃序列 $u[k]$ 的卷积等于对此序列的求和,所以有
$$\mathscr{Z}\left\{\sum_{i=0}^{k} x[i]\right\} = \mathscr{Z}\{x[k]*u[k]\}$$

而
$$\mathscr{Z}\{u[k]\} = \frac{1}{1-z^{-1}}, |z|>1$$

根据卷积特性即证
$$\mathscr{Z}\left\{\sum_{i=0}^{k} x[i]\right\} = \frac{1}{1-z^{-1}}X(z)$$

其收敛域是序列 $x[k]$ 和单位阶跃序列 $u[k]$ 各自 z 变换收敛域的重叠部分。

【例 7-8】 试求序列 $\sum_{i=0}^{k} u[i-1]$ 的 z 变换。

解: 因为
$$u[k-1] \overset{\mathscr{Z}}{\longleftrightarrow} \frac{z^{-1}}{1-z^{-1}}, |z|>1$$

根据式(7-19)可得
$$\mathscr{Z}\left\{\sum_{i=0}^{k} u[i-1]\right\} = \frac{z^{-1}}{(1-z^{-1})^2}, |z|>1$$

由单位阶跃序列的性质可知

$$\sum_{i=0}^{k} u[i-1] = ku[k]$$

因此

$$ku[k] \overset{\mathscr{Z}}{\longleftrightarrow} \frac{z^{-1}}{(1-z^{-1})^2}, \; |z|>1$$

7. 初值与终值定理

若

$$x[k]u[k] \overset{\mathscr{Z}}{\longleftrightarrow} X(z), \; |z|>R_x$$

则

$$x[0] = \lim_{z\to\infty} X(z) \tag{7-20}$$

$$x[\infty] = \lim_{z\to1}(z-1)X(z) \tag{7-21}$$

证明:由单边 z 变换的定义

$$X(z) = \sum_{k=0}^{\infty} x[k]z^{-k} = x[0] + x[1]z^{-1} + x[2]z^{-2} + \cdots$$

可见,当 $z\to\infty$ 时,上式右边只剩下一项,故有

$$x[0] = \lim_{z\to\infty} X(z)$$

由单边 z 变换的定义

$$\mathscr{Z}\{x[k+1]-x[k]\} = \sum_{k=0}^{\infty}\{x[k+1]-x[k]\}z^{-k}$$

根据位移特性　　$\mathscr{Z}\{x[k+1]-x[k]\} = z(X(z)-x[0])-X(z)$

因此,有

$$\sum_{k=0}^{\infty}(x[k+1]-x[k])z^{-k} = (z-1)X(z)-zx[0]$$

若 $(z-1)X(z)$ 的 ROC 包含单位圆,则可令上式中 $z\to1$,可得

$$x[\infty]-x[0] = \lim_{z\to1}(z-1)X(z)-x[0]$$

即

$$x[\infty] = \lim_{z\to1}(z-1)X(z)$$

式(7-20)和式(7-21)分别称为初值定理和终值定理。这两个定理表明,当序列的 z 变换已知时,可以直接从 z 域求其初值和终值。但在应用终值定理时,只有序列终值存在,终值定理才适用。

【例 7-9】　已知某因果序列的 z 变换 $X(z) = \dfrac{1}{1-az^{-1}}$,$|z|>|a|$,式中 a 为实数,求序列的初值 $x[0]$、$x[1]$ 和终值 $x[\infty]$。

解:由初值定理,有

$$x[0] = \lim_{z\to\infty} X(z) = \lim_{z\to\infty}\frac{1}{1-az^{-1}} = \lim_{z\to\infty}\frac{z}{z-a} = 1$$

根据位移特性有 $\qquad x[k+1]\mathrm{u}[k] \overset{\mathscr{Z}}{\longleftrightarrow} z(X(z)-x[0])$

对上式应用初值定理,即得

$$x[1]=\lim_{z\to\infty}z(X(z)-x[0])=\lim_{z\to\infty}\left(\frac{z}{1-az^{-1}}-z\right)=\lim_{z\to\infty}\frac{az}{z-a}=a$$

当 $-1<a\leqslant 1$ 时, $(z-1)X(z)$ 的 ROC 包含单位圆,由终值定理得

$$x[\infty]=\lim_{z\to 1}(z-1)X(z)$$

$$=\lim_{z\to 1}(z-1)\frac{1}{1-az^{-1}}=\begin{cases}1, & a=1\\0, & |a|<1\end{cases}$$

当 $|a|>1$ 或 $a=-1$ 时, $(z-1)X(z)$ 的 ROC 不包含单位圆,终值定理不适用。

表 7-2 列出了单边 z 变换的主要性质。表中: $x_1[k]\mathrm{u}[k]\overset{\mathscr{Z}}{\longleftrightarrow}X_1(z)$, $|z|>R_{x_1}$; $x_2[k]\mathrm{u}[k]\overset{\mathscr{Z}}{\longleftrightarrow}X_2(z)$, $|z|>R_{x_2}$; $x[k]\mathrm{u}[k]\overset{\mathscr{Z}}{\longleftrightarrow}X(z)$, $|z|>R_x$ 。

表 7-2　单边 z 变换的主要性质

主要性质	时域	z 域	收敛域
线性特性	$ax_1[k]\mathrm{u}[k]+bx_2[k]\mathrm{u}[k]$	$aX_1(z)+bX_2(z)$	$|z|>\max(R_{x_1},R_{x_2})$
位移特性	$x[k-n]\mathrm{u}[k-n]$	$z^{-n}X(z)$	$|z|>R_x$
	$x[k-n]\mathrm{u}[k]$	$z^{-n}\left[X(z)+\displaystyle\sum_{k=-n}^{-1}x[k]z^{-k}\right]$	$|z|>R_x$
	$x[k+n]\mathrm{u}[k]$	$z^{n}\left[X(z)-\displaystyle\sum_{k=0}^{n-1}X[k]z^{-k}\right]$	$|z|>R_x$
序列卷积特性	$x_1[k]\mathrm{u}[k]*x_2[k]\mathrm{u}[k]$	$X_1(z)X_2(z)$	$|z|>\max(R_{x_1},R_{x_2})$
指数加权特性	$a^k x[k]\mathrm{u}[k]$	$X\left(\dfrac{z}{a}\right)$	$|z|>|a|R_x$
z 域微分特性	$kx[k]\mathrm{u}[k]$	$-z\dfrac{\mathrm{d}X(z)}{\mathrm{d}z}$	$|z|>R_x$
求和特性	$\displaystyle\sum_{i=0}^{k}x[i]$	$\dfrac{X(z)}{1-z^{-1}}$	$|z|>\max(R_x,1)$
初值特性	$x[0]$	$\lim\limits_{z\to\infty}X(z)$	
终值特性	$x[\infty]$	$\lim\limits_{z\to 1}(z-1)X(z)$	$(z-1)X(z)$ 的 ROC 包含单位圆

7.1.4 单边 z 反变换

由单边 z 变换的定义

$$X(z) = \sum_{k=0}^{\infty} x[k] z^{-k} \tag{7-22}$$

在式(7-22)两边乘以 z^{m-1},然后利用 z 平面上围线积分求积分,这条积分路径环绕原点并完全位于 $X(z)$ 的 ROC 内,可得

$$\oint_C X(z) z^{m-1} \mathrm{d}z = \oint_C \sum_{k=0}^{\infty} x[k] z^{(m-1-k)} \mathrm{d}z$$

交换积分与求和的顺序,得

$$\oint_C X(z) z^{m-1} \mathrm{d}z = \sum_{k=0}^{\infty} x[k] \left[\oint_C z^{(m-1-k)} \mathrm{d}z \right] \tag{7-23}$$

根据复变函数中的 Cauchy(柯西)积分定理

$$\oint_C z^{m-1} \mathrm{d}z = \begin{cases} 2\pi \mathrm{j}, & m=0 \\ 0, & m \neq 0 \end{cases}$$

可知,式(7-23)右端的和式内只有 $k=m$ 时这一项不等于零,其他项均为零,即

$$\oint_C X(z) z^{m-1} \mathrm{d}z = 2\pi \mathrm{j} x[m]$$

用 k 代替 m 可得用围线积分给出的 z 反变换

$$x[k] = \mathscr{Z}^{-1}\{X(z)\} = \frac{1}{2\pi \mathrm{j}} \oint_C X(z) z^{k-1} \mathrm{d}z \tag{7-24}$$

式中 C 为 z 平面上 $X(z)$ 收敛域中的一条环绕 z 平面原点的逆时针方向的闭合围线。式(7-24)表明离散序列可表示为复指数序列的线性叠加。

根据 z 反变换的定义,利用留数定理可求解 z 反变换,也可以采用幂级数展开法和部分分式展开法进行求解。此外,在求解 z 反变换时,将 $X(z)$ 表示为 z 的正幂形式的有理分式,以便与 Laplace 反变换相对应,易于理解和掌握。下面分别介绍。

1. 部分分式展开法

由基本序列的单边 z 变换可知

$$\mathscr{Z}\{a^k \mathrm{u}[k]\} = \frac{z}{z-a}, \ |z| > |a| \tag{7-25}$$

$$\mathscr{Z}\{k a^{k-1} \mathrm{u}[k]\} = \frac{z}{(z-a)^2}, \ |z| > |a| \tag{7-26}$$

将 $X(z)$ 展开成部分分式之和,然后根据各部分分式得到其对应的时域序列。再将这些序列相加,便可求得序列 $x[k]$。

【**例 7-10**】 已知 $X(z) = \dfrac{2z^2 - 0.5z}{z^2 - 0.5z - 0.5}$,$|z| > 1$,试用部分分式展开法求 $x[k]$。

解: 若 $X(z)$ 的分子中可以提取公因子 z, 则先提取该公因子 z, 然后对其余部分进行部分分式展开。这样既可以避免出现假分式,又便于与基本序列的单边 z 变换相对应。

$$X(z) = \frac{z(2z-0.5)}{z^2-0.5z-0.5}$$

分子中提取公因子 z 后,剩余部分为 $\dfrac{X(z)}{z}$,其为真分式。由于 $\dfrac{X(z)}{z}$ 的两个极点分别

为 1 和 -0.5,故真分式 $\dfrac{X(z)}{z}$ 的部分分式展开为

$$\frac{X(z)}{z} = \frac{2z-0.5}{z^2-0.5z-0.5} = \frac{A}{z-1} + \frac{B}{z+0.5}$$

其中

$$A = (z-1)\frac{X(z)}{z}\bigg|_{z=1} = \frac{2z-0.5}{z+0.5}\bigg|_{z=1} = 1$$

$$B = (z+0.5)\frac{X(z)}{z}\bigg|_{z=-0.5} = \frac{2z-0.5}{z-1}\bigg|_{z=-0.5} = 1$$

即 $\dfrac{X(z)}{z}$ 的部分分式展开为

$$\frac{X(z)}{z} = \frac{1}{z-1} + \frac{1}{z+0.5}$$

因此有

$$X(z) = \frac{z}{z-1} + \frac{z}{z+0.5}$$

所以

$$x[k] = u[k] + (-0.5)^k u[k]$$

【例 7-11】 已知 $X(z) = \dfrac{z}{(z-1)^2(z+1)}$, $|z|>1$,试求 $x[k]$。

解: $X(z)$ 的分子中可以提取公因子 z,剩余部分为 $\dfrac{X(z)}{z}$,其为真分式。

$$\frac{X(z)}{z} = \frac{1}{(z-1)^2(z+1)}$$

$\dfrac{X(z)}{z}$ 具有重根,可将其展开为

$$\frac{X(z)}{z} = \frac{1}{(z-1)^2(z+1)} = \frac{A}{z-1} + \frac{B}{(z-1)^2} + \frac{C}{z+1}$$

其中

$$A = \frac{\mathrm{d}}{\mathrm{d}z}\left\{(z-1)^2 \frac{X(z)}{z}\right\}\Bigg|_{z=1} = -0.25$$

$$B = (z-1)^2 \frac{X(z)}{z}\Bigg|_{z=1} = 0.5$$

$$C = (z+1)\frac{X(z)}{z}\Bigg|_{z=-1} = 0.25$$

即 $\dfrac{X(z)}{z}$ 的部分分式展开为

$$\frac{X(z)}{z} = \frac{-0.25}{z-1} + \frac{0.5}{(z-1)^2} + \frac{0.25}{z+1}$$

因此有

$$X(z) = \frac{-0.25z}{z-1} + \frac{0.5z}{(z-1)^2} + \frac{0.25z}{z+1}$$

所以

$$x[k] = \left(-\frac{1}{4} + \frac{1}{2}k + \frac{1}{4}(-1)^k\right)\mathrm{u}[k]$$

$X(z)$ 的反
变换示例

2. 幂级数展开法

由单边 z 变换的定义有

$$X(z) = \sum_{k=0}^{\infty} x[k]z^{-k} = x[0] + x[1]z^{-1} + x[2]z^{-2} + \cdots$$

因此，若能将 $X(z)$ 在收敛域内展开为 z^{-1} 的幂级数，则级数的系数就是序列 $x[k]$。

【例 7-12】　已知 $X(z) = \dfrac{2z^2 - 0.5z}{z^2 - 0.5z - 0.5}$，$|z| > 1$，试用幂级数展开法求 $x[k]$。

解：利用长除法将 $X(z)$ 展成 z^{-1} 的幂级数，

$$
\begin{array}{r}
2 + 0.5z^{-1} + 1.25z^{-2} + \cdots \\[2pt]
z^2 - 0.5z - 0.5 \overline{\smash{\big)}\ 2z^2 - 0.5z} \\[2pt]
\underline{z^2 - z\ -1} \\[2pt]
0.5z + 1 \\[2pt]
\underline{0.5z - 0.25 - 0.5z^{-1}} \\[2pt]
1.25 + 0.25z^{-1} \\[2pt]
\underline{1.25 - 0.625z^{-1} - 0.625z^{-2}} \\[2pt]
\cdots
\end{array}
$$

所以

$$x[k] = \{2, 0.5, 1.25, \cdots; k = 0, 1, 2, \cdots\}$$

幂级数展开法比较简便直观，但一般只能得到 $x[k]$ 的有限项，难以得到 $x[k]$ 的闭合解。根据幂级数展开法可知，对于序列的单边 z 变换，若为正幂形式的有理分式，其分子多项式的最高幂次必小于或等于分母多项式的最高幂次。

3. 留数法

在式(7-24)给出的 z 反变换的定义式中,由于围线 C 包围了 $X(z)z^{k-1}$ 的所有孤立奇点(极点),此积分可以利用留数来计算。根据 Cauchy 留数定理,式(7-24)的积分可写为

$$x[k] = \frac{1}{2\pi\mathrm{j}}\oint_C X(z)z^{k-1}\mathrm{d}z = \sum_{i=1}^{n}\mathop{\mathrm{Res}}_{z=p_i}[X(z)z^{k-1}] \tag{7-27}$$

式中 p_i 为 $X(z)z^{k-1}$ 在围线 C 中的极点,$\mathop{\mathrm{Res}}\limits_{z=p_i}[X(z)z^{k-1}]$ 是 $X(z)z^{k-1}$ 在极点 p_i 处的留数。

如果 $X(z)z^{k-1}$ 在 $z=p_i$ 处有一阶极点,则该极点的留数为

$$\mathop{\mathrm{Res}}_{z=p_i}[X(z)z^{k-1}] = (z-p_i)X(z)z^{k-1}\Big|_{z=p_i} \tag{7-28}$$

如果 $X(z)z^{k-1}$ 在 $z=p_i$ 处有 n 阶极点,则该极点的留数为

$$\mathop{\mathrm{Res}}_{z=p_i}[X(z)z^{k-1}] = \frac{1}{(n-1)!}\left[\frac{\mathrm{d}^{n-1}(z-p_i)^n X(z)}{\mathrm{d}z^{n-1}}\right]_{z=p_i} \tag{7-29}$$

【例 7-13】 已知 $X(z) = \dfrac{2z^2-0.5z}{z^2-0.5z-0.5}$,$|z|>1$,试用留数法求 $x[k]$。

解:

$$X(z)z^{k-1} = \frac{(2z^2-0.5z)z^{k-1}}{z^2-0.5z-0.5} = \frac{(2z-0.5)z^k}{(z-1)(z+0.5)}$$

可见在 $k\geqslant 0$ 时,$X(z)z^{k-1}$ 有 $z=1$,$z=-0.5$ 两个一阶极点,由式(7-27)可得

$$x[k] = \mathop{\mathrm{Res}}_{z=1}[X(z)z^{k-1}] + \mathop{\mathrm{Res}}_{z=-0.5}[X(z)z^{k-1}]$$

$z=1$ 和 $z=-0.5$ 两个极点的留数分别为

$$\mathop{\mathrm{Res}}_{z=1}[X(z)z^{k-1}] = (z-1)X(z)z^{k-1}\Big|_{z=1} = \frac{2z-0.5}{z+0.5}\cdot z^k\Big|_{z=1} = 1$$

$$\mathop{\mathrm{Res}}_{z=-0.5}[X(z)z^{k-1}] = (z+0.5)X(z)z^{k-1}\Big|_{z=-0.5} = \frac{2z-0.5}{z-1}\cdot z^k\Big|_{z=-0.5} = (-0.5)^k$$

所以

$$x[k] = [1+(-0.5)^k]\mathrm{u}[k]$$

7.1.5 双边 z 变换的定义及收敛域

离散信号与系统的 z 域分析主要是为了更有效地描述离散系统,而单边 z 变换只能描述因果的离散系统。为了可以描述非因果的离散系统,需要引入双边 z 变换。

序列 $x[k]$ 的双边 z 变换定义为

$$X(z) = \sum_{k=-\infty}^{\infty} x[k]z^{-k} \tag{7-30}$$

使上式收敛的所有 z 值构成的集合称为 z 变换的收敛域。不同类型序列的双边 z 变换的收敛域各有其特点。前面介绍了有限长序列和右边序列的 z 变换收敛域，下面通过例题来说明左边序列和双边序列的收敛域。利用 z 变换收敛域的特点可以分析离散 LTI 系统的因果性和稳定性。

【例 7-14】 试求左边序列 $x[k] = -b^k u[-k-1]$ 的 z 变换及收敛域。

解： 由 z 变换的定义

$$X(z) = \sum_{k=-\infty}^{-1} -b^k z^{-k} = \sum_{k=1}^{\infty} -b^{-k} z^k = 1 - \sum_{k=0}^{\infty} b^{-k} z^k$$

$$= 1 - \frac{1}{1-b^{-1}z} = \frac{1}{1-bz^{-1}}, \ |z| < |b|$$

一般地，左边序列 z 变换的收敛域为一圆内区域，即

$$|z| < R_{x+}$$

图 7-5 画出了左边序列 z 变换的 ROC。

【例 7-15】 试求双边序列 $x[k] = a^k u[k] - b^k u[-k-1]$ 的 z 变换及其收敛域。

解： 由例 7-2 及例 7-14 可得

$$X(z) = \frac{1}{1-az^{-1}} + \frac{1}{1-bz^{-1}}, \ |a| < |z| < |b|$$

显然，只有在 $|b| > |a|$ 的条件下，该双边序列 $x[k]$ 的 z 变换才存在。双边序列 z 变换的 ROC 一般为环状区域，可表示为

$$R_{x-} < |z| < R_{x+}$$

图 7-6 画出了双边序列 z 变换的 ROC。

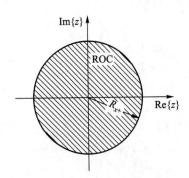

图 7-5　左边序列 z 变换的 ROC

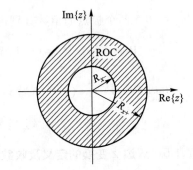

图 7-6　双边序列 z 变换的 ROC

7.1.6　双边 z 变换的主要性质

序列的双边 z 变换存在一些重要性质，如表 7-3 所示。这些性质反映了序列的时域与复频域之间的内在联系。其中：$\mathscr{Z}\{x[k]\} = X(z)$，$\boldsymbol{R}_x = \{z; R_{x-} < |z| < R_{x+}\}$；$\mathscr{Z}\{y[k]\} = Y(z)$，$\boldsymbol{R}_y = \{z; R_{y-} < |z| < R_{y+}\}$。

表 7-3 双边 z 变换的主要性质

性质	序列	z 变换	ROC
线性特性	$ax[k] + by[k]$	$aX(z)+bY(z)$	包含 $\boldsymbol{R}_x \cap \boldsymbol{R}_y$
翻转特性	$x[-k]$	$X\left(\dfrac{1}{z}\right)$	$\dfrac{1}{R_{x+}} < \lvert z \rvert < \dfrac{1}{R_{x-}}$
位移特性	$x[k-n]$	$z^{-n}X(z)$	$\boldsymbol{R}_x$，除了 $z=0$ 或 $z=\infty$
卷积特性	$x[k] * y[k]$	$X(z)Y(z)$	包含 $\boldsymbol{R}_x \cap \boldsymbol{R}_y$
指数加权特性	$a^k x[k]$	$X\left(\dfrac{z}{a}\right)$	$\lvert a \rvert \boldsymbol{R}_x$
线性加权特性	$kx[k]$	$-z\dfrac{\mathrm{d}X(z)}{\mathrm{d}z}$	$\boldsymbol{R}_x$，$z=0$ 或 $z=\infty$ 除外

7.1.7 双边 z 反变换

与单边 z 反变换类似，双边 z 反变换也可以采用部分分式展开法求解。由基本序列的 z 变换可知

$$\mathscr{Z}\{a^k \mathrm{u}[k]\} = \frac{z}{z-a},\ \lvert z \rvert > \lvert a \rvert \tag{7-31}$$

$$\mathscr{Z}\{-a^k \mathrm{u}[-k-1]\} = \frac{z}{z-a},\ \lvert z \rvert < \lvert a \rvert \tag{7-32}$$

首先将 $X(z)$ 展开成部分分式之和，然后根据各部分分式得到其对应时域序列，再将这些序列相加，便可求得序列 $x[k]$。

【例 7-16】 已知 $X(z) = \dfrac{2-5z^{-1}}{(1-2z^{-1})(1-3z^{-1})}$，$2 < \lvert z \rvert < 3$。试用部分分式展开法求 $X(z)$ 所对应的序列 $x[k]$。

解：$X(z)$ 可表示为 z 的正幂形式，即

$$X(z) = \frac{z(2z-5)}{(z-2)(z-3)}$$

分子提取公因子 z 后，对剩余部分 $\dfrac{X(z)}{z}$ 进行部分分式展开可得

$$\frac{X(z)}{z} = \frac{1}{z-2} + \frac{1}{z-3}$$

因此有

$$X(z) = \frac{z}{z-2} + \frac{z}{z-3}$$

根据 $X(z)$ 的收敛域 $2 < \lvert z \rvert < 3$ 可知，极点 $z=2$ 的分式对应右边序列，极点 $z=3$ 的分

式对应左边序列。对上式进行 z 反变换,可得

$$x[k] = 2^k u[k] - 3^k u[-k-1]$$

7.2　离散时间 LTI 系统的复频域分析

以上介绍了离散信号的复频域表示,本节将基于离散时间 LTI 系统的差分方程引入系统的复频域描述,即离散系统的系统函数。系统函数在离散时间 LTI 系统的分析与设计中具有广泛的应用。

7.2.1　离散时间 LTI 系统的系统函数

离散时间 LTI 系统在时域可以用 n 阶常系数线性差分方程来描述,即

$$\sum_{i=0}^{n} a_i y[k-i] = \sum_{j=0}^{m} b_j x[k-j] \tag{7-33}$$

其中 $x[k]$ 为系统的输入激励,$y[k]$ 为系统的输出响应。

对式(7-33)进行双边 z 变换,并利用 z 变换的位移特性,可得

$$\sum_{i=0}^{n} a_i z^{-i} Y(z) = \sum_{j=0}^{m} b_j z^{-j} X(z) \tag{7-34}$$

式(7-34)描述了离散时间 LTI 系统在 z 域的输入输出关系。由式(7-34)可得

$$H(z) = \frac{Y(z)}{X(z)} = \frac{\displaystyle\sum_{j=0}^{m} b_j z^{-j}}{\displaystyle\sum_{i=0}^{n} a_i z^{-i}} \tag{7-35}$$

$H(z)$ 称为离散 LTI 系统的系统函数,是离散 LTI 系统的复频域描述。该系统函数 $H(z)$ 既可描述因果系统,也可描述非因果系统。由式(7-35)可知,系统函数 $H(z)$ 与系统的输入输出无关,而只与系统本身的特性有关。

离散 LTI 系统的单位脉冲响应 $h[k]$ 是系统的时域描述,根据式(7-35)可得 $H(z)$ 与 $h(k)$ 之间的关系为

$$H(z) = \frac{Y(z)}{X(z)} = \frac{\mathscr{Z}\{h[k]\}}{\mathscr{Z}\{\delta[k]\}} = \mathscr{Z}\{h[k]\} \tag{7-36}$$

式(7-36)表明,离散 LTI 系统的系统函数 $H(z)$ 是该系统单位脉冲响应 $h[k]$ 的双边 z 变换。对于因果的离散 LTI 系统,系统函数 $H(z)$ 也可表示为系统零状态响应的单边 z 变换 $Y_{zs}(z)$ 与输入信号的单边 z 变换 $X(z)$ 之比。

【例 7-17】　已知某描述离散 LTI 系统的差分方程为

$$y[k] - 3y[k-1] = 2x[k]$$

求系统函数 $H(z)$ 和单位脉冲响应 $h[k]$。

解:对差分方程进行双边 z 变换得

$$Y(z) - 3z^{-1}Y(z) = 2X(z)$$

根据式(7-35)可得系统函数 $H(z)$ 为

$$H(z) = \frac{Y(z)}{X(z)} = \frac{2}{1 - 3z^{-1}}$$

若系统为因果系统,则 $H(z)$ 的收敛域应为 $|z| > 3$。由 z 反变换可得 $h[k]$ 为

$$h[k] = 2 (3)^k u[k]$$

若系统为非因果系统,则 $H(z)$ 的收敛域应为 $|z| < 3$。由 z 反变换可得 $h[k]$ 为

$$h[k] = -2 (3)^k u[-k-1]$$

【例 7-18】 已知某因果离散时间 LTI 系统的差分方程为

$$y[k] + 3y[k-1] + 2y[k-2] = 3x[k] - x[k-1]$$

求系统函数 $H(z)$ 和单位脉冲响应 $h[k]$。

解:由于系统为因果系统,在零状态条件下,对差分方程进行单边 z 变换得

$$Y_{zs}(z) + 3z^{-1}Y_{zs}(z) + 2z^{-2}Y_{zs}(z) = (3 - z^{-1})X(z)$$

该因果系统的系统函数 $H(z)$ 及其收敛域为

$$H(z) = \frac{Y_{zs}(z)}{X(z)} = \frac{3 - z^{-1}}{1 + 3z^{-1} + 2z^{-2}} = \frac{-4z}{z+1} + \frac{7z}{z+2}, \ |z| > 2$$

对 $H(z)$ 进行 z 反变换,可得系统的单位脉冲响应为

$$h[k] = \mathscr{Z}^{-1}\{H(z)\} = -4 (-1)^k u[k] + 7 (-2)^k u[k]$$

7.2.2 离散因果 LTI 系统响应的复频域求解

离散因果 LTI 系统响应的 z 域分析是利用单边 z 变换将描述离散时间 LTI 系统的时域差分方程变换成 z 域的代数方程,然后解此代数方程,再经 z 反变换求得系统响应的一种方法。

描述二阶离散因果 LTI 系统的差分方程为

$$y[k] + a_1 y[k-1] + a_2 y[k-2] = b_0 x[k] + b_1 x[k-1] \tag{7-37}$$

$y[-1]$、$y[-2]$ 为离散系统的初始状态。令 $\mathscr{Z}\{y[k]\} = Y(z)$,$\mathscr{Z}\{x[k]\} = X(z)$,利用单边 z 变换的位移特性有

$$\mathscr{Z}\{y[k-1]u[k]\} = z^{-1}Y(z) + y[-1]$$

$$\mathscr{Z}\{y[k-2]u[k]\} = z^{-2}Y(z) + y[-1]z^{-1} + y[-2]$$

因此二阶差分方程的 z 域表示为

$$Y(z) + a_1(z^{-1}Y(z) + y[-1]) + a_2(z^{-2}Y(z) + y[-1]z^{-1} + y[-2]) = b_0 X(z) + b_1 z^{-1}X(z)$$

由上式可得二阶差分方程的 z 域解

$$Y(z) = -\frac{a_1 y[-1] + a_2 y[-2] + a_2 y[-1]z^{-1}}{1 + a_1 z^{-1} + a_2 z^{-2}} + \frac{b_0 + b_1 z^{-1}}{1 + a_1 z^{-1} + a_2 z^{-2}} X(z)$$

式中第一项仅与系统的初始状态有关,而与输入信号无关,因此是系统的零输入响应 z 域表示式,即

$$Y_{zi}(z) = -\frac{a_1 y[-1] + a_2 y[-2] + a_2 y[-1] z^{-1}}{1 + a_1 z^{-1} + a_2 z^{-2}} \qquad (7\text{-}38)$$

式中第二项仅与系统的输入信号有关,而与初始状态无关,因此是系统的零状态响应 z 域表示式,即

$$Y_{zs}(z) = \frac{b_0 + b_1 z^{-1}}{1 + a_1 z^{-1} + a_2 z^{-2}} X(z) = H(z) X(z) \qquad (7\text{-}39)$$

$H(z)$ 为离散因果 LTI 系统的系统函数,即

$$H(z) = \frac{Y_{zs}(z)}{X(z)} = \frac{b_0 + b_1 z^{-1}}{1 + a_1 z^{-1} + a_2 z^{-2}} \qquad (7\text{-}40)$$

分别对 $Y_{zi}(z)$、$Y_{zs}(z)$ 进行 z 反变换,即可得系统的零输入响应、零状态响应的时域表示式,即

$$y_{zi}[k] = \mathscr{Z}^{-1}\{Y_{zi}(z)\}, \quad y_{zs}[k] = \mathscr{Z}^{-1}\{Y_{zs}(z)\}$$

【例 7-19】　已知描述某因果离散时间 LTI 系统的差分方程为

$$y[k] - 5y[k-1] + 6y[k-2] = 2x[k] - x[k-1]$$

其初始状态 $y[-1] = 1$,$y[-2] = 0$,激励信号 $x[k] = u[k]$,由 z 域求解系统的零输入响应 $y_{zi}[k]$,零状态响应 $y_{zs}[k]$ 和完全响应 $y[k]$。

解: 对差分方程两边进行单边 z 变换得

$$Y(z) - 5\{z^{-1}Y(z) + y[-1]\} + 6\{z^{-2}Y(z) + z^{-1}y[-1] + y[-2]\} = (2 - z^{-1})X(z)$$

代入系统的初始状态,整理可得系统完全响应的 z 域表示式为

$$Y(z) = \underbrace{\frac{5 - 6z^{-1}}{1 - 5z^{-1} + 6z^{-2}}}_{Y_{zi}(z)} + \underbrace{\frac{2 - z^{-1}}{1 - 5z^{-1} + 6z^{-2}} X(z)}_{Y_{zs}(z)}$$

上式中第一项为零输入响应 $y_{zi}[k]$ 的 z 域表示式,第二项为零状态响应 $y_{zs}[k]$ 的 z 域表示式。由于

$$x[k] = u[k] \xleftrightarrow{\mathscr{Z}} X(z) = \frac{1}{1 - z^{-1}}, \quad |z| > 1$$

所以

$$Y_{zs}(z) = \frac{2 - z^{-1}}{(1 - z^{-1})(1 - 5z^{-1} + 6z^{-2})}, \quad |z| > 3$$

分别对 $Y_{zi}(z)$ 和 $Y_{zs}(z)$ 进行部分分式展开,整理可得

$$Y_{zi}(z) = \frac{9z}{z-3} + \frac{-4z}{z-2}, \quad |z| > 3$$

$$Y_{zs}(z) = \frac{7.5z}{z-3} + \frac{-6z}{z-2} + \frac{0.5z}{z-1}, \quad |z| > 3$$

对 $Y_{zi}(z)$ 和 $Y_{zs}(z)$ 进行 z 反变换,即可求出系统零输入响应和零状态响应分别为

$$y_{zi}[k] = 9 \times 3^k - 4 \times 2^k, k \geq 0$$

$$y_{zs}[k] = (7.5 \times 3^k - 6 \times 2^k + 0.5) u[k]$$

系统的完全响应

$$y[k] = y_{zi}[k] + y_{zs}[k] = 16.5 \times 3^k - 10 \times 2^k + 0.5, \ k \geq 0$$

7.3 离散时间 LTI 系统函数与系统特性

7.3.1 系统函数的零极点分布

由式(7-35)可知,离散时间 LTI 系统的系统函数 $H(z)$ 一般是两个 z 变量的多项式之比,可表示为

$$H(z) = \frac{Y(z)}{X(z)} = \frac{\sum_{j=0}^{m} b_j z^{-j}}{\sum_{i=0}^{n} a_i z^{-i}} = \frac{N(z)}{D(z)} \tag{7-41}$$

其中 $D(z) = 0$ 的根是 $H(z)$ 的极点,$N(z) = 0$ 的根是 $H(z)$ 的零点。将 $D(z)$ 和 $N(z)$ 分解成线性因子的乘积,可以得到零极增益形式的系统函数,即

$$H(z) = \frac{N(z)}{D(z)} = K \frac{(z-z_1)(z-z_2)\cdots(z-z_m)}{(z-p_1)(z-p_2)\cdots(z-p_n)} = K \frac{\prod_{j=1}^{m}(z-z_j)}{\prod_{i=1}^{n}(z-p_i)} \tag{7-42}$$

式中 $z_1, z_2, \cdots, z_m$ 是系统函数的零点,$p_1, p_2, \cdots, p_n$ 是系统函数的极点,K 是系统的增益常数。

离散时间 LTI 系统的系统函数 $H(z)$ 也可以用零极点分布图表示,即将系统函数的零极点绘在 z 平面上,零点用○表示,极点用×表示,若是 n 重零点或极点,则在相应的零点或极点旁标注 (n)。

例如描述某离散时间 LTI 系统的系统函数为

$$H(z) = \frac{z^3(z-1-j)(z-1+j)}{(z+0.5)(z+1)^2(z-0.5-j0.5)(z-0.5+j0.5)}$$

该离散 LTI 系统在 z 平面单位圆外有一对共轭零点 $z=1\pm j$,在 $z=0$ 处有一个三重零点,而在 $z=-0.5$ 处有一个单极点,在 $z=-1$ 处有二重极点,还有一对共轭极点 $z=0.5\pm j0.5$,该系统函数的零极点分布如图 7-7 所示。

系统函数是描述系统的重要函数,根据系统函

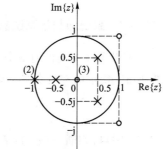

图 7-7 离散系统函数的
零极点分布图

数的零极点分布,可以了解系统的时域特性和频域特性,以及系统的稳定性。

7.3.2　系统函数与系统的时域特性

离散时间 LTI 系统的单位脉冲响应 $h[k]$ 反映离散系统的时域特性,系统函数 $H(z)$ 与系统脉冲响应 $h[k]$ 为 z 变换对。系统函数 $H(z)$ 零极增益形式为

$$H(z)=\frac{\sum_{j=0}^{m}b_{j}z^{-j}}{\sum_{i=0}^{n}a_{i}z^{-i}}=K\frac{(z-z_{1})(z-z_{2})\cdots(z-z_{m})}{(z-p_{1})(z-p_{2})\cdots(z-p_{n})} \tag{7-43}$$

根据系统函数 $H(z)$ 的零极点,通过 z 反变换即可求解系统的单位脉冲响应 $h[k]$。显然,系统函数 $H(z)$ 的极点 p_i 决定了单位脉冲响应 $h[k]$ 的基本特性。下面讨论因果系统 $H(z)$ 的极点分布与 $h[k]$ 基本特性之间的关系。

（1）实数单极点 $p=r$

$$h[k]=r^{k}\mathrm{u}[k]$$

若 $|r|>1$,极点在单位圆外,$h[k]$ 为增幅指数序列;若 $|r|<1$,极点在单位圆内,$h[k]$ 为衰减指数序列;若 $|r|=1$,极点在单位圆上,$h[k]$ 为等幅序列或正负交替的等幅序列。

（2）共轭极点 $p_{1}=re^{j\theta}$,$p_{2}=re^{-j\theta}$

$$H(z)=\frac{Az}{z-re^{j\theta}}+\frac{A^{*}z}{z-re^{-j\theta}}$$

为分析方便起见,令 $A=1$,可得对应系统的单位脉冲响应为

$$h[k]=2r^{k}\cos(\theta k)\mathrm{u}[k]$$

若 $r=1$,极点在单位圆上,$h[k]$ 为等幅振荡序列;若 $r>1$,极点在单位圆外,$h[k]$ 为增幅振荡序列;若 $r<1$,极点在单位圆内,$h[k]$ 为衰减振荡序列。

由此可见,系统函数 $H(z)$ 的极点决定了单位脉冲响应 $h[k]$ 的形式,而零点仅影响 $h[k]$ 的幅值。

7.3.3　系统函数与系统的稳定性

在离散 LTI 系统的时域分析中,该系统的单位脉冲响应 $h[k]$ 满足绝对可和是系统 BIBO 稳定的充要条件,即

$$\sum_{n=-\infty}^{\infty}|h[k]|<\infty \tag{7-44}$$

利用式(7-44)判断离散 LTI 系统的稳定性需要进行求和运算,判断过程较为复杂。

与 z 变换定义比较可知,式(7-44)成立的 z 域等效条件是 $H(z)$ 的收敛域包含单位圆(即 $|z|=1$)。对于因果的离散 LTI 系统,由于 $h[k]$ 是因果序列,故 $H(z)$ 的

收敛域在模最大的极点为半径的圆外区域。若系统稳定,即收敛域包含单位圆,则 $H(z)$ 的所有极点必在 z 平面的单位圆内。因此,对于因果的离散时间 LTI 系统,其 BIBO 稳定的充要条件是系统函数 $H(z)$ 的全部极点位于 z 平面的单位圆内。也就是说,若该离散时间 LTI 系统是因果系统,则既可以根据该系统函数收敛域来判断,也可以根据系统函数 $H(z)$ 的极点来判断。若未知该离散 LTI 系统是否为因果系统,则只可根据该系统函数 $H(z)$ 的收敛域来判断系统的稳定性。

【例 7-20】 已知某因果离散时间 LTI 系统的系统函数为

$$H(z) = \frac{(1-a)}{2} \frac{1+z^{-1}}{1-az^{-1}}, \quad |z| > |a|$$

试根据 $H(z)$ 讨论系统的稳定性。

解:由于该离散时间 LTI 系统为因果系统,故可根据系统函数的极点来判断系统的稳定性。

该系统的系统函数只有一个极点,由 $H(z)$ 可求得系统的极点为 $p = a$。

当 $|a| < 1$,系统的极点在单位圆内,故系统稳定。

当 $|a| \geq 1$,极点在单位圆上或单位圆外,系统不稳定。

7.3.4 系统函数与系统的频域特性

离散系统的频率响应 $H(e^{j\Omega})$ 反映离散系统的频域特性,其模 $|H(e^{j\Omega})|$ 是系统的幅度响应,相角 $\varphi(\Omega)$ 是系统的相位响应。同连续时间系统相似,离散 LTI 系统在频率为 Ω_0 的正弦信号激励下的响应仍为同频率的正弦信号,但幅度乘以 $|H(e^{j\Omega_0})|$,相位附加 $\varphi(\Omega_0)$。当正弦信号的频率 Ω 改变时,输出响应的幅度和相位将分别随 $|H(e^{j\Omega})|$ 和 $\varphi(\Omega)$ 而改变,$H(e^{j\Omega})$ 反映了系统在正弦信号激励之下响应随信号频率的变化规律,故称为离散时间系统的频率响应。

由于离散 LTI 系统稳定时,系统函数的收敛域包含 z 平面单位圆,因此系统的频率响应 $H(e^{j\Omega})$ 可由 $H(z)$ 直接求出,即

$$H(e^{j\Omega}) = H(z)\bigg|_{z=e^{j\Omega}} = |H(e^{j\Omega})| e^{j\varphi(\Omega)} \tag{7-45}$$

$z = e^{j\Omega}$ 在 z 平面为单位圆,也就是说,系统函数 $H(z)$ 在 z 平面中令 z 沿单位圆变化即得系统的频率响应 $H(e^{j\Omega})$。对于零极增益表示的系统函数

$$H(z) = K \frac{\prod_{j=1}^{m} (z - z_j)}{\prod_{i=1}^{n} (z - p_i)}$$

令 $z = e^{j\Omega}$,则得

$$H(e^{j\Omega}) = K \frac{\prod\limits_{j=1}^{m}(e^{j\Omega} - z_j)}{\prod\limits_{i=1}^{n}(e^{j\Omega} - p_i)} \tag{7-46}$$

可以看出,频率响应取决于系统函数的零极点。根据系统函数 $H(z)$ 的零极点分布情况可以定性地描绘系统的频率响应曲线,包括幅度响应 $|H(e^{j\Omega})|$ 和相位响应 $\varphi(\Omega)$。同连续时间系统类似,离散时间系统的频率响应也可以通过向量法计算。

利用向量的概念,因子 $(e^{j\Omega}-p_i)$ 可以用 z 平面 p_i 点指向单位圆上 $e^{j\Omega}$ 点的向量表示,$(e^{j\Omega}-z_j)$ 可以用 z_j 点指向单位圆上 $e^{j\Omega}$ 点的向量表示,如图 7-8 所示。这两个向量分别用极坐标表示为

$$e^{j\Omega} - z_j = N_j e^{j\psi_j}, \quad e^{j\Omega} - p_i = D_i e^{j\theta_i}$$

式中 N_j 和 ψ_j 为零点到单位圆上 $e^{j\Omega}$ 点所做向量的模和相角,D_i 和 θ_i 为极点到单位圆上 $e^{j\Omega}$ 点所做向量的模和相角。所以 $H(e^{j\Omega})$ 可改写成

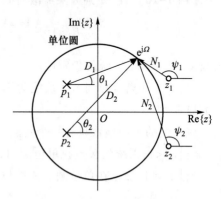

图 7-8 系统函数的向量表示

$$H(e^{j\Omega}) = K \frac{N_1 N_2 \cdots N_m}{D_1 D_2 \cdots D_n} e^{j[(\psi_1 + \psi_2 + \cdots + \psi_m) - (\theta_1 + \theta_2 + \cdots + \theta_n)]} = |H(e^{j\Omega})| e^{j\varphi(\Omega)} \tag{7-47}$$

式中

$$|H(e^{j\Omega})| = K \frac{N_1 N_2 \cdots N_m}{D_1 D_2 \cdots D_n} \tag{7-48}$$

$$\varphi(\Omega) = (\psi_1 + \psi_2 + \cdots + \psi_m) - (\theta_1 + \theta_2 + \cdots + \theta_n) \tag{7-49}$$

当 Ω 沿单位圆从 0 到 2π 转动一周时,可以得出离散系统一个周期的幅度响应和相位响应。可见离散系统的频率响应是以 2π 为周期的周期谱。对于系统函数为实系数的系统,其系统的幅度响应关于 $\Omega = 0$ 偶对称,相位响应关于 $\Omega = 0$ 奇对称。因此绘制频率响应曲线时仅绘出 Ω 在 $0 \sim \pi$ 区间上的频率特性即可。

【例 7-21】 已知某因果离散 LTI 系统的系统函数

$$H(z) = \frac{(1-\alpha)}{2} \frac{1 + z^{-1}}{1 - \alpha z^{-1}}$$

其中 $\alpha = \dfrac{2}{3}$,试用向量法定性画出该系统的幅度响应 $|H(e^{j\Omega})|$ 和相位响应 $\varphi(\Omega)$。

解: 由系统函数 $H(z)$ 可得出系统有一个零点 $z = -1$ 和一个极点 $z = \alpha$,其零极点分布如图 7-9(a) 所示。由向量法求出:

当 $\Omega = 0$ 时

$$N = 2, D = 1 - \alpha, \left| H(e^{j0}) \right| = \frac{1-\alpha}{2} \frac{N}{D} = 1$$

$$\varphi(0) = \psi(0) - \theta(0) = 0$$

当 $\Omega = \pi$ 时

$$N = 0, D = 1 + \alpha, \left| H(e^{j\pi}) \right| = \frac{1-\alpha}{2} \frac{N}{D} = 0$$

$$\varphi(\pi) = \psi(\pi) - \theta(\pi) = \frac{\pi}{2} - \pi = -\frac{\pi}{2}$$

当 $0 < \Omega < \pi$ 时,D 随着 Ω 的增大而增大,N 随着 Ω 的增大而减小,因而 $\left| H(e^{j\Omega}) \right| = \dfrac{N}{D}$ 随着 Ω 的增大而减小。相角 $\varphi(\Omega) = \psi(\Omega) - \theta(\Omega)$ 随着 Ω 的增大而减小。由此可以定性地画出系统的幅度响应和相位响应,分别如图 7-9(b)和(c)所示。

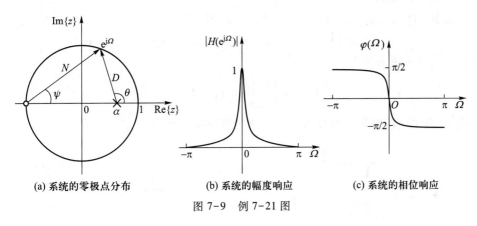

(a) 系统的零极点分布　　　　(b) 系统的幅度响应　　　　(c) 系统的相位响应

图 7-9　例 7-21 图

7.4　离散时间系统的模拟

7.4.1　离散系统的连接

一个复杂的离散 LTI 系统可以由一些简单的 LTI 子系统以特定方式连接而组成。若掌握系统的连接,并知道各子系统的性能,就可以通过这些子系统来分析复杂系统,使复杂系统的分析简单化。同连续时间系统一样,离散系统连接的基本方式有级联、并联、反馈环路三种。

1. 系统的级联

离散 LTI 系统的级联如图 7-10 所示。若两个子系统的系统函数分别为

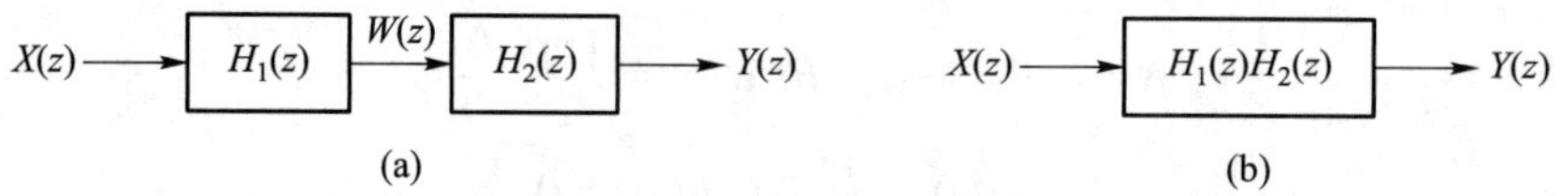

X(z) ⟶ $H_1(z)$ ⟶ W(z) ⟶ $H_2(z)$ ⟶ Y(z)　　　　X(z) ⟶ $H_1(z)H_2(z)$ ⟶ Y(z)

(a)　　　　　　　　　　　　　　　　　(b)

图 7-10　两个子系统级联

$$H_1(z) = \frac{W(z)}{X(z)}, \qquad H_2(z) = \frac{Y(z)}{W(z)}$$

则信号通过级联系统的响应为

$$Y(z) = H_2(z)W(z) = H_2(z)H_1(z)X(z)$$

根据系统函数的定义,级联系统的系统函数为

$$H(z) = \frac{Y(z)}{X(z)} = H_1(z)H_2(z) \tag{7-50}$$

显然,级联系统的系统函数是各个子系统的系统函数之乘积。

2. 系统的并联

离散 LTI 系统的并联如图 7-11 所示。由图可见

$$Y(z) = H_1(z)X(z) + H_2(z)X(z) = \left[H_1(z) + H_2(z) \right] X(z)$$

并联系统的系统函数为

$$H(z) = \frac{Y(z)}{X(z)} = H_1(z) + H_2(z) \tag{7-51}$$

可见,并联系统的系统函数是各个子系统的系统函数之和。

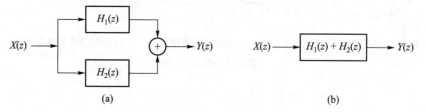

(a)　　　　　　　　　　　　　　　　　(b)

图 7-11　两个子系统并联

3. 反馈环路

反馈环路如图 7-12 所示,其由两个 LTI 子系统组成,该系统的输出通过反馈通路返回到输入端,并与输入量进行比较。

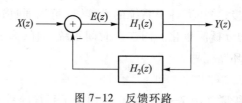

图 7-12　反馈环路

图 7-12 中 $H_1(z)$ 称为前向通路的系统函数，$H_2(z)$ 称为反馈通路的系统函数。从图中可看出

$$Y(z) = E(z)H_1(z)$$
$$E(z) = X(z) - H_2(z)Y(z)$$
$$Y(z) = \frac{H_1(z)}{1 + H_1(z)H_2(z)} X(z)$$

反馈环路的系统函数为

$$H(z) = \frac{Y(z)}{X(z)} = \frac{H_1(z)}{1 + H_1(z)H_2(z)} \tag{7-52}$$

对于图 7-12 所示的反馈环路，其系统函数的分子为前向通路的系统函数，分母为 1 加上反馈回路的系统函数。当系统中出现多个反馈回路时，此结论依然成立。

7.4.2 离散系统的模拟

离散 LTI 系统的模拟是用延时器、加法器、乘法器等基本单元模拟实际系统，使其与实际系统具有相同的数学模型，以便利用计算机进行模拟实验，研究参数或输入信号对系统响应的影响。离散 LTI 系统模拟可以直接通过差分方程模拟，也可以通过系统函数模拟。对同一系统函数，可以得到直接型、级联型、并联型、梯形、格形等多种形式的模拟框图。下面仅介绍直接型、级联型、并联型模拟框图。

1. 直接型

描述离散时间 LTI 系统的差分方程的一般形式为

$$y[k] + a_1 y[k-1] + \cdots + a_{n-1} y[k-n+1] + a_n y[k-n]$$
$$= b_0 x[k] + b_1 x[k-1] + \cdots + b_{m-1} x[k-m+1] + b_m x[k-m]$$

不失一般性，令 $m = n$，则差分方程可表示成

$$y[k] + \sum_{i=1}^{n} a_i y[k-i] = \sum_{j=0}^{m} b_j x[k-j] \tag{7-53}$$

对应的系统函数 $H(z)$ 为

$$H(z) = \frac{\sum_{j=0}^{n} b_j z^{-j}}{1 + \sum_{i=1}^{n} a_i z^{-i}} = \frac{b_0 + b_1 z^{-1} + \cdots + b_{n-1} z^{-(n-1)} + b_n z^{-n}}{1 + a_1 z^{-1} + \cdots + a_{n-1} z^{-(n-1)} + a_n z^{-n}} \tag{7-54}$$

将式(7-54)与连续时间 LTI 系统的系统函数 $H(s)$ 比较可知，只需将 $H(s)$ 直接型模拟框图中的积分器 s^{-1} 改为单位延时器 z^{-1}，即可得到离散时间 LTI 系统的 z 域直接型模拟框图，如图 7-13（a）所示。若将图 7-13（a）中的单位延时器 z^{-1} 表示为 D，就可得到 $H(z)$ 对应的时域直接型模拟框图，如图 7-13（b）所示。

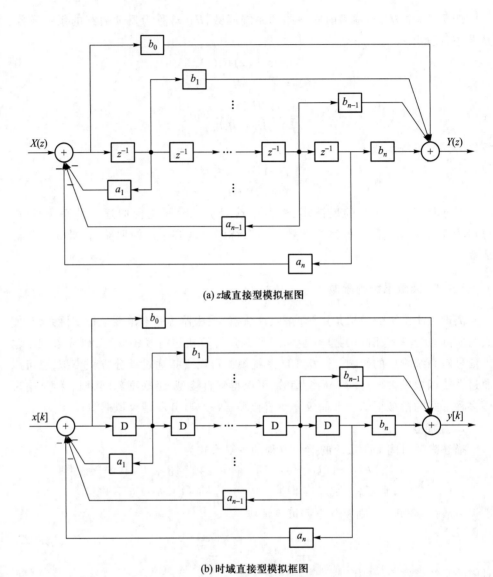

(a) z 域直接型模拟框图

(b) 时域直接型模拟框图

图 7-13　n 阶离散时间系统的直接型模拟框图

比较式(7-54)和图 7-13,可以看出绘制 n 阶离散时间系统模拟框图的一般规律。首先画出 n 个级联的延时器 z^{-1},再将各延时器的输出反馈连接到输入端的加法器形成反馈回路,这些反馈回路的系统函数分别为 $-a_1z^{-1}$,$-a_2z^{-2}$,$\cdots$,$-a_{n-1}z^{-(n-1)}$,$-a_nz^{-n}$,负号可以表示在输入加法器的输入端,最后将输入端加法器的输出和各延时器的输出正向连接到输出端的加法器构成前向通路,各条前向通路的系统函数分别为 b_0,b_1z^{-1},b_2z^{-2},$\cdots$,$b_{n-1}z^{-(n-1)}$,b_nz^{-n}。显然,$H(z)$ 的分母对应模拟框图中的反馈回路,$H(z)$的分子对应模拟框图中的前向通路。

2. 级联型与并联型

若将 $H(z)$ 的 $N(z)$ 和 $D(z)$ 都分解成一阶和二阶实系数因子形式,然后将它们组成一阶和二阶子系统,即

$$H(z) = H_1(z)H_2(z)\cdots H_n(z) \tag{7-55}$$

对每一个子系统按照图 7-13 所示规律,画出其直接型结构的模拟框图,最后将这些子系统级联起来,便可得到离散时间系统的级联型结构框图。

若将系统函数 $H(z)$ 展开成部分分式,形成一、二阶子系统并联形式,即

$$H(z) = H_1(z) + H_2(z) + \cdots + H_m(z) \tag{7-56}$$

按照直接型结构,画出各子系统的模拟框图,然后将它们并联起来,即可得到离散时间系统并联型结构的模拟框图。

【例 7-22】 已知某离散 LTI 系统的系统函数为 $H(z) = \dfrac{1-z^{-1}-2z^{-2}}{1-\dfrac{1}{2}z^{-1}+\dfrac{1}{4}z^{-2}-\dfrac{1}{8}z^{-3}}$,试分别画出其级联形式和并联形式的模拟框图。

解:在实际系统中,其乘法器一般为实数乘法器,故要求系统函数分子分母多项式的系数均为实数。由于该系统有一对共轭复数极点 $z=\pm\dfrac{j}{2}$,为了保证级联和并联的各子系统为实系数系统,可以将具有共轭复数极点的两个一阶系统合并为一个二阶实系数的系统。因此系统采用级联型模拟时,可以将 $H(z)$ 表示成

$$H(z) = \frac{1}{1-\dfrac{1}{2}z^{-1}} \cdot \frac{1-z^{-1}-2z^{-2}}{1+\dfrac{1}{4}z^{-2}}$$

分别画出此一阶子系统和二阶子系统的直接型模拟框图,再将第一个子系统的输出与第二个子系统的输入相连接,即得系统的级联型模拟框图,如图 7-14 (a)所示。

采用并联型模拟时,将 $H(z)$ 展开成两个实系数的部分分式,即

$$H(z) = \frac{-\dfrac{9}{2}}{1-\dfrac{1}{2}z^{-1}} + \frac{\dfrac{11}{2}+\dfrac{7}{4}z^{-1}}{1+\dfrac{1}{4}z^{-2}}$$

对每个子系统分别画出其直接型模拟框图,再将这两个子系统的输入端和输出端分别连接起来即得并联型模拟框图,如图 7-14 (b)所示。

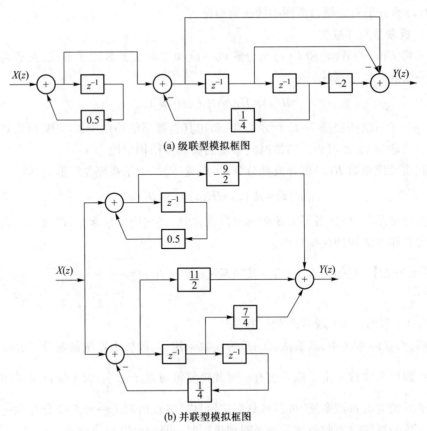

(a) 级联型模拟框图

(b) 并联型模拟框图

图 7-14　含有共轭复数极点系统的级联与并联型模拟框图

7.5　离散信号与系统复频域分析的 MATLAB 实现

7.5.1　部分分式展开的 MATLAB 实现

信号的 z 域表示式通常可用下面的有理分式表示

$$X(z) = \frac{b_0 + b_1 z^{-1} + b_2 z^{-1} + \cdots + b_m z^{-m}}{1 + a_1 z^{-1} + a_2 z^{-1} + \cdots + a_n z^{-n}} = \frac{\text{num}(z)}{\text{den}(z)} \tag{7-57}$$

为了能从 z 域表示式方便地得到时域表示式,可以将 $X(z)$ 展开成部分分式之和的形式,再进行 z 反变换。MATLAB 的信号处理工具箱提供了对 $X(z)$ 进行部分分式展开的函数 residuez,其调用形式如下。

$$[\,\text{r,p,k}\,] = \text{residuez(num,den)}$$

其中 num,den 分别表示 $X(z)$ 的分子和分母多项式的系数向量,r 为部分分式的系数向量,p 为极点向量,k 为多项式的系数向量。若 $X(z)$ 为真分式,则 k 为空。也就是说,借助 residuez 函数可以将式(7-57)展开成

$$\frac{\text{num}(z)}{\text{den}(z)} = \frac{r(1)}{1-p(1)z^{-1}} + \cdots + \frac{r(n)}{1-p(n)z^{-1}} + k(1) + k(2)z^{-1} + \cdots \quad (7-58)$$

【例 7-23】 试利用 MATLAB 计算

$$X(z) = \frac{9z^{-3}}{1+4.5z^{-1}+6z^{-2}+2z^{-3}}$$

的部分分式展开式。

解:计算部分分式展开的 MATLAB 程序如下:

```
% program7_1
num = [ 0 0 0 9 ];
den = [ 1  4.5  6  2 ];
[ r,p,k ] = residuez(num,den)
```
程序运行的结果为
```
r =    5.0000   -1.5000   -8.0000
p =   -2.0000   -2.0000   -0.5000
k =    4.5000
```

从运行结果中可以看出 p(1) = p(2),这表示系统有一个二阶的重极点,r(1)表示一阶极点前的系数,而 r(2)就表示二阶极点前的系数。对高阶重极点表示方法是完全类似的。所以 $X(z)$ 的部分分式展开为

$$X(z) = 4.5 + \frac{5}{1+2z^{-1}} + \frac{-1.5}{(1+2z^{-1})^2} + \frac{-8}{1+0.5z^{-1}}$$

7.5.2 系统函数零极点与系统特性的 MATLAB 计算

如果系统函数 $H(z)$ 的有理函数表示形式为

$$H(z) = \frac{b(1)z^m + b(2)z^{m-1} + \cdots + b(m+1)}{a(1)z^n + a(2)z^{n-1} + \cdots + a(n+1)} \quad (7-59)$$

则系统函数的零点和极点可以通过 MATLAB 函数 roots 得到,也可以借助函数 tf2zp 得到,tf2zp 的调用形式为

$$[z,p,k] = tf2zp(num,den)$$

式中 num 和 den 分别为式(7-59)形式 $H(z)$ 分子多项式和分母多项式的系数向量。它的作用是将式(7-59)的有理函数表示转换为零点、极点和增益常数表示,即

$$H(z) = K\frac{(z-z(1))(z-z(2))\cdots(z-z(m))}{(z-p(1))(z-p(2))\cdots(z-p(n))} \quad (7-60)$$

【例 7-24】 已知某因果离散 LTI 系统的系统函数为

$$H(z) = \frac{0.1453(1-3z^{-1}+3z^{-2}-z^{-3})}{1+0.1628z^{-1}+0.3403z^{-2}+0.0149z^{-3}}$$

求该系统的零点和极点。

解：将系统函数改写 z 的正幂形式

$$H(z) = \frac{0.1453(z^3-3z^2+3z-1)}{z^3+0.1628z^2+0.3403z+0.0149}$$

利用 tf2zp 函数求系统的零极点，MATLAB 程序如下：

```
% program7_2
% zeros and poles of the transfer function
num = 0.1453 * [1 -3 3 -1];
den = [1    0.1628    0.3403    0.0149];
[z,p,k] = tf2zp(num,den)
```

程序运行结果为

```
z =  1.0000         1.0000 + 0.0000i  1.0000 - 0.0000i
p =  -0.0592 + 0.5758i  -0.0592 - 0.5758i  -0.0445
k =  0.1453
```

若要获得系统函数 $H(z)$ 的零极点分布图，可以直接应用 zplane 函数，其调用形式为

$$zplane(num,den)$$

式中 num 和 den 分别为 z 负幂形式表示的 $H(z)$ 分子多项式和分母多项式系数向量。函数 zplane 的作用是在 z 平面画出单位圆、零点与极点。

如果已知系统函数 $H(z)$，求解系统的单位脉冲响应 $h[k]$ 和系统的频率响应 $H(e^{j\Omega})$，则可以应用前面讲过的 impz 函数和 freqz 函数。下面举例说明。

【例 7-25】　已知某因果离散 LTI 系统的系统函数为

$$H(z) = \frac{0.1453(1-3z^{-1}+3z^{-2}-z^{-3})}{1+0.1628z^{-1}+0.3403z^{-2}+0.0149z^{-3}}$$

试画出系统的零极点分布，求系统的单位脉冲响应 $h[k]$ 和系统的频率响应 $H(e^{j\Omega})$，并判断系统是否稳定。

解：MATLAB 程序如下：

```
% program7_3
% zeros and poles of the transfer function
num = 0.1453 * [1 -3 3 -1];
den = [1    0.1628    0.3403    0.0149];
figure(1);zplane(num,den);
h = impz(num,den,21);
figure(2);stem(0:20,h);
```

```
xlabel('k');
title('Impulse Respone');
w=linspace(0,pi,1001);
H=freqz(num,den,w);
figure(3);plot(w/pi,abs(H));
xlabel('{\it\Omega/\pi}');
title('Magnitude Respone');
```

程序运行结果如图 7-15 所示。图 7-15（a）为系统函数的零极点分布图,图中符号○表示零点,符号○旁的数字表示零点的阶数,符号×表示极点,图中的虚线画的是单位圆。由图可知,该因果系统的极点全在单位圆内,故系统是稳定的。

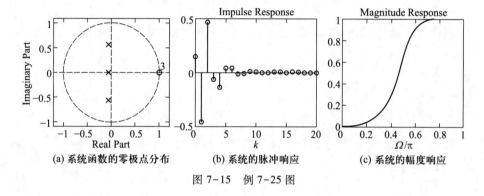

(a) 系统函数的零极点分布　　(b) 系统的脉冲响应　　(c) 系统的幅度响应

图 7-15　例 7-25 图

✎ **习　　题**

7-1　根据定义求以下序列的单边 z 变换及其收敛域。

(1) $\{\overset{\downarrow}{1},2,3,4,5\}$；

(2) $u[k]-u[k-N]$；

(3) $a^k\{u[k]-u[k-N]\}$；

(4) $\left(\dfrac{1}{2}\right)^k\cos(\Omega_0 k)u[k]$。

7-2　根据单边 z 变换的位移性质,求以下序列的 z 变换及其收敛域。

(1) $\delta[k-N]$；

(2) $u[k-N]$；

(3) $\nabla^2 u[k]$；

(4) $a^{k-N}u[k-N]$；

(5) $a^{k-N}u[k]$；

(6) $a^k u[k-N]$。

7-3　根据 z 变换的性质,求以下序列的单边 z 变换及其收敛域。

(1) $ka^k u[k]$；

(2) $ka^k u[k-1]$；

(3) $(k+1)^2 u[k]$；

(4) $k\{u[k]-u[k-N]\}$；

(5) $\displaystyle\sum_{i=0}^{k} b^i$；

(6) $\displaystyle a^k\sum_{i=0}^{k} b^i$。

第 7 章自测题

7-4 求以下单边周期序列的单边 z 变换。

(1) $x[k] = \begin{cases} 1, & k=2n, & n=0, \quad 1, \quad 2, \cdots \\ 0, & k=2n+1, & n=0, \quad 1, \quad 2, \cdots \end{cases}$;

(2) $y[k] = \displaystyle\sum_{i=0}^{k} (-1)^i x[k-i]$。

7-5 已知 $\mathscr{Z}\{x[k]\} = X(z) = \dfrac{1}{1+z^{-2}}$，$|z|>1$，利用 z 变换的性质，求下列各式的单边 z 变换及其收敛域。

(1) $x_1[k] = x[k-2]$;

(2) $x_2[k] = \left(\dfrac{1}{2}\right)^k x[k]$;

(3) $x_3[k] = \left(\dfrac{1}{2}\right)^k x[k-2]$;

(4) $x_4[k] = kx[k]$;

(5) $x_5[k] = (k-2)x[k]$;

(6) $x_6[k] = \displaystyle\sum_{i=0}^{k} x[i]$;

(7) $x_7[k] = \displaystyle\sum_{i=0}^{k} x[k-i]$;

(8) $x_8[k] = \displaystyle\sum_{i=1}^{k} x[k-i]$。

7-6 已知因果序列 $x[k]$ 的 z 变换式 $X(z)$，试利用初值定理或终值定理计算 $x[0]$、$x[1]$、$x[\infty]$。

(1) $X(z) = \dfrac{z(z+1)}{(z^2-1)(z+0.5)}$;

(2) $X(z) = \dfrac{2z^2}{\left(z-\dfrac{1}{2}\right)\left(z+\dfrac{1}{3}\right)}$。

7-7 已知 $X(z) = \mathscr{Z}\{x[k]\}$，$x[k] = a^k \mathrm{u}[k]$，不计算 $X(z)$，利用 z 变换的性质，求下列各式对应的时域表达式。

(1) $X_1(z) = z^{-N}X(z)$;

(2) $X_2(z) = X(2z)$;

(3) $X_3(z) = z^{-N}X(2z)$;

(4) $X_4(z) = zX'(z)$;

(5) $X_5(z) = \dfrac{1}{1-z^{-1}}X(z)$;

(6) $X_6(z) = X(-z)$。

7-8 用部分分式展开法求以下各式的单边 z 反变换 $x[k]$。

(1) $X(z) = \dfrac{z^{-2}}{2-z^{-1}-z^{-2}}$;

(2) $X(z) = \dfrac{1-z^{-1}}{1+\dfrac{5}{4}z^{-1}+\dfrac{3}{8}z^{-2}}$;

(3) $X(z) = \dfrac{1}{(1-z^{-1})(1+z^{-2})}$;

(4) $X(z) = \dfrac{1-4z^{-1}}{(1-z^{-1})(1+5z^{-1}+6z^{-2})}$;

(5) $X(z) = \dfrac{2}{z^2-z-2}$;

(6) $X(z) = \dfrac{2z+1}{z^2+3z+2}$;

（7）$X(z) = \dfrac{z}{(z^2+z+1)(z-1)}$；　　　　（8）$X(z) = \dfrac{z}{(z-1)^2(z+1)}$。

7-9 求以下各式的单边 z 反变换 $x[k]$。

（1）$X(z) = \dfrac{z^{-1}}{1+\dfrac{1}{4}z^{-2}}$；　　　　（2）$X(z) = \dfrac{1}{(1-z^{-1})^2}$；

（3）$X(z) = \dfrac{1}{(1-z^{-1})^3}$；　　　　（4）$X(z) = \left(1+\dfrac{1}{4}z^{-2}\right)^2$。

7-10 试求以下序列的双边 z 变换及其收敛域。

（1）$x[k] = 2^k u[k] + 3^k u[k]$；　　　　（2）$x[k] = 2^k u[k] - 3^k u[-k-1]$；

（3）$x[k] = -2^k u[-k-1] + 3^k u[k]$；　　　（4）$x[k] = -2^k u[-k-1] - 3^k u[-k-1]$。

7-11 根据 z 变换的性质求以下序列的双边 z 变换及其收敛域。

（1）$x[k] = u[-k]$；　　　　（2）$x[k] = a^k u[-k]$；

（3）$x[k] = a^{k+N} u[k+N]$；　　　（4）$x[k] = a^{|k|}$。

7-12 用部分分式展开法求以下各式的双边 z 反变换 $x[k]$。

（1）$X(z) = \dfrac{1+z^{-1}}{1+2.5z^{-1}+z^{-2}},\ |z|<0.5$；

（2）$X(z) = \dfrac{1+z^{-1}}{1+2.5z^{-1}+z^{-2}},\ 0.5<|z|<2$；

（3）$X(z) = \dfrac{1+z^{-1}}{1+2.5z^{-1}+z^{-2}},\ |z|>2$。

7-13 求下列各因果离散 LTI 系统的零输入响应、零状态响应和完全响应。

（1）$y[k] - \dfrac{1}{3}y[k-1] = x[k],\ x[k] = \left(\dfrac{1}{2}\right)^k u[k],\ y[-1] = 1$；

（2）$y[k] - \dfrac{1}{3}y[k-1] = x[k],\ x[k] = \left(\dfrac{1}{3}\right)^k u[k],\ y[-1] = 1$；

（3）$y[k] - \dfrac{1}{3}y[k-1] = x[k] + x[k-1],\ x[k] = \left(\dfrac{1}{2}\right)^k u[k],\ y[-1] = 1$；

（4）$y[k] - \dfrac{4}{3}y[k-1] + \dfrac{1}{3}y[k-2] = x[k],\ x[k] = \left(\dfrac{1}{2}\right)^k u[k],\ y[-1] = 1,$
$y[-2] = 2$；

（5）$y[k] + y[k-1] - 2y[k-2] = x[k-1] + 2x[k-2],\ x[k] = u[k],\ y[-1] = -0.5,\ y[-2] = 0.25$；

（6）$y[k] + y[k-2] = x[k] - x[k-2],\ x[k] = \left(\dfrac{1}{2}\right)^k u[k],\ y[-1] = 2,\ y[-2] = 0$。

7-14　已知某离散 LTI 系统在阶跃信号 $u[k]$ 激励下产生的阶跃响应为 $g[k] = \left(\dfrac{1}{2}\right)^k u[k]$，试求：

（1）该系统的系统函数 $H(z)$ 和单位脉冲响应 $h[k]$；

（2）在 $x[k] = \left(\dfrac{1}{3}\right)^k u[k]$ 激励下产生的零状态响应 $y[k]$。

7-15　已知描述某因果离散 LTI 系统的差分方程为

$$y[k] - \frac{3}{4}y[k-1] + \frac{1}{8}y[k-2] = x[k]$$

求此系统的系统函数 $H(z)$，系统的单位脉冲响应 $h[k]$ 及其阶跃响应 $g[k]$。

7-16　描述某因果离散 LTI 系统的差分方程为：

$$y[k] + 3y[k-1] + 2y[k-2] = x[k]$$

已知 $x[k] = u[k]$，$y[-1] = -2$，$y[-2] = 3$，由 z 域求解：

（1）零输入响应 $y_{zi}[k]$，零状态响应 $y_{zs}[k]$，完全响应 $y[k]$；

（2）系统函数 $H(z)$，单位脉冲响应 $h[k]$；

（3）若 $x[k] = u[k] - u[k-5]$，重求（1）、（2）。

7-17　某因果离散 LTI 系统初始状态为 $y[-1] = 8$，$y[-2] = 2$，当输入 $x[k] = (0.5)^k u[k]$ 时，输出响应为

$$y[k] = 4(0.5)^k u[k] - 0.5k(0.5)^{k-1} u[k-1] - (-0.5)^k u[k]$$

求系统函数 $H(z)$。

7-18　已知描述因果离散 LTI 系统的差分方程为

$$y[k] - 2y[k-1] = 2x[k] + 4x[k-1]$$

当该系统的输入序列为 $\{1, 1, 2, 3; k = 0, 1, 2, 3\}$ 时，求此系统的零状态响应 $y_{zs}[k]$。

7-19　已知描述因果离散 LTI 系统的差分方程为：

$$y[k] - 3y[k-1] + 2y[k-2] = x[k-1] - 2x[k-2]$$

系统的初始状态为 $y[-1] = -\dfrac{1}{2}$，$y[-2] = -\dfrac{3}{4}$，当输入信号序列为 $x[k]$ 时，系统的完全响应 $y[k] = 2(2^k - 1)$，$k \geq 0$，试求 $x[k]$。

7-20　某因果离散 LTI 系统，其初始状态为零，当输入 $x[k] = u[k]$ 时，测得输出

$$y[k] = \left[\left(\frac{1}{2}\right)^k - \left(\frac{1}{3}\right)^k + 2\right] u[k]$$

试确定描述该系统的差分方程。

7-21　已知某因果离散 LTI 系统的系统函数 $H(z)$，试画出其零极点分布图，并判断系统的稳定性。

$$H(z) = \cfrac{z+1}{z\left(z^2+2z+\cfrac{3}{4}\right)}$$

7-22 试画出下列离散 LTI 系统的直接形式,级联和并联形式模拟框图。

（1）$H(z) = \cfrac{1+z^{-2}}{\left(1+\cfrac{1}{2}z^{-1}\right)\left(1-\cfrac{1}{3}z^{-1}\right)}$；

（2）$H(z) = \cfrac{1+2z^{-1}}{\left(1-z^{-1}+\cfrac{1}{2}z^{-2}\right)\left(1-\cfrac{1}{2}z^{-1}\right)}$；

（3）$H(z) = \cfrac{2z+1}{z(z-1)(z-0.5)^2}$；

（4）$H(z) = \cfrac{z(z+2)}{(z-0.8)(z+0.4)(z-0.6)}$。

7-23 已知某因果离散 LTI 系统函数 $H(z)$ 的零极点分布图如题 7-23 图所示,试定性画出各系统单位脉冲响应 $h[k]$ 的波形和系统的幅度响应曲线。

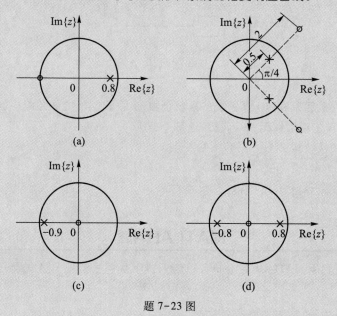

题 7-23 图

7-24 已知因果离散 LTI 系统的模拟框图如题 7-24 图所示,求系统函数 $H(z)$,并确定系统稳定时 K 的范围。

7-25 已知因果离散 LTI 系统的单位脉冲响应,求系统的系统函数 $H(z)$、描述系统的差分方程、系统的模拟框图,并判断系统是否稳定。

（1）$h[k] = \{\overset{\downarrow}{1}, 2, 3, 1, 1\}$；

（2）$h[k] = 2^k \mathrm{u}[k]$；

（3）$h[k] = \delta[k] - \left(\cfrac{1}{4}\right)^k \mathrm{u}[k]$；

（4）$h[k] = \left(\cfrac{1}{3}\right)^k \mathrm{u}[k] - \left(\cfrac{1}{4}\right)^k \mathrm{u}[k]$。

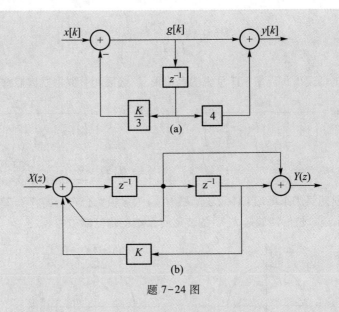

题 7-24 图

7-26　已知因果离散 LTI 系统的系统函数，求系统的单位脉冲响应、描述系统的差分方程、系统的模拟框图，并判断系统是否稳定。

（1）$H(z) = \dfrac{1-z^{-1}}{6+5z^{-1}+z^{-2}}$;

（2）$H(z) = 3+8z^{-1}+14z^{-2}+8z^{-3}+3z^{-4}$。

MATLAB习题

第 7 章部分
习题参考答案

M7-1　利用 MATLAB 的 residuez 函数，求下列各式的部分分式展开式及单边 z 反变换。

（1）$X(z) = \dfrac{2z^4+16z^3+44z^2+56z+32}{3z^4+3z^3-15z^2+18z-12}$;

（2）$X(z) = \dfrac{4z^4-8.68z^3-17.98z^2+26.74z-8.04}{z^4-2z^3+10z^2+6z+65}$。

M7-2　已知因果离散 LTI 系统的差分方程为
$$2y[k]-y[-1]-3y[k-2]=2x[k]-x[k-1]$$
$x[k]=0.5^k u[k]$，$y[-1]=1$，$y[-2]=3$，试用 filter 和 filteric 函数求系统的零输入响应、零状态响应和完全响应。

M7-3　利用 MATLAB 的 zplane(num,den) 函数，画出下列因果离散系统的零极点分布图，并判断系统的稳定性。

（1）$H(z) = \dfrac{2z^4 + 16z^3 + 44z^2 + 56z + 32}{3z^4 + 3z^3 - 15z^2 + 18z - 12}$；

（2）$H(z) = \dfrac{4z^4 - 8.68z^3 - 17.98z^2 + 26.74z - 8.04}{z^4 - 2z^3 + 10z^2 + 6z + 65}$。

M7-4 M 点的滑动平均系统的 $h[k]$ 定义为

$$h[k] = \begin{cases} \dfrac{1}{M}, & 0 \leqslant k \leqslant M-1 \\ 0, & \text{其他} \end{cases}$$

利用 freqz，abs，angle 函数画出 $M=9$ 时该系统的幅度响应和相位响应。

M7-5 已知离散时间 LTI 系统的单位脉冲响应 $h[k] = a^k \{ \mathrm{u}[k] - \mathrm{u}[k-N] \}$，$a>0$，求系统函数 $H(z)$，并画出系统的零极点分布图，以及系统幅度响应和相位响应。

M7-6 画出下列因果离散 LTI 系统的幅度响应和相位响应，并由频率响应判断系统属于哪类滤波器。

（1）$H(z) = \dfrac{0.244\,9z^{-1}}{1 - 1.158\,0z^{-1} + 0.411\,2z^{-2}}$；

（2）$H(z) = \dfrac{0.049\,5\,(1+z^{-1})^3}{1 - 1.161\,9z^{-1} + 0.695\,9z^{-2} - 0.137\,8z^{-3}}$；

（3）$H(z) = \dfrac{0.086\,(1+z^{-1})^2}{1 - 1.079\,4z^{-1} + 0.565\,5z^{-2}}$；

（4）$H(z) = \dfrac{\dfrac{1}{6}(1-z^{-1})^3}{1 + \left(\dfrac{1}{3}\right)z^{-2}}$。

M7-7 声波在遇到障碍物时，一部分声波会穿过障碍物，而另一部分声波会反射回来形成回声。回声信号 $r[k]$ 是由原声音信号 $x[k]$ 与回波信号 $\alpha\,x[k-N]$ 的叠加，回声信号 $r[k]$ 的数学模型为

$$r[k] = x[k] + \alpha\,x[k-N]$$

其中 α 描述了回波信号的衰减，通常 $0 < \alpha < 1$。

设计一个回声系统的逆系统 $H_1(z)$ 以消除回声，该逆系统满足

$$H_{\text{echo}}(z)H_1(z) = 1$$

如题 M7-7 图所示。由图可知，回声消除系统的输出为

$$Y(z) = H_1(z)R(z) = H_1(z)H_{\text{echo}}(z)X(z) = X(z)$$

（1）试求出回声产生系统的系统函数 $H_{\text{echo}}(z)$；

（2）试求出回声消除系统的系统函数 $H_1(z)$；

（3）已知回声信号 ch7echo.wav 中的参数为 $\alpha = 0.5$，$N = 18\,000$，试用（2）中求出的系统 $H_1(z)$ 和 MATLAB 函数 filter 进行回声消除；

（4）探讨利用 deconv 函数进行回声消除，并比较（3）和（4）处理的结果。

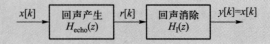

题 M7-7 图　回声消除系统

第 8 章　系统的状态变量分析

在前面的章节中讨论了系统的时域、频域和复频域分析,其分析方法都是着眼于寻求系统的输入与输出之间的关系,一旦建立了描述系统输入输出关系的数学模型,就不再关心系统内部的具体变化情况,而只考虑系统的时域特性以及频域特性对输出物理量的影响。这种研究系统输入和输出物理量随时间或随频率变化规律的方法,通常称为系统外部描述法。

随着系统的复杂化,系统常具有多个输入与输出变量,这时采用系统外部描述法就比较困难。此外,随着近代控制论的发展,人们不再只满足于研究系统输出量的变化,而同时需要研究系统内部的一些变量的变化规律,以便设计和控制这些参数,达到最佳控制的目的。因此需要有一种能有效地描述系统内部状态的方法,这就是系统的状态变量分析法。本章将介绍利用状态变量法描述系统的基本方法。

8.1　引言

在状态变量分析法中,需选择一组描述系统内部状态的变量 $q_1(t), q_2(t), \cdots, q_n(t)$,不仅要求这组变量的个数为最少,而且可由这组变量和系统输入表示系统所有的状态和输出,这组变量 $q_1(t), q_2(t), \cdots, q_n(t)$ 就称为系统的状态变量。由此可见,状态变量描述是一种系统内部描述的方法。

系统的状态变量描述一般分为两部分:

(1)描述系统状态变量与系统输入关系的状态方程;

(2)描述系统输出变量与系统状态变量及系统输入关系的输出方程。

系统状态变量分析的过程是先建立描述系统的状态方程和输出方程,再通过求解系统的状态方程获得系统状态变化规律,然后利用输出方程得到系统的输出响应。

下面通过一个简单的例子来说明状态变量分析法中的一些基本概念。

【例 8-1】 求出图 8-1 所示 *RLC* 电路的状态方程描述。并验证系统所有可能的输出都可由系统的状态变量和输入线性表示。

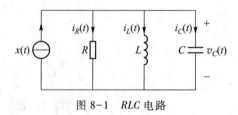

图 8-1　RLC 电路

解: 在 RLC 电路中,可选电感的电流和电容两端的电压作为系统的状态变量。选电感电流 $i_L(t)$ 和电容电压 $v_C(t)$ 为状态变量 $q_1(t)$, $q_2(t)$, 即

$$i_L(t) = q_1(t), v_C(t) = q_2(t)$$

根据图 8-1 电路,由电路理论以及电感和电容的特性可知

$$q_2(t) = L\frac{\mathrm{d}q_1(t)}{\mathrm{d}t} \qquad (8-1)$$

$$i_C(t) = C\frac{\mathrm{d}q_2(t)}{\mathrm{d}t}$$

由于

$$x(t) = i_R(t) + i_L(t) + i_C(t) = \frac{q_2(t)}{R} + q_1(t) + C\frac{\mathrm{d}q_2(t)}{\mathrm{d}t} \qquad (8-2)$$

由式(8-1)和式(8-2)可得描述系统的状态方程为

$$\frac{\mathrm{d}q_1(t)}{\mathrm{d}t} = \frac{1}{L}q_2(t)$$

$$\frac{\mathrm{d}q_2(t)}{\mathrm{d}t} = -\frac{1}{C}q_1(t) - \frac{1}{RC}q_2(t) + \frac{1}{C}x(t) \qquad (8-3)$$

系统每一个可能的输出都可表示为 $q_1(t)$, $q_2(t)$ 和 $x(t)$ 的线性组合,即

$$i_R(t) = \frac{q_2(t)}{R}$$

$$i_L(t) = q_1(t)$$

$$i_C(t) = -q_1(t) - \frac{q_2(t)}{R} + x(t)$$

$$v_C(t) = q_2(t)$$

该组方程称为系统的输出方程。由此可见,连续系统的状态方程为一阶微分方程组,而输出方程为代数方程。根据系统的状态方程式(8-3)可求得状态变量,就可以由系统的输入 $x(t)$ 及系统的状态 $q_1(t)$, $q_2(t)$ 求解出系统的所有输出。

输入输出方法通过微分方程描述连续系统的输入输出约束关系,或通过差分方程描述离散系统的输入输出约束关系,一般适用于单输入单输出(single input single output, SISO)系统,其只关注系统的输入和输出。状态变量分析方法的主要优点在于它不仅能够描述系统的内部规律,而且还能有效地描述多输入多输出(multi-input multi-output,MIMO)系统。由于状态方程都是由一阶的微分方程或差分方程组成,非常适合计算机进行数值计算。另外,时变和非线性系统也可用状态变量分析方法进行描述。

8.2　连续时间系统状态方程的建立

8.2.1　连续时间系统状态方程的普遍形式

对于 m 个输入 $x_1(t), x_2(t), \cdots, x_m(t)$, p 个输出 $y_1(t), y_2(t), \cdots, y_p(t)$ 以及 n 个状态变量 $q_1(t), q_2(t), \cdots, q_n(t)$ 的连续时间 LTI 系统,如图 8-2 所示,其状态方程的一般形式为

$$\dot{q}_1(t) = a_{11}q_1(t) + a_{12}q_2(t) + \cdots + a_{1n}q_n(t) + b_{11}x_1(t) + b_{12}x_2(t) + \cdots + b_{1m}x_m(t)$$

$$\dot{q}_2(t) = a_{21}q_1(t) + a_{22}q_2(t) + \cdots + a_{2n}q_n(t) + b_{21}x_1(t) + b_{22}x_2(t) + \cdots + b_{2m}x_m(t)$$

$$\vdots \qquad \qquad \vdots \qquad \qquad \qquad \qquad \vdots$$

$$\dot{q}_n(t) = a_{n1}q_1(t) + a_{n2}q_2(t) + \cdots + a_{nn}q_n(t) + b_{n1}x_1(t) + b_{n2}x_2(t) + \cdots + b_{nm}x_m(t)$$

$$(8-4)$$

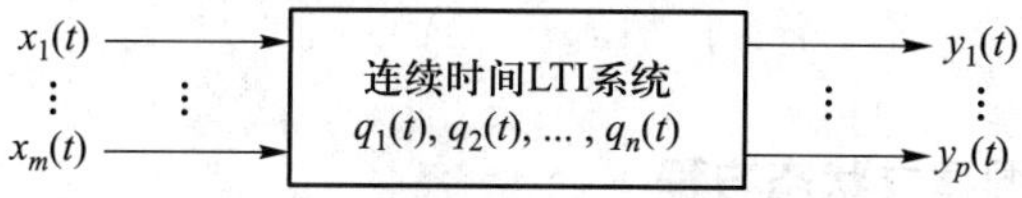

图 8-2　多输入多输出连续系统

式(8-4)称为系统的状态方程。

其中
$$\dot{q}_i(t) = \frac{\mathrm{d}q_i(t)}{\mathrm{d}t}, i = 1, 2, \cdots, n$$

由于是线性非时变系统,系数 $\{a_{kl}\}$ 与 $\{b_{kl}\}$ 都是与时间无关的常数。

系统状态方程也可以用矩阵形式表示为

$$\underbrace{\begin{bmatrix} \dot{q}_1(t) \\ \dot{q}_2(t) \\ \vdots \\ \dot{q}_n(t) \end{bmatrix}}_{\dot{\boldsymbol{q}}(t)} = \underbrace{\begin{bmatrix} a_{11} & a_{12} & \cdots & a_{1n} \\ a_{21} & a_{22} & \cdots & a_{2n} \\ \vdots & \vdots & & \vdots \\ a_{n1} & a_{n2} & \cdots & a_{nn} \end{bmatrix}}_{\boldsymbol{A}} \underbrace{\begin{bmatrix} q_1(t) \\ q_2(t) \\ \vdots \\ q_n(t) \end{bmatrix}}_{\boldsymbol{q}(t)} + \underbrace{\begin{bmatrix} b_{11} & b_{12} & \cdots & b_{1m} \\ b_{21} & b_{22} & \cdots & b_{2m} \\ \vdots & \vdots & & \vdots \\ b_{n1} & b_{n2} & \cdots & b_{nm} \end{bmatrix}}_{\boldsymbol{B}} \underbrace{\begin{bmatrix} x_1(t) \\ x_2(t) \\ \vdots \\ x_m(t) \end{bmatrix}}_{\boldsymbol{x}(t)}$$

$$(8-5)$$

即

$$\dot{\boldsymbol{q}}(t) = \boldsymbol{A}\boldsymbol{q}(t) + \boldsymbol{B}\boldsymbol{x}(t) \tag{8-6}$$

$\boldsymbol{q}(t)$ 称为系统的状态矢量，$\boldsymbol{x}(t)$ 称为输入矢量。

系统的输出方程可表示为

$$
\begin{aligned}
y_1(t) &= c_{11}q_1(t) + c_{12}q_2(t) + \cdots + c_{1n}q_n(t) + d_{11}x_1(t) + d_{12}x_2(t) + \cdots + d_{1m}x_m(t) \\
y_2(t) &= c_{21}q_1(t) + c_{22}q_2(t) + \cdots + c_{2n}q_n(t) + d_{21}x_1(t) + d_{22}x_2(t) + \cdots + d_{2m}x_m(t) \\
&\ \ \vdots \qquad\qquad\qquad \vdots \qquad\qquad\qquad\qquad \vdots \\
y_p(t) &= c_{p1}q_1(t) + c_{p2}q_2(t) + \cdots + c_{pn}q_n(t) + d_{p1}x_1(t) + d_{p2}x_2(t) + \cdots + d_{pm}x_m(t)
\end{aligned}
\tag{8-7}
$$

对于线性非时变系统，系数 $\{c_{kl}\}$ 与 $\{d_{kl}\}$ 都是与时间无关的常数。

输出方程的矩阵形式为

$$
\underbrace{\begin{bmatrix} y_1(t) \\ y_2(t) \\ \vdots \\ y_p(t) \end{bmatrix}}_{\boldsymbol{y}(t)} =
\underbrace{\begin{bmatrix} c_{11} & c_{12} & \cdots & c_{1n} \\ c_{21} & c_{22} & \cdots & c_{2n} \\ \vdots & \vdots & & \vdots \\ c_{p1} & c_{p2} & \cdots & c_{pn} \end{bmatrix}}_{\boldsymbol{C}}
\underbrace{\begin{bmatrix} q_1(t) \\ q_2(t) \\ \vdots \\ q_n(t) \end{bmatrix}}_{\boldsymbol{q}(t)} +
\underbrace{\begin{bmatrix} d_{11} & d_{12} & \cdots & d_{1m} \\ d_{21} & d_{22} & \cdots & d_{2m} \\ \vdots & \vdots & & \vdots \\ d_{p1} & d_{p2} & \cdots & d_{pm} \end{bmatrix}}_{\boldsymbol{D}}
\underbrace{\begin{bmatrix} x_1(t) \\ x_2(t) \\ \vdots \\ x_m(t) \end{bmatrix}}_{\boldsymbol{x}(t)}
\tag{8-8}
$$

即

$$\boldsymbol{y}(t) = \boldsymbol{C}\boldsymbol{q}(t) + \boldsymbol{D}\boldsymbol{x}(t) \tag{8-9}$$

$\boldsymbol{y}(t)$ 称为系统输出矢量。下面将具体讨论如何根据给定的系统建立系统的状态方程和输出方程。

8.2.2　由电路图建立状态方程

在已知电路结构和输入的前提下，在建立电路系统的状态方程时，首先要根据电路确定系统的状态变量的个数，电路系统状态变量的数目等于系统中独立动态元件数，然后建立系统的状态方程。一般地说，由电路直接建立状态方程的步骤如下：

（1）一般选择独立电感电流和独立电容电压作为状态变量；

（2）围绕电感电流的导数列写回路电压方程；

（3）围绕电容电压的导数列写节点电流方程；

（4）整理步骤（2）（3），即可得到状态方程；

（5）求解输出与状态变量和输入的关系，得到输出方程。

【例 8-2】　写出图 8-3 所示电路的状态方程和输出方程。

解：（1）电路中有一个电容和一个电感，所以该二阶电路系统需要两个状态变量。选择电容电压 $v_C(t)$ 和电感电流 $i_L(t)$ 作为系统的状态变量，即

$$q_1(t) = v_C(t) , \quad q_2(t) = i_L(t)$$

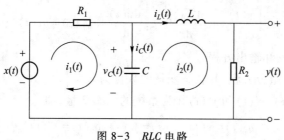

图 8-3 *RLC* 电路

（2）列写节点电流方程

$$C\dot{q}_1(t) = i_1(t) - i_2(t) = i_1(t) - q_2(t)$$

（3）列写回路电压方程

$$R_1 i_1(t) + q_1(t) = x(t)$$

$$L\dot{i}_2(t) + R_2 i_2(t) - q_1(t) = 0$$

（4）整理可得系统的状态方程为

$$\begin{cases} \dot{q}_1(t) = -\dfrac{1}{R_1 C} q_1(t) - \dfrac{1}{C} q_2(t) + \dfrac{1}{R_1 C} x(t) \\[3mm] \dot{q}_2(t) = \dfrac{1}{L} q_1(t) - \dfrac{R_2}{L} q_2(t) \end{cases}$$

系统的输出方程为

$$y(t) = R_2 q_2(t)$$

系统状态方程的矩阵形式为

$$\begin{bmatrix} \dot{q}_1(t) \\ \dot{q}_2(t) \end{bmatrix} = \begin{bmatrix} -\dfrac{1}{R_1 C} & -\dfrac{1}{C} \\[3mm] \dfrac{1}{L} & -\dfrac{R_2}{L} \end{bmatrix} \begin{bmatrix} q_1(t) \\ q_2(t) \end{bmatrix} + \begin{bmatrix} \dfrac{1}{R_1 C} \\[3mm] 0 \end{bmatrix} x(t)$$

系统输出方程的矩阵形式为

$$y(t) = \begin{bmatrix} 0 & R_2 \end{bmatrix} \begin{bmatrix} q_1(t) \\ q_2(t) \end{bmatrix}$$

8.2.3 由微分方程建立状态方程

如果已知描述连续系统的微分方程，则可以直接从微分方程得出系统的状态方程。下面举例说明。

【例 8-3】 已知某描述连续时间 LTI 系统的微分方程

$$\frac{d^3 y(t)}{dt^3} + a_2 \frac{d^2 y(t)}{dt^2} + a_1 \frac{dy(t)}{dt} + a_0 y(t) = bx(t)$$

试写出其状态方程和输出方程。

解：对于 n 阶微分方程，其状态变量的数目为 n。

一般选取 $y(t)$、$y'(t)$ 和 $y''(t)$ 作为系统的状态变量，即

$$q_1(t) = y(t), q_2(t) = y'(t), q_3(t) = y''(t)$$

根据微分方程和系统状态变量的选取，可得系统的状态方程为

$$\dot{q}_1(t) = q_2(t)$$

$$\dot{q}_2(t) = q_3(t)$$

$$\dot{q}_3(t) = y^{(3)}(t) = bx(t) - a_0 q_1(t) - a_1 q_2(t) - a_2 q_3(t)$$

系统的输出方程为

$$y(t) = q_1(t)$$

系统状态方程的矩阵形式为

$$\begin{bmatrix} \dot{q}_1(t) \\ \dot{q}_2(t) \\ \dot{q}_3(t) \end{bmatrix} = \begin{bmatrix} 0 & 1 & 0 \\ 0 & 0 & 1 \\ -a_0 & -a_1 & -a_2 \end{bmatrix} \begin{bmatrix} q_1(t) \\ q_2(t) \\ q_3(t) \end{bmatrix} + \begin{bmatrix} 0 \\ 0 \\ b \end{bmatrix} x(t)$$

系统输出方程的矩阵形式为

$$y(t) = \begin{bmatrix} 1 & 0 & 0 \end{bmatrix} \begin{bmatrix} q_1(t) \\ q_2(t) \\ q_3(t) \end{bmatrix}$$

8.2.4　由系统模拟框图建立状态方程

由模拟框图直接建立状态方程是一种比较直观而简单的方法，其一般规则是：

（1）选取积分器的输出端作为系统状态变量；

（2）围绕积分器的输入端列写系统状态方程；

（3）围绕连续系统输出端列写系统输出方程。

当系统函数确定后，其对应的模拟框图并不唯一。模拟框图一般有直接型、级联型和并联型。不同结构的模拟框图，得到的状态方程和输出方程不同，但状态变量的数目相同。下面通过一个例子来说明此问题。

【例 8-4】　已知某因果连续 LTI 系统的系统函数 $H(s)$ 为

$$H(s) = \frac{10s^2 + 17s + 3}{s^3 + 6s^2 + 11s + 6}$$

试画出其直接型、级联型和并联型的模拟框图,并写出相应的状态方程。

解:(1) 直接型

将 $H(s)$ 改写为

$$H(s) = \frac{10s^{-1} + 17s^{-2} + 3s^{-3}}{1 + 6s^{-1} + 11s^{-2} + 6s^{-3}}$$

则由上式可画出如图 8-4 所示的直接型模拟框图。

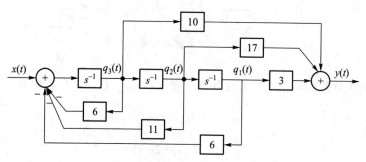

图 8-4 例 8-4 直接型模拟框图

选三个积分器输出端为系统的状态变量 $q_1(t)$,$q_2(t)$ 和 $q_3(t)$,则有

$$\dot{q}_1(t) = q_2(t)$$

$$\dot{q}_2(t) = q_3(t)$$

$$\dot{q}_3(t) = -6q_1(t) - 11q_2(t) - 6q_3(t) + x(t)$$

系统的输出方程为

$$y(t) = 3q_1(t) + 17q_2(t) + 10q_3(t)$$

状态方程的矩阵形式为

$$\begin{bmatrix} \dot{q}_1(t) \\ \dot{q}_2(t) \\ \dot{q}_3(t) \end{bmatrix} = \begin{bmatrix} 0 & 1 & 0 \\ 0 & 0 & 1 \\ -6 & -11 & -6 \end{bmatrix} \begin{bmatrix} q_1(t) \\ q_2(t) \\ q_3(t) \end{bmatrix} + \begin{bmatrix} 0 \\ 0 \\ 1 \end{bmatrix} x(t)$$

输出方程的矩阵形式为

$$y(t) = \begin{bmatrix} 3 & 17 & 10 \end{bmatrix} \begin{bmatrix} q_1(t) \\ q_2(t) \\ q_3(t) \end{bmatrix}$$

（2）级联型

将 $H(s)$ 表示为多个因式相乘的形式，即

$$H(s) = \left(\frac{1}{s+1}\right)\left(\frac{2s+3}{s+2}\right)\left(\frac{5s+1}{s+3}\right) = \left(\frac{s^{-1}}{1+s^{-1}}\right)\left(\frac{2+3s^{-1}}{1+2s^{-1}}\right)\left(\frac{5+s^{-1}}{1+3s^{-1}}\right)$$

由上式可得级联型模拟框图如图 8-5 所示。

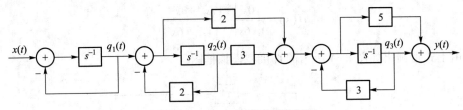

图 8-5　例 8-4 级联型模拟框图

选三个积分器的输出端为系统状态变量 $q_1(t)$，$q_2(t)$ 和 $q_3(t)$，则有

$$\dot{q}_1(t) = -q_1(t) + x(t)$$

$$\dot{q}_2(t) = q_1(t) - 2q_2(t)$$

$$\dot{q}_3(t) = 2[q_1(t) - 2q_2(t)] + 3q_2(t) - 3q_3(t) = 2q_1(t) - q_2(t) - 3q_3(t)$$

系统的输出方程为

$$y(t) = 5\,\dot{q}_3(t) + q_3(t) = 10q_1(t) - 5q_2(t) - 14q_3(t)$$

系统状态方程的矩阵形式为

$$\begin{bmatrix} \dot{q}_1(t) \\ \dot{q}_2(t) \\ \dot{q}_3(t) \end{bmatrix} = \begin{bmatrix} -1 & 0 & 0 \\ 1 & -2 & 0 \\ 2 & -1 & -3 \end{bmatrix} \begin{bmatrix} q_1(t) \\ q_2(t) \\ q_3(t) \end{bmatrix} + \begin{bmatrix} 1 \\ 0 \\ 0 \end{bmatrix} x(t)$$

系统输出方程的矩阵形式为

$$y(t) = \begin{bmatrix} 10 & -5 & -14 \end{bmatrix} \begin{bmatrix} q_1(t) \\ q_2(t) \\ q_3(t) \end{bmatrix}$$

（3）并联型

对 $H(s)$ 进行部分分式展开，可得

$$H(s) = \frac{-2}{s+1} - \frac{9}{s+2} + \frac{21}{s+3} = \frac{-2s^{-1}}{1+s^{-1}} - \frac{9s^{-1}}{1+2s^{-1}} + \frac{21s^{-1}}{1+3s^{-1}}$$

并联型模拟框图如图 8-6 所示。

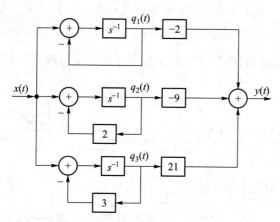

图 8-6 例 8-4 并联型模拟框图

选三个积分器的输出为系统状态变量 $q_1(t)$, $q_2(t)$ 和 $q_3(t)$, 则有

$$\dot{q}_1(t) = -q_1(t) + x(t)$$

$$\dot{q}_2(t) = -2q_2(t) + x(t)$$

$$\dot{q}_3(t) = -3q_3(t) + x(t)$$

系统的输出方程为

$$y(t) = -2q_1(t) - 9q_2(t) + 21q_3(t)$$

系统状态方程的矩阵形式为

$$\begin{bmatrix} \dot{q}_1(t) \\ \dot{q}_2(t) \\ \dot{q}_3(t) \end{bmatrix} = \begin{bmatrix} -1 & 0 & 0 \\ 0 & -2 & 0 \\ 0 & 0 & -3 \end{bmatrix} \begin{bmatrix} q_1(t) \\ q_2(t) \\ q_3(t) \end{bmatrix} + \begin{bmatrix} 1 \\ 1 \\ 1 \end{bmatrix} x(t)$$

对于并联型结构的状态方程, 其 A 矩阵是一对角矩阵。

系统输出方程的矩阵形式为

$$y(t) = \begin{bmatrix} -2 & -9 & 21 \end{bmatrix} \begin{bmatrix} q_1(t) \\ q_2(t) \\ q_3(t) \end{bmatrix}$$

由此可见, 系统的状态变量和状态方程不是唯一的。对同样一个系统, 可以用多种形式的状态方程来描述。虽然这些状态方程形式不同, 但它们所描述的输入和输出关系是等价的。

推广到一般情况, 对于 n 阶因果连续 LTI 系统, 其系统函数为

$$H(s) = \frac{b_m s^m + b_{m-1} s^{m-1} + \cdots + b_1 s + b_0}{s^n + a_{n-1} s^2 + \cdots + a_1 s + a_0} = \frac{k_1}{s - \lambda_1} + \frac{k_2}{s - \lambda_2} + \cdots + \frac{k_n}{s - \lambda_n} \tag{8-10}$$

其中 $n > m$。由式 (8-10)，图 8-7 分别画出了系统直接型和并联型的模拟框图。

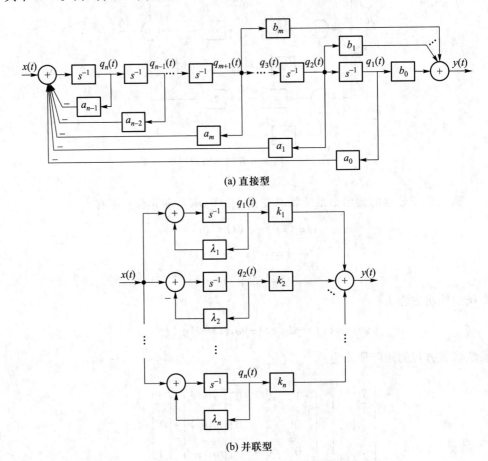

(a) 直接型

(b) 并联型

图 8-7 n 阶因果连续 LTI 系统的模拟框图

选择 n 个积分器的输出作为状态变量 $q_1(t)$，$q_2(t)$，$\cdots$，$q_n(t)$，则由图8-7(a)

$$\dot{q}_1(t) = q_2(t)$$

$$\dot{q}_2(t) = q_3(t)$$

$$\vdots \tag{8-11}$$

$$\dot{q}_{n-1}(t) = q_n(t)$$

$$\dot{q}_n(t) = -a_{n-1} q_n(t) - a_{n-2} q_{n-1}(t) - \cdots - a_1 q_2(t) - a_0 q_1(t) + x(t)$$

系统的输出方程为

$$y(t) = b_0 q_1(t) + b_1 q_2(t) + \cdots + b_m q_{m+1}(t) \qquad (8\text{-}12)$$

矩阵形式的状态方程和输出方程分别为

$$
\begin{bmatrix} \dot{q}_1(t) \\ \dot{q}_2(t) \\ \vdots \\ \dot{q}_{n-1}(t) \\ \dot{q}_n(t) \end{bmatrix}
=
\begin{bmatrix}
0 & 1 & 0 & \cdots & 0 & 0 \\
0 & 0 & 1 & \cdots & 0 & 0 \\
\vdots & \vdots & \vdots & & \vdots & \vdots \\
0 & 0 & 0 & \cdots & 0 & 1 \\
-a_0 & -a_1 & -a_2 & \cdots & -a_{n-2} & -a_{n-1}
\end{bmatrix}
\begin{bmatrix} q_1(t) \\ q_2(t) \\ \vdots \\ q_{n-1}(t) \\ q_n(t) \end{bmatrix}
+
\begin{bmatrix} 0 \\ 0 \\ \vdots \\ 0 \\ 1 \end{bmatrix}
x(t)
$$

$$(8\text{-}13)$$

$$
y = \begin{bmatrix} b_0 & b_1 & \cdots & b_m & 0 & \cdots & 0 \end{bmatrix}
\begin{bmatrix} q_1(t) \\ q_2(t) \\ \vdots \\ q_{m+1}(t) \\ q_{m+2}(t) \\ \vdots \\ q_n(t) \end{bmatrix}
\qquad (8\text{-}14)
$$

由图 8-7(b),系统的状态方程可写为

$$\dot{q}_1(t) = \lambda_1 q_1(t) + x(t)$$

$$\dot{q}_2(t) = \lambda_2 q_2(t) + x(t)$$

$$\vdots \qquad\qquad (8\text{-}15)$$

$$\dot{q}_n(t) = \lambda_n q_n(t) + x(t)$$

系统的输出方程为

$$y(t) = k_1 q_1(t) + k_2 q_2(t) + \cdots + k_n q_n(t) \qquad (8\text{-}16)$$

矩阵形式的状态方程和输出方程分别为

$$
\begin{bmatrix} \dot{q}_1(t) \\ \dot{q}_2(t) \\ \vdots \\ \dot{q}_{n-1}(t) \\ \dot{q}_n(t) \end{bmatrix}
=
\begin{bmatrix}
\lambda_1 & 0 & \cdots & 0 & 0 \\
0 & \lambda_2 & \cdots & 0 & 0 \\
\vdots & \vdots & & \vdots & \vdots \\
0 & 0 & \cdots & \lambda_{n-1} & 0 \\
0 & 0 & \cdots & 0 & \lambda_n
\end{bmatrix}
\begin{bmatrix} q_1(t) \\ q_2(t) \\ \vdots \\ q_{n-1}(t) \\ q_n(t) \end{bmatrix}
+
\begin{bmatrix} 1 \\ 1 \\ \vdots \\ 1 \\ 1 \end{bmatrix}
x(t)
\qquad (8\text{-}17)
$$

$$y(t) = \begin{bmatrix} k_1 & k_2 & \cdots & k_{n-1} & k_n \end{bmatrix} \begin{bmatrix} q_1(t) \\ q_2(t) \\ \vdots \\ q_{n-1}(t) \\ q_n(t) \end{bmatrix} \tag{8-18}$$

8.3　连续时间系统状态方程的求解

8.3.1　连续时间系统状态方程的时域求解

连续 LTI 系统状态方程的一般形式为

$$\dot{\boldsymbol{q}}(t) = \boldsymbol{A}\boldsymbol{q}(t) + \boldsymbol{B}\boldsymbol{x}(t) \tag{8-19}$$

状态方程的初始状态为

$$\boldsymbol{q}(0^-) = \begin{bmatrix} q_1(0^-) & q_2(0^-) & \cdots & q_n(0^-) \end{bmatrix}^{\mathrm{T}}$$

为求解状态方程中的状态变量,定义矩阵指数 e^{At} 为

$$\mathrm{e}^{At} = \boldsymbol{I} + \boldsymbol{A}t + \frac{1}{2!}\boldsymbol{A}^2 t^2 + \cdots + \frac{1}{k!}\boldsymbol{A}^k t^k + \cdots = \sum_{k=0}^{\infty} \frac{1}{k!}\boldsymbol{A}^k t^k \tag{8-20}$$

其中 $\boldsymbol{I}$ 是 $n \times n$ 的单位矩阵。由定义式(8-20)可知矩阵指数 e^{At} 是一个 $n \times n$ 矩阵函数。由矩阵指数 e^{At} 的定义式(8-20)易证:对任意实数 t 和 τ

$$\mathrm{e}^{A(t+\tau)} = \mathrm{e}^{At}\mathrm{e}^{A\tau} \tag{8-21}$$

取 $\tau = -t$,则由式(8-21)

$$\mathrm{e}^{At}\mathrm{e}^{-At} = \mathrm{e}^{A(t-t)} = \boldsymbol{I} \tag{8-22}$$

式(8-22)表明矩阵 e^{At} 是可逆的, e^{At} 的逆阵为 e^{-At}。矩阵函数的求导定义为对矩阵函数中的每一个元素求导,由式(8-20)可得矩阵指数 e^{At} 的导数为

$$\frac{\mathrm{d}}{\mathrm{d}t}\mathrm{e}^{At} = \boldsymbol{A} + \boldsymbol{A}^2 t + \frac{1}{2!}\boldsymbol{A}^3 t^2 + \frac{1}{3!}\boldsymbol{A}^4 t^3 + \cdots$$

$$= \boldsymbol{A}\left(\boldsymbol{I} + \boldsymbol{A}t + \frac{1}{2!}\boldsymbol{A}^2 t^2 + \frac{1}{3!}\boldsymbol{A}^3 t^3 + \cdots\right)$$

$$= \left(\boldsymbol{I} + \boldsymbol{A}t + \frac{1}{2!}\boldsymbol{A}^2 t^2 + \frac{1}{3!}\boldsymbol{A}^3 t^3 + \cdots\right)\boldsymbol{A}$$

即

$$\frac{\mathrm{d}}{\mathrm{d}t}\mathrm{e}^{At} = \boldsymbol{A}\mathrm{e}^{At} = \mathrm{e}^{At}\boldsymbol{A} \tag{8-23}$$

由矩阵函数的求导公式

$$\frac{\mathrm{d}}{\mathrm{d}t}(\boldsymbol{PR}) = \frac{\mathrm{d}\boldsymbol{P}}{\mathrm{d}t}\boldsymbol{R} + \boldsymbol{P}\frac{\mathrm{d}\boldsymbol{R}}{\mathrm{d}t} \qquad (8-24)$$

可得

$$\frac{\mathrm{d}}{\mathrm{d}t}(\mathrm{e}^{-At}\boldsymbol{q}(t)) = \left(\frac{\mathrm{d}}{\mathrm{d}t}\mathrm{e}^{-At}\right)\boldsymbol{q}(t) + \mathrm{e}^{-At}\dot{\boldsymbol{q}}(t) = -\mathrm{e}^{-At}\boldsymbol{A}\boldsymbol{q}(t) + \mathrm{e}^{-At}\dot{\boldsymbol{q}}(t) \qquad (8-25)$$

将式(8-19)两边同乘 e^{-At},并移项得

$$\mathrm{e}^{-At}\dot{\boldsymbol{q}}(t) - \mathrm{e}^{-At}\boldsymbol{A}\boldsymbol{q}(t) = \mathrm{e}^{-At}\boldsymbol{B}\boldsymbol{x}(t) \qquad (8-26)$$

比较式(8-25)和式(8-26)得

$$\frac{\mathrm{d}}{\mathrm{d}t}(\mathrm{e}^{-At}\boldsymbol{q}(t)) = \mathrm{e}^{-At}\boldsymbol{B}\boldsymbol{x}(t) \qquad (8-27)$$

对上式两边从 0^- 到 t 积分,得

$$\mathrm{e}^{-At}\boldsymbol{q}(t) - \boldsymbol{q}(0^-) = \int_{0^-}^{t}\mathrm{e}^{-A\tau}\boldsymbol{B}\boldsymbol{x}(\tau)\mathrm{d}\tau$$

再将上式两边同乘以矩阵指数 e^{At},并利用式(8-22),即可求得状态方程的一般解为

$$\boldsymbol{q}(t) = \mathrm{e}^{At}\boldsymbol{q}(0^-) + \int_{0^-}^{t}\mathrm{e}^{-A(\tau-t)}\boldsymbol{B}\boldsymbol{x}(\tau)\mathrm{d}\tau \qquad (8-28)$$

由式(8-28)即可求解出系统的状态变量,根据系统的状态变量和系统的输入,由输出方程即可得到系统的输出响应。同时,也可由系统的状态变量分析系统的内部状态及其特性。

矩阵卷积的定义和矩阵乘法的定义类似,只需将矩阵乘法中两个元素相乘的符号用卷积符号替换即可。例如两个 2×2 矩阵的卷积可写为

$$\begin{bmatrix} f_1 & f_2 \\ f_3 & f_4 \end{bmatrix} * \begin{bmatrix} g_1 & g_2 \\ g_3 & g_4 \end{bmatrix} = \begin{bmatrix} f_1 * g_1 + f_2 * g_3 & f_1 * g_2 + f_2 * g_4 \\ f_3 * g_1 + f_4 * g_3 & f_3 * g_2 + f_4 * g_4 \end{bmatrix}$$

定义状态转移矩阵(state transition matrix) $\boldsymbol{\phi}(t)$ 为

$$\boldsymbol{\phi}(t) = \mathrm{e}^{At}$$

利用上述定义,可将式(8-28)表示为

$$\boldsymbol{q}(t) = \boldsymbol{\phi}(t)\boldsymbol{q}(0^-) + \boldsymbol{\phi}(t)\boldsymbol{B} * \boldsymbol{x}(t) \qquad (8-29)$$

将上述结果代入输出方程得

$$y(t) = \boldsymbol{C}\boldsymbol{q}(t) + \boldsymbol{D}\boldsymbol{x}(t)$$

$$= \boldsymbol{C}\boldsymbol{\phi}(t)\boldsymbol{q}(0^-) + \boldsymbol{C}\boldsymbol{\phi}(t)\boldsymbol{B} * \boldsymbol{x}(t) + \boldsymbol{D}\boldsymbol{x}(t)$$

定义 $m \times m$ 的对角阵 $\boldsymbol{\delta}(t)$,即

$$\boldsymbol{\delta}(t) = \begin{bmatrix} \delta(t) & 0 & \cdots & 0 \\ 0 & \delta(t) & \cdots & 0 \\ \vdots & \vdots & & \vdots \\ 0 & 0 & \cdots & \delta(t) \end{bmatrix}$$

由 $\boldsymbol{\delta}(t)$ 的定义可得

$$\boldsymbol{\delta}(t) * \boldsymbol{x}(t) = \boldsymbol{x}(t)$$

故系统输出方程可写为

$$\boldsymbol{y}(t) = \boldsymbol{C\phi}(t)\boldsymbol{q}(0^-) + \boldsymbol{C\phi}(t)\boldsymbol{B} * \boldsymbol{x}(t) + \boldsymbol{D\delta}(t) * \boldsymbol{x}(t)$$
$$= \boldsymbol{C\phi}(t)\boldsymbol{q}(0^-) + [\boldsymbol{C\phi}(t)\boldsymbol{B} + \boldsymbol{D\delta}(t)] * \boldsymbol{x}(t) \tag{8-30}$$

当 $\boldsymbol{q}(0^-) = 0$，由上式可知系统的零状态响应为

$$\boldsymbol{y}_{zs}(t) = [\boldsymbol{C\phi}(t)\boldsymbol{B} + \boldsymbol{D\delta}(t)] * \boldsymbol{x}(t) = \boldsymbol{h}(t) * \boldsymbol{x}(t) \tag{8-31}$$

其中

$$\boldsymbol{h}(t) = \boldsymbol{C\phi}(t)\boldsymbol{B} + \boldsymbol{D\delta}(t) \tag{8-32}$$

式(8-32)中 $p \times m$ 的矩阵 $\boldsymbol{h}(t)$ 称为系统的单位冲激矩阵。当系统的第 k 个输入 $x_k(t) = \delta(t)$，其他输入为零时，由式(8-31)系统的第 l 个输出 $y_l(t)$ 为

$$y_l(t) = h_{lk}(t)$$

$h_{lk}(t)$ 是矩阵 $\boldsymbol{h}(t)$ 中第 l 行第 k 列元素。

8.3.2 连续时间系统状态方程的 s 域求解

连续 LTI 系统矩阵形式的状态方程为

$$\dot{\boldsymbol{q}}(t) = \boldsymbol{A}\boldsymbol{q}(t) + \boldsymbol{B}\boldsymbol{x}(t) \tag{8-33}$$

对上式进行单边 Laplace 变换可得

$$s\boldsymbol{Q}(s) - \boldsymbol{q}(0^-) = \boldsymbol{A}\boldsymbol{Q}(s) + \boldsymbol{B}\boldsymbol{X}(s)$$

经整理得

$$(s\boldsymbol{I} - \boldsymbol{A})\boldsymbol{Q}(s) = \boldsymbol{q}(0^-) + \boldsymbol{B}\boldsymbol{X}(s)$$

其中 $\boldsymbol{I}$ 是 $n \times n$ 的单位阵。如 $s\boldsymbol{I} - \boldsymbol{A}$ 可逆，则有

$$\boldsymbol{Q}(s) = (s\boldsymbol{I} - \boldsymbol{A})^{-1}(\boldsymbol{q}(0^-) + \boldsymbol{B}\boldsymbol{X}(s))$$
$$= \boldsymbol{\Phi}(s)(\boldsymbol{q}(0^-) + \boldsymbol{B}\boldsymbol{X}(s)) \tag{8-34}$$

其中

$$\boldsymbol{\Phi}(s) = (s\boldsymbol{I} - \boldsymbol{A})^{-1} \tag{8-35}$$

由式(8-34)可得

$$\boldsymbol{Q}(s) = \boldsymbol{\Phi}(s)\boldsymbol{q}(0^-) + \boldsymbol{\Phi}(s)\boldsymbol{B}\boldsymbol{X}(s) \tag{8-36}$$

对式(8-36)进行 Laplace 反变换得

$$\boldsymbol{q}(t) = \mathscr{L}^{-1}\{\boldsymbol{\Phi}(s)\}\boldsymbol{q}(0^-) + \mathscr{L}^{-1}\{\boldsymbol{\Phi}(s)\boldsymbol{B}\boldsymbol{X}(s)\} \tag{8-37}$$

由式(8-37)即可得到系统的状态矢量。

比较式(8-29)和式(8-37)可得

$$e^{\boldsymbol{A}t} = \mathscr{L}^{-1}\{\boldsymbol{\Phi}(s)\} = \mathscr{L}^{-1}\{(s\boldsymbol{I} - \boldsymbol{A})^{-1}\} \tag{8-38}$$

连续 LTI 系统输出方程的一般形式为

$$y(t) = Cq(t) + Dx(t) \tag{8-39}$$

对输出方程进行单边 Laplace 变换可得

$$Y(s) = CQ(s) + DX(s) \tag{8-40}$$

将式(8-36)带入式(8-40)可得

$$Y(s) = C[\boldsymbol{\Phi}(s)q(0^-) + \boldsymbol{\Phi}(s)BX(s)] + DX(s)$$

$$= C\boldsymbol{\Phi}(s)q(0^-) + [C\boldsymbol{\Phi}(s)B + D]X(s) \tag{8-41}$$

由上式可知系统的零输入响应的 Laplace 变换为

$$Y_{zi}(s) = C\boldsymbol{\Phi}(s)q(0^-) \tag{8-42}$$

系统的零状态响应的 Laplace 变换为

$$Y_{zs}(s) = [C\boldsymbol{\Phi}(s)B + D]X(s) \tag{8-43}$$

所以系统函数矩阵 $H(s)$ 为

$$H(s) = C\boldsymbol{\Phi}(s)B + D = C(sI - A)^{-1}B + D \tag{8-44}$$

$H(s)$ 是 $p \times m$ 的矩阵。矩阵 $H(s)$ 第 l 行第 k 列元素 $H_{lk}(s)$ 确定了系统第 k 个输入对第 l 个输出的贡献。

【例 8-5】　已知某因果连续 LTI 系统的状态方程和输出方程分别为

$$\begin{bmatrix} \dot{q}_1(t) \\ \dot{q}_2(t) \end{bmatrix} = \begin{bmatrix} 2 & 3 \\ 0 & -1 \end{bmatrix} \begin{bmatrix} q_1(t) \\ q_2(t) \end{bmatrix} + \begin{bmatrix} 0 & 1 \\ 1 & 0 \end{bmatrix} \begin{bmatrix} x_1(t) \\ x_2(t) \end{bmatrix}$$

$$\begin{bmatrix} y_1(t) \\ y_2(t) \end{bmatrix} = \begin{bmatrix} 1 & 1 \\ 0 & -1 \end{bmatrix} \begin{bmatrix} q_1(t) \\ q_2(t) \end{bmatrix} + \begin{bmatrix} 1 & 0 \\ 1 & 0 \end{bmatrix} \begin{bmatrix} x_1(t) \\ x_2(t) \end{bmatrix}$$

其初始状态和输入分别为

$$\begin{bmatrix} q_1(0^-) \\ q_2(0^-) \end{bmatrix} = \begin{bmatrix} 2 \\ -1 \end{bmatrix}, \begin{bmatrix} x_1(t) \\ x_2(t) \end{bmatrix} = \begin{bmatrix} u(t) \\ e^{-3t}u(t) \end{bmatrix}$$

求该系统的状态变量和输出。

解: 根据已知条件,由式(8-35)可得

$$\boldsymbol{\Phi}(s) = (sI - A)^{-1} = \begin{bmatrix} s-2 & -3 \\ 0 & s+1 \end{bmatrix}^{-1} = \frac{1}{(s-2)(s+1)} \begin{bmatrix} s+1 & 3 \\ 0 & s-2 \end{bmatrix}$$

$$= \begin{bmatrix} \dfrac{1}{(s-2)} & \dfrac{3}{(s-2)(s+1)} \\ 0 & \dfrac{1}{(s+1)} \end{bmatrix} \tag{8-45}$$

对 $x(t)$ 进行单边 Laplace 变换,可得

$$X(s) = \begin{bmatrix} \dfrac{1}{s} \\[2mm] \dfrac{1}{s+3} \end{bmatrix} \qquad (8\text{-}46)$$

将式(8-45)和式(8-46)代入式(8-36)得

$$\begin{bmatrix} Q_1(s) \\ Q_2(s) \end{bmatrix} = \boldsymbol{\Phi}(s)\boldsymbol{q}(0^-) + \boldsymbol{\Phi}(s)\boldsymbol{B}X(s)$$

$$= \begin{bmatrix} \dfrac{1}{s-2} & \dfrac{3}{(s-2)(s+1)} \\[3mm] 0 & \dfrac{1}{s+1} \end{bmatrix} \begin{bmatrix} 2 \\ -1 \end{bmatrix} + \begin{bmatrix} \dfrac{1}{s-2} & \dfrac{3}{(s-2)(s+1)} \\[3mm] 0 & \dfrac{1}{s+1} \end{bmatrix} \begin{bmatrix} 0 & 1 \\ 1 & 0 \end{bmatrix} \begin{bmatrix} \dfrac{1}{s} \\[2mm] \dfrac{1}{s+3} \end{bmatrix}$$

$$= \begin{bmatrix} \dfrac{1}{s-2} + \dfrac{1}{s+1} \\[3mm] -\dfrac{1}{s+1} \end{bmatrix} + \begin{bmatrix} \dfrac{0.7}{s-2} - \dfrac{1.5}{s} + \dfrac{1}{s+1} - \dfrac{0.2}{s+3} \\[3mm] \dfrac{1}{s} - \dfrac{1}{s+1} \end{bmatrix}$$

由输出方程及上式可得

$$\begin{bmatrix} Y_1(s) \\ Y_2(s) \end{bmatrix} = \begin{bmatrix} 1 & 1 \\ 0 & -1 \end{bmatrix} \begin{bmatrix} Q_1(s) \\ Q_2(s) \end{bmatrix} + \begin{bmatrix} 1 & 0 \\ 1 & 0 \end{bmatrix} \begin{bmatrix} \dfrac{1}{s} \\[2mm] \dfrac{1}{s+3} \end{bmatrix}$$

$$= \begin{bmatrix} \dfrac{1}{s-2} \\[3mm] \dfrac{1}{s+1} \end{bmatrix} + \begin{bmatrix} \dfrac{0.7}{s-2} + \dfrac{0.5}{s} - \dfrac{0.2}{s+3} \\[3mm] \dfrac{1}{s+1} \end{bmatrix}$$

对以上两式进行 Laplace 反变换,最后求得该系统的状态变量与输出响应分别为

$$\begin{bmatrix} q_1(t) \\ q_2(t) \end{bmatrix} = \begin{bmatrix} \mathrm{e}^{2t} + \mathrm{e}^{-t} \\ -\mathrm{e}^{-t} \end{bmatrix} + \begin{bmatrix} 0.7\mathrm{e}^{2t} + \mathrm{e}^{-t} - 0.2\mathrm{e}^{-3t} - 1.5 \\ 1 - \mathrm{e}^{-t} \end{bmatrix}$$

$$= \begin{bmatrix} 1.7\mathrm{e}^{2t} + 2\mathrm{e}^{-t} - 0.2\mathrm{e}^{-3t} - 1.5 \\ 1 - 2\mathrm{e}^{-t} \end{bmatrix}, t>0$$

$$\begin{bmatrix} y_1(t) \\ y_2(t) \end{bmatrix} = \underbrace{\begin{bmatrix} \mathrm{e}^{2t} \\ \mathrm{e}^{-t} \end{bmatrix}}_{\boldsymbol{y}_{\mathrm{zi}}(t)} + \underbrace{\begin{bmatrix} 0.7\mathrm{e}^{2t} - 0.2\mathrm{e}^{-3t} + 0.5 \\ \mathrm{e}^{-t} \end{bmatrix}}_{\boldsymbol{y}_{\mathrm{zs}}(t)} = \begin{bmatrix} 1.7\mathrm{e}^{2t} - 0.2\mathrm{e}^{-3t} + 0.5 \\ 2\mathrm{e}^{-t} \end{bmatrix}, t>0$$

8.4 离散时间系统状态方程的建立

8.4.1 离散时间系统状态方程的一般形式

离散时间系统状态方程具有与连续时间系统状态方程相似的形式,对于一个有 m 个输入 $x_1[k], x_2[k], \cdots, x_m[k]$,$p$ 个输出 $y_1[k], y_2[k], \cdots, y_p[k]$ 以及 n 个状态变量 $q_1[k], q_2[k], \cdots, q_n[k]$ 的离散时间 LTI 系统,如图 8-8 所示,其状态方程和输出方程的矩阵形式可写成

$$q[k+1] = Aq[k] + Bx[k] \tag{8-47}$$

$$y[k] = Cq[k] + Dx[k] \tag{8-48}$$

其中
$$A = \begin{bmatrix} a_{11} & a_{12} & \cdots & a_{1n} \\ a_{21} & a_{22} & \cdots & a_{2n} \\ \vdots & \vdots & & \vdots \\ a_{n1} & a_{n2} & \cdots & a_{nn} \end{bmatrix}, \quad B = \begin{bmatrix} b_{11} & b_{12} & \cdots & b_{1m} \\ b_{21} & b_{22} & \cdots & b_{2m} \\ \vdots & \vdots & & \vdots \\ b_{n1} & b_{n2} & \cdots & b_{nm} \end{bmatrix}$$

$$C = \begin{bmatrix} c_{11} & c_{12} & \cdots & c_{1n} \\ c_{21} & c_{22} & \cdots & c_{2n} \\ \vdots & \vdots & & \vdots \\ c_{p1} & c_{p2} & \cdots & c_{pn} \end{bmatrix}, \quad D = \begin{bmatrix} d_{11} & d_{12} & \cdots & d_{1m} \\ d_{21} & d_{22} & \cdots & d_{2m} \\ \vdots & \vdots & & \vdots \\ d_{p1} & d_{p2} & \cdots & d_{pm} \end{bmatrix}$$

$q[k]$ 为状态矢量,$x[k]$ 为输入矢量,$y[k]$ 为输出矢量。

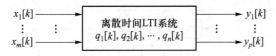

图 8-8　多输入多输出离散系统

离散时间系统状态方程的建立方法与连续系统相类似,下面给出由系统差分方程和系统模拟框图建立离散时间系统状态方程的具体过程。

8.4.2 由差分方程建立状态方程

若已知描述离散系统的差分方程,可直接将系统的差分方程转换为状态方程。

【例 8-6】 已知因果离散时间 LTI 系统的二阶差分方程为

$$y[k+2] + a_1 y[k+1] + a_0 y[k] = b_0 x[k]$$

试写出其状态方程和输出方程。

解:对于二阶差分方程,选 $y[k]$ 和 $y[k+1]$ 为系统的状态变量,即

$$q_1[k] = y[k], \quad q_2[k] = y[k+1]$$

则由差分方程可得系统的状态方程为

$$q_1[k+1] = y[k+1] = q_2[k]$$

$$q_2[k+1] = y[k+2] = b_0 x[k] - a_0 q_1[k] - a_1 q_2[k]$$

系统的输出方程为

$$y[k] = q_1[k]$$

系统状态方程的矩阵形式为

$$\begin{bmatrix} q_1[k+1] \\ q_2[k+1] \end{bmatrix} = \begin{bmatrix} 0 & 1 \\ -a_0 & -a_1 \end{bmatrix} \begin{bmatrix} q_1[k] \\ q_2[k] \end{bmatrix} + \begin{bmatrix} 0 \\ b_0 \end{bmatrix} x[k]$$

系统输出方程的矩阵形式为

$$y[k] = \begin{bmatrix} 1 & 0 \end{bmatrix} \begin{bmatrix} q_1[k] \\ q_2[k] \end{bmatrix}$$

8.4.3　由系统框图或系统函数建立状态方程

由离散系统的框图建立状态方程的一般规则是：

（1）选取延时器的输出端作为状态变量；

（2）围绕延时器的输入端列写状态方程；

（3）围绕离散系统的输出列写输出方程。

【例 8-7】　已知某四阶因果离散系统的直接型模拟框图如图 8-9 所示,试建立其状态方程和输出方程。

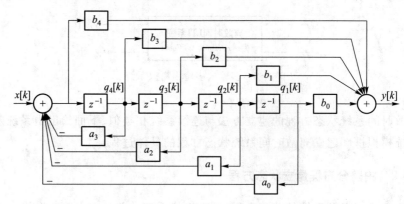

图 8-9　例 8-7 系统框图

解:选择延时器的输出端作为系统的状态变量,从右到左分别取为 $q_1[k]$, $q_2[k]$, $q_3[k]$ 和 $q_4[k]$,如图 8-9 所示。根据各延时器的输入端,可写出状态方程为

$$q_1[k+1] = q_2[k]$$

$$q_2[k+1]=q_3[k]$$
$$q_3[k+1]=q_4[k]$$
$$q_4[k+1]=x[k]-a_0q_1[k]-a_1q_2[k]-a_2q_3[k]-a_3q_4[k]$$

由系统的输出端列写输出方程

$$y[k]=b_0q_1[k]+b_1q_2[k]+b_2q_3[k]+b_3q_4[k]+b_4(x[k]-$$
$$a_0q_1[k]-a_1q_2[k]-a_2q_3[k]-a_3q_4[k])$$

系统状态方程的矩阵形式为

$$q[k+1]=\begin{bmatrix}0&1&0&0\\0&0&1&0\\0&0&0&1\\-a_0&-a_1&-a_2&-a_3\end{bmatrix}q[k]+\begin{bmatrix}0\\0\\0\\1\end{bmatrix}x[k]$$

系统输出方程的矩阵形式为

$$y[k]=\begin{bmatrix}b_0-b_4a_0&b_1-b_4a_1&b_2-b_4a_2&b_3-b_4a_3\end{bmatrix}q[k]+b_4x[k]$$

与连续系统建立状态方程的方法相类似,若已知离散系统的系统函数 $H(z)$,可先由 $H(z)$ 画出系统的框图,再根据模拟框图建立系统的状态方程。

【例 8-8】 已知某因果离散时间 LTI 系统的系统函数为

$$H(z)=\frac{3z^2+4}{z^3+\frac{1}{4}z^2-\frac{1}{4}z-\frac{1}{16}}$$

试求该系统的状态方程与输出方程。

解: 将系统函数 $H(z)$ 表示为 z 的负幂形式

$$H(z)=\frac{3z^{-1}+4z^{-3}}{1+\frac{1}{4}z^{-1}-\frac{1}{4}z^{-2}-\frac{1}{16}z^{-3}}$$

根据 $H(z)$ 可得图 8-10 所示系统的直接型模拟框图。选择延时器的输出 $q_1[k]$、$q_2[k]$ 和 $q_3[k]$ 为系统的状态变量,如图 8-10 所示,由此可得系统状态方程的矩阵形式为

$$\begin{bmatrix}q_1[k+1]\\q_2[k+1]\\q_3[k+1]\end{bmatrix}=\begin{bmatrix}0&1&0\\0&0&1\\\frac{1}{16}&\frac{1}{4}&-\frac{1}{4}\end{bmatrix}\begin{bmatrix}q_1[k]\\q_2[k]\\q_3[k]\end{bmatrix}+\begin{bmatrix}0\\0\\1\end{bmatrix}x[k]$$

系统输出方程的矩阵形式为

$$y[k]=\begin{bmatrix}4&0&3\end{bmatrix}\begin{bmatrix}q_1[k]\\q_2[k]\\q_3[k]\end{bmatrix}$$

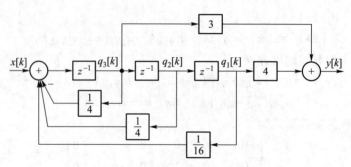

图 8-10　例 8-8 系统模拟框图

若根据系统函数画出系统级联结构或并联结构的模拟框图,则可以得到相应的状态方程和输出方程。

【例 8-9】　某二输入二输出的因果离散时间 LTI 系统的模拟框图如图 8-11 所示,试写出该系统的状态方程和输出方程。

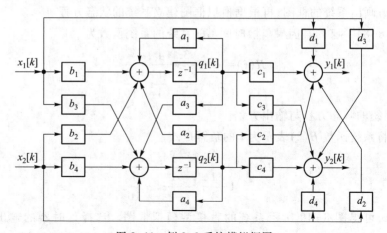

图 8-11　例 8-9 系统模拟框图

解:该离散时间系统有两个延时器,现分别选取其输出端 $q_1[k]$ 及 $q_2[k]$ 作为系统状态变量,如图 8-11 所示。由延时器输入端列写系统的状态方程为

$$q_1[k+1] = a_1 q_1[k] + a_2 q_2[k] + b_1 x_1[k] + b_1 x_2[k]$$

$$q_2[k+1] = a_3 q_1[k] + a_4 q_2[k] + b_3 x_1[k] + b_4 x_2[k]$$

由离散系统输出端列写系统的输出方程为

$$y_1[k+1] = c_1 q_1[k] + c_2 q_2[k] + d_1 x_1[k] + d_2 x_2[k]$$

$$y_2[k+1] = c_3 q_1[k] + c_4 q_2[k] + d_3 x_1[k] + d_4 x_2[k]$$

系统状态方程的矩阵形式为

$$\begin{bmatrix} q_1[k+1] \\ q_2[k+1] \end{bmatrix} = \begin{bmatrix} a_1 & a_2 \\ a_3 & a_4 \end{bmatrix} \begin{bmatrix} q_1[k] \\ q_2[k] \end{bmatrix} + \begin{bmatrix} b_1 & b_2 \\ b_3 & b_4 \end{bmatrix} \begin{bmatrix} x_1[k] \\ x_2[k] \end{bmatrix}$$

系统输出方程的矩阵形式为

$$\begin{bmatrix} y_1[k] \\ y_2[k] \end{bmatrix} = \begin{bmatrix} c_1 & c_2 \\ c_3 & c_4 \end{bmatrix} \begin{bmatrix} q_1[k] \\ q_2[k] \end{bmatrix} + \begin{bmatrix} d_1 & d_2 \\ d_3 & d_4 \end{bmatrix} \begin{bmatrix} x_1[k] \\ x_2[k] \end{bmatrix}$$

8.5　离散时间系统状态方程的求解

8.5.1　离散时间系统状态方程的时域求解

离散 LTI 系统的状态方程为

$$\boldsymbol{q}[k+1] = \boldsymbol{A}\boldsymbol{q}[k] + \boldsymbol{B}\boldsymbol{x}[k] \tag{8-49}$$

上式为一阶差分方程组,在给定系统的初始状态 $\boldsymbol{q}[k_0]$ 后,可直接用迭代法进行求解。这类运算非常适合计算机进行数值计算,这也正是利用状态方程描述系统的优点之一。由式(8-49)有

$$\boldsymbol{q}[k_0+1] = \boldsymbol{A}\boldsymbol{q}[k_0] + \boldsymbol{B}\boldsymbol{x}[k_0]$$

$$\boldsymbol{q}[k_0+2] = \boldsymbol{A}\boldsymbol{q}[k_0+1] + \boldsymbol{B}\boldsymbol{x}[k_0+1]$$

$$= \boldsymbol{A}^2\boldsymbol{q}[k_0] + \boldsymbol{A}\boldsymbol{B}\boldsymbol{x}[k_0] + \boldsymbol{B}\boldsymbol{x}[k_0+1]$$

$$\vdots$$

$$\boldsymbol{q}[k_0+k] = \boldsymbol{A}\boldsymbol{q}[k_0+k-1] + \boldsymbol{B}\boldsymbol{x}[k_0+k-1]$$

$$= \boldsymbol{A}^k\boldsymbol{q}[k_0] + \sum_{i=0}^{k-1} \boldsymbol{A}^{k-1-i}\boldsymbol{B}\boldsymbol{x}[i], \quad k > k_0 \tag{8-50}$$

若初始时刻 $k_0=0$,则有

$$\boldsymbol{q}[k] = \boldsymbol{A}^k\boldsymbol{q}[0] + \left(\sum_{i=0}^{k-1} \boldsymbol{A}^{k-1-i}\boldsymbol{B}\boldsymbol{x}[i] \right) \mathrm{u}[k-1] \tag{8-51}$$

将上式代入系统的输出方程得

$$\boldsymbol{y}[k] = \boldsymbol{C}\boldsymbol{q}[k] + \boldsymbol{D}\boldsymbol{x}[k]$$

$$= \boldsymbol{C}\boldsymbol{A}^k\boldsymbol{q}[0] + \left(\sum_{i=0}^{k-1} \boldsymbol{C}\boldsymbol{A}^{k-1-i}\boldsymbol{B}\boldsymbol{x}[i] \right) \mathrm{u}[k-1] + \boldsymbol{D}\boldsymbol{x}[k]$$

$$= \underbrace{\boldsymbol{C}\boldsymbol{A}^K\boldsymbol{q}[0]}_{\text{零输入响应}} + \underbrace{\left(\sum_{i=0}^{k-1} \boldsymbol{C}\boldsymbol{A}^{k-1-i}\boldsymbol{B}\boldsymbol{x}[i] \right) \mathrm{u}[k-1] + \boldsymbol{D}\boldsymbol{x}[k]}_{\text{零状态响应}} \tag{8-52}$$

定义 $m \times m$ 的对角矩阵 $\boldsymbol{\delta}[k]$,即

$$\pmb{\delta}[k] = \begin{bmatrix} \delta[k] & 0 & \cdots & 0 \\ 0 & \delta[k] & \cdots & 0 \\ \vdots & \vdots & & \vdots \\ 0 & 0 & \cdots & \delta[k] \end{bmatrix}$$

则有

$$\pmb{\delta}[k] * \pmb{x}[k] = \pmb{x}[k]$$

当 $\pmb{q}[0] = \pmb{0}$，由式(8-52)可得的系统的零状态响应为

$$\pmb{y}_{zs}[k] = (\pmb{CA}^{k-1}\pmb{B}\mathrm{u}[k-1] + \pmb{D\delta}[k]) * \pmb{x}[k]$$
$$= \pmb{h}[k] * \pmb{x}[k] \tag{8-53}$$

其中

$$\pmb{h}[k] = \pmb{CA}^{k-1}\pmb{B}\mathrm{u}[k-1] + \pmb{D\delta}[k] \tag{8-54}$$

称 $\pmb{h}[k]$ 为系统的单位脉冲响应矩阵。

8.5.2　离散时间系统状态方程的 z 域求解

离散 LTI 系统矩阵形式的状态方程为

$$\pmb{q}[k+1] = \pmb{Aq}[k] + \pmb{Bx}[k] \tag{8-55}$$

对上式两边进行单边 z 变换可得

$$z\pmb{Q}(z) - z\pmb{q}[0] = \pmb{AQ}(z) + \pmb{BX}(z)$$

经整理得

$$(z\pmb{I} - \pmb{A})\pmb{Q}(z) = z\pmb{q}[0] + \pmb{BX}(z)$$

其中 $\pmb{I}$ 是 $n{\times}n$ 的单位矩阵。如 $(z\pmb{I} - \pmb{A})$ 可逆，则有

$$\pmb{Q}(z) = (z\pmb{I} - \pmb{A})^{-1}z\pmb{q}[0] + (z\pmb{I} - \pmb{A})^{-1}\pmb{BX}(z) \tag{8-56}$$

对式(8-56)进行 z 反变换，即可得到离散 LTI 系统的状态变量

$$\pmb{q}[k] = \mathscr{Z}^{-1}\{(z\pmb{I} - \pmb{A})^{-1}z\pmb{q}[0]\} + \mathscr{Z}^{-1}\{(z\pmb{I} - \pmb{A})^{-1}\pmb{BX}(z)\} \tag{8-57}$$

离散 LTI 系统输出方程的一般形式为

$$\pmb{y}[k] = \pmb{Cq}[k] + \pmb{Dx}[k]$$

对输出方程进行单边 z 变换可得

$$\pmb{Y}(z) = \pmb{CQ}(z) + \pmb{DX}(z)$$

将式(8-56)带入上式得

$$\pmb{Y}(z) = \pmb{C}(z\pmb{I} - \pmb{A})^{-1}z\pmb{q}[0] + [\pmb{C}(z\pmb{I} - \pmb{A})^{-1}\pmb{B} + \pmb{D}]\pmb{X}(z) \tag{8-58}$$

由上式可知系统的零输入响应的 z 变换为

$$\pmb{Y}_{zi}(z) = \pmb{C}(z\pmb{I} - \pmb{A})^{-1}z\pmb{q}[0] \tag{8-59}$$

系统的零状态响应的 z 变换为

$$\pmb{Y}_{zs}(z) = [\pmb{C}(z\pmb{I} - \pmb{A})^{-1}\pmb{B} + \pmb{D}]\pmb{X}(z) \tag{8-60}$$

系统函数矩阵 $\pmb{H}(z)$ 为

$$H(z) = C(zI-A)^{-1}B+D \qquad (8-61)$$

$H(z)$ 是 $p{\times}m$ 的矩阵。矩阵 $H(z)$ 第 l 行第 k 列元素 $H_{lk}(z)$ 确定了系统第 k 个输入对第 l 个输出的贡献。

【例 8-10】 已知某因果离散时间 LTI 系统的状态方程为

$$\begin{bmatrix} q_1[k+1] \\ q_2[k+1] \end{bmatrix} = \begin{bmatrix} 0 & 1 \\ -\dfrac{1}{6} & \dfrac{5}{6} \end{bmatrix} \begin{bmatrix} q_1[k] \\ q_2[k] \end{bmatrix} + \begin{bmatrix} 0 \\ 1 \end{bmatrix} x[k]$$

输出方程为

$$\begin{bmatrix} y_1[k] \\ y_2[k] \end{bmatrix} = \begin{bmatrix} -1 & 5 \\ 2 & 0 \end{bmatrix} \begin{bmatrix} q_1[k] \\ q_2[k] \end{bmatrix}$$

系统的初始状态及输入分别为

$$\begin{bmatrix} q_1[0] \\ q_2[0] \end{bmatrix} = \begin{bmatrix} 2 \\ 3 \end{bmatrix}, \quad x[k] = u[k]$$

试求解该系统的零状态响应、零输入响应和完全响应。

解：因为 D 为零，由式(8-60)可得

$$\begin{aligned} Y_{zs}(z) &= C(zI-A)^{-1}BX(z) \\ &= \begin{bmatrix} -1 & 5 \\ 2 & 0 \end{bmatrix} \begin{bmatrix} z & -1 \\ \dfrac{1}{6} & z-\dfrac{5}{6} \end{bmatrix}^{-1} \begin{bmatrix} 0 \\ 1 \end{bmatrix} \frac{z}{z-1} = \frac{1}{\left(z-\dfrac{1}{2}\right)\left(z-\dfrac{1}{3}\right)(z-1)} \begin{bmatrix} 5z^2-z \\ 2z \end{bmatrix} \end{aligned}$$

由部分分式展开得

$$Y_{zs}(z) = \begin{bmatrix} \dfrac{12z}{z-1} + \dfrac{-18z}{z-\dfrac{1}{2}} + \dfrac{6z}{z-\dfrac{1}{3}} \\[4mm] \dfrac{6z}{z-1} + \dfrac{-24z}{z-\dfrac{1}{2}} + \dfrac{18z}{z-\dfrac{1}{3}} \end{bmatrix}$$

所以系统的零状态响应为

$$y_{zs}[k] = \begin{bmatrix} \left[12-18{\times}\left(\dfrac{1}{2}\right)^k + 6{\times}\left(\dfrac{1}{3}\right)^k \right] u[k] \\[4mm] \left[6-24{\times}\left(\dfrac{1}{2}\right)^k + 18{\times}\left(\dfrac{1}{3}\right)^k \right] u[k] \end{bmatrix}$$

由式(8-59)可得系统零输入响应的 z 变换为

$$Y_{zi}(z) = C(zI-A)^{-1}zq[0]$$

$$= \begin{bmatrix} -1 & 5 \\ 2 & 0 \end{bmatrix} \begin{bmatrix} z & -1 \\ \dfrac{1}{6} & z-\dfrac{5}{6} \end{bmatrix}^{-1} \begin{bmatrix} 2 \\ 3 \end{bmatrix} z = \begin{bmatrix} \dfrac{21z}{z-\dfrac{1}{2}} & \dfrac{8z}{z-\dfrac{1}{3}} \\[4mm] \dfrac{28z}{z-\dfrac{1}{2}} & +\dfrac{-24z}{z-\dfrac{1}{3}} \end{bmatrix}$$

所以系统的零输入响应为

$$\boldsymbol{y}_{\mathrm{zi}}[k] = \begin{bmatrix} 21\times\left(\dfrac{1}{2}\right)^{k} - 8\times\left(\dfrac{1}{3}\right)^{k} \\[4mm] 28\times\left(\dfrac{1}{2}\right)^{k} - 24\times\left(\dfrac{1}{3}\right)^{k} \end{bmatrix}, \quad k\geqslant 0$$

系统的完全响应为

$$\boldsymbol{y}[k] = \boldsymbol{y}_{\mathrm{zs}}[k] + \boldsymbol{y}_{\mathrm{zi}}[k] = \begin{bmatrix} 12+3\times\left(\dfrac{1}{2}\right)^{k} - 2\times\left(\dfrac{1}{3}\right)^{k} \\[4mm] 6+4\times\left(\dfrac{1}{2}\right)^{k} - 6\times\left(\dfrac{1}{3}\right)^{k} \end{bmatrix}, \quad k\geqslant 0$$

8.6　利用 MATLAB 进行系统的状态变量分析

8.6.1　微分方程到状态方程的转换

MATLAB 提供的函数 tf2ss,可将描述系统的微分方程转换为相应的状态方程,函数调用形式如下:

$$[\mathrm{A,B,C,D}] = \mathrm{tf2ss(num,den)}$$

其中 num,den 分别表示系统函数 $H(s)$ 的分子和分母多项式系数矩阵。A,B,C,D 分别为状态方程和输出方程的系数矩阵。

【例 8-11】　描述因果连续 LTI 系统的微分方程为

$$y''(t) + 5y'(t) + 10y(t) = x'(t) + 4x(t)$$

试求该系统的状态方程。

解:由

$$[\mathrm{A,B,C,D}] = \mathrm{tf2ss}([\,1\ 4\,],[\,1\ 5\ 10\,])$$

可得

$$\mathrm{A} = \begin{bmatrix} -5 & -10 \\ 1 & 0 \end{bmatrix}; \quad \mathrm{B} = \begin{bmatrix} 1 \\ 0 \end{bmatrix}; \quad \mathrm{C} = [\,1\ \ 4\,]; \quad \mathrm{D} = 0$$

所以系统的状态方程和输出方程分别为

$$\begin{bmatrix} \dot{q}_1(t) \\ \dot{q}_2(t) \end{bmatrix} = \begin{bmatrix} -5 & -10 \\ 1 & 0 \end{bmatrix} \begin{bmatrix} q_1(t) \\ q_2(t) \end{bmatrix} + \begin{bmatrix} 1 \\ 0 \end{bmatrix} x(t)$$

$$y(t) = \begin{bmatrix} 1 & 4 \end{bmatrix} \begin{bmatrix} q_1(t) \\ q_2(t) \end{bmatrix}$$

8.6.2 系统函数矩阵的计算

利用 MATLAB 提供的函数 ss2tf,可以根据系统的状态方程和输出方程计算出相应的系统函数矩阵 $\boldsymbol{H}(s)$,函数调用形式如下:

[num,den]= ss2tf(A,B,C,D,k)

其中 A,B,C,D 分别为状态方程和输出方程中的系数矩阵。k 表示函数 ss2tf 计算与第 k 个输入相关的系统函数,即 $\boldsymbol{H}(s)$ 的第 k 列。num 表示 $\boldsymbol{H}(s)$ 第 k 列的 m 个元素的分子多项式,den 表示 $\boldsymbol{H}(s)$ 公共的分母多项式。

【例 8-12】 利用 MATLAB 计算例 8-5 的系统函数矩阵 $\boldsymbol{H}(s)$。

解:由

```
A=[2 3;0 -1];B=[0 1;1 0];
C=[1 1;0 -1];D=[1 0;1 0];
[B1,A1]=ss2tf(A,B,C,D,1);
[B2,A2]=ss2tf(A,B,C,D,2);
```

可得

```
num1 =
    1    0   -1
    1   -2    0
den1 =
    1   -1   -2
num2 =
    0    1    1
    0    0    0
den2 =
    1   -1   -2
```

所以系统函数矩阵 $\boldsymbol{H}(s)$ 为

$$\boldsymbol{H}(s) = \frac{1}{s^2-s-2}\begin{bmatrix} s^2-1 & s+1 \\ s^2-2s & 0 \end{bmatrix} = \begin{bmatrix} \dfrac{s+1}{s-2} & \dfrac{1}{s-2} \\ \dfrac{s}{s+1} & 0 \end{bmatrix}$$

8.6.3　利用 MATLAB 求解连续时间系统状态方程

连续 LTI 系统状态方程的一般形式为

$$\dot{\boldsymbol{q}}(t) = \boldsymbol{A}\boldsymbol{q}(t) + \boldsymbol{B}\boldsymbol{x}(t)$$

$$\boldsymbol{y}(t) = \boldsymbol{C}\boldsymbol{q}(t) + \boldsymbol{D}\boldsymbol{x}(t)$$

可用函数 lsim 获得状态方程的数值解。lsim 的基本调用形式为

$$[\text{y,tout,q}] = \text{lsim(sys,x,t,q0)}$$

  sys——连续系统模型,由函数 ss(A,B,C,D)获得;

   t——输入信号的时间样点;

 x(:,n)——系统第 n 个输入在 t 时刻的值;

   q0——系统的初始状态;

  tout——输出信号的时间样点(有可能与输入 t 不同);

 y(:,n)——系统的第 n 个输出在 tout 时刻的值;

 q(:,n)——系统的第 n 个状态在 tout 时刻的值。

【例 8-13】　利用 MATLAB 计算例 8-5 的数值解。

解:MATLAB 程序如下:

```
% Program8_1
clear;
A=[2 3;0 -1];B=[0 1; 1 0];
C=[1 1; 0 -1];D=[1 0; 1 0];
q0=[2 -1];
dt=0.01;
t=0:dt:2;
x(:,1)=ones(length(t),1);
x(:,2)=exp(-3*t)';
sys=ss(A,B,C,D);
[y,t,q]=lsim(sys,x,t,q0);
subplot(2,1,1);
plot(t,y(:,1),'r');ylabel('y1(t)');
xlabel('t');
subplot(2,1,2);
plot(t,y(:,2));ylabel('y2(t)');
xlabel('t');
```

程序运行的结果如图 8-12 所示。

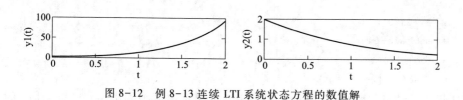

图 8-12 例 8-13 连续 LTI 系统状态方程的数值解

8.6.4 利用 MATLAB 求解离散时间系统状态方程

离散 LTI 系统状态方程的一般形式为

$$q[k+1]=Aq[k]+Bx[k]$$
$$y[k]=Cq[k]+Dx[k]$$

可用函数 lsim 获得离散时间状态方程的数值解。用 lsim 求解离散系统的状态方程的基本调用形式为

$$[y,k,q]=lsim(sys,x,[\ ],q0)$$

  sys——离散系统模型,由函数 ss(A,B,C,D,[ ])获得;

x(:,n)——系统第 n 个输入;

  q0——系统的初始状态;

  k——输出样点;

y(:,n)——系统的第 n 个输出;

q(:,n)——系统的第 n 个状态。

【**例 8-14**】 利用 MATLAB 计算例 8-10 的数值解。

解:MATLAB 程序如下:

```
% Program 8_2
clear;
A=[0 1;-1/6 5/6];B=[0;1];
C=[-1 5; 2 0];D=zeros(2,1);
q0=[2;3];
N=10;
k=0:N-1;
x=ones(1,N);
sys=ss(A,B,C,D,[ ]);
[y,k,q]=lsim(sys,x,[ ],q0);
subplot(1,2,1);
y1=y(:,1)';
stem(k,y1-12);
xlabel('k');
ylabel('y_{1}[k]-12');
subplot(1,2,2);
```

```
y2 =y(:,2)';
stem(k,y2-6);
xlabel('k');
ylabel('y_{2}[k]-6');
```

程序运行的结果如图 8-13 所示。为了清楚地显示出系统输出 $y_1[k]$ 与 $y_2[k]$ 的变化规律,在画图时幅度上分别减去了常数 12 和 6。

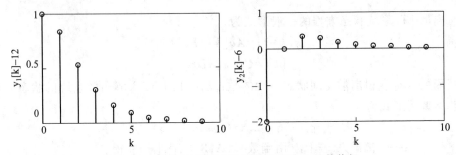

图 8-13　例 8-14 离散 LTI 系统状态方程的数值解

习　题

第 8 章自测题

8-1　已知某 RLC 电路如题 8-1 图所示,输入电压为 $v_i(t)$,电路的输出为电容两端的电压 $v_c(t)$。试写出电路的状态方程和输出方程。

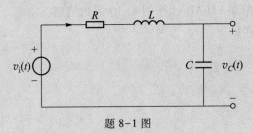

题 8-1 图

8-2　已知某 RLC 电路如题 8-2 图所示,输入电压为 $v_i(t)$,电路的输出为电阻 R_2 两端的电压 $v_{R2}(t)$。试写出电路的状态方程和输出方程。

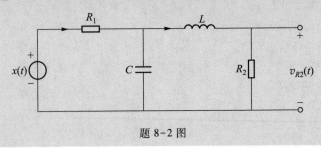

题 8-2 图

8-3 根据题 8-3 图,试写出电路的状态方程和输出方程。

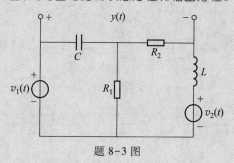

题 8-3 图

8-4 试写出下列微分方程描述的因果连续 LTI 系统的状态方程和输出方程。

(1) $\dot{y}(t) + y(t) = x(t)$;

(2) $\ddot{y}(t) + 3\dot{y}(t) + 2y(t) = 4x(t)$;

(3) $5\ddot{y}(t) + 4\dot{y}(t) + y(t) = 3x(t)$;

(4) $\ddot{y}_1(t) + 5\dot{y}_1(t) + 6y_1(t) - y_2(t) = 4x_1(t) - x_2(t)$,

$\dot{y}_2(t) + y_2(t) + 8y_1(t) = x_1(t) - 3x_2(t)$;

(5) $\dot{y}_1(t) + y_1(t) + 2y_2(t) = x_1(t) - 5x_2(t)$,

$\ddot{y}_2(t) - 9\dot{y}_2(t) + 16y_2(t) - y_1(t) = 3x_1(t) + x_2(t)$。

8-5 已知某因果连续 LTI 系统的系统函数为

$$H(s) = \frac{50s}{s^2 + 3s + 1}$$

(1) 写出系统的微分方程;

(2) 画出系统的直接型模拟框图;

(3) 由模拟框图写出系统的状态方程和输出方程。

8-6 已知某因果连续 LTI 系统的系统函数 $H(s)$ 为

$$H(s) = \frac{2s + 5}{s^3 + 9s^2 + 26s + 24}$$

试画出其直接型、级联型和并联型的模拟框图,并写出相应的状态方程和输出方程。

8-7 根据题 8-7 图所示的各系统的模拟框图,试写出系统的状态方程和输出方程。

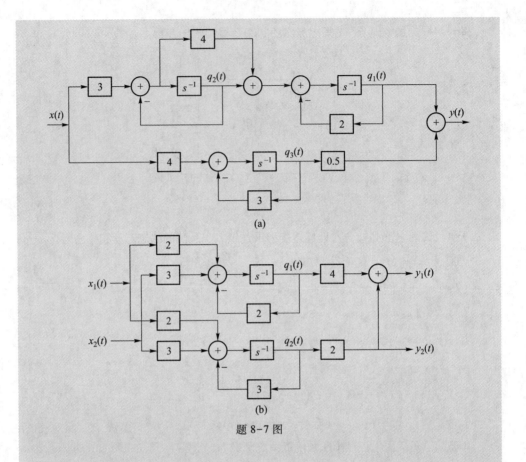

(a)

(b)

题 8-7 图

8-8　已知某因果连续 LTI 系统的微分方程为

$$\ddot{y}(t) + 8\,\dot{y}(t) + 12y(t) = 30x(t)$$

（1）画出系统的直接型模拟框图；

（2）由模拟框图写出系统的状态方程和输出方程；

（3）由状态方程求出系统函数；

（4）利用 MATLAB 验证（3）的结论。

8-9　已知某连续因果 LTI 系统的模拟框图如题 8-9 图所示,选积分器的输出 $q(t)$ 为状态变量。

（1）写出系统的状态方程和输出方程；

（2）由（1）结论求出系统函数；

（3）利用 MATLAB 验证（2）的结论；

（4）当系统初始状态 $q(0^-) = 2$,系统输入 $x(t) = u(t)$ 时,试求系统的响应 $y(t)$；

（5）利用 MATLAB 验证（4）的结果。

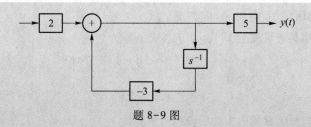

题 8-9 图

8-10 已知某因果连续 LTI 系统的模拟框图如题 8-10 图所示,选积分器的输出为状态变量。

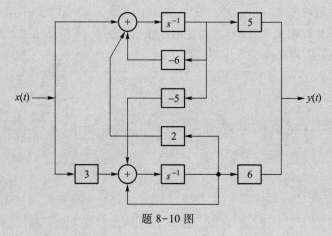

题 8-10 图

（1）写出系统的状态方程和输出方程；

（2）由(1)结论求出系统函数；

（3）利用 MATLAB 验证(2)的结论；

（4）当系统初始状态 $\boldsymbol{q}(0^-)=\begin{bmatrix}1 & 0\end{bmatrix}^{\mathrm{T}}$,系统输入 $x(t)=\mathrm{u}(t)$ 时,试求系统的响应 $y(t)$；

（5）利用 MATLAB 验证(4)的结果。

8-11 已知某因果连续 LTI 系统的状态方程为

$$\dot{\boldsymbol{q}}(t)=\begin{bmatrix}-4 & 5\\ 0 & 1\end{bmatrix}\boldsymbol{q}(t)+\begin{bmatrix}0\\ 1\end{bmatrix}x(t)$$

$$y(t)=\begin{bmatrix}1 & -1\end{bmatrix}\boldsymbol{q}(t)+2x(t)$$

（1）由系统的状态方程求出系统函数；

（2）利用 MATLAB 验证(2)的结论；

（3）当系统初始状态 $\boldsymbol{q}(0^-)=\begin{bmatrix}0 & 1\end{bmatrix}^{\mathrm{T}}$,系统输入 $x(t)=\mathrm{e}^{-2t}\mathrm{u}(t)$ 时,试求系统的完全响应 $y(t)$；

（4）利用 MATLAB 验证（4）的结果。

8-12　已知某因果离散 LTI 系统的差分方程为

$$y[k+2]-1.2y[k+1]+0.8y[k]=2x[k]$$

（1）画出离散系统的模拟框图；

（2）由模拟框图写出系统的状态方程和输出方程。

8-13　已知某因果离散 LTI 系统的系统函数为

$$H(z)=\frac{2z^2+3}{z^2-1.96z+0.8}$$

（1）画出系统的模拟框图；

（2）由模拟框图写出系统的状态方程和输出方程。

8-14　已知某因果离散 LTI 系统的模拟框图如题 8-14 图所示,试写出该系统的状态方程和输出方程。

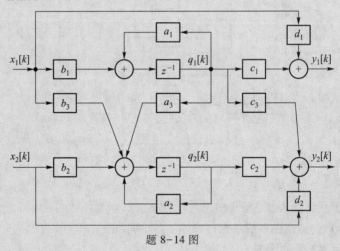

题 8-14 图

8-15　已知某因果离散 LTI 系统的状态方程和输出方程分别为

$$q[k+1]=\begin{bmatrix}0.4 & 2\\ 0 & 0.6\end{bmatrix}q[k]+\begin{bmatrix}1\\ 0\end{bmatrix}x[k]$$

$$y[k]=\begin{bmatrix}2 & -1\end{bmatrix}q[k]+2x[k]$$

初始状态及输入分别为

$$\begin{bmatrix}q_1[0]\\ q_2[0]\end{bmatrix}=\begin{bmatrix}1\\ 0\end{bmatrix},x[k]=u[k]$$

（1）试求出系统函数 $H(z)$；

（2）试求出系统的响应 $y[k]$；

（3）利用 MATLAB 验证（1）（2）的结论。

8-16 已知某因果离散 LTI 系统的状态方程和输出方程分别为

$$\begin{bmatrix} q_1[k+1] \\ q_2[k+1] \end{bmatrix} = \begin{bmatrix} 0 & 1 \\ -2 & 3 \end{bmatrix} \begin{bmatrix} q_1[k] \\ q_2[k] \end{bmatrix} + \begin{bmatrix} 0 \\ 1 \end{bmatrix} x[k]$$

和

$$\begin{bmatrix} y_1[k] \\ y_2[k] \end{bmatrix} = \begin{bmatrix} 1 & 1 \\ 2 & -1 \end{bmatrix} \begin{bmatrix} q_1[k] \\ q_2[k] \end{bmatrix}$$

初始状态及输入分别为

$$\begin{bmatrix} q_1[0] \\ q_2[0] \end{bmatrix} = \begin{bmatrix} 1 \\ -1 \end{bmatrix}, x[k] = \mathrm{u}[k]$$

试求解该系统的输出。

第 8 章部分
习题参考答案

第 9 章　信号处理在生物神经网络中的应用

信号与系统的理论和方法不仅在通信和控制等领域得到广泛的应用,其在生物医学领域也有着重要的应用。生物神经网络是具有特殊功能的复杂系统,能够产生和传递信息,它是生物医学领域研究的重要内容。由于生物神经系统是具有反馈的非线性系统,为分析生物神经网络,人们只能在一定的控制条件下获得相应的实验数据。随着大量实验数据的不断积累,神经生物学家也越来越清楚地认识到,仅由详细的神经系统生理学和解剖学的数据难以理解和推断生物神经系统的生化组成、生理结构和作用机理。同时,由于生物神经系统的复杂性,实验条件和手段的局限,实验数据总是有限且不完整。因此,必须将实验数据与数学模型有机结合,信息处理技术与神经系统学有机结合,根据有限的实验数据建立相应的神经系统的等效电路和数学模型,才可能由有限的实验数据证实已知,推断神经系统的未知,揭示生物神经系统的内部作用机理,为人类进一步认知神经系统奠定良好的基础。

本章在简要介绍神经元的生理结构和生化组成的基础上,利用信号与系统的理论建立生物神经网络的等效电路和相应的数学模型,并通过数值计算方法分析生物神经网络的响应特性。

9.1　神经元的生理结构和生化组成

神经元(neuron)是非常特别的细胞,由神经元通过各种连接而组成的生物神经网络可以处理信息和产生特定的电特性,而这些电特性取决于生物神经网络中各神经元的内部生理结构和化学组成,以及神经元之间相互连接的方式。神经元生理结构一般由三个主要部分组成,即细胞体(soma)、轴梢(dendrite)、轴突(axon),如图 9-1 所示。细胞体位于神经元的中心部分,它包含细胞核,轴梢是从细胞核发射出的许多根状物,轴突也是从细胞核发射出的一根管状纤维。其中,轴梢主要功能是从其他神经元接收电信号,细胞体主要功能是积累来自许多轴梢的电位,轴突的主要功能是传导电信号并传递电信号至其他神经元。

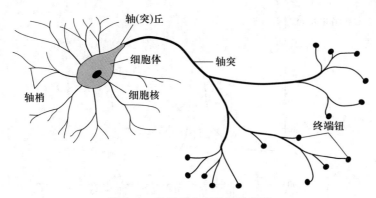

图 9-1　神经元生理结构示意图

沿着轴突膜(membrane)分布的膜电位是描述神经元内信息传递的重要物理量,该电位主要取决于神经元细胞膜内外的离子浓度(intracellular and extracellular ionic concentration)。通过分析神经元的化学组成,这些离子主要为三种单元素离子,钾离子(K^+)、钠离子(Na^+)、氯离子(Cl^-)以及某些复合离子。其中,正极性的钾离子主要分布在细胞膜内,而正极性的钠离子(Na^+)和负极性的氯离子主要分布在细胞膜外。正是由于细胞膜内外的这些离子的存在以及它们在膜内外的浓度分布不同,形成了膜电位。膜电位的外在特性可分为明显的两个阶段,即静息膜电位(resting membrane potential)阶段和动作电位(action potential)阶段。静息膜电位为负极性,一般在-70 mV 与-60 mV 之间,神经细胞在大多数情形下一直处于此平衡状态。

根据 Hodgking 和 Huxley 神经细胞膜通道理论,神经细胞膜中存在许多个离子对应的通道,细胞膜在平衡状态下,各离子通道关闭,细胞膜维持膜内外的离子浓度差,处于相对稳定的状态。在受到外部电压或电流激励时,细胞膜的钠离子通道打开,膜外的高浓度正极性钠离子通过其通道渗透到细胞膜内,神经元的膜电位开始增长,当膜电位积累到一定阈值时,持续较短时间的正极性动作电位便会产生(如图 9-2 所示),然后细胞膜的钠离子通道关闭,细胞膜的钾离子通道打开,膜内的高浓度正极性钾离子通过其通道渗透到细胞膜外,同时,细胞膜的氯离子通道也打开,膜外的负极性氯离子也通过其通道渗透到细胞膜内,从而造成膜电位从正极性迅速进入负极性状态,此时神经细胞膜的钾离子通道和氯离子通道关闭,神经元恢复到静息状态,直至下一个激励下的动作电位产生。

神经元通过突触(synapse)相互作用组成复杂而功能强大的生物神经网络。神经元之间通过多种突触形式相互作用,突触主要分为电突触(electrical synapse)和化学突触(chemical synapse)。电突触是通过神经元之间的导电介质直接进行动作电位传递,且这种传递是非单向的;化学突触是通过神经元的化学介质来影响离子导电性从而调节神经元之间的导电性,但化学突触是单向的。发送信息端的神经元称为前突

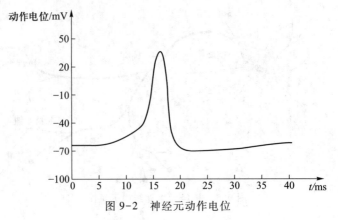

图 9-2　神经元动作电位

最大电压依赖性 Na^+ 电导为 1500 μS，最大电压依赖性 K^+ 电导为 360 μS；

Na^+ 平衡电位为 55 mV，K^+ 平衡电位为 -75 mV，静息膜电位为 -60 mV；

电流激励为起始于 5 ms 处持续时间 10 ms 且幅度是 400 nA 的脉冲信号。

触细胞(presynaptic cell)，接收信息端的神经元称为后突触细胞(postsynaptic cell)。神经元之间的相互作用可以从轴突到轴梢，从轴突到轴突，从轴突到神经细胞体，以及从轴梢到轴梢。其中从轴突到轴梢比较常见。以上两种突触为物理性突触，还有一种突触并不是物理上接触，而是某些调节因子调节作用而体现的宏观效果等效为突触，称为调节突触(modulator synapse)。通过定性分析神经元的生理结构和生化组成，可以分别建立单个神经元在静息状态和激励状态下的等效电路，以及神经系统中神经元的等效电路，通过分析神经元动作电位产生的生物学机理，以及神经元离子电导的非线性特性，可以认知神经系统微观信息的产生和传递过程，宏观外部的响应规律。

9.2　静息状态下的神经元等效电路

神经元可分为膜内和膜外两部分，神经元膜内外主要存在钾离子、钠离子和氯离子，它们在膜内外的浓度不同，这些离子的膜内外浓度差造成了神经元的膜内外的静息膜电位。根据神经元的生理结构和生化组成，神经元在静息状态下的等效电路可由图9-3表示。由信号与系统理论可计算出神经元等效电路中各离子电流和神经元静息膜电位

$$I_{Na} = (V_m - E_{Na})g_{Na}$$

$$I_K = (V_m - E_K)g_K$$

$$I_{Cl} = (V_m - E_{Cl})g_{Cl}$$

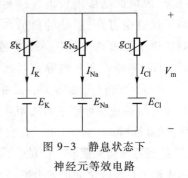

图 9-3　静息状态下
神经元等效电路

在静息状态下,穿过神经细胞膜的总电流为零,根据 KCL 定律有

$$(V_m - E_{Na})g_{Na} + (V_m - E_K)g_K + (V_m - E_{Cl})g_{Cl} = 0 \qquad (9-1)$$

整理可得

$$V_m = \frac{E_{Na}g_{Na} + E_K g_K + E_{Cl}g_{Cl}}{g_{Na} + g_K + g_{Cl}} \qquad (9-2)$$

多数神经元在静息状态下的各离子每平方厘米的电导分别为

$$g_K = 0.3 \text{ mS/cm}^2, g_{Na} = 0.04 \text{ mS/cm}^2, \ g_{Cl} = 0.5 \text{ mS/cm}^2$$

与之相对应的各离子通道的静息电压分别为

$$E_K = -77 \text{mV}, \ E_{Na} = 57 \text{mV}, \ E_{Cl} = -59.5 \text{mV}$$

利用这些数据可以计算出神经元在静息状态下的参数:静息膜电位为 $V_m = -60.2$ mV,钾离子每平方厘米的电流为 $I_K = 5.1$ mA/cm^2,钠离子每平方厘米的电流为 $I_{Na} = -4.68$ mA/cm^2,氯离子每平方厘米的电流为 $I_{Cl} = -0.25$ mA/cm^2。

其中:g_K,E_K 分别为钾离子 K$^+$ 的等效电导和静息电位;g_{Na},E_{Na} 分别为钠离子 Na$^+$ 的等效电导和静息电位;g_{Cl},E_{Cl} 分别为氯离子 Cl$^-$ 的等效电导和静息电位;V_m 为神经细胞静息膜电位。

9.3　激励状态下的神经元等效电路

通过以上神经元的生化组成的定性分析和等效电路的定量计算,描述了神经细胞在静息状态下的特性。神经细胞在外部触发下,其细胞膜不仅具有电导特性,同时还具有电容特性。在静息状态下,穿过神经细胞膜的总电流为零,膜电位保持不变时,细胞膜的电容特性呈现开路状态。当神经细胞受到外部触发时,穿过细胞膜的总电流就不再为零,膜电位发生变化,细胞膜便体现电容特性。除离子电流外,同时出现细胞膜的电容电流。激励状态下神经元的等效电路如图 9-4 所示。等效电路中各参数之间的关系由式(9-3)和式(9-4)描述。

其中,C_M 为神经细胞膜电容,I_s 为外部触发电流。

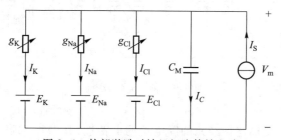

图 9-4　外部激励时神经细胞等效电路

$$I_\text{K}(t)+I_\text{Na}(t)+I_\text{Cl}(t)+I_C(t)=I_\text{S}(t) \tag{9-3}$$

根据电路理论进一步计算,可得

$$C_\text{M}\frac{\text{d}V_\text{m}}{\text{d}t}=I_\text{S}(t)-I_\text{K}(t)-I_\text{Na}(t)-I_\text{Cl}(t)$$

即有

$$C_\text{M}\frac{\text{d}V_\text{m}}{\text{d}t}=I_\text{S}(t)-(V_\text{m}-E_\text{Na})g_\text{Na}(t)-(V_\text{m}-E_\text{K})g_\text{K}(t)-(V_\text{m}-E_\text{Cl})g_\text{Cl}(t) \tag{9-4}$$

神经元在静息状态时,其各离子电导为常量。在外部触发时,神经元中各离子电导随着膜内离子浓度的改变而变化,且各离子电导的变化依赖膜电位 V_m,是膜电位的函数。离子电导的电压依赖性使得神经系统具有非线性特性,导致了突变的动作电位产生。

9.4　神经网络中神经元等效电路

根据单个神经元的生理结构和生化组成,建立了静息状态和激励状态下的单个神经元等效电路,这些等效电路都是在某些限定条件下的简化模型。实际的神经元都是处于生物神经网络中,神经网络是由大量的神经元通过各种突触相互连接而组成,任何神经元呈现的外部特性都是神经网络中诸多神经元共同作用的体现。根据以上单个神经元的分析,考虑到神经网络中的每个神经元都是通过化学突触和电突触与网络中的其他神经元相互作用,建立了神经网络中神经元等效电路,如图 9-5所示。

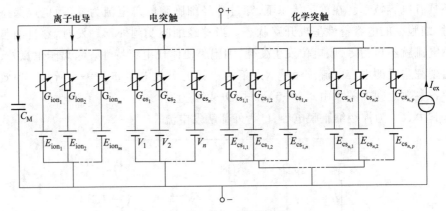

图 9-5　神经元等效电路

该等效电路主要描述神经元的膜电位的电特性,其中神经膜具有电容特性,以膜电容 C_M 近似,神经膜同时具有电导特性,由各离子电导描述,由于各离子电导与膜电位有关,称为电压依赖性(voltage-dependent)电导,各离子电流由电压依赖性离子电导 G_{ion} 描述,具有非线性特性。生物神经网络中其他神经元通过化学突触与之相作用的模型由化学突触电导 G_{cs} 描述,通过电突触与之相作用的模型由电突触电导 G_{es} 描述。这样,神经网络中每个神经元的膜电流就不仅是离子电流,而是由三种电流组成:即 m 个离子电流 $I_{ion_1} \sim I_{ion_m}$,n 个电突触电流 $I_{es_1} \sim I_{es_n}$,$n \times p$ 个化学突触电流 $I_{cs_{1,1}} \sim I_{cs_{n,p}}$。

人工神经网络(artificial neural network,ANN)的模型常是以上生物神经元模型的简化,人工神经网络中的神经元等效为一个线性加权和非线性处理的单元。其对所有来自网络中其他神经元的突触输入信号加权累加得到信号 x_j,再将其结果通过非线性处理后输出信号 y_j,该输出信号又通过突触作为神经网络中其他神经元的输入信号。其模型如图 9-6 所示。该神经元模型的输入输出关系可由式(9-5)和式(9-6)表示。由于其包含线性累加和非线性触发的过程,常称之为 integrate-and-fire 模型。

$$x_j = \sum_i y_i \cdot w_{ji} \tag{9-5}$$

$$y_j = f(x_j) \tag{9-6}$$

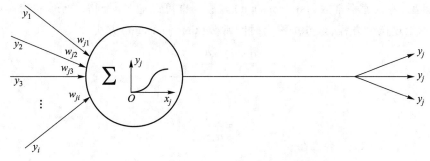

图 9-6 神经元 integrate-and-fire 模型

9.5 Hodgkin 和 Huxley 神经元数学模型

Hodgkin 和 Huxley 利用电压负反馈系统对乌贼的神经轴突进行了实验,并在此基础上提出了神经元的数学模型,简称 H-H 模型。该神经元模型由多种离子电导组成,各离子电导都与神经膜电位有关,具有非线性特性。下面通过分析离子电流来建立对应的离子电导模型。

钾离子电导:在神经元 H-H 模型中,根据实验数据可以发现钾离子电导的阶跃响应是按指数规律增长的信号,其数学描述为

$$I_K(t) = \left\{ c_n \left[1 - e^{-\frac{t}{\tau_n}} \right] \right\}^4 u(t) \tag{9-7}$$

　　由于实验测得的钾离子电导的阶跃响应增长比较缓慢,故利用四个一阶指数增长信号的乘积以减缓指数增长速度。可以根据 Hodgkin 和 Huxley 的神经元通道理论对上式进行生物动力学解释,钾离子电导由钾离子通道控制,每个钾离子通道由四个微通道组成,在阶跃响应过程中,钾离子通道的四个微通道为打开过程,每个微通道的打开与关闭的动力学过程可表示为

$$\text{钾离子微通道关闭} \underset{\beta_n}{\overset{\alpha_n}{\rightleftharpoons}} \text{钾离子微通道打开}$$

其中 α_n, β_n 为生化作用的速率。

　　设 $n(t)$ 为某微通道处于打开的概率,则其处于关闭的概率为 $1-n(t)$,则上述钾离子微通道动力学模型对应为一阶微分方程

$$\frac{\mathrm{d}n(t)}{\mathrm{d}t} = [1-n(t)]\alpha_n - n(t)\beta_n \tag{9-8}$$

化简得

$$\frac{\mathrm{d}n(t)}{\mathrm{d}t} + [\alpha_n + \beta_n]n(t) = \alpha_n \tag{9-9}$$

上式是根据钾离子通道的动力学原理,以生化作用的速率 α_n, β_n 表示的钾离子通道数学模型,称为速率常数(rate constant)方法。也可以通过时间常数 τ_n 和稳态响应 n_∞ 表示上述微分方程,该方法称为时间常数(time constant)方法,即

$$\frac{\mathrm{d}n(t)}{\mathrm{d}t} = \frac{n_\infty - n}{\tau_n} \tag{9-10}$$

其中

$$\tau_n = \frac{1}{\alpha_n + \beta_n} \tag{9-11}$$

$$n_\infty = \frac{\alpha_n}{\alpha_n + \beta_n} \tag{9-12}$$

　　这两种模型描述方式各有所长,可以相互转化,表达式(9-8)为神经元生物动力学描述,而表达式(9-10)为信号特性的物理描述。α_n、β_n 和 τ_n、n_∞ 都是依赖于神经元膜电位 V_m 的电压依赖性参数。

　　根据上述钾离子微通道模型的数学描述,可以定量地分析信号 $n(t)$ 的响应特性。设钾离子微通道对应的信号 $n(t)$ 初始状态为 n_0,即 $n(t)\big|_{t=0} = n_0$。因此,$n(t)$ 对应的零输入响应 $n_{zi}(t)$ 为

$$n_{zi}(t) = n_0 e^{-(\alpha_n + \beta_n)t} u(t) \tag{9-13}$$

其零状态响应 $n_{zs}(t)$ 为

$$n_{zs}(t) = \frac{\alpha_n}{\alpha_n + \beta_n}[1 - e^{-(\alpha_n + \beta_n)t}]u(t) \tag{9-14}$$

故其完全响应 $n(t)$ 为

$$n(t) = n_{zi}(t) + n_{zs}(t) = \left[\frac{\alpha_n}{\alpha_n + \beta_n} - \left(\frac{\alpha_n}{\alpha_n + \beta_n} - n_0 \right) e^{-(\alpha_n + \beta_n)t} \right] u(t) \qquad (9-15)$$

将式(9-11)和式(9-12)代入式(9-15)得

$$n(t) = \left[n_\infty - (n_\infty - n_0) e^{-\frac{t}{\tau_n}} \right] u(t) \qquad (9-16)$$

由于钾离子通道的 4 个微通道在其阶跃响应过程中为打开过程,故其初始状态 n_0 较小,且 α_n 较大而 β_n 较小,因此,稳态响应 n_∞ 较大,完全响应 $n(t)$ 为升指数信号,如图 9-7 所示。

若信号 $n(t)$ 在初始状态 $n_0 \approx 0$ 时,其零输入响应可忽略不计,$n(t)$ 可简化为

$$n(t) \approx n_\infty \left(1 - e^{-\frac{t}{\tau_n}} \right) u(t) = \frac{\alpha_n}{\alpha_n + \beta_n} \left[1 - e^{-(\alpha_n + \beta_n)t} \right] u(t) \qquad (9-17)$$

若某钾离子通道打开,则其对应的所有四个微通道都必须打开。因此,该钾离子通道打开的总概率应是组成它的四个微通道打开的概率之乘积,即 $n^4(t)$,如图 9-7 所示。比较式(9-7)和式(9-17)可见,H–H 模型中的钾离子电导特性可表示为

$$g_K(t) = G_K n^4(t) \qquad (9-18)$$

其中 G_K 是一常数。由于 $0 \leq n(t) \leq 1$,因此 G_K 也是钾离子最大电导。

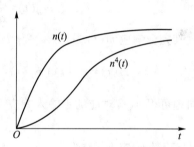

图 9-7 钾离子电导的阶跃响应

钠离子电导:根据电压钳制电路实验的结果,钠离子电导的阶跃响应可以表述成一个上升指数信号与一个衰减指数信号的乘积。由于上升指数信号比较缓慢,Hodgkin 和 Huxley 利用上升指数信号的 3 次幂以减缓上升,即

$$I_{Na}(t) = c_1 \left[1 - e^{-\frac{t}{\tau_1}} \right]^3 \left[c_2 + e^{-\frac{t}{\tau_2}} \right] u(t) = m^3(t) h(t) \qquad (9-19)$$

同样可以根据 Hodgkin 和 Huxley 的神经元通道理论对式(9-19)进行生物动力学解释,钠离子电导由钠离子通道控制,每个钠离子通道也是由四个微通道组成,在阶跃响应过程中,其与钾离子通道特性不同的是,钠离子四个微通道只有三个为打开过程,该三个通道的响应都表现为上升指数信号,由 $m(t)$ 表示,而第四个微通道为关闭过程,表现为衰减指数信号,由 $h(t)$ 表示。

信号 $m(t)$,$h(t)$ 分别表示对应的微通道打开的概率,其分析过程与 $n(t)$ 相同。$m(t)$,$h(t)$ 动力学模型分别对应以下一阶微分方程

$$\frac{dm(t)}{dt} = [1 - m(t)] \alpha_m - m(t) \beta_m \qquad (9-20)$$

$$\frac{\mathrm{d}h(t)}{\mathrm{d}t} = [1-h(t)]\alpha_h - h(t)\beta_h \qquad (9\text{-}21)$$

设 $m(t),h(t)$ 的初始状态分别为 $m(t)\big|_{t=0}=m_0$，$h(t)\big|_{t=0}=h_0$，将以上微分方程整理得

$$\begin{cases} \dfrac{\mathrm{d}m(t)}{\mathrm{d}t} + [\alpha_m+\beta_m]m(t) = \alpha_m \\ m(t)\big|_{t=0}=m_0 \end{cases} \qquad (9\text{-}22)$$

$$\begin{cases} \dfrac{\mathrm{d}h(t)}{\mathrm{d}t} + [\alpha_h+\beta_h]h(t) = \alpha_h \\ h(t)\big|_{t=0}=h_0 \end{cases} \qquad (9\text{-}23)$$

根据信号与系统理论，$m(t)$ 对应的零输入响应 $m_{zi}(t)$ 为

$$m_{zi}(t) = m_0 \mathrm{e}^{-(\alpha_m+\beta_m)t} \mathrm{u}(t) \qquad (9\text{-}24)$$

其零状态响应 $m_{zs}(t)$ 为

$$m_{zs}(t) = \frac{\alpha_m}{\alpha_m+\beta_m} [1-\mathrm{e}^{-(\alpha_m+\beta_m)t}] \mathrm{u}(t) \qquad (9\text{-}25)$$

故其完全响应 $m(t)$ 为

$$m(t) = m_{zi}(t) + m_{zs}(t) = \left[\frac{\alpha_m}{\alpha_m+\beta_m} - \left(\frac{\alpha_m}{\alpha_m+\beta_m}-m_0\right)\mathrm{e}^{-(\alpha_m+\beta_m)t}\right]\mathrm{u}(t) \qquad (9\text{-}26)$$

同理可得 $h(t)$ 对应的零输入响应 $h_{zi}(t)$ 为

$$h_{zi}(t) = h_0 \mathrm{e}^{-(\alpha_h+\beta_h)t} \mathrm{u}(t) \qquad (9\text{-}27)$$

其零状态响应 $h_{zs}(t)$ 为

$$h_{zs}(t) = \frac{\alpha_h}{\alpha_h+\beta_h} [1-\mathrm{e}^{-(\alpha_h+\beta_h)t}] \mathrm{u}(t) \qquad (9\text{-}28)$$

故其完全响应 $h(t)$ 为

$$h(t) = h_{zi}(t) + h_{zs}(t) = \left[\frac{\alpha_h}{\alpha_h+\beta_h} - \left(\frac{\alpha_h}{\alpha_h+\beta_h}-h_0\right)\mathrm{e}^{-(\alpha_h+\beta_h)t}\right]\mathrm{u}(t) \qquad (9\text{-}29)$$

由于钠离子通道的四个微通道在阶跃响应过程中，$m(t)$ 对应的三个微通道为打开过程，因此其对应的初始状态 m_0 较小（≈ 0），且 α_m 较大而 β_m 较小，其完全响应 $m(t)$ 可近似为

$$m(t) \approx \frac{\alpha_m}{\alpha_m+\beta_m} [1-\mathrm{e}^{-(\alpha_m+\beta_m)t}] \mathrm{u}(t) \qquad (9\text{-}30)$$

而 $h(t)$ 对应的一个微通道为关闭过程，故其对应的初始状态 h_0 较大（≈ 1），且 α_h 较小而 β_h 较大，其完全响应 $h(t)$ 可近似为

$$h(t) \approx \left[\frac{\alpha_h}{\alpha_h+\beta_h} + \mathrm{e}^{-(\alpha_h+\beta_h)t}\right]\mathrm{u}(t) \qquad (9\text{-}31)$$

钠离子通道打开的概率是四个微通道都打开的概率乘积,如图 9-8 所示。因此,根据式(9-19)、式(9-30)和式(9-31),H-H 模型描述的钠离子电导为

$$g_{Na}(t) = G_{Na} m^3(t) h(t) \qquad (9-32)$$

其中 G_{Na} 是一常数,也是钠离子最大电导。

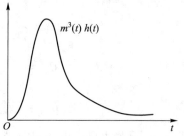

图 9-8　钠离子电导的阶跃响应

在以上表示离子电导特性的解析表达式中,信号 $m(t)$ 和 $h(t)$ 中含有的参数 $\alpha_m, \beta_m, \alpha_h, \beta_h$ 也都是电压依赖性函数。

9.6 神经网络中神经元数学模型

上述 H-H 神经元模型为单个神经元的数学模型,其模型比较简单,适用范围较窄。近年来,神经系统学得到长足发展,产生了许多新的理论和方法,神经元模型也在不断丰富和完善。在 H-H 神经元模型的基础上,简要介绍神经网络中神经元模型,该模型综合了目前许多最新的神经系统学研究成果,根据图 9-5 神经元等效电路,利用信号与系统理论而建立。为充分考虑神经元的各种状态及差异性,同一信号变量存在多种模型描述。

神经网络的电特性主要通过神经网络中各神经元的膜电位来体现,它是传递神经网络中信息的重要物理量。根据 KCL 定律,各神经元的膜电位 V_i 可表示为

$$\frac{dV_i}{dt} = \frac{\sum_{r=1}^{q} I_{ex_{ir}} - \sum_{j=1}^{m} I_{ion_{ij}} - \sum_{k=1}^{n} I_{es_{ik}} - \sum_{k=1}^{n} \sum_{l=1}^{p} I_{cs_{ikl}}}{C_{M_i}}, i = 1, 2, \cdots, n \qquad (9-33)$$

其中:i 为神经网络中第 i 个神经元膜电位 V 的下标;j 为离子电流 I_{ion} 的下标;k 为电突触电流 I_{es} 的下标;l 为化学突触电流 I_{cs} 的下标;r 为外部激励电流 I_{ex} 的下标;C_M 为神经元的膜电容;n 为网络中神经元数目;m 为各神经元中电压依赖电导的数目;p 为每个电突触伴随的化学突触的数目;q 为外部激励的数目。各电流 I_{ion}, I_{es}, I_{cs} 主要取决于相应电导 G_{ion}, G_{es}, G_{cs} 的模型。

9.6.1 离子电流

根据等效电路模型,离子电流 I_{ion} 与离子电导 G_{ion} 有关,其数学描述为

$$I_{ion} = G_{ion}(V_i - E_{ion}) \qquad (9-34)$$

离子电导 G_{ion} 是非线性物理量,其与神经膜电位 V 有关,称为电压依赖性电导。在描述电压依赖性离子电导 G_{ion} 时,结合传统的神经元 H-H 离子电导模型和最新的研究成果,分别利用速率常数方法和时间常数方法,建立了 4 种数学模型来描述此电压依赖性离子电导特性。

$$G_{ion} = (\overline{g}_{ion} + R_{ion})A^p(V)B(V)\prod_{q=1}^{nr}f[REG_q]$$

$$G_{ion} = (\overline{g}_{ion} + R_{ion})m^p(V)h(V)\prod_{q=1}^{nr}f[REG_q]$$

$$G_{ion} = (\overline{g}_{ion} + R_{ion})A^p(V)\prod_{q=1}^{nr}f[REG_q]$$

$$G_{ion} = (\overline{g}_{ion} + R_{ion})m^p(V)\prod_{q=1}^{nr}f[REG_q] \tag{9-35}$$

其中:$\overline{g}_{ion}$是最大离子电导;R_{ion}是离子电导的随机波动;E_{ion}为平衡电位(equilibrium potential);$A(V)$为时间常数方法中电压依赖的激活(activation)项;$B(V)$为时间常数方法中时间依赖的非激活(inactivation)项;$m(V)$为速率常数方法中电压依赖的激活(activation)项;$h(V)$为速率常数方法中时间依赖的非激活(inactivation)项;$f[REG]$代表离子电导调节因子函数。

9.6.2　化学突触电流

根据神经元动力学原理,由神经网络中化学突触而产生的电流 I_{cs} 的数学描述为

$$I_{cs} = G_{cs}(V-E_{cs}) \tag{9-36}$$

化学突触电导 G_{cs} 的模型为

$$G_{cs} = (\overline{g}_{cs}+R_{cs})f(A_t)$$

$$G_{cs} = (\overline{g}_{cs}+R_{cs})f(A_{v,t}) \tag{9-37}$$

其中:$\overline{g}_{cs}$是最大的电导值;R_{cs}是化学突触电导的随机波动;E_{cs}是化学突触的逆电位(reversal potential);$f(A_t)$是时间依赖性(time dependent)函数;$f(A_{v,t})$是时间和电压依赖性(time and voltage dependent)函数。

9.6.3　电突触电流

在神经网络中,各神经元与其他神经元之间通过电突触而形成的电流为电突触电流 I_{es},其数学描述为

$$I_{es} = (\overline{g}_{es}+R_{es})(V_1-V_2) \tag{9-38}$$

其中:$\overline{g}_{es}$是最大的电导;R_{es}是电突触电导的随机波动;V_1是突触前神经元(presynaptic neuron)的膜电位;V_2是突触后神经元(postsynaptic neuron)的膜电位。

9.7　数值计算方法

生物神经网络内部存在复杂的反馈和跳变,是一个复杂的非线性系统。在以上神经系统的模型中,利用了许多非线性时变微分方程组描述神经系统响应特性。若

通过数学的方法求解这些非线性时变微分方程组,得到各物理量对应的解析表达式,几乎是不可能的,只能采用数值计算的方法得到微分方程的数值解。在由数值方法计算微分方程的过程中,首先需要将连续信号离散化,然后通过数值积分的方法求解微分方程。为保证所需的计算精度,微分方程的数值积分计算的步长必须足够小,但较小的计算步长将需要较多的计算资源,导致计算效率降低。由此可见,数值计算的步长对计算精度和计算效率是至关重要的,且两者相互制约。在某特定的数值计算方法中,较小的计算步长可以得到较高的计算精度,但必然导致较低的计算效率。这就需要在计算精度和计算效率两者之间寻找最佳的计算步长,使得在此计算步长下既能得到所需的计算精度又能得到较满意的计算效率。

9.7.1　等间隔步长数值计算方法

由数值积分计算微分方程的方法存在多种形式。从数值计算的步长来分类,可分为等间隔步长和变间隔步长两大类。等间隔步长数值计算方法要求在整个计算过程中计算步长保持不变。常见的计算方法有 Euler 方法和 Runge–Kutta 方法。Euler 方法是最简单快捷的数值计算方法,可分为前向 Euler 方法和后向 Euler 方法。在实际应用中该方法常不适用,因为与其他的计算方法相比,其计算精度较低,仅具有一阶精度。特别是前向 Euler 方法在步长较大时会出现不稳定现象。但 Euler 方法中数值积分计算的概念是极其重要的,因为其他实际使用中的数值积分计算方法都是基于 Euler 方法的数值积分计算的概念。即通过微元的方法用直线代替曲线进行相应的计算。下面以一阶微分方程为对象,简述其计算原理。对于高阶微分方程可以通过变量变换将其表达为一阶微分方程组。

一阶微分方程可表达为

$$\begin{cases} \dfrac{\mathrm{d}y(t)}{\mathrm{d}t} = f(t, y) \\ y(0) = a \end{cases} \tag{9-39}$$

其前向 Euler 数值积分方法的计算公式为

$$y_{n+1} = y_n + \lambda f(t_n, y_n) + O(\lambda^2) \tag{9-40}$$

其中:λ 为数值计算步长;$O(\lambda^2)$ 表示计算误差正比于 λ^2,称为一阶误差。

在等间隔步长数值计算中,存在 $t_{n+1} \equiv t_n + \lambda$。根据其计算原理,相应的计算过程如图 9-9 所示。其在根据微分方程计算其下一个数值点 y_{n+1} 时,该方法只依赖每个间隔的起点处的信息 $f(t_n, y_n)$,整个间隔中的其他信息都忽略,因而这种方法必须具有非常小的计算步

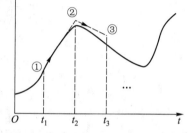

图 9-9　等步长 Euler 数值计算方法

长,否则将出现较大的计算误差。

由于 Euler 方法计算误差正比于 λ^2,而计算步长 λ 一般都远小于 1,显然,若计算误差能够小于计算步长 λ 更高的幂次,则计算精度会明显提高。midpoint 方法是对 Euler 方法的改进,其在计算式(9-39)微分方程时,首先在每个积分间隔的起点计算曲线的微分值 $f(t_n , y_n)$,然后得到从积分间隔起点到中点的变化量 ζ_1,然后利用在中点处的信息得到近似的下一个数值点 y_{n+1}。其计算表达式为

$$\zeta_1 = \left(\frac{\lambda}{2}\right) f(t_n , y_n) \tag{9-41}$$

$$\zeta_2 = \lambda f\left(t_n + \frac{1}{2}\lambda , y_n + \zeta_1\right) \tag{9-42}$$

$$y_{n+1} = y_n + \zeta_2 + O(\lambda^3) \tag{9-43}$$

midpoint 方法在积分计算过程中利用了每个积分间隔中点处的信息对计算过程进行了适当的修正,其计算误差为$O(\lambda^3)$,取得了二阶计算精度,因此该方法又称为二阶 Runge-Kutta 方法。在相同的计算步长时,它比 Euler 方法的计算精度提高了一阶。当然,其计算复杂度也比 Euler 方法约增加一倍。其相应的计算过程由图 9-10 所示。

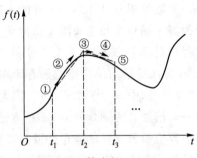

图 9-10　等步长 midpoint
数值计算方法

midpoint 方法虽然对 Euler 方法进行了延伸,可以达到二阶精度,但在信号发生突变的场合,精度仍然不够。另一种常用数值积分计算方法称为四阶 Runge-Kutta 方法。其基本思想与以上方法相似,但它利用了积分间隔中的更多的其他信息,并通过 Taylor 级数展开综合所有信息,得到了更高的计算精度。在计算式(9-39)所示的微分方程时,其计算过程为

$$\zeta_1 = \left(\frac{\lambda}{2}\right) f(x_n , y_n) \tag{9-44}$$

$$\zeta_2 = \left(\frac{\lambda}{2}\right) f\left(t_n + \frac{1}{2}\lambda , y_n + \zeta_1\right) \tag{9-45}$$

$$\zeta_3 = \lambda f\left(t_n + \frac{1}{2}\lambda , y_n + \zeta_2\right) \tag{9-46}$$

$$\zeta_4 = \lambda f(t_n + \lambda , y_n + \zeta_3) \tag{9-47}$$

$$y_{n+1} = y_n + \frac{1}{12}\zeta_1 + \frac{1}{6}\zeta_2 + \frac{1}{3}\zeta_3 + \frac{1}{6}\zeta_4 + O(\lambda^5) \tag{9-48}$$

四阶 Runge-Kutta 方法在计算每个点的积分值时,需要分别在两个端点和两个中间点处计算四次微分值,可以得到四阶精度,但其计算复杂度也比 Euler 方法和 midpoint 方法分别高约四倍和两倍。

从以上等间隔步长数值计算方法的过程可见,其基本原理都是通过某些离散点上的信息来近似连续的微分过程。使用的离散点信息越多,相应的计算精度就越高,但计算复杂度也越大。

9.7.2　自适应步长数值计算方法

等间隔步长的计算过程显然没有考虑连续信号在其定义域内不同区间上的特性,而在整个积分区间上采用了一致的计算间隔。大多数信号在其定义域的不同区间上具有不同的变化特性。若积分间隔较小,虽然可以满足变化较快区间的微分计算精度,但对变化较慢的变化区间存在许多冗余计算;若积分间隔较大,对变化较慢的变化区间比较合适,但又无法满足变化较快区间的计算精度。因此,出现了变步长的数值积分计算方法,其在数值计算过程中,根据当前计算点的微分函数的变化特点,自适应地调整计算步长,从而可以克服等间隔步长的不足。

自适应步长的数值计算方法就是在数值积分计算的过程中,根据设定的某种准则,自动地调整各计算点处的积分步长。这种数值计算方法理论上可以克服固定步长方法的缺陷,不会出现许多冗余计算,可以实现在最少的计算复杂度下得到需要的精度。但该数值计算方法在实际使用时,存在一定的局限性。一是当微分函数在其整个定义域内变化比较均匀时,或在许多较长区间上变化比较均匀时,自适应步长数值计算方法不但没有提高计算效率,反而由于增加许多额外的判断和计算,计算效率比固定步长方法要低;二是该方法只适用于独立变量的数值计算,而对于存在相互依赖的一组变量的数值计算却无法适用。因为在自适应步长数值计算方法中,各信号变量的变化特性不同,因而在计算它们的过程中,会产生不同的计算时序,而相互依赖的信号之间需要相同的计算时序。由于描述生物神经系统中的信号变量之间存在依赖关系,故无法应用自适应步长方法。此外,不均匀的计算时序也将增加信号显示和数据存储的困难。

9.7.3　混合数值计算方法

从以上分析可见,等间隔步长数值计算方法在计算非线性和突变信号时效率较低。特别是当信号在大部分区间比较平缓,而在很少的区间上存在剧变时,为保证在剧变区段上的计算精度,需要在整个定义域上采用很小的步长,因而造成了在平缓区间上的许多冗余计算,导致整体计算效率极低。虽然自适应步长数值计算方法可以根据信号的变化特性相应地调整计算步长,克服等间隔步长的缺陷,实现较高的计算效率。但它只适用于独立变量,对于神经系统中相互依赖的信号,却无法应用。为此,介绍一种新的数值计算方法。该数值计算方法针对不同信号的特性采用不同的数值计算方法,但对所有信号应用相同的计算步长,称为混合数值计算方法(hybrid numerical computation method)。

混合数值计算方法的基本思想就是将复杂的信号表达为许多较基本的信号,然后针对这些基本信号的特性,在同一计算步长的前提下,分别采用不同计算精度的数值积分方法,从而实现在等间隔步长下整体计算优化,提高数值计算效率。在实际问题中,许多复杂多变的信号常可以表达为多个其他基本信号,对于这些基本信号,可以根据其变化特性分别采用不同的数值计算方法。对于变化很平缓的信号,采用 Euler 方法;对于变化较平缓的信号,采用 midpoint 方法;而对于可能存在突变的信号,则采用四阶 Runge-Kutta 方法。在生物神经系统中,许多待分析信号都属于突变的复杂信号,如神经元的动作电位,可以将这些信号分解为一系列较简单的基本信号,然后分别利用相应的数值计算方法,从而可以提高整个生物神经系统的计算效率。混合数值计算方法不仅取得良好的计算精度和计算效率,同时也可以对所有信号采用相同的数值计算步长,简化了输出信号的显示过程。图 9-11(b)所示的是由 3 个神经元(a,b,c)组成的神经系统,3 个神经元具有相似的结构,如图 9-11(a)所示。它们通过电突触相互连接组成神经网络。其中,神经元 a 获得了一段时间的电流激励。

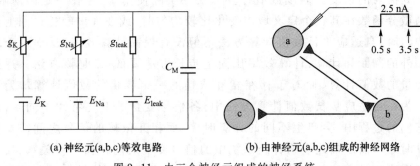

(a) 神经元(a,b,c)等效电路　　　(b) 由神经元(a,b,c)组成的神经网络

图 9-11　由三个神经元组成的神经系统

通过对该神经系统动作电位的数值计算,可以具体地比较混合数值计算方法与其他数值计算方法(Euler 方法,midpoint 方法,Runge-Kutta 方法)在相同计算精度下的计算效率。三个神经元的动作电位计算结果输出如图 9-12 所示。

各种计算方法对应的计算步长、存储空间和计算时间如表 9-1 所示,各计算方法的计算步长为计算不失真时的最大步长。由表可见,虽然 Euler 方法是最简单而快速的方法,但由于其计算精度最低,因而其计算步长必需很小(50 ns),为所有方法中最小,以保证所有信号变量的计算精度。四阶 Runge-Kutta 的计算精度较高,因

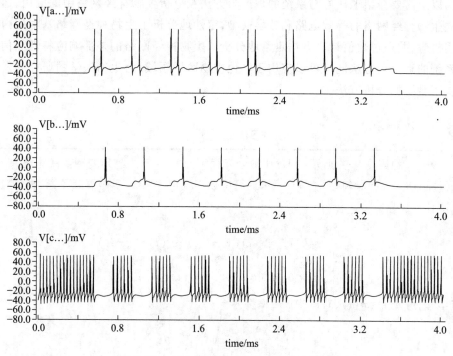

图 9-12 三个神经元动作电位的响应特性

而其计算步长可以相对较大(125 ns),是 Euler 方法的两倍多。midpoint 方法的计算
精度介于 Euler 方法和四阶 Runge-Kutta 方法之间,因而其计算步长也位于两者之
间。计算步长不仅直接影响计算时间,更是数值计算过程中存储空间占用的重要参
数。显然,计算步长越小,其占用系统的资源越多。通过比较其计算效率和存储资
源,混合数值计算方法明显优于其他方法,其计算时间约为其他几种方法的 50% ~
60%。该方法克服了其他方法的缺陷,可在较大的计算步长下,最大限度地节省系
统的存储资源,提高计算效率。显然,生物神经网络越大,连接越复杂,需要计算的
信号就越多,混合数值计算方法的优越性就越突出。

表 9-1 各数值计算方法的计算精度和效率

计算方法	Euler 方法	二阶 Runge-Kutta 方法	四阶 Runge-Kutta 方法	混合数值 计算方法
计算步长	50/ns	85/ns	125/ns	125/ns
存储空间	$2.4×10^5$	$1.41×10^5$	$9.6×10^4$	$9.6×10^4$
计算时间	8.185 s	7.812 s	7.268 s	4.176 s

以上简要介绍了信号与系统的理论与方法在分析生物神经网络中的应用,通过建立生物神经网络的等效电路和数学模型,定性地分析了生物神经网络基本的内部作用机理,并通过数值计算方法定量地分析了生物神经网络的外部响应特性。信号与系统的理论与方法同样可以应用于其他生物医学领域,为生物医学的研究和发展提供了重要的分析方法。

习 题

9-1 利用图9-4所示的H-H神经元模型分析单个神经元的钾离子电导特性 $g_K(t)$ 和钠离子电导特性 $g_{Na}(t)$,及神经元的动作电位 $V_m(t)$,其中氯离子通道电流忽略不计。其计算表达式为

$$C_M \frac{dV_m}{dt} = I_S(t) - g_{Na}(t)(V_m - E_{Na}) - g_K(t)(V_m - E_K)$$

$$g_{Na}(t) = G_{Na} m^3(t) h(t), \quad g_K(t) = G_K n^4(t)$$

其中,信号 $n(t)$,$m(t)$,$h(t)$ 的计算模型为

$$n(t) \approx \frac{\alpha_n}{\alpha_n + \beta_n} \left[1 - e^{-(\alpha_n + \beta_n)t} \right] u(t)$$

$$m(t) \approx \frac{\alpha_m}{\alpha_m + \beta_m} \left[1 - e^{-(\alpha_m + \beta_m)t} \right] u(t)$$

$$h(t) \approx \left[\frac{\alpha_h}{\alpha_h + \beta_h} + e^{-(\alpha_h + \beta_h)t} \right] u(t)$$

电压依赖性参数 $\alpha_n, \beta_n, \alpha_m, \beta_m, \alpha_h, \beta_h$ 分别为

$$\alpha_n(V_m) = \frac{10 - V_m}{100\left(e^{\frac{10 - V_m}{10}} - 1\right)}, \quad \beta_n(V_m) = 0.125 e^{-\frac{V_m}{80}}$$

$$\alpha_m(V_m) = \frac{25 - V_m}{10\left(e^{\frac{25 - V_m}{10}} - 1\right)}, \quad \beta_m(V_m) = 4 e^{-\frac{V_m}{18}}$$

$$\alpha_h(V_m) = 0.07 e^{-\frac{V_m}{20}}, \quad \beta_h(V_m) = \frac{1}{e^{\frac{30 - V_m}{10}} + 1}$$

初始条件和参数为

$$V_m(t)\big|_{t=0} = -68 \text{ mV}, \quad E_K = -74.7 \text{ mV}, \quad E_{Na} = -54.2 \text{ mV},$$

$$n(t)\big|_{t=0} = 0.05, \quad m(t)\big|_{t=0} = 0.06, \quad h(t)\big|_{t=0} = 0.93,$$

$$C_M = 1 \text{ μF/cm}^2, \quad G_K = 12.5 \text{ mS/cm}^2, \quad G_{Na} = 30.3 \text{ mS/cm}^2,$$

$I_{s}(t)$ 为外部激励电流信号，其满足

$$I_{s}(t)=\begin{cases} I_{0}, & 0<t\leqslant\tau \\ 0, & \tau<t<t_{max} \end{cases}$$

试利用 Euler 数值计算方法分别计算在以下激励情况时，信号 $g_{K}(t)$，$g_{Na}(t)$，$V_{m}(t)$ 的响应。计算最大时间为 $t_{max}=10$ ms，计算步长为 $\Delta t=0.01$ ms。

(1) $I_{0}=5$ μA，$\tau=0.2$ ms；

(2) $I_{0}=25$ μA，$\tau=0.2$ ms；

(3) $I_{0}=75$ μA，$\tau=0.2$ ms；

(4) $I_{0}=5$ μA，$\tau=0.8$ ms；

(5) $I_{0}=25$ μA，$\tau=0.8$ ms；

(6) $I_{0}=75$ μA，$\tau=0.8$ ms。

从以上激励信号与对应输出响应之间的关系，可以得到何结论？若改变计算步长为 $\Delta t=0.1$ ms，数值计算过程是否会出现失真？

9-2 若将题 9-1 中信号 $n(t)$ 的计算模型改变为

$$\frac{dn(t)}{dt}=\frac{n_{\infty}(V_{m})-n(t)}{\tau_{n}(V_{m})}$$

$$n_{\infty}(V_{m})=\frac{1}{\left(1+e^{-\frac{V_{m}-u}{s}}\right)^{p}}$$

$$\tau_{n}(V_{m})=\frac{\tau_{max}-\tau_{min}}{\left(1+e^{\frac{V_{m}-u_{1}}{s_{1}}}\right)^{p_{1}}}+\tau_{min}$$

其中：$u=-42.0$，$s=6.7$，$p=1.0$；

$u_{1}=-8.7$，$s_{1}=1.85$，$p_{1}=1.0$，$\tau_{max}=0.001\,5$，$\tau_{min}=0.000\,45$。

信号 $m(t)$ 的计算模型改变为

$$\frac{dm(t)}{dt}=\alpha_{m}(V_{m})(1-m(t))-\beta_{m}(V_{m})m(t)$$

$$\alpha_{m}(V_{m})=\frac{\rho_{1}(V_{m}+b_{1})}{1-e^{\frac{c_{1}-V_{m}}{d_{1}}}}$$

$$\beta_{m}(V_{m})=\rho_{2}e^{\frac{b_{2}-V_{m}}{c_{2}}}$$

其中：$\rho_{1}=0.012$，$b_{1}=12.0$，$c_{1}=-12.0$，$d_{1}=8.0$；

$\rho_{2}=0.125$，$b_{2}=-20.0$，$c_{2}=67.0$。

信号 $h(t)$ 的计算模型改变为

$$\frac{\mathrm{d}h(t)}{\mathrm{d}t} = \alpha_h(V_m)(1-h(t)) - \beta_h(V_m)h(t)$$

$$\alpha_h(V_m) = \rho_1 \mathrm{e}^{\frac{b_1-V_m}{c_1}}$$

$$\beta_h(V_m) = \frac{\rho_2}{1+\mathrm{e}^{\frac{b_2-V_m}{c_2}}},$$

其中：$\rho_1 = 0.07, b_1 = -47.0, c_1 = 17.0$；

$\rho_2 = 1.0, b_2 = -22.0, c_2 = 8.0$。

其他的初始条件和参数与题 9-1 相同，激励信号不变。试利用 Euler 数值计算方法分别计算在各激励情况时，信号 $g_K(t), g_{Na}(t), V_m(t)$ 的响应。计算最大时间为 $t_{max} = 10$ ms，计算步长为 $\Delta t = 0.01$ ms。

参考文献

［1］陈后金,等.信号与系统［M］.2 版.北京:高等教育出版社, 2015.

［2］陈后金,等.数字信号处理［M］.3 版.北京:高等教育出版社,2018.

［3］陈后金,等.信号分析与处理实验［M］.北京:高等教育出版社,2004.

［4］郑君里,等.信号与系统［M］.3 版.北京:高等教育出版社,2011.

［5］管致中,等.信号与线性系统分析［M］.6 版.北京:高等教育出版社,2015.

［6］谷源涛,等.信号与系统 MATLAB 综合实验［M］.北京:高等教育出版社,2008.

［7］吴大正,等.信号与线性系统分析［M］.5 版.北京:高等教育出版社,2019.

［8］吴湘淇,等.信号、系统与信号处理——软硬件实现［M］.北京:电子工业出版社,2002.

［9］吴湘淇,等.信号、系统与信号处理［M］.2 版.北京:电子工业出版社,1999.

［10］朱钟霖,等.信号与系统［M］.北京:中国铁道出版社,1996.

［11］Roberts M J.信号与系统［M］.胡剑凌,等,译.北京:机械工业出版社,2013.

［12］Lathi B P.线性系统与信号［M］.刘树棠,等,译.西安:西安交通大学出版社,2006.

［13］Haykin S S.信号与系统［M］.林秩盛,等,译.北京:电子工业出版社,2004.

［14］Blandford D.数字信号处理及 MATLAB 仿真［M］.陈后金,等,译.北京:机械工业出版社,2015.

［15］Oppenheim A V.离散时间信号处理［M］.李玉柏,等,译.北京:机械工业出版社,2017.

［16］Buck J R.信号与系统计算机练习——利用 MATLAB［M］.刘树棠,等,译.西安:西安交通大学出版社,2000.

［17］Oppenheim A V.信号与系统［M］.刘树棠,等,译.2 版.北京:电子工业出版社,2013.

［18］Devasahayam S R.Signals and Systems in Biomedical Engineering［M］.New York:Springer,2013.

［19］Chaparro L F.Signals and systems using MATLAB［M］.Academic Press,

2011.

[20] Kamen E W.Fundamentals of Signals and Systems Using the Web and MAT-LAB [M].北京:科学出版社, 2011.

[21] Levine D S.Introduction to Neural and Cognitive Modeling[M].NJ:Lawrence Erlbaum Associates, Publishers, 2000.

[22] Koch C.Biophysics of Computation [M].Oxford University Press,1999.

[23] 薛健,等.信号时域抽样的教学探索与研究.电气电子教学学报,2009,31 (6):99-101.

[24] 陈后金,等.信号处理系列课程的改革与探索.中国大学教学,2008,9: 36-39.

[25] 胡健,等.连续时间 LTI 系统零输入响应的讨论.电气电子教学,2008,30 (5):20-23.